ヤジマの数学道場

SCAN HERE

動画配信
はじめました！

▶ /昇龍堂チャンネル

A級中学 数学問題集

3

8訂版

桐朋中・高校教諭 ● 飯田 昌樹
印出 隆志
櫻井 善登
佐々木 紀幸
野村 仁紀
矢島 弘 　共著

昇龍堂出版

まえがき

　中学3年生では，中学2年生までに学習した内容を発展させて，平方根，2次方程式，図形の相似，三平方の定理，円の性質などを学びます。学習する内容は決して簡単ではありませんが，これらを一通り学び終えると，今まで解けなかった方程式を解いたり，求められなかった長さを計算したりすることができるようになり，数学の知識をより一般的で身近なものごとに広く応用することもできるようになります。それは，中学校を卒業した後の学びにもつながることでしょう。

　今回の改訂にあたっては，『A級数学問題集7訂版』の流れをくみ，基本的な知識の定着，計算力の充実，柔軟な思考力，的確に表現する力の育成を目標としました。この本は，みなさんの発達段階に応じて徐々に力がつくように構成されています。

　まずは，教科書で学習する内容を十分に理解してください。そして，この『A級問題集』の問題を，1題1題ていねいに解いてみましょう。図やグラフをかいたり，メモをしたりして，問題の内容を自分の頭でしっかり考えることが大切です。そうした努力をすることで，基本的なことがらの理解を深めることができ，さらに質の高い問題を解く力まで，無理なく身につけることができます。

　また，本来は中学3年生の課程では学習しない内容でも，みなさんの学習にぜひ必要と思われることについては取り上げています。そのような進んだ内容を学習し，さらに理解の幅を広げてください。途中でしばらく間をおいてから取り組んでも結構です。

　この問題集が十分マスターできたら，その人はほんとうにA級の力をもった中学生といえます。

著者

本書の構成

本書は次のような構成になっています。

まとめ	各章の節ごとに，そこで学習する公式や性質，定理などの基本事項をまとめたものです。教科書で扱っていない定理などについては，証明や説明があり，本書だけでその内容を理解することができます。
例	その節で学ぶ基本公式や基本事項を確認するための問題を取り上げ，公式の使い方や考え方を示しています。
基本問題	教科書や「まとめ」にある公式や定理などが理解できているかを確認する問題です。
例題	その分野を学習するにあたり，重要な問題を選び，解説でその要点や解き方を説明し，解答や証明で模範的な解答を示しています。自分で解答をつくるときの参考にしてください。
演習問題	「まとめ」や「例題」で学習した内容を使って解く問題です。標準的なものからやや高度なものまで，さまざまなタイプの問題を集めました。
進んだ問題	高度な問題ですが，考えることにより数学のおもしろさに気づくような問題です。すらすらとは解けないかもしれませんが挑戦してください。
研究	発展的な内容です。数学に深く興味をもつ人は読み進めてください。また，**研究問題**は，その内容の確認のための問題です。
コラム	その章に関連する話題を紹介しています。数学のおもしろさを味わってほしいと思います。また，力だめしとして，その内容の**チャレンジ問題**があるものもあります。
章の計算	代数分野の計算練習が必要な章には，そこで学習した計算問題を集めてあります。その章の計算の習熟度をはかるために取り組んでください。また，計算力をつけるためには，何度も何度も繰り返し解くことが効果的です。
章の問題	その章の総合的な問題です。学習した内容の理解の度合いをはかるために役立ててください。§1はその問題を学習した節を表します。
解答編	別冊になっています。原則として，「基本問題」は答えのみです。「演習問題」はヒントとして解説がついています。自分で解けないときは指針としてください。「進んだ問題」は解答例として，模範答案となっています。解答の書き方の参考にしてください。

★ 本書で使われている 参考 は別の解き方や考え方などを紹介し，⚠ は注意すべきポイントなどを表しています。

目 次

1章　多項式

1　多項式の計算

1　多項式の整理
  (1) **降べきの順**　多項式を1つの文字について次数の高い項から順に書く。
  (2) **昇べきの順**　多項式を1つの文字について次数の低い項から順に書く。

  例　x について降べきの順に並んでいる $3x^4-2x^3+x^2+4x-8$ は，
  　　　昇べきの順に整理すると，$-8+4x+x^2-2x^3+3x^4$ になる。

2　多項式・単項式の乗法，除法
  (1) **乗法**　（単項式）×（多項式），（多項式）×（単項式）
  分配法則を使って，かっこをはずす。

$$a(b+c)=ab+ac \qquad (a+b)c=ac+bc$$

  例　$2a(3a-5)=2a\times 3a-2a\times 5=6a^2-10a$

  　　　$(2x-y)\times(-3y)=2x\times(-3y)-y\times(-3y)=-6xy+3y^2$

  (2) **除法**　（多項式）÷（単項式）
  式を分数の形で表して簡単にするか，乗法になおして計算する。

$$(a+b)\div c=\frac{a+b}{c}=\frac{a}{c}+\frac{b}{c}$$

$$(a+b)\div c=(a+b)\times\frac{1}{c}=\frac{a}{c}+\frac{b}{c}$$

  例　$(x^2y+xy)\div x=\dfrac{x^2y+xy}{x}=\dfrac{x^2y}{x}+\dfrac{xy}{x}=xy+y$

  　　　$(x^2y+xy)\div x=(x^2y+xy)\times\dfrac{1}{x}=x^2y\times\dfrac{1}{x}+xy\times\dfrac{1}{x}=xy+y$

3　多項式と多項式の乗法　（多項式）×（多項式）
  $(a+b)(c+d)$ で，$c+d=M$ とおくと，

$$\begin{aligned}(a+b)(c+d)&=(a+b)M\\&=aM+bM\\&=a(c+d)+b(c+d)\\&=ac+ad+bc+bd\end{aligned}$$

のように，分配法則をくり返し使う。

実際の計算では，下の矢印の順にかける。

$$(a+b)(c+d)=ac+ad+bc+bd$$
$$\qquad\qquad\qquad ① \quad ② \quad ③ \quad ④$$

このように，単項式や多項式の積の形の式を，かっこをはずして単項式の和の形に表すことを，もとの式を**展開**するという。

···· 多項式の整理と，多項式・単項式の乗法，除法 ····

例 (1) $-7a^2b+b^3-2ab^2+a^3$ を，a について降べきの順に整理してみよう。

(2) $\dfrac{1}{5}a(10a-25b+15)$ を計算してみよう。

(3) $(3x^2-9xy)\div\dfrac{3}{2}x$ を計算してみよう。

▶ (1) a の次数に着目する。その際，ほかの文字は数と同じように考える。

各項の $-7a^2b$，b^3，$-2ab^2$，a^3 を a について降べきの順に並べると，

a^3，$-7a^2b$，$-2ab^2$，b^3 であるから，

$$a^3-7a^2b-2ab^2+b^3 \cdots\cdots\text{(答)}$$

(2) かっこの中の項の数が 3 つの場合でも，項の数が 2 つの場合と同じように分配法則を使ってかっこをはずすと，

$$\dfrac{1}{5}a(10a-25b+15)$$

$$=\dfrac{1}{5}a\times10a-\dfrac{1}{5}a\times25b+\dfrac{1}{5}a\times15$$

$$=2a^2-5ab+3a \cdots\cdots\text{(答)}$$

(3) $\dfrac{3}{2}x$ を $\dfrac{3x}{2}$ として，$\div\dfrac{3}{2}x$ を $\times\dfrac{2}{3x}$ になおして，分配法則を使うと，

$$(3x^2-9xy)\div\dfrac{3}{2}x$$

$$=(3x^2-9xy)\times\dfrac{2}{3x}$$

$$=3x^2\times\dfrac{2}{3x}-9xy\times\dfrac{2}{3x}$$

$$=2x-6y \cdots\cdots\text{(答)}$$

1 次の式を，〔 〕の中に示された文字について，降べきの順，昇べきの順にそれぞれ整理せよ。

(1) $2x - x^5 + 4x^3 + 1$ 〔x〕

(2) $6ab^2 + b^3 - a^3 + 8a^2b$ 〔a〕

2 次の計算をせよ。

(1) $a(3a + 2b)$

(2) $(a - 3b) \times 4a$

(3) $-b(a + b)$

(4) $(5a - b) \times (-2ab)$

(5) $-\dfrac{1}{3}a(6a - 12b - 9)$

(6) $\left(\dfrac{x}{2} - \dfrac{y}{3} + \dfrac{1}{6}\right) \times 6x$

3 次の計算をせよ。

(1) $(3x^2 + 2x) \div (-6x)$

(2) $(15a^2b - 20ab^2) \div 5a$

(3) $(-9x^2y + 3xy^2) \div (-3xy)$

(4) $(4x^3 + 6x) \div \dfrac{1}{3}x$

(5) $(8a^3 - 12a^2 + 4a) \div \dfrac{4}{3}a$

(6) $(2x^2y - 3xy^2 + 4y^3) \div \left(-\dfrac{2}{5}y\right)$

4 次の式を展開せよ。

(1) $(x + 2)(y + 5)$

(2) $(a - b)(c + d)$

(3) $(x - 7)(x + 2)$

(4) $(2x + 1)(x - 2)$

(5) $(x - 2)(x^2 - 7x + 3)$

(6) $(-a^2 + 3a + 1)(-a + 2)$

例題 1 次の問いに答えよ。

(1) $(24x^5y^3 - 12x^4y^4 + 16x^3y^5) \div (-2xy)^3$ を計算せよ。

(2) $2x(x - 5) - 3x(4x + 7)$ を計算せよ。

(3) $(1 + x^3 - 3x)(5x - x^2 + 2)$ を展開せよ。

解説 (1) 累乗の計算があるときは，それを先に計算する。

(2) $2x(x - 5)$ と $-3x(4x + 7)$ を展開してから，同類項をまとめる。

(3) 2つの多項式 $1 + x^3 - 3x$，$5x - x^2 + 2$ をそれぞれ降べき（または昇べき）の順に整理し，分配法則を使って計算する。または，別解のように縦書きで計算してもよい。

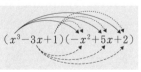

解答 (1) $(24x^5y^3 - 12x^4y^4 + 16x^3y^5) \div (-2xy)^3$

$= (24x^5y^3 - 12x^4y^4 + 16x^3y^5) \div (-8x^3y^3)$ ⟩ 累乗を計算する

$= -\dfrac{24x^5y^3}{8x^3y^3} + \dfrac{12x^4y^4}{8x^3y^3} - \dfrac{16x^3y^5}{8x^3y^3} = -3x^2 + \dfrac{3}{2}xy - 2y^2$ ………(答)

(2) $2x(x-5)-3x(4x+7)$

$\quad=2x^2-10x-12x^2-21x$

$\quad=-10x^2-31x$ ………(答)

展開する

同類項をまとめて計算する

(3) $(1+x^3-3x)(5x-x^2+2)$

$\quad=(x^3-3x+1)(-x^2+5x+2)$

$\quad=-x^5+5x^4+2x^3+3x^3-15x^2-6x-x^2+5x+2$

$\quad=-x^5+5x^4+5x^3-16x^2-x+2$ ………(答)

降べきの順に整理する

分配法則を使う

別解 (3)

$$
\begin{array}{r}
x^3 \quad\quad -3x\ +1 \\
\times)\ -x^2+5x\ +2 \\
\hline
-x^5 \quad\quad +3x^3-\ x^2 \\
5x^4 \quad\quad -15x^2+5x \\
2x^3 \quad\quad -6x+2 \\
\hline
-x^5+5x^4+5x^3-16x^2-\ x+2\quad ………(答)
\end{array}
$$

⚠ (3) 縦書き計算をするときには，降べきの順に整理して，x^3-3x+1 のように x^2 の項がない場合，その部分はあけておく。

演習問題

5 次の計算をせよ。

(1) $x^2(x^3-7)$

(2) $-a^2(2a^2+3a-1)$

(3) $(-2a)^3(a-2)$

(4) $(x^2-2x-3)\times(3x^2)^2$

(5) $\left(-\dfrac{a}{3}\right)^2(3a-9b+1)$

(6) $(2xy)^4(x-2y-7)$

6 次の計算をせよ。

(1) $\left(\dfrac{3}{4}x^3-\dfrac{5}{12}x^2\right)\div\dfrac{1}{24}x^2$

(2) $(4x^2y^3-x^3y^2)\div(-2xy)^2$

7 次の計算をせよ。

(1) $2x(x-2)+x(3x+1)$

(2) $2a^2(a-5)-3a^2(a-4)$

(3) $xy(x+3y)-\dfrac{1}{2}xy(6x-4y)$

(4) $(3ab-8b)\div\left(-\dfrac{1}{2ab}\right)-ab^2(6a-7)$

(5) $(a-2a^2)\div\left(-\dfrac{1}{2}a\right)-2(3-2a)$

(6) $(12ab+8a^2)\div(-4a)+(18ab^2-9b^3)\div(-3b)^2$

8 次の式を展開せよ。

(1) $(5a+2b)(7a-3b)$

(2) $(2x+4y)\left(\dfrac{1}{2}x-y\right)$

(3) $(7ab-5)(3ab+1)$

(4) $(x^2-2)(1-2x^2)$

(5) $(x^2-3x+1)(2-x^2+x)$

(6) $(a^2+a-3)(2a+1-a^3)$

例題 2 $A=x+1$, $B=2x+3$, $C=2x-1$ のとき, $AB-AC$ を計算せよ。

解説 A, B, C に, それぞれ x の式を代入して計算する。

解答 $AB-AC=(x+1)(2x+3)-(x+1)(2x-1)$

$\qquad\qquad =(2x^2+3x+2x+3)-(2x^2-x+2x-1)$

$\qquad\qquad =(2x^2+5x+3)-(2x^2+x-1)$

$\qquad\qquad =4x+4$ ………(答)

参考 分配法則 $A(B-C)=AB-AC$ を使って, （→p.11, 因数分解）

$\qquad AB-AC=A(B-C)$

$\qquad\qquad\quad =(x+1)\{(2x+3)-(2x-1)\}$

$\qquad\qquad\quad =(x+1)\times 4$

$\qquad\qquad\quad =4x+4$

と計算してもよい。

演習問題

9 $A=2x-3$, $B=2x^2-4x+1$, $C=x-1$ のとき, 次の式を計算せよ。

(1) $AC-B$

(2) $AB-BC$

10 次の計算をせよ。

(1) $(x+3)(5x-2)+x$

(2) $7xy+(3x-5y)(2x-9y)$

(3) $(2y-3)(y+1)-y(2y+1)$

(4) $(9x-2)(4x-3)-(3x-7)(12x+5)$

(5) $(a-1)(3a+2)(5a+3)-5a(a+1)(3a-2)$

(6) $(x+1)(2x+1)(3x+1)-(x-1)(2x-1)(3x-1)$

2 乗法公式

> **1 乗法公式**
> (1) $(x+a)(x+b)=x^2+(a+b)x+ab$
> (2) $(a+b)^2=a^2+2ab+b^2$
> $(a-b)^2=a^2-2ab+b^2$
> (3) $(a+b)(a-b)=a^2-b^2$
> (4) $(ax+b)(cx+d)=acx^2+(ad+bc)x+bd$

▤▤ 基本問題 ▤▤

11 次の式を展開せよ。

(1) $(x+1)(x+3)$ (2) $(y-5)(y+4)$ (3) $(a-5)(a-2)$

(4) $(x+8)^2$ (5) $(y-3)^2$ (6) $(x+2)(x-2)$

(7) $(7-p)(7+p)$ (8) $\left(x-\dfrac{1}{2}\right)^2$ (9) $\left(\dfrac{1}{4}+y\right)\left(\dfrac{1}{4}-y\right)$

> **例題 ❸** 次の式を展開せよ。
> (1) $(2p+3q)(2p-5q)$ (2) $(4x-3y)^2$

解説 (1) 公式 $(x+a)(x+b)=x^2+(a+b)x+ab$ で，x を $2p$，a を $3q$，b を $-5q$ と考える。

    (2) 公式 $(a-b)^2=a^2-2ab+b^2$ で，a を $4x$，b を $3y$ と考える。

解答 (1) $(2p+3q)(2p-5q)=(2p)^2+\{3q+(-5q)\}\times 2p+3q\times(-5q)$
$$=4p^2-4pq-15q^2 \quad\cdots\cdots\cdots(答)$$

    (2) $(4x-3y)^2=(4x)^2-2\times 4x\times 3y+(3y)^2$
$$=16x^2-24xy+9y^2 \quad\cdots\cdots\cdots(答)$$

▤▤ 演習問題 ▤▤

12 次の式を展開せよ。

(1) $(x+2y)(x+5y)$ (2) $(a-3b)(a+4b)$

(3) $(2x-4y)(2x-3y)$ (4) $\left(4x-\dfrac{3}{4}y\right)\left(4x+\dfrac{1}{2}y\right)$

(5) $(xy+2)(xy-3)$ (6) $(x^2-3)(x^2-6)$

13 次の式を展開せよ。

(1) $(3x+2)^2$ (2) $(-2x-5)^2$

(3) $(4x+7y)^2$ (4) $(-a+2b)^2$

(5) $\left(x-\dfrac{1}{2}y\right)^2$ (6) $\left(\dfrac{1}{3}a+6b\right)^2$

例題 (4) 次の式を展開せよ。

  (1) $(-2x+3y)(-2x-3y)$ (2) $(3x-4y)(5x+3y)$

解説 (1) 公式 $(a+b)(a-b)=a^2-b^2$ で，a を $-2x$，b を $3y$ と考える。

      (2) 公式 $(ax+b)(cx+d)=acx^2+(ad+bc)x+bd$ で，a を 3，b を $-4y$，c を
      5，d を $3y$ と考える。

解答 (1) $(-2x+3y)(-2x-3y)$

        $=(-2x)^2-(3y)^2=4x^2-9y^2$ ………(答)

    (2) $(3x-4y)(5x+3y)$

        $=3\times5x^2+\{3\times3y+(-4y)\times5\}x+(-4y)\times3y$

        $=15x^2+(9y-20y)x-12y^2$

        $=15x^2-11xy-12y^2$ ………(答)

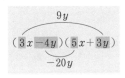

別解 (1) $-2x+3y=-(2x-3y)$，$-2x-3y=-(2x+3y)$ であるから，

    $(-2x+3y)(-2x-3y)=\{-(2x-3y)\}\{-(2x+3y)\}$

                        $=(2x-3y)(2x+3y)$

                        $=(2x)^2-(3y)^2=4x^2-9y^2$ ………(答)

演習問題

14 次の式を展開せよ。

(1) $(4x+3y)(4x-3y)$ (2) $(-5a-3b)(-5a+3b)$

(3) $\left(\dfrac{1}{3}a-\dfrac{1}{2}b\right)\left(\dfrac{1}{3}a+\dfrac{1}{2}b\right)$ (4) $(-2x+y)(2x+y)$

(5) $(-x^2+3)(-x^2-3)$ (6) $(z-2xy)(2xy+z)$

15 次の式を展開せよ。

(1) $(2x+3)(3x+1)$ (2) $(4x+5)(3x-2)$

(3) $(9x-4y)(2x-5y)$ (4) $(8x-7y)(5x+6y)$

(5) $(-2xy-z)(3xy+5z)$ (6) $\left(\dfrac{1}{3}a-6b\right)\left(\dfrac{1}{2}a+9b\right)$

例題 (5) 次の式を展開せよ。

(1) $(a+b+c)^2$　　　　　　　　　　(2) $(x+y-3)(x+y+4)$

(3) $(x-2y+3)(x+2y-3)$

解説 式の形をよく見て，式の一部をまとめて1つの文字におきかえ，乗法公式が使える
ようにする。(1)は $a+b=A$，(2)は $x+y=A$ とおく。(3)は $2y-3=A$ とおくと，
$-2y+3=-(2y-3)$ より，$(x-2y+3)(x+2y-3)=(x-A)(x+A)$ となる。

解答 (1) $a+b=A$ とおくと，

$$\begin{aligned}
(a+b+c)^2 &= (A+c)^2 = A^2+2Ac+c^2 \\
&= (a+b)^2+2(a+b)c+c^2 \\
&= a^2+2ab+b^2+2ac+2bc+c^2 \\
&= a^2+b^2+c^2+2ab+2bc+2ca \cdots\cdots\text{(答)}
\end{aligned}$$

(2) $x+y=A$ とおくと，

$$\begin{aligned}
(x+y-3)(x+y+4) &= (A-3)(A+4) = A^2+A-12 \\
&= (x+y)^2+(x+y)-12 \\
&= x^2+2xy+y^2+x+y-12 \cdots\cdots\text{(答)}
\end{aligned}$$

(3) $(x-2y+3)(x+2y-3) = \{x-(2y-3)\}\{x+(2y-3)\}$

ここで，$2y-3=A$ とおくと，

$$\begin{aligned}
(x-2y+3)(x+2y-3) &= (x-A)(x+A) = x^2-A^2 \\
&= x^2-(2y-3)^2 = x^2-(4y^2-12y+9) \\
&= x^2-4y^2+12y-9 \cdots\cdots\text{(答)}
\end{aligned}$$

⚠ (1)の結果は，公式として利用してもよい。

$$(a+b+c)^2 = a^2+b^2+c^2+2ab+2bc+2ca$$

この結果のような多項式で，a，b，c を右の図の矢印の順に並べ
るとき，輪環（サイクリック）の順に整理するという。

════ **演習問題** ════

16 $(a+b+c)^2=a^2+b^2+c^2+2ab+2bc+2ca$ を使って，次の式を展開せよ。

(1) $(x+y+1)^2$　　　　　　　　　(2) $(a+b-c)^2$

(3) $(x+2y-4z)^2$　　　　　　　　(4) $\left(2x-y+\dfrac{1}{2}z\right)^2$

(5) $(x^2-x-2)^2$　　　　　　　　(6) $(x^2-3xy+y^2)^2$

17 次の式を展開せよ。

(1) $(2x-y-7)(2x-y+3)$　　　　(2) $(x^2+2x-3)(x^2+2x-1)$

(3) $(x^2-x+2)(x^2+3x+2)$　　　(4) $(a+b-c)(a+2b-c)$

18 次の式を展開せよ。

(1) $(x-y+5)(x-y-5)$

(2) $(2x+3y-4)(2x-3y+4)$

(3) $(2a-3b-c)(2a+3b-c)$

(4) $(x^2+2x-1)(x^2-2x+1)$

(5) $(1-x-x^2)(1+x-x^2)$

(6) $(-x+2y+7)(x-2y+7)$

例題 6 次の計算をせよ。

(1) $2(x-7)(x+8)+3(x-6)^2$

(2) $\dfrac{(a+3b)^2}{2}-\dfrac{(2a-b)^2}{3}$

(3) $(x+y-1)(x+y+2)-(2x+y)(3x-y)$

解説 乗法公式を使って展開し，同類項をまとめて整理する。

(2) 先に通分するとよい。

(3) $(x+y-1)(x+y+2)$ では，$x+y=A$ とおいてもよいが，なれてきたらおきかえないで計算する。

解答 (1) $2(x-7)(x+8)+3(x-6)^2=2(x^2+x-56)+3(x^2-12x+36)$

$\qquad\qquad\qquad\qquad\qquad\quad =2x^2+2x-112+3x^2-36x+108$

$\qquad\qquad\qquad\qquad\qquad\quad =5x^2-34x-4$ ………(答)

(2) $\dfrac{(a+3b)^2}{2}-\dfrac{(2a-b)^2}{3}=\dfrac{3(a+3b)^2-2(2a-b)^2}{6}$

$\qquad\qquad\qquad\qquad\qquad =\dfrac{3(a^2+6ab+9b^2)-2(4a^2-4ab+b^2)}{6}$

$\qquad\qquad\qquad\qquad\qquad =\dfrac{-5a^2+26ab+25b^2}{6}$ ………(答)

(3) $(x+y-1)(x+y+2)-(2x+y)(3x-y)$

$\quad =\{(x+y)^2+(x+y)-2\}-(6x^2+xy-y^2)$

$\quad =x^2+2xy+y^2+x+y-2-6x^2-xy+y^2$

$\quad =-5x^2+xy+2y^2+x+y-2$ ………(答)

▨▨▨ 演習問題 ▨▨▨

19 次の計算をせよ。

(1) $(x+6)(2x-9)-(x+7)(x-7)$

(2) $2(a-3b)^2+(2a+b)^2$

(3) $\left(\dfrac{1}{2}a+b\right)^2-\left(a+\dfrac{1}{3}b\right)\left(a-\dfrac{1}{2}b\right)$

(4) $\dfrac{(x-1)^2}{3}-\dfrac{(2x+1)^2}{4}$

(5) $(x+2y)(x-5y)-\dfrac{(x+3y)(x-3y)}{2}$

20 次の計算をせよ。

(1) $(a+b-c)(a-b+c)-(a+b)(a-b)$

(2) $(x+y-2z)(x+y+5z)-(x-3y+z)(x+5y+z)$

(3) $(x+y+z)^2-(x-y-z)^2$

(4) $(a+b-c)(-a+b+c)+(a+b+c)(a-b+c)$

例題 (7) 乗法公式を利用して，次の計算をせよ。

(1) 199^2 (2) 2.04×1.96

解説 (1) $199=200-1$ として，公式 $(a-b)^2=a^2-2ab+b^2$ を利用する。

(2) $2.04=2+0.04$，$1.96=2-0.04$ として，公式 $(a+b)(a-b)=a^2-b^2$ を利用する。

解答 (1) $199^2=(200-1)^2=200^2-2\times200\times1+1^2$

$\qquad\qquad\qquad\quad =40000-400+1$

$\qquad\qquad\qquad\quad =39601 \cdots\cdots\cdots$（答）

(2) $2.04\times1.96=(2+0.04)\times(2-0.04)$

$\qquad\qquad\qquad =2^2-0.04^2$

$\qquad\qquad\qquad =4-0.0016$

$\qquad\qquad\qquad =3.9984 \cdots\cdots\cdots$（答）

▤▤▤ 演習問題 ▤▤▤

21 乗法公式を利用して，次の計算をせよ。

(1) 102^2 (2) 799^2

(3) 62×58 (4) 3.01×2.99

(5) $10.02^2+9.98^2$ (6) $4998^2-4997\times4999$

▤▤▤ 進んだ問題 ▤▤▤

22 次の式を展開せよ。

(1) $(a+b)^2(a-b)^2$

(2) $(x-1)(x+1)(x^2+1)(x^4+1)$

(3) $(x^2-x+1)(x^2+x+1)(x^4-x^2+1)$

(4) $(a+b-c-d)(a-b-c+d)$

3 因数分解

1 因数と因数分解

多項式をいくつかの単項式や多項式の積の形に表すことを，その多項式を**因数分解**するといい，その単項式や多項式をもとの式の**因数**という。

> **例** $(x+3y)(x-2y)=x^2+xy-6y^2$ であるから，
> $x+3y$，$x-2y$ は $x^2+xy-6y^2$ の因数である。

多項式の各項に共通な因数（**共通因数**）があるとき，その共通因数を分配法則を使ってかっこの外に出す。この操作を，共通因数をくくり出すという。

> **例** $2a^2b-4ab^2=2ab(a-2b)$ ←2ab が共通因数

⚠ 単項式 $3ab^2$ の因数は，3，a，b，b^2，$3ab$ などである。

2 因数分解の公式

因数分解は式の展開の逆の計算であるから，乗法公式の左辺と右辺を入れかえると，因数分解の公式になる。

(1) $x^2+(a+b)x+ab=(x+a)(x+b)$

(2) $a^2+2ab+b^2=(a+b)^2$

$a^2-2ab+b^2=(a-b)^2$

(3) $a^2-b^2=(a+b)(a-b)$

3 因数分解の順序

因数分解は，次の順序で行う。

(1) 共通因数があれば，その共通因数をくくり出す。

(2) 公式が利用できる場合は，公式を利用する。

(3) 公式が直接利用できない場合は，次のようなことを考える。

　① 式の一部をまとめて，ほかの文字におきかえる。

　② 1つの文字について整理する。

　③ 項を適当に組み合わせて，組み合わせた部分について因数分解する。

> ⚠ 因数分解は，それ以上因数分解できないところまで行う。
> $$2ax^2-2a=2a(x^2-1)=2a(x+1)(x-1)$$

例 次の式を因数分解してみよう。

(1) $x^2-8x+15$　　　(2) $9x^2-12x+4$　　　(3) $4x^2-9$

▶ (1) 公式 $x^2+(a+b)x+ab=(x+a)(x+b)$ より，$a+b=-8$，$ab=15$
となるような 2 つの整数 a，b を求める。

まず，定数項に着目して，$ab=15$ となる整数 a，b の候補を考える。

a と b を入れかえても ab の値は変わらないので，$a<b$ とすると，

$ab=15$ となる整数 a，b の候補は，

$$\begin{cases} a=1 \\ b=15 \end{cases} \quad \begin{cases} a=3 \\ b=5 \end{cases} \quad \begin{cases} a=-15 \\ b=-1 \end{cases} \quad \begin{cases} a=-5 \\ b=-3 \end{cases}$$

の 4 通りである。

つぎに，1 次の項の係数を見ると，$a+b=-8$ であるから，上の候補の
中で $a+b=-8$ となるのは，$a=-5$，$b=-3$ である。

ゆえに，$x^2-8x+15=\{x+(-5)\}\{x+(-3)\}$
$$=(x-5)(x-3) \quad \cdots\cdots\cdots(答)$$

(2) $9x^2-12x+4=(3x)^2-2\times3x\times2+2^2$ と変形して，

公式 $a^2-2ab+b^2=(a-b)^2$ を利用すると，

$$9x^2-12x+4=(\boldsymbol{3x})^2-2\times\boldsymbol{3x\times2}+\boldsymbol{2}^2=(3x-2)^2 \quad \cdots\cdots\cdots(答)$$
$$\quad\quad\quad\quad\quad\underset{a}{\uparrow}\quad\quad\quad\underset{ab}{\uparrow}\quad\quad\underset{b}{\uparrow}$$

(3) $4x^2-9=(2x)^2-3^2$ と変形して，

公式 $a^2-b^2=(a+b)(a-b)$ を利用すると，

$$4x^2-9=(\boldsymbol{2x})^2-\boldsymbol{3}^2=(2x+3)(2x-3) \quad \cdots\cdots\cdots(答)$$
$$\quad\quad\quad\underset{a}{\uparrow}\quad\underset{b}{\uparrow}$$

▦ 基本問題 ▦

23 次の式を因数分解せよ。

(1) $ax+2ay$　　　　　(2) $xy+y^2$　　　　　(3) $12x^2y-6y$

(4) $3ab^2c-6abc^2$　　(5) $3x^3-3x^2+15x$　　(6) $6x^2+8xy-4xz$

24 次の式を因数分解せよ。

(1) $x^2+7x+10$　　　(2) x^2-x-12　　　(3) x^2-5x+6

(4) $x^2-8x+12$　　　(5) x^2+x-2　　　(6) x^2+5x-6

(7) x^2-3x-4　　　(8) $x^2-6x-16$　　　(9) $x^2-14x+24$

25 次の式を因数分解せよ。

(1) x^2+4x+4

(2) $x^2+10x+25$

(3) $a^2-8a+16$

(4) $x^2y^2-6xy+9$

(5) $p^2+22p+121$

(6) $4x^2-4x+1$

(7) $25a^2+30a+9$

(8) $81y^2-180y+100$

26 次の式を因数分解せよ。

(1) x^2-4

(2) $9x^2-49$

(3) $121p^2-81$

(4) $1-16x^2$

(5) $196-169a^2$

(6) $144x^2-25$

例題 8 次の式を因数分解せよ。

(1) $36p^2+60pq+25q^2$

(2) $81x^2-4y^2$

(3) $x^2+8xy+15y^2$

解説 (1)は公式 $a^2+2ab+b^2=(a+b)^2$, (2)は公式 $a^2-b^2=(a+b)(a-b)$, (3)は公式
$x^2+(a+b)x+ab=(x+a)(x+b)$ を使う。

(1) $36p^2+60pq+25q^2$

$=(\boldsymbol{6p})^2+2\times\boldsymbol{6p}\times\boldsymbol{5q}+(\boldsymbol{5q})^2$
$\quad\uparrow\quad\quad\uparrow\quad\quad\uparrow$
$\quad a\quad\quad ab\quad\quad b$

(2) $81x^2-4y^2$

$=(\boldsymbol{9x})^2-(\boldsymbol{2y})^2$
$\quad\uparrow\quad\quad\uparrow$
$\quad a\quad\quad b$

(3) a, b を整数として, $x^2+8xy+15y^2=(x+ay)(x+by)$ と因数分解できると
する。この場合の a, b は, y を除いた式 $x^2+8x+15$ を因数分解した
$(x+a)(x+b)$ の a, b と同じものになる。

$$x^2+8x\boldsymbol{y}+15\boldsymbol{y^2} \xrightarrow{y \text{を除いて因数分解}} x^2+8x+15=(x+3)(x+5)$$
$$\xrightarrow{y \text{をつけ加える}} x^2+8x\boldsymbol{y}+15\boldsymbol{y^2}=(x+3\boldsymbol{y})(x+5\boldsymbol{y})$$

解答 (1) $36p^2+60pq+25q^2=(6p)^2+2\times6p\times5q+(5q)^2=(6p+5q)^2$ ………(答)

(2) $81x^2-4y^2=(9x)^2-(2y)^2=(9x+2y)(9x-2y)$ ………(答)

(3) $x^2+8xy+15y^2=(x+3y)(x+5y)$ ………(答)

⚠ (1)の $(6p)^2+2\times6p\times5q+(5q)^2$, (2)の $(9x)^2-(2y)^2$ は, なれてきたら省略して
もよい。

⚠ (1)では q を, (2), (3)では y を, 結果の式につけ忘れないように注意する。

演習問題

27 次の式を因数分解せよ。

(1) $x^2+4xy+4y^2$

(2) $4a^2-36ab+81b^2$

(3) $64p^2q^2+16pqr+r^2$

(4) $81p^2-126pq+49q^2$

28 次の式を因数分解せよ。

(1) $25a^2 - b^2$　　　　　　　　(2) $64x^2 - 49y^2$

(3) $4x^2 - 121y^2$　　　　　　　(4) $169p^2q^2 - 4r^2$

29 次の式を因数分解せよ。

(1) $x^2 - 7xy + 10y^2$　　　　　(2) $x^2 + 4xy - 5y^2$

(3) $a^2 - ab - 2b^2$　　　　　　(4) $p^2 + 3pq - 40q^2$

30 次の □ にあてはまる正の数を求めよ。

(1) $(x - \square)^2 = x^2 - 8x + \square$

(2) $x^2 + \square x + 36 = (x + \square)^2$

(3) $(2x + \square y)^2 = \square x^2 + \square xy + 9y^2$

(4) $\square x^2 - 48xy + 9y^2 = (\square x - \square y)^2$

例題 9 次の式を因数分解せよ。

(1) $6x^2 - 24y^2$　　　　　　　(2) $-12x^2y + 36xy^2 - 27y^3$

(3) $\dfrac{1}{4}x^2 - \dfrac{5}{4}xy - \dfrac{7}{2}y^2$　　　　(4) $0.1a^2 - a - 2.4$

解説 共通因数があるときは，はじめにその共通因数をくくり出す。

係数に分数や小数がふくまれるときは，かっこの中の多項式のすべての項の係数が整数になるように，分数や小数をくくり出す。

分数をくくり出すときは，各項の分母の最小公倍数を分母とし，各項の分子の最大公約数を分子とする分数をくくり出す。

かっこの中で因数分解の公式を使うとき，2次の項の係数が負の場合は，-1 をくくり出すことで2次の項の係数を正にしてから因数分解するほうがよい。

解答 (1) $6x^2 - 24y^2 = 6(x^2 - 4y^2) = 6(x + 2y)(x - 2y)$ ………(答)

(2) $-12x^2y + 36xy^2 - 27y^3 = -3y(4x^2 - 12xy + 9y^2) = -3y(2x - 3y)^2$ ………(答)

(3) $\dfrac{1}{4}x^2 - \dfrac{5}{4}xy - \dfrac{7}{2}y^2 = \dfrac{1}{4}(x^2 - 5xy - 14y^2) = \dfrac{1}{4}(x - 7y)(x + 2y)$ ………(答)

(4) $0.1a^2 - a - 2.4 = 0.1(a^2 - 10a - 24) = 0.1(a - 12)(a + 2)$ ………(答)

⚠ (3)の答え方については，本書では，分数をくくり出した $\dfrac{1}{4}(x - 7y)(x + 2y)$ を答としたが，分数をくくり出さずに $\left(\dfrac{1}{2}x - \dfrac{7}{2}y\right)\left(\dfrac{1}{2}x + y\right)$ を答としてもよい。

31 次の式を因数分解せよ。

(1) $7x^2-7$

(2) $3x^2-12x+9$

(3) $32a^2-18b^2$

(4) $-3x^2y^2+30xy-72$

(5) $5x^2-30x+45$

(6) $-2x^2-6xy+140y^2$

32 次の式を因数分解せよ。

(1) $12x^2-\dfrac{3}{4}y^2$

(2) $\dfrac{1}{3}x^2-x-6$

(3) $-\dfrac{1}{6}x^2+\dfrac{4}{3}xy-2y^2$

(4) $-\dfrac{1}{3}x^2+\dfrac{2}{9}xy-\dfrac{1}{27}y^2$

(5) $0.1x^2-0.3x-4$

(6) $2.5x^2+7xy+4.9y^2$

33 次の式を因数分解せよ。

(1) $3x^2y-6xy-72y$

(2) $-2ax^2+12ax+32a$

(3) $4x^2y^2-36y^2$

(4) $-24x^3y+150xy^3$

(5) $x^2y-8xy^2+16y^3$

(6) $4a^3b+12a^2b^2+9ab^3$

例題 10 $(2x-1)^2-3x(x-2)$ を因数分解せよ。

解説 展開し，x について降べきの順に整理してから，因数分解する。

解答
$(2x-1)^2-3x(x-2)$
$=4x^2-4x+1-3x^2+6x$
$=x^2+2x+1$
$=(x+1)^2$ ………(答)

■■■ 演習問題 ■■■

34 次の式を因数分解せよ。

(1) $(x+2)(x-6)-9$

(2) $(x-4)^2+2(x-2)-3$

(3) $(2x-1)(x+4)-(x-6)(x-2)$

(4) $(3x+y)^2-2y(3x+25y)$

(5) $2(3x-1)(x+2)-(3x+7)(x-1)$

(6) $(2x+3y)^2-(3x+2y)(x+y)-25y^2$

例題 11 次の式を因数分解せよ。

(1) $(a-b)x+(b-a)y$

(2) $(x+y)^2-5(x+y)+4$

(3) $(12x+13y)^2-25y^2$

解説 公式が使えるように，式の一部をまとめて，ほかの文字におきかえる。

(1) $a-b=A$ とおくと，$b-a=-a+b=-(a-b)=-A$ であるから，
$(a-b)x+(b-a)y=Ax-Ay$ となる。

(2) $x+y=A$ とおくと，$(x+y)^2-5(x+y)+4=A^2-5A+4$ となる。

(3) $12x+13y=A$ とおくと，$(12x+13y)^2-25y^2=A^2-(5y)^2$ となる。

解答 (1) $a-b=A$ とおくと，

$$\begin{aligned}(a-b)x+(b-a)y&=(a-b)x-(a-b)y\\&=Ax-Ay=A(x-y)\\&=(a-b)(x-y) \cdots\cdots\text{(答)}\end{aligned}$$

(2) $x+y=A$ とおくと，

$$\begin{aligned}(x+y)^2-5(x+y)+4&=A^2-5A+4\\&=(A-4)(A-1)\\&=(x+y-4)(x+y-1) \cdots\cdots\text{(答)}\end{aligned}$$

(3) $12x+13y=A$ とおくと，

$$\begin{aligned}(12x+13y)^2-25y^2&=A^2-(5y)^2\\&=(A+5y)(A-5y)\\&=(12x+13y+5y)(12x+13y-5y)\\&=(12x+18y)(12x+8y)\\&=6(2x+3y)\times4(3x+2y)\\&=24(2x+3y)(3x+2y) \cdots\cdots\text{(答)}\end{aligned}$$

⚠ (3)のように，因数分解した結果にさらに共通因数があるときは，忘れずに共通因数をくくり出しておくこと。

--- 演習問題 ---

35 次の式を因数分解せよ。

(1) $(m+n)x-(m+n)y$

(2) $2(a+2b)x^2+4(a+2b)$

(3) $(a+b)(x+y)-(a+b)$

(4) $(p-2q)^2+(2q-p)(2p+3q)$

(5) $(2a-b)(3a-b)+(b-2a)(a-3b)$

(6) $(x-2y)a^2-(4y-2x)a$

36 次の式を因数分解せよ。

(1) $(x+y)^2+6(x+y)+9$

(2) $(x-2y)^2+4(x-2y)-21$

(3) $9(a+b)^2-6(a+b)+1$

(4) $(2x-3)^2-5(2x-3)-14$

(5) $(x-y)^2-3x+3y-10$

(6) $(x+2y)^2-3x-6y-4$

37 次の式を因数分解せよ。

(1) $(x+y)^2-1$

(2) $9(x+y)^2-4$

(3) $(a+2b)^2-16c^2$

(4) $(2x+1)^2-(x-2)^2$

(5) $49(x+2y)^2-25(x-2y)^2$

(6) $3(x-2)^2-\dfrac{1}{3}(x+1)^2$

例題 (12) 次の式を因数分解せよ。

(1) x^4-1

(2) x^4-5x^2+4

(3) $(x^2+6x)^2-2(x^2+6x)-35$

解説 式の一部をまとめて，ほかの文字におきかえると，公式が使える。(1), (2)では $x^2=A$, (3)では $x^2+6x=A$ とおく。

いずれも，A の式として因数分解した結果が，さらに因数分解できることに注意する。

解答 (1) $x^2=A$ とおくと，

$$x^4-1=A^2-1^2=(A+1)(A-1)$$
$$=(x^2+1)(x^2-1)=(x^2+1)(x+1)(x-1) \cdots\cdots(答)$$

(2) $x^2=A$ とおくと，

$$x^4-5x^2+4=A^2-5A+4=(A-1)(A-4)$$
$$=(x^2-1)(x^2-4)=(x+1)(x-1)(x+2)(x-2) \cdots\cdots(答)$$

(3) $x^2+6x=A$ とおくと，

$$(x^2+6x)^2-2(x^2+6x)-35=A^2-2A-35=(A+5)(A-7)$$
$$=(x^2+6x+5)(x^2+6x-7)$$
$$=(x+1)(x+5)(x-1)(x+7) \cdots\cdots(答)$$

〰〰 **演習問題** 〰〰

38 次の式を因数分解せよ。

(1) x^4-4

(2) x^4-16y^4

(3) x^8-1

(4) x^4-8x^2+16

(5) x^4-8x^2-9

(6) $81x^4-72x^2+16$

39 次の式を因数分解せよ。

(1) $(x^2+3)^2-16x^2$

(2) $(a-b)x^2-a+b$

(3) $(x-y)^3-9x+9y$

(4) $(a^2+4a)^2-8(a^2+4a)-48$

(5) $(x^2-2x)^2-6(x^2-2x)+9$

(6) $(x^2-3x)^2+3(x^2-3x)+2$

例題 13 次の式を因数分解せよ。

(1) $a^2-ab-bc-c^2$

(2) $x^2-4y^2-z^2-4yz$

解説 公式が直接使えないときは，1つの文字に着目して整理する。

(1) **次数の最も低い文字** b に着目して，その文字について降べきの順に整理する。

(2) すべての項の次数が同じときは，1つの文字について整理する。この問題では，x について整理し，x をふくまない部分をまず因数分解する。

解答 (1) $a^2-ab-bc-c^2=-(a+c)b+a^2-c^2$

$\qquad\qquad\qquad\qquad =-(a+c)b+(a+c)(a-c)$

$\qquad\qquad\qquad\qquad =(a+c)\{-b+(a-c)\}$

$\qquad\qquad\qquad\qquad =(a+c)(a-b-c)$ ………(答)

(2) $x^2-4y^2-z^2-4yz=x^2-(4y^2+4yz+z^2)$

$\qquad\qquad\qquad\qquad =x^2-(2y+z)^2$

$\qquad\qquad\qquad\qquad =\{x+(2y+z)\}\{x-(2y+z)\}$

$\qquad\qquad\qquad\qquad =(x+2y+z)(x-2y-z)$ ………(答)

演習問題

40 次の式を因数分解せよ。

(1) $ab+a+b+1$

(2) $xy-6+3x-2y$

(3) $x^2-yz+xy-xz$

(4) $ab-ac-b^2+2bc-c^2$

(5) $a^2(b-c)+b^2(c-a)$

41 次の式を因数分解せよ。

(1) $x^2-2xy+y^2-4$

(2) $x^2-4y^2+12y-9$

(3) $x^2-y^2-z^2+2yz$

(4) $-4a^2+c^2+8ab-4b^2$

(5) $a^2-b^2+c^2-d^2-2ac+2bd$

例題 14 $3x^2-11x+6$ を因数分解せよ。

解説 $(ax+b)(cx+d)$ を展開すると $acx^2+(ad+bc)x+bd$ となるから,

$$acx^2+(ad+bc)x+bd=(ax+b)(cx+d)$$

と因数分解できる。

a, b, c, d を整数として,

$$3x^2-11x+6=(ax+b)(cx+d)$$

と因数分解できるとする。

この式の右辺を展開すると,

$$3x^2-11x+6=acx^2+(ad+bc)x+bd$$

となるから, $ac=3$, $ad+bc=-11$, $bd=6$ となる整数 a, b, c, d を求めればよい。

まず, $ac=3$ になる正の整数 a, c の組 $(a,\ c)$ は,

$$(1,\ 3),\ (3,\ 1)$$

つぎに, $bd=6$ になる整数 b, d の組 $(b,\ d)$ は,

$$(1,\ 6),\ (2,\ 3),\ (3,\ 2),\ (6,\ 1),$$
$$(-1,\ -6),\ (-2,\ -3),\ (-3,\ -2),\ (-6,\ -1)$$

この中から $ad+bc=-11$ となるものを 1 組選ぶと,

$$a=1,\ b=-3,\ c=3,\ d=-2$$

したがって,

$$3x^2-11x+6=(x-3)(3x-2)$$

このことを, 右上のように係数だけを書いて考えることができる。

このように,

$acx^2+(ad+bc)x+bd=(ax+b)(cx+d)$

となる整数 a, b, c, d を求めて因数分解する方法を, a と d, b と c をたすきの形にかけてあてはまる場合を求めることから, **たすきがけ**という。

$$
\begin{array}{ccc}
1 & \diagdown & -3 & \longrightarrow & -9 \\
3 & \diagup & -2 & \longrightarrow & \underline{-2} \\
& & & & -11
\end{array}
$$

たすきがけ

$acx^2+(ad+bc)x+bd$
$=(ax+b)(cx+d)$

$$
\begin{array}{ccc}
a & \diagdown & b & \longrightarrow & bc \\
c & \diagup & d & \longrightarrow & ad \\
\hline
ac & bd & ad+bc
\end{array}
$$

x^2の係数　定数項　xの係数

解答 $3x^2-11x+6=(x-3)(3x-2)$ ………(答)

⚠ a, c は正の整数だけを考えればよい。

たとえば, $a=-1$, $c=-3$ とすると, $b=3$, $d=2$ となり,

$$3x^2-11x+6=(-x+3)(-3x+2)$$
$$=\{-(x-3)\}\{-(3x-2)\}$$
$$=(x-3)(3x-2)$$

となり, $a=1$, $c=3$ の場合と一致する。

42 次の式を因数分解せよ。

(1) $2x^2+5x+2$

(2) $10x^2+11x-6$

(3) $4a^2-13a+3$

(4) $2x^2-13x+21$

(5) $12x^2+8x-15$

(6) $6x^2-41x-7$

(7) $42x^2+x-1$

(8) $6x^2-19x+15$

(9) $12y^2-13y-35$

例題 15 $6x^2+5xy-6y^2$ を因数分解せよ。

解説 a, b, c, d を整数として,

$$6x^2+5xy-6y^2=(ax+by)(cx+dy)$$

と因数分解できるとする。

この場合の a, b, c, d は, y を除いた式 $6x^2+5x-6$
を因数分解した $(ax+b)(cx+d)$ の a, b, c, d と同
じものになる。

$$
\begin{array}{rcl}
2 & \diagdown\!\!\!\!\diagup & 3 \longrightarrow 9 \\
3 & & -2 \longrightarrow \underline{-\ 4} \\
& & 5
\end{array}
$$

$$6x^2+5x\boldsymbol{y}-6\boldsymbol{y}^2 \xrightarrow{\ y\text{を除いて因数分解}\ } 6x^2+5x-6=(2x+3)(3x-2)$$
$$\xrightarrow{\ y\text{をつけ加える}\ } 6x^2+5x\boldsymbol{y}-6\boldsymbol{y}^2=(2x+3\boldsymbol{y})(3x-2\boldsymbol{y})$$

解答 $6x^2+5xy-6y^2=(2x+3y)(3x-2y)$ ………(答)

⚠ y を結果の式につけ忘れないように注意する。

43 次の式を因数分解せよ。

(1) $12x^2+5xy-2y^2$

(2) $6a^2-17ab+12b^2$

(3) $6a^2+13ab-5b^2$

(4) $4x^2+5xy-6y^2$

(5) $3x^2-11xy-4y^2$

(6) $15x^2+22xy+8y^2$

(7) $x^2+\dfrac{7}{4}xy-\dfrac{1}{2}y^2$

(8) $3x^2-\dfrac{19}{2}xy+7y^2$

44 次の式を因数分解せよ。

(1) $2(x-3)^2+7(x-3)-15$

(2) $9x^4-13x^2+4$

(3) $8x^2y^2-14xyz+5z^2$

(4) $4(x^2+2x)^2-17(x^2+2x)+15$

例題 16 $2x^2+5xy+3y^2-3x-4y+1$ を因数分解せよ。

解説 x, y のどちらについても2次式であり，どちらの2次の項の係数の約数も同じ数だけあるから，どちらの文字に着目して整理してもよい。また，別解2のように，項の次数ごとに整理して因数分解する方法もある。

解答 x について整理すると，

$$2x^2+5xy+3y^2-3x-4y+1$$
$$=2x^2+(5y-3)x+(3y^2-4y+1)$$
$$=2x^2+(5y-3)x+(y-1)(3y-1)$$
$$=\{x+(y-1)\}\{2x+(3y-1)\}$$
$$=(x+y-1)(2x+3y-1) \quad\cdots\cdots(答)$$

$$\begin{array}{ccc} 1 & y-1 & \longrightarrow \ 2y-2 \\ 2 & 3y-1 & \longrightarrow \ \dfrac{3y-1}{5y-3} \end{array}$$

別解1 y について整理すると，

$$2x^2+5xy+3y^2-3x-4y+1$$
$$=3y^2+(5x-4)y+(2x^2-3x+1)$$
$$=3y^2+(5x-4)y+(x-1)(2x-1)$$
$$=\{y+(x-1)\}\{3y+(2x-1)\}$$
$$=(x+y-1)(2x+3y-1) \quad\cdots\cdots(答)$$

$$\begin{array}{ccc} 1 & x-1 & \longrightarrow \ 3x-3 \\ 3 & 2x-1 & \longrightarrow \ \dfrac{2x-1}{5x-4} \end{array}$$

別解2 $\quad 2x^2+5xy+3y^2-3x-4y+1$
$$=(2x^2+5xy+3y^2)+(-3x-4y)+1$$
$$=(x+y)(2x+3y)+(-3x-4y)+1$$
$$=\{(x+y)-1\}\{(2x+3y)-1\}$$
$$=(x+y-1)(2x+3y-1) \quad\cdots\cdots(答)$$

$$\begin{array}{ccc} x+y & -1 & \longrightarrow \ -2x-3y \\ 2x+3y & -1 & \longrightarrow \ \dfrac{-x-y}{-3x-4y} \end{array}$$

▤▤ 演習問題 ▤▤

45 次の式を因数分解せよ。

(1) $x^2+4xy+3y^2+4y-4$

(2) $2x^2+3xy+y^2+5x+3y+2$

(3) $a^2-ab-2b^2+2a-7b-3$

(4) $2x^2-7xy+6y^2-10x+17y+12$

(5) $6x^2+xy-2y^2+x+3y-1$

(6) $2x^2-5xy-3y^2+13x+10y-7$

例題 17 因数分解を利用して，次の計算をせよ。

(1) 589^2-411^2 (2) $299^2+2\times299+1$

解説 (1)では公式 $a^2-b^2=(a+b)(a-b)$，(2)では公式 $a^2+2ab+b^2=(a+b)^2$ をそれぞれ利用する。

解答 (1) $589^2-411^2=(589+411)\times(589-411)$

$\qquad\qquad =1000\times178=178000$ ………(答)

(2) $299^2+2\times299+1=(299+1)^2$

$\qquad\qquad\qquad =300^2=90000$ ………(答)

演習問題

46 因数分解を利用して，次の計算をせよ。

(1) 683^2-317^2 (2) $3.14\times5.25^2-3.14\times4.75^2$

(3) $398^2+4\times398+4$ (4) $87^2-2\times87\times85+85^2$

(5) $98^2-5\times98-14$ (6) $1004\times1006-995^2$

例題 18 連続する2つの奇数の平方の差は，8の倍数であることを証明せよ。

解説 連続する2つの奇数は $2n+1$，$2n+3$（n は整数）と表すことができる。このことから，$(2n+3)^2-(2n+1)^2$ が8の倍数であることを示せばよい。

証明 連続する2つの奇数は，n を整数として $2n+1$，$2n+3$ と表すことができる。
よって，その平方の差は，

$$(2n+3)^2-(2n+1)^2=\{(2n+3)+(2n+1)\}\{(2n+3)-(2n+1)\}$$
$$=(4n+4)\times2$$
$$=8(n+1)$$

n は整数であるから，$n+1$ も整数である。
よって，$8(n+1)$ は8の倍数である。
ゆえに，連続する2つの奇数の平方の差は，8の倍数である。

参考 連続する2つの奇数は，n を整数として $2n-1$，$2n+1$ と表すこともできる。
このとき，

$$(2n+1)^2-(2n-1)^2=\{(2n+1)+(2n-1)\}\{(2n+1)-(2n-1)\}$$
$$=4n\times2=8n$$

となる。

47 連続する 2 つの整数の大きいほうの数の平方から小さいほうの数の平方をひいた差は，もとの 2 つの整数の和になることを証明せよ。

48 偶数の平方より 1 小さい数は，その偶数の前後の 2 つの奇数の積に等しいことを証明せよ。

49 2 けたの自然数 M がある。その自然数の十の位の数と一の位の数との和を N とするとき，M^2-N^2 は 9 の倍数であることを証明せよ。

50 右の図のように，半径 $a\,\mathrm{cm}$ の円 O がある。円 O の半径を $2b\,\mathrm{cm}$ だけ長くするとき，次の問いに答えよ。

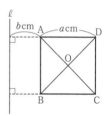

(1) 円の面積はどれだけ大きくなるか。

(2) 図の影の部分の面積を $S\,\mathrm{cm^2}$，線分 AB の中点を通る同心円（点線）の周の長さを $\ell\,\mathrm{cm}$ とするとき，$S=\mathrm{AB}\times\ell$ であることを証明せよ。

51 n を整数とするとき，n^3-n は 6 の倍数であることを証明せよ。

52 右の図で，正方形 ABCD を，直線 ℓ を軸として 1 回転させて立体をつくる。

(1) 立体の体積を $V\,\mathrm{cm^3}$ とするとき，V を a，b を使って表せ。

(2) 正方形 ABCD の対角線の交点 O のえがく円の周の長さを $L\,\mathrm{cm}$，正方形の面積を $S\,\mathrm{cm^2}$ とするとき，$V=SL$ であることを証明せよ。

1 次の計算をせよ。

(1) $\dfrac{1}{2}m(4m-6n)$

(2) $(8a-6ab^2)\div 2a$

(3) $(6a^2-12a)\times\left(-\dfrac{1}{3}a^3\right)$

(4) $(-2a)^2(a+5ab)$

(5) $(-12a^3b^3+8a^2b^3)\div(-2ab)^2$

(6) $(21a^2b-14ab^2+7ab)\div\left(-\dfrac{7}{2}ab\right)$

2 次の式を展開せよ。

(1) $(x+1)(x+8)$

(2) $(x+4)(x-9)$

(3) $(a-2)(a-10)$

(4) $(x-5)^2$

(5) $(x+3)(x-3)$

(6) $(5x-3)(2x+1)$

(7) $(7y+2)(7y-4)$

(8) $(x-5y)(x+7y)$

(9) $(-2x+1)^2$

(10) $\left(\dfrac{3}{2}p-q\right)^2$

(11) $(-a-2b)(-a+2b)$

(12) $(3a-b)(5a-6b)$

(13) $(2x+y+1)^2$

(14) $(x-2y-z)^2$

(15) $(2p-q+5)(2p-q-5)$

(16) $(x+y-3z)(x-y+3z)$

3 次の式を因数分解せよ。

(1) $2x^5+10x^3$

(2) x^2-9

(3) $x^2+13x+36$

(4) $x^2+12x+36$

(5) $x^2-10x+21$

(6) $4a^2-2a(x+y)$

(7) $x^2+3x-18$

(8) $x^2+3x-10$

(9) $81p^2-121$

(10) $49p^2-14p+1$

(11) $25a^2+20ab+4b^2$

(12) $7(a-3)b+5(3-a)$

(13) $32x^2-50y^2$

(14) $-12ax^2+12ax-3a$

(15) $\dfrac{1}{5}a^2-\dfrac{11}{5}a-12$

(16) $\dfrac{1}{6}x^2+\dfrac{2}{3}x-2$

(17) $0.3t^2+1.5t+1.8$

(18) $2x^2-7x+5$

(19) $6x^2+7x-3$

(20) $4x^2+4xy-15y^2$

(21) $6x^2-xy-12y^2$

(22) $\dfrac{1}{2}x^2+\dfrac{13}{6}xy+2y^2$

1 次の計算をせよ。 ← 1 2

(1) $\{(3ab)^2 + 12ab^3\} \div \left(-\dfrac{3}{5}ab^2\right) + (16ab^2 - 24b^3) \div (-2b^2)$

(2) $3x\{2 - 3(x+1)\} \div \left(-\dfrac{1}{2}x\right) - 16x^3(x-3) \div (-2x)^3$

(3) $\dfrac{(2x-y)^2}{6} - \dfrac{2x(x-y)}{3}$

(4) $\dfrac{(x-2y)^2}{3} - \dfrac{x(2x-3y)}{4} + \dfrac{(7x-4y)y}{12}$

(5) $\left(a + \dfrac{1}{a}\right)^2 - \left(a - \dfrac{1}{a}\right)^2$

(6) $(x-2y)^2 - 2(x-2y)(x-3y) + (x-3y)^2$

2 次の式を展開せよ。 ← 2

(1) $x(x+1)(x+2)(x+3)$

(2) $(x+1)(x-2)(x+3)(x-6)$

(3) $(x+1)^2(x-1)^2(x^2+1)^2$

3 次の式を因数分解せよ。 ← 3

(1) $a^2b^2 + 8abc + 16c^2$

(2) $12x^2y - 40xy^2 + 32y^3$

(3) $a^2 + 2ab - 2ac - 3b^2 + 2bc$

(4) $x^2 + y^2 - z^2 + 2xy + 6z - 9$

(5) $4x^2 + 4xy - 4xz + 2yz - 3z^2$

4 次の式を因数分解せよ。 ← 3

(1) $x(x-y-1) + y(1-x+y)$

(2) $x^2(x-4y) + 4xy(x-9y)$

(3) $(2x+11)^2 - (x+9)^2 - 2(x+2)^2$

(4) $(x-y)^2 + 4(xy-x-y) + 3$

(5) $4(x+y)^2 - 4(x+y)(x-y) + (x-y)^2$

(6) $3(3x^2-5x)^2 - 8(3x^2-5x) + 4$

(7) $a^2x^2 + (a^2-a+1)x - a + 1$

5 $x = \dfrac{28}{13}$, $y = \dfrac{16}{13}$ のとき, $x^2 - 10xy + 25y^2$ の値を求めよ。 ← 3

6 $(5x^4-3x^3+2x-1)(-2x^3+x^2+3x+4)$ を展開したとき，x^2 の係数および x^4 の係数をそれぞれ求めよ。　　　　　　　　　　　　　　　　　　　　　⤶ **1**

7 2つの自然数 a，b（$a>b$）について，$X=(a+b)^2-(a-b)^2$ とする。 ⤶ **2**

(1) X は4の倍数であることを証明せよ。

(2) $X=2496$ となる a，b のうち，$a-b$ の値が最も小さくなるものを求めよ。

8 連続する3つの奇数の平方の和に1を加えた数は，12の倍数であることを証明せよ。　　　　　　　　　　　　　　　　　　　　　　　　　　　　　　　　⤶ **2**

9 図1のように，自然数を1から順に横に7個ずつ並べた。その数の並びにおいて，図2のような形に並ぶ4つの数を小さい順に a，b，c，d とし，この4つの数の間に成り立つ関係について考える。　　⤶ **2**

(1) b，c，d をそれぞれ a の式で表せ。

(2) $bc-ad$ の値は一定で，7となることを証明せよ。

(3) $bd-ac$ の値は $b+c$ の値と等しくなることを証明せよ。

1	2	3	4	5	6	7
8	9	10	11	12	13	14
15	16	17	18	19	20	21
22	23	24	25	26	27	28
29	30	31	32	33	34	35
⋮	⋮	⋮	⋮	⋮	⋮	⋮

図1

a	b
c	d

図2

5	6
12	13

（例）

▒▒ 進んだ問題 ▒▒

10 次の式を因数分解せよ。　　　　　　　　　　　　　　　　　　　　　　　　⤶ **3**

(1) $a^2(b+c)+b^2(a+c)+c^2(a+b)+2abc$

(2) $(x+1)(x+2)(x+3)(x+4)-24$

(3) $(a+b)(b+c)(c+a)+abc$

(4) x^4+x^2+1

2章 平方根

1 平方根

1 平方根

(1) 2乗（平方）すると a になる数を a の**平方根**という。

(2) a が正の数であるとき，a の平方根は正，負の 2 つがあり，正の平方根を $\sqrt{a}$，負の平方根を $-\sqrt{a}$ と表す。この記号 $\sqrt{}$ を**根号**といい，$\sqrt{a}$ をルート a と読む。また，0 の平方根は 0 だけである。どのような数を 2 乗しても負の数にはならないから，負の数の平方根はない。

> **例** 5 の平方根は，$\sqrt{5}$ と $-\sqrt{5}$ 　　16 の平方根は，4 と -4

> ⚠ 5 の平方根をまとめて $\pm\sqrt{5}$ と書くことがある。

(3) $a>0$ のとき，　$(\sqrt{a})^2=a$ 　　　$(-\sqrt{a})^2=a$ 　　　$\sqrt{a^2}=a$

$a<0$ のとき，　$\sqrt{a^2}=-a$

> **例** $(\sqrt{3})^2=3$ 　　　$(-\sqrt{3})^2=3$ 　　　$\sqrt{3^2}=3$
> $\sqrt{(-3)^2}=-(-3)=3$

2 平方根の大小

$a>0$, $b>0$ のとき

(1) $a<b$ ならば $\sqrt{a}<\sqrt{b}$ 　　　(2) $\sqrt{a}<\sqrt{b}$ ならば $a<b$

> **例** $3<4<5$ であるから，$\sqrt{3}<2<\sqrt{5}$ である。

3 有理数と無理数

(1) **有理数** 　分数 $\dfrac{m}{n}$（m は整数，n は正の整数）の形で表すことができる数を**有理数**という。

> **例** $\dfrac{1}{5}$,　　$-\dfrac{10}{7}\left(=\dfrac{-10}{7}\right)$,　　$-4\left(=\dfrac{-4}{1}\right)$,　　$0.7\left(=\dfrac{7}{10}\right)$

有理数は，分数の形で表すことができるので，その分子を分母で割ると，小数で表すことができる。有理数を小数で表すと，割り切れる小数（有限小数）と，ある数字が決まった順序で限りなくくり返される小数（循環小数）に分類できる。循環小数を表すには，循環する数字，または循環する部分のはじめと終わりの数字の上に・をつけて表す。

例 有限小数 $\dfrac{1}{5}=0.2$ $-\dfrac{3}{4}=-0.75$

循環小数 $\dfrac{2}{3}=0.666\cdots=0.\overset{\cdot}{6}$ $-\dfrac{9}{11}=-0.818181\cdots=-0.\overset{\cdot}{8}\overset{\cdot}{1}$

$\dfrac{11}{7}=1.571428571428\cdots=1.\overset{\cdot}{5}7142\overset{\cdot}{8}$

(2) **無理数** 有限小数でない小数を無限小数という。有理数でない数（循環しない無限小数）を**無理数**という。

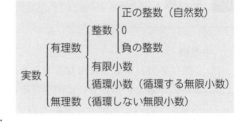

例 $\sqrt{2}=1.4142\cdots$
$-\sqrt{3}=-1.732\cdots$
$\pi=3.141592\cdots$

(3) **実数** 有理数と無理数を合わせて**実数**という。

4 **近似値と有効数字**

(1) **近似値** 測定して得られた値のように，真の値に近い値を**近似値**といい，近似値から真の値をひいた差を**誤差**という。

（誤差）＝（近似値）－（真の値）

⚠ 誤差には正の数，負の数，0 の場合が考えられるが，誤差の絶対値を単に誤差ということもある。

(2) **有効数字** 近似値を表す数で，信頼してよい数字を**有効数字**といい，その数字の個数を有効数字のけた数という。

例 体重の測定値が $58.4\,\mathrm{kg}$（近似値）であるとき，真の値 $x\,\mathrm{kg}$ は，$58.35 \leqq x < 58.45$ を満たす（誤差の絶対値は $0.05\,\mathrm{kg}$ 以下）と考えられる。このとき，測定値 $58.4\,\mathrm{kg}$ の有効数字は 5 と 8 と 4 で，有効数字のけた数は 3 である。

(3) **近似値の表し方** 有効数字をはっきりさせるために，$a \times 10^n$ または $a \times \dfrac{1}{10^n}$（a は整数部分が 1 けたの数，n は自然数）と書く表し方がある。

例 $1186\,\mathrm{m}$ の十の位を四捨五入し，近似値として表すと $1200\,\mathrm{m}$ であり，これを $1.2 \times 10^3\,\mathrm{m}$（1 と 2 が有効数字）と書く。
$0.0423\,\mathrm{g}$ の小数第 4 位を四捨五入し，近似値として表すと $0.042\,\mathrm{g}$ であり，これを $4.2 \times \dfrac{1}{10^2}\,\mathrm{g}$（4 と 2 が有効数字）と書く。

例 $\sqrt{(-13)^2}$ の値を求めてみよう。

▶ 根号の中に負の数があるときは，根号の中を正の数で表してから求めたほうがわかりやすい。

$(-13)^2 = 13^2$ であるから，

$$\sqrt{(-13)^2} = \sqrt{13^2} = 13 \quad \cdots\cdots(答)$$

参考 計算になれてきたら，まとめ **1** (3)（→ p.27）の
「$a < 0$ のとき，$\sqrt{a^2} = -a$」を使って，$\sqrt{(-13)^2} = -(-13) = 13$
としてもよい。

▒▒ 基本問題 ▒▒

1 次の数の平方根を求めよ。

(1) 81   (2) 196   (3) 3600

(4) 0.04   (5) $\dfrac{25}{64}$ (6) $\dfrac{121}{144}$

2 次の数を，根号を使わないで表せ。

(1) $\sqrt{36}$ (2) $-\sqrt{225}$ (3) $\sqrt{1600}$

(4) $\sqrt{0.25}$ (5) $\sqrt{2.25}$ (6) $-\sqrt{\dfrac{49}{169}}$

3 次の値を求めよ。

(1) $(\sqrt{11})^2$ (2) $(-\sqrt{7})^2$ (3) $\sqrt{6^2}$

(4) $\sqrt{(-8)^2}$ (5) $-\sqrt{(-5)^2}$ (6) $-\sqrt{5^4}$

4 次の(ア)〜(カ)のうち，正しくないものはどれか。

(ア) $\sqrt{25} = \pm 5$ (イ) $-\sqrt{49} = -7$

(ウ) $\sqrt{(-3)^2} = -3$ (エ) $\sqrt{0.4} = 0.2$

(オ) $(-\sqrt{6})^2 = -6$ (カ) 64 の平方根は 8 である。

5 次の各組の数の大小を，不等号を使って表せ。

(1) $\sqrt{5}$, $\sqrt{3}$ (2) $-\sqrt{6}$, $-\sqrt{2}$

(3) $\sqrt{26}$,   5   (4) $-\sqrt{7}$, -3

(5) 0.2, $\sqrt{0.05}$ (6) $-\sqrt{\dfrac{3}{8}}$, $-\dfrac{1}{2}$

6 次の実数の中で, 有理数はどれか。また, 無理数はどれか。

$$-\sqrt{2}, \quad -2, \quad \frac{3}{8}, \quad \pi, \quad -\sqrt{36}, \quad \sqrt{\frac{49}{81}}, \quad \sqrt{3}$$

7 次の問いに答えよ。

(1) 次の測定値の誤差を求めよ。

① 真の値 285 m, 測定値 293 m

② 真の値 167.8 cm, 測定値 168 cm

③ 真の値 42.7 kg, 測定値 41.5 kg

(2) 次の n の値を求めよ。

① $1240 = 1.24 \times 10^n$

② $0.075 = 7.5 \times \dfrac{1}{10^n}$

③ $0.00198 = 1.98 \times \dfrac{1}{10^n}$

例題 1 次の問いに答えよ。

(1) $3 < \sqrt{11} < 4$ であることを示せ。

(2) $\sqrt{11}$ の近似値を, 小数第2位を四捨五入して小数第1位までの小数で表せ。

解説 (1) 2つの正の数 a, b について, $a^2 < 11 < b^2$ ならば $a < \sqrt{11} < b$ であることを利用する。

(2) 3.3^2, 3.4^2 などを計算して, 11 との大小を比較する。

解答 (1) $3^2 = 9$, $4^2 = 16$ であるから,

$$3^2 < 11 < 4^2$$

ゆえに, $3 < \sqrt{11} < 4$

(2) $3.3^2 = 10.89$, $3.4^2 = 11.56$ であるから,

$$3.3^2 < 11 < 3.4^2$$

よって, $3.3 < \sqrt{11} < 3.4$

ここで, $3.35^2 = 11.2225$ であるから,

$$11 < 3.35^2$$

よって, $\sqrt{11} < 3.35$

ゆえに, $\sqrt{11}$ の小数第2位を四捨五入すると, 3.3 である。 (答) 3.3

▨▨▨ 演習問題 ▨▨▨

8 右の方眼を使って，2つの正方形⑦，⑦をかいた。

(1) 正方形⑦，⑦の面積をそれぞれ求めよ。

(2) 正方形⑦，⑦の1辺の長さをそれぞれ求め，その長さの大小を不等号を使って表せ。

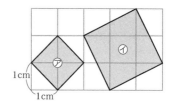

9 次の各組の数の大小を，不等号を使って表せ。

(1) $-\sqrt{12}$, -3, $-\sqrt{10}$ (2) $\dfrac{1}{2}$, $\sqrt{0.5}$, $\sqrt{\dfrac{1}{5}}$

(3) $-\dfrac{1}{3}$, $-\sqrt{0.1}$, $-\sqrt{\dfrac{1}{8}}$

10 $3<\sqrt{11}<4$ のように，$\sqrt{11}$ は2つの連続した整数3と4ではさむことができる。このように，次の数をはさむ2つの連続した整数を求めよ。

(1) $\sqrt{7}$ (2) $\sqrt{51}$ (3) $\sqrt{204.5}$

11 次の数の近似値を，小数第2位を四捨五入して小数第1位までの小数で表せ。

(1) $\sqrt{6}$ (2) $\sqrt{29}$ (3) $\sqrt{131}$

12 $\sqrt{17}<\sqrt{a}<5$ を満たす整数 a をすべて求めよ。

13 $18\leqq\sqrt{a}\leqq19$ を満たす整数 a の個数を求めよ。

14 $\sqrt{100-n^2}$ が整数となる正の整数 n をすべて求めよ。

15 次の問いに答えよ。

(1) ある数 a の有効数字3けたの近似値が次の値のとき，a の値の範囲を不等式を使って表せ。

① 72.6 ② 1.41

(2) 次の近似値の有効数字が，〔 〕の中に示されたけたの数であるとき，それぞれの近似値を，整数部分が1けたの数と，10の累乗との積の形で表せ。

① 8200 〔2けた〕 ② 33000 〔3けた〕

③ 0.031 〔2けた〕 ④ 0.0520 〔3けた〕

(3) 次の数を，〔 〕の中に示された位以下を四捨五入して，整数部分が1けたの数と，10の累乗との積の形で表せ。

① 9451 〔百の位〕 ② 38012 〔十の位〕

③ 0.5761 〔小数第3位〕 ④ 0.02032 〔小数第4位〕

1 **分数は有限小数か循環小数で表すことができる。**

(1) 分母が 2, 5 以外の素因数をふくまない分数は,

$$\frac{3}{8} = \frac{3}{2^3} = \frac{3 \times 5^3}{2^3 \times 5^3} = \frac{375}{1000} = 0.375$$

$$\frac{7}{250} = \frac{7}{2 \times 5^3} = \frac{7 \times 2^2}{2^3 \times 5^3} = \frac{28}{1000} = 0.028$$

のように有限小数で表すことができる。

(2) 分母が 2, 5 以外の素因数をふくむ分数は,分子を分母で割ると割り切れず,割り算の各段階で出てくる余りに同じものがあらわれると,それ以降は同じ割り算をくり返す。したがって,商も同じものがくり返してあらわれる。

たとえば,$\dfrac{7}{22}$ は右のように計算を行うと,余りは 22 より小さい整数であるから,多くても 21 回で同じ余りがあらわれる。この場合,同じ余り 4 があらわれた以降は同じ割り算をくり返す。

したがって,$\dfrac{7}{22}$ は循環小数 $0.3\overset{..}{1}\overset{.}{8}$ で表すことができる。

```
        0.3181
 22)7.0
     66
     ─────
      40
      22
     ─────
     180
     176
     ─────
       40
       22
     ─────
       18
```

2 **有限小数,循環小数は分数で表すことができる。**

(1) 有限小数が分数で表すことができることは,次のようにしてわかる。

$$0.35 = \frac{35}{100} = \frac{7}{20} \qquad 0.024 = \frac{24}{1000} = \frac{3}{125}$$

(2) 循環小数は,次のようにして分数で表すことができる。

(i) $0.\overset{..}{3}\overset{..}{6}$ の場合

$0.\overset{..}{3}\overset{..}{6} = 0.363636\cdots = A$ とおくと,

$\qquad 100A = 36.3636\cdots$ ……①

$\qquad A = 0.3636\cdots$ ……②

①-② より,

$\qquad 99A = 36$

よって,$\qquad A = \dfrac{36}{99} = \dfrac{4}{11}$

ゆえに,$\quad 0.\overset{..}{3}\overset{..}{6} = \dfrac{4}{11}$

(ii) $0.3\overset{.}{6}$ の場合

$0.3\overset{.}{6} = 0.3666\cdots = B$ とおくと,

$\qquad 100B = 36.66\cdots$ ……③

$\qquad 10B = 3.66\cdots$ ……④

③-④ より,

$\qquad\qquad 90B = 33$

よって,$\qquad B = \dfrac{33}{90} = \dfrac{11}{30}$

ゆえに,$\quad 0.3\overset{.}{6} = \dfrac{11}{30}$

研究問題

16 次の分数を小数で表せ。

(1) $\dfrac{5}{9}$　　　　(2) $\dfrac{1}{11}$　　　　(3) $\dfrac{4}{27}$　　　　(4) $\dfrac{5}{12}$

17 次の循環小数を分数で表せ。

(1) $0.\dot{7}$　　(2) $0.\dot{6}\dot{9}$　　(3) $0.2\dot{1}\dot{6}$　　(4) $1.5\dot{3}$　　(5) $0.4\dot{6}\dot{3}$

✍ **研究** 背理法（「$\sqrt{2}$ が無理数である」ことの証明）

背理法

　命題「p であるならば q である」を証明するには次のような方法がある。「p である」ならば，結論は「q である」か「q でない」かのどちらかであり，このうちの一方は必ず成り立つから，「q でない」と仮定して矛盾が起こるならば，結論は「q である」しかない。

　このように，ある命題を証明するとき，その命題の結論を否定すると矛盾が生じることから，もとの命題が正しいことを導く証明法を**背理法**という。

[背理法による証明の手順]

「p であるならば q である」ことを，背理法によって証明する。

① 「q でない」と仮定する。
② 「p である」などに対しての矛盾を導く。
③ 矛盾が生じたのは，①のように仮定したためである。
④ ゆえに，「p であるならば q である」が成り立つ。

　背理法を利用して，「m^2 が偶数ならば m は偶数である」ことを証明してみよう。「m^2 が偶数である」ならば，「m は偶数である」か「m は奇数である」かのどちらかであるから，「m^2 は偶数であるが，m は奇数であるものがある」と仮定して，矛盾が起こることを示す。

● 「m^2 が偶数ならば m は偶数である」ことの証明

[証明]　m^2 が偶数のとき，m が偶数でない，すなわち m は奇数であると仮定する。

　　　　このとき，k を整数とすると，$m = 2k+1$　と表される。

　　　　よって，　　　$m^2 = (2k+1)^2 = 4k^2 + 4k + 1 = 2(2k^2 + 2k) + 1$

　　　　k は整数であるから，$2k^2 + 2k$ も整数であるので，m^2 は奇数である。

　　　　これは，m^2 が偶数であることに矛盾する。

　　　　このことは，m は奇数であると仮定したことによる。

　　　　ゆえに，m^2 が偶数ならば m は偶数である。

■ 「$\sqrt{2}$ が無理数である」ことの証明

実数は，有理数か無理数かのどちらかである。有理数は，分母と分子が 1 以外に公約数をもたない分数（既約分数）で表される。無理数は，分数で表すことができない。

「$\sqrt{2}$ が無理数である」ことを証明するには，背理法を利用すればよい。$\sqrt{2}$ は実数であるから，有理数か無理数かのどちらかである。$\sqrt{2}$ が無理数でないと仮定すると，$\sqrt{2}$ は有理数である。有理数は既約分数で表される。このことから矛盾が起こることを示し，$\sqrt{2}$ が既約分数で表すことができない，すなわち，有理数でないことを示す。

●「$\sqrt{2}$ が無理数である」ことの証明

証明　$\sqrt{2}$ が有理数であると仮定すると，1 以外に公約数をもたない自然数 m, n を使って，

$$\sqrt{2} = \frac{m}{n}$$

と表される。この式の両辺を 2 乗すると，

$$2 = \frac{m^2}{n^2}$$

$$2n^2 = m^2 \quad \cdots\cdots\cdots ①$$

①の左辺の $2n^2$ は偶数であるから，右辺の m^2 も偶数である。

ここで，m^2 が偶数ならば m は偶数である（前ページの証明参照）から，k を自然数とすると，$m = 2k$ と表される。これを①に代入すると，

$$2n^2 = 4k^2$$

この式の両辺を 2 で割ると，

$$n^2 = 2k^2$$

$2k^2$ は偶数であるから，n^2 は偶数であり，n は偶数である。

よって，m, n はともに偶数となり，2 を公約数にもつから，m と n が 1 以外に公約数をもたない自然数であることに矛盾する。

このことは，$\sqrt{2}$ が有理数であると仮定したことによる。

ゆえに，$\sqrt{2}$ は有理数ではない。すなわち，$\sqrt{2}$ は無理数である。

▨ 研究問題 ▨

18 a, b, c, d が有理数で，$a + b\sqrt{2} = c + d\sqrt{2}$ ならば，$a = c$ かつ $b = d$ であることを，$\sqrt{2}$ が無理数であることを利用して証明せよ。

2 根号をふくむ式の計算

□1 **乗法と除法**

$a>0$, $b>0$ のとき,

$$\sqrt{a}\,\sqrt{b}=\sqrt{ab} \qquad \frac{\sqrt{a}}{\sqrt{b}}=\sqrt{\frac{a}{b}}$$

例 $\sqrt{2}\times\sqrt{3}=\sqrt{2}\,\sqrt{3}=\sqrt{2\times3}=\sqrt{6}$ $\qquad \dfrac{\sqrt{15}}{\sqrt{3}}=\sqrt{\dfrac{15}{3}}=\sqrt{5}$

⚠ $\sqrt{a}\times\sqrt{b}$ を $\sqrt{a}\,\sqrt{b}$ とも書く。

□2 **分母の有理化**

分母に根号をふくむ分数を,分母に根号をふくまない分数に変形することを,分母を**有理化する**という。

例 $\dfrac{1}{\sqrt{3}}=\dfrac{1\times\sqrt{3}}{\sqrt{3}\times\sqrt{3}}=\dfrac{\sqrt{3}}{3}$ $\qquad \dfrac{5}{2\sqrt{7}}=\dfrac{5\times\sqrt{7}}{2\sqrt{7}\times\sqrt{7}}=\dfrac{5\sqrt{7}}{14}$

□3 **加法と減法**

$a>0$ のとき,

$$m\sqrt{a}+n\sqrt{a}=(m+n)\sqrt{a} \qquad m\sqrt{a}-n\sqrt{a}=(m-n)\sqrt{a}$$

例 $4\sqrt{3}+6\sqrt{3}=(4+6)\sqrt{3}=10\sqrt{3}$

$2\sqrt{6}-8\sqrt{6}=(2-8)\sqrt{6}=-6\sqrt{6}$

根号をふくむ式の計算①

例 次の数を変形して,根号の中の数ができるだけ小さい自然数となるようにしてみよう。

(1) $\sqrt{45}$ $\qquad\qquad$ (2) $\sqrt{0.03}$

▶ (1) 45 を素因数分解すると,$45=3^2\times5$ であるから,

$$\sqrt{45}=\sqrt{3^2\times5}=\sqrt{3^2}\times\sqrt{5}=3\times\sqrt{5}=3\sqrt{5} \ \cdots\cdots\cdots(\text{答})$$

(2) $0.03=\dfrac{3}{100}=\dfrac{3}{10^2}$ であるから,

$$\sqrt{0.03}=\sqrt{\frac{3}{100}}=\sqrt{\frac{3}{10^2}}=\frac{\sqrt{3}}{\sqrt{10^2}}=\frac{\sqrt{3}}{10} \ \cdots\cdots\cdots(\text{答})$$

⚠ 一般に,$a>0$, $b>0$ のとき,$\sqrt{a^2b}=a\sqrt{b}$,$\sqrt{\dfrac{a}{b^2}}=\dfrac{\sqrt{a}}{b}$ が成り立つ。

⚠ (2) $\dfrac{\sqrt{3}}{10}$ は $\dfrac{1}{10}\sqrt{3}$ と表してもよい。

19 次の ☐ にあてはまる整数を求めよ。

(1) $\sqrt{5}\sqrt{7} = \sqrt{\boxed{}}$

(2) $\dfrac{\sqrt{21}}{\sqrt{7}} = \sqrt{\boxed{}}$

(3) $\sqrt{2}\sqrt{\boxed{}} = \sqrt{30}$

(4) $\dfrac{\sqrt{42}}{\sqrt{\boxed{}}} = \sqrt{6}$

(5) $\dfrac{\sqrt{\boxed{}}}{\sqrt{5}} = \sqrt{14}$

(6) $4\sqrt{3} = \sqrt{\boxed{}}$

(7) $\dfrac{\sqrt{50}}{5} = \sqrt{\boxed{}}$

(8) $10\sqrt{\boxed{}} = \sqrt{7000}$

(9) $\dfrac{\sqrt{\boxed{}}}{6} = \sqrt{10}$

(10) $\dfrac{\sqrt{15}}{3} = \sqrt{\dfrac{\boxed{}}{3}}$

20 次の数を，$a\sqrt{b}$ の形で表せ。ただし，b はできるだけ小さい自然数とする。

(1) $\sqrt{18}$

(2) $\sqrt{54}$

(3) $\sqrt{242}$

(4) $\sqrt{360}$

(5) $\sqrt{125}$

(6) $\sqrt{243}$

21 次の数の分母を有理化せよ。

(1) $\dfrac{1}{\sqrt{5}}$

(2) $\dfrac{12}{\sqrt{6}}$

(3) $\dfrac{\sqrt{2}}{\sqrt{3}}$

(4) $\dfrac{7}{3\sqrt{5}}$

(5) $\dfrac{\sqrt{7}}{2\sqrt{2}}$

(6) $\dfrac{14\sqrt{3}}{\sqrt{7}}$

根号をふくむ式の計算②

例 $\sqrt{6} - \dfrac{3\sqrt{6}}{4} - \dfrac{\sqrt{6}}{2}$ を計算してみよう。

▶ 根号の部分がすべて $\sqrt{6}$ であるから，$\sqrt{6}$ を a とおくと，

$$a - \dfrac{3a}{4} - \dfrac{a}{2} = \left(1 - \dfrac{3}{4} - \dfrac{1}{2}\right)a$$

が成り立つ。これと同じように考えると，

$$\sqrt{6} - \dfrac{3\sqrt{6}}{4} - \dfrac{\sqrt{6}}{2} = \left(1 - \dfrac{3}{4} - \dfrac{1}{2}\right)\sqrt{6} = -\dfrac{\sqrt{6}}{4} \quad\cdots\cdots\cdots(答)$$

⚠ $\dfrac{3\sqrt{6}}{4}$ は $\dfrac{3}{4}\sqrt{6}$，$-\dfrac{\sqrt{6}}{2}$ は $-\dfrac{1}{2}\sqrt{6}$ と表してもよい。

22 次の計算をせよ。

(1) $4\sqrt{3}+2\sqrt{3}$

(2) $5\sqrt{6}-7\sqrt{6}$

(3) $\sqrt{2}+2\sqrt{2}-3\sqrt{2}$

(4) $2\sqrt{3}-\sqrt{5}-4\sqrt{3}+2\sqrt{5}$

(5) $\dfrac{\sqrt{7}}{2}-\dfrac{\sqrt{7}}{3}$

(6) $\sqrt{11}+\dfrac{3\sqrt{11}}{4}-\dfrac{5\sqrt{11}}{2}$

例題 2 $\sqrt{3.42}=1.8493,\ \sqrt{34.2}=5.8481$ として，次の値を求めよ。

(1) $\sqrt{342}$

(2) $\sqrt{0.00342}$

解説 $a>0$ のとき，$\sqrt{a\times100}=\sqrt{a}\times10,\ \sqrt{a\times10000}=\sqrt{a}\times100$ である。

また，　$\sqrt{a\times0.01}=\sqrt{\dfrac{a}{100}}=\dfrac{\sqrt{a}}{10}=\sqrt{a}\times0.1$

$$\sqrt{a\times0.0001}=\sqrt{\dfrac{a}{10000}}=\dfrac{\sqrt{a}}{100}=\sqrt{a}\times0.01$$

であるから，根号の中の数の小数点の位置が 2 けたずれるごとに，その数の平方根の小数点の位置は，同じ向きに 1 けたずつずれる。

解答 (1) $\sqrt{342}=\sqrt{3.42\times100}$

$\qquad\qquad =\sqrt{3.42}\times10$

$\qquad\qquad =1.8493\times10$

$\qquad\qquad =18.493$ ………（答）

(2) $\sqrt{0.00342}=\sqrt{\dfrac{34.2}{10000}}$

$\qquad\qquad =\dfrac{\sqrt{34.2}}{100}$

$\qquad\qquad =\dfrac{5.8481}{100}$

$\qquad\qquad =0.058481$ ………（答）

演習問題

23 $\sqrt{2.34}=1.5297,\ \sqrt{23.4}=4.8374$ として，次の値を求めよ。

(1) $\sqrt{234}$

(2) $\sqrt{2340}$

(3) $\sqrt{2340000}$

(4) $\sqrt{0.234}$

(5) $\sqrt{0.0234}$

(6) $\sqrt{0.0000234}$

例題 3 次の計算をせよ。

(1) $\sqrt{28} \times \sqrt{42} \div \sqrt{120}$

(2) $\sqrt{48} + 2\sqrt{32} - \sqrt{27} - \sqrt{72}$

(3) $(\sqrt{96} + \sqrt{54} - 3\sqrt{24}) \div \sqrt{6}$

(4) $\dfrac{\sqrt{6}}{3} - \dfrac{\sqrt{3}}{\sqrt{2}}$

解説 (1)～(3)は，$\sqrt{28} = 2\sqrt{7}$，$\sqrt{48} = 4\sqrt{3}$ のように変形してから計算する。

(4)は，分母を有理化してから計算する。

解答 (1) $\sqrt{28} \times \sqrt{42} \div \sqrt{120} = 2\sqrt{7} \times \sqrt{42} \div 2\sqrt{30}$

$$= \frac{2\sqrt{7} \times \sqrt{42}}{2\sqrt{30}} = \sqrt{\frac{7 \times 42}{30}} = \sqrt{\frac{7^2}{5}}$$

$$= \frac{7}{\sqrt{5}} = \frac{7 \times \sqrt{5}}{\sqrt{5} \times \sqrt{5}} = \frac{7\sqrt{5}}{5} \quad \cdots\cdots\cdots (答)$$

(2) $\sqrt{48} + 2\sqrt{32} - \sqrt{27} - \sqrt{72} = 4\sqrt{3} + 2 \times 4\sqrt{2} - 3\sqrt{3} - 6\sqrt{2}$

$$= 4\sqrt{3} + 8\sqrt{2} - 3\sqrt{3} - 6\sqrt{2}$$

$$= \sqrt{3} + 2\sqrt{2} \quad \cdots\cdots\cdots (答)$$

(3) $(\sqrt{96} + \sqrt{54} - 3\sqrt{24}) \div \sqrt{6} = (4\sqrt{6} + 3\sqrt{6} - 3 \times 2\sqrt{6}) \div \sqrt{6}$

$$= (4\sqrt{6} + 3\sqrt{6} - 6\sqrt{6}) \div \sqrt{6}$$

$$= \sqrt{6} \div \sqrt{6} = 1 \quad \cdots\cdots\cdots (答)$$

(4) $\dfrac{\sqrt{6}}{3} - \dfrac{\sqrt{3}}{\sqrt{2}} = \dfrac{\sqrt{6}}{3} - \dfrac{\sqrt{3} \times \sqrt{2}}{\sqrt{2} \times \sqrt{2}} = \dfrac{\sqrt{6}}{3} - \dfrac{\sqrt{6}}{2}$

$$= \frac{2\sqrt{6}}{6} - \frac{3\sqrt{6}}{6} = -\frac{\sqrt{6}}{6} \quad \cdots\cdots\cdots (答)$$

参考 (1) $\sqrt{28} \times \sqrt{42} \div \sqrt{120} = \sqrt{\dfrac{28 \times 42}{120}} = \sqrt{\dfrac{7 \times 7}{5}} = \dfrac{7}{\sqrt{5}} = \dfrac{7\sqrt{5}}{5}$ としてもよい。

(3) $\dfrac{\sqrt{96}}{\sqrt{6}} + \dfrac{\sqrt{54}}{\sqrt{6}} - \dfrac{3\sqrt{24}}{\sqrt{6}} = \sqrt{\dfrac{96}{6}} + \sqrt{\dfrac{54}{6}} - 3\sqrt{\dfrac{24}{6}} = \sqrt{16} + \sqrt{9} - 3\sqrt{4}$

$= 4 + 3 - 3 \times 2 = 1$ としてもよい。

═══ **演習問題** ═══

24 次の計算をせよ。

(1) $\sqrt{45} \times \sqrt{5}$

(2) $\sqrt{21} \times \sqrt{28}$

(3) $\sqrt{8} \times (-3\sqrt{2})$

(4) $2\sqrt{12} \times 3\sqrt{32}$

(5) $\sqrt{14} \times \sqrt{27} \times \sqrt{28}$

(6) $2\sqrt{3} \times (-\sqrt{15}) \times \sqrt{8}$

(7) $\sqrt{42} \times \dfrac{5\sqrt{7}}{3} \times (-\sqrt{6})$

(8) $\sqrt{35} \times \left(-\dfrac{3\sqrt{10}}{2}\right) \times (-6\sqrt{14})$

25 次の計算をせよ。

(1) $\sqrt{45} \div \sqrt{80}$

(2) $\sqrt{42} \div \sqrt{56}$

(3) $\sqrt{21} \times (-\sqrt{35}) \div \sqrt{135}$

(4) $8\sqrt{78} \div \sqrt{26} \div 2\sqrt{3}$

(5) $2\sqrt{75} \div 4\sqrt{3} \div 3\sqrt{5}$

(6) $-3\sqrt{3} \div 2\sqrt{15} \times (-\sqrt{20})$

26 次の計算をせよ。

(1) $2\sqrt{5} + \sqrt{45}$

(2) $\sqrt{27} + \sqrt{12}$

(3) $\sqrt{18} - \sqrt{8}$

(4) $-\sqrt{3} + \sqrt{48}$

(5) $2\sqrt{6} - 2\sqrt{24}$

(6) $-5\sqrt{28} - \sqrt{63}$

(7) $\dfrac{\sqrt{3}}{2} + \dfrac{\sqrt{75}}{4}$

(8) $\dfrac{\sqrt{80}}{3} - \dfrac{\sqrt{125}}{4}$

(9) $\dfrac{\sqrt{96}}{3} - \dfrac{\sqrt{150}}{6}$

(10) $\dfrac{\sqrt{98}}{8} - \dfrac{\sqrt{242}}{4}$

27 次の計算をせよ。

(1) $\sqrt{8} + \sqrt{18} - \sqrt{32}$

(2) $2\sqrt{8} - \sqrt{50} + \sqrt{72}$

(3) $2\sqrt{3} + \sqrt{20} - 3\sqrt{5} + \sqrt{48}$

(4) $2\sqrt{28} - \sqrt{63} - \sqrt{175} + 2\sqrt{112}$

(5) $\sqrt{45} - \sqrt{24} - \dfrac{\sqrt{20}}{2} + \dfrac{\sqrt{54}}{4}$

(6) $\dfrac{2\sqrt{2}}{3} - \dfrac{\sqrt{3}}{2} + \sqrt{75} - \dfrac{\sqrt{8}}{5}$

(7) $15\sqrt{\dfrac{18}{25}} + 6\sqrt{\dfrac{2}{9}} - 5\sqrt{8}$

(8) $\sqrt{72} + \dfrac{\sqrt{98}}{2} - \sqrt{\dfrac{2}{25}} - \sqrt{32}$

28 次の計算をせよ。

(1) $(\sqrt{72} - \sqrt{32}) \div \sqrt{8}$

(2) $(\sqrt{128} + \sqrt{98} - \sqrt{18}) \div \sqrt{18}$

(3) $\dfrac{\sqrt{108} + 4\sqrt{3} - \sqrt{27}}{2\sqrt{3}}$

(4) $\sqrt{12} - \dfrac{6}{\sqrt{3}}$

(5) $\sqrt{54} - 4\sqrt{6} + \dfrac{12}{\sqrt{6}}$

(6) $\sqrt{\dfrac{2}{7}} + \sqrt{\dfrac{7}{2}}$

(7) $\dfrac{1}{\sqrt{3}} + \dfrac{1}{\sqrt{27}}$

(8) $\dfrac{4\sqrt{5}}{\sqrt{3}} - \dfrac{8}{\sqrt{15}} + \dfrac{\sqrt{3}}{\sqrt{5}}$

29 次の計算をせよ。

(1) $\dfrac{\sqrt{12} - \sqrt{10}}{\sqrt{2}}$

(2) $\dfrac{2\sqrt{3} - 3}{\sqrt{3}}$

(3) $(\sqrt{6} + \sqrt{2}) \div \sqrt{3}$

(4) $\dfrac{\sqrt{5} - \sqrt{3}}{\sqrt{2}}$

30 次の計算をせよ。

(1) $\sqrt{3} \times \sqrt{6} + \sqrt{8}$

(2) $5\sqrt{3} \times \sqrt{21} - \sqrt{28}$

(3) $\sqrt{6} \times \sqrt{96} + \sqrt{2} \times \sqrt{18}$

(4) $\sqrt{45} + \sqrt{15} \div \sqrt{3}$

(5) $\sqrt{135} \div \sqrt{5} - \sqrt{225} \div \sqrt{3}$

(6) $\dfrac{\sqrt{72}}{2} \times \sqrt{3} + \sqrt{48} \div \sqrt{18} - \dfrac{\sqrt{6}}{3}$

例題④ 次の計算をせよ。

(1) $(3\sqrt{2} + \sqrt{3})(\sqrt{2} - 4\sqrt{3})$

(2) $(2\sqrt{3} - \sqrt{2})^2$

(3) $(2\sqrt{7} + 3\sqrt{5})(2\sqrt{7} - 3\sqrt{5})$

解説 分配法則や乗法公式を使って展開する。(2)は公式 $(a-b)^2 = a^2 - 2ab + b^2$,

(3)は公式 $(a+b)(a-b) = a^2 - b^2$ をそれぞれ使う。

解答 (1) $(3\sqrt{2} + \sqrt{3})(\sqrt{2} - 4\sqrt{3}) = 3\sqrt{2} \times \sqrt{2} - 3\sqrt{2} \times 4\sqrt{3} + \sqrt{3} \times \sqrt{2} - \sqrt{3} \times 4\sqrt{3}$

$\qquad\qquad\qquad\qquad\qquad\qquad = 6 - 12\sqrt{6} + \sqrt{6} - 12$

$\qquad\qquad\qquad\qquad\qquad\qquad = -6 - 11\sqrt{6}$ ………(答)

(2) $(2\sqrt{3} - \sqrt{2})^2 = (2\sqrt{3})^2 - 2 \times 2\sqrt{3} \times \sqrt{2} + (\sqrt{2})^2$

$\qquad\qquad\qquad\quad = 12 - 4\sqrt{6} + 2$

$\qquad\qquad\qquad\quad = 14 - 4\sqrt{6}$ ………(答)

(3) $(2\sqrt{7} + 3\sqrt{5})(2\sqrt{7} - 3\sqrt{5}) = (2\sqrt{7})^2 - (3\sqrt{5})^2$

$\qquad\qquad\qquad\qquad\qquad\qquad = 28 - 45 = -17$ ………(答)

演習問題

31 次の計算をせよ。

(1) $\sqrt{6}(2\sqrt{3} - 3\sqrt{2})$

(2) $2\sqrt{2}(\sqrt{14} + \sqrt{10})$

(3) $\sqrt{3}(\sqrt{30} - \sqrt{6}) + 4\sqrt{2}$

(4) $\sqrt{3}(2\sqrt{15} - \sqrt{6}) - \sqrt{7}(2\sqrt{35} - 2\sqrt{14})$

32 次の計算をせよ。

(1) $(\sqrt{7} + \sqrt{2})(2\sqrt{7} + 5\sqrt{2})$

(2) $(\sqrt{3} + \sqrt{5})(3\sqrt{3} - \sqrt{5})$

(3) $(2\sqrt{11} + 1)(2\sqrt{11} - 3)$

(4) $(\sqrt{5} + \sqrt{2})^2$

(5) $(3\sqrt{2} - 2\sqrt{6})^2$

(6) $(3\sqrt{5} + \sqrt{13})(3\sqrt{5} - \sqrt{13})$

(7) $(\sqrt{8} - 3\sqrt{3})(2\sqrt{2} + \sqrt{27})$

(8) $(\sqrt{2} + \sqrt{3} - \sqrt{5})^2$

33 次の計算をせよ。

(1) $(\sqrt{8}+\sqrt{3}-\sqrt{2})(\sqrt{3}-\sqrt{2})$

(2) $(\sqrt{2}-\sqrt{6})^2-(4-2\sqrt{2})(4+2\sqrt{2})$

(3) $(\sqrt{7}-\sqrt{6})^2-\sqrt{2}(\sqrt{8}-\sqrt{84})$

(4) $(\sqrt{5}+\sqrt{3}-\sqrt{2})(\sqrt{5}-\sqrt{3}+\sqrt{2})$

(5) $(3\sqrt{2}-2\sqrt{3})^2+6(\sqrt{2}+\sqrt{3}+\sqrt{5})(\sqrt{2}+\sqrt{3}-\sqrt{5})$

(6) $(\sqrt{2}+\sqrt{3}+\sqrt{6})^2-(\sqrt{2}+\sqrt{3}-\sqrt{6})^2$

(7) $\left(\dfrac{\sqrt{5}+\sqrt{3}}{2}\right)^2\left(\dfrac{\sqrt{5}-\sqrt{3}}{2}\right)^2$

例題 5 次の式の分母を有理化せよ。

(1) $\dfrac{2}{\sqrt{3}-1}$　　　　　(2) $\dfrac{\sqrt{7}-\sqrt{5}}{\sqrt{7}+\sqrt{5}}$

解説 分母を有理化するには，公式 $(\sqrt{a}+\sqrt{b})(\sqrt{a}-\sqrt{b})=(\sqrt{a})^2-(\sqrt{b})^2=a-b$ を使う。すなわち，分母が $\sqrt{a}-\sqrt{b}$ のとき，分母，分子に $\sqrt{a}+\sqrt{b}$ をかけ，分母が $\sqrt{a}+\sqrt{b}$ のとき，分母，分子に $\sqrt{a}-\sqrt{b}$ をかける。

解答 (1) $\dfrac{2}{\sqrt{3}-1}$

$=\dfrac{2(\sqrt{3}+1)}{(\sqrt{3}-1)(\sqrt{3}+1)}$

$=\dfrac{2(\sqrt{3}+1)}{3-1}$

$=\dfrac{2(\sqrt{3}+1)}{2}$

$=\sqrt{3}+1$ ………(答)

(2) $\dfrac{\sqrt{7}-\sqrt{5}}{\sqrt{7}+\sqrt{5}}$

$=\dfrac{(\sqrt{7}-\sqrt{5})^2}{(\sqrt{7}+\sqrt{5})(\sqrt{7}-\sqrt{5})}$

$=\dfrac{7-2\sqrt{35}+5}{7-5}$

$=\dfrac{12-2\sqrt{35}}{2}$

$=6-\sqrt{35}$ ………(答)

演習問題

34 次の式の分母を有理化せよ。

(1) $\dfrac{6}{\sqrt{7}+1}$　　　　(2) $\dfrac{\sqrt{3}}{\sqrt{5}-\sqrt{2}}$　　　　(3) $\dfrac{3\sqrt{2}}{2\sqrt{2}+\sqrt{5}}$

(4) $\dfrac{\sqrt{2}+1}{\sqrt{2}-1}$　　　　(5) $\dfrac{\sqrt{2}+\sqrt{3}}{\sqrt{6}+\sqrt{3}}$　　　　(6) $\dfrac{\sqrt{10}-2\sqrt{3}}{\sqrt{10}-2\sqrt{2}}$

次の計算をせよ。

(1) $\dfrac{3+\sqrt{2}}{\sqrt{3}} - \dfrac{3+\sqrt{8}}{\sqrt{6}}$

(2) $\dfrac{\sqrt{11}+\sqrt{7}}{\sqrt{11}-\sqrt{7}} - \dfrac{\sqrt{11}-\sqrt{7}}{\sqrt{11}+\sqrt{7}}$

解説 分母を有理化してから計算する。

解答 (1) $\dfrac{3+\sqrt{2}}{\sqrt{3}} - \dfrac{3+\sqrt{8}}{\sqrt{6}}$

$= \dfrac{(3+\sqrt{2})\times\sqrt{3}}{\sqrt{3}\times\sqrt{3}} - \dfrac{(3+\sqrt{8})\times\sqrt{6}}{\sqrt{6}\times\sqrt{6}} = \dfrac{3\sqrt{3}+\sqrt{6}}{3} - \dfrac{3\sqrt{6}+4\sqrt{3}}{6}$

$= \dfrac{2(3\sqrt{3}+\sqrt{6})-(3\sqrt{6}+4\sqrt{3})}{6}$

$= \dfrac{2\sqrt{3}-\sqrt{6}}{6}$ ………(答)

(2) $\dfrac{\sqrt{11}+\sqrt{7}}{\sqrt{11}-\sqrt{7}} - \dfrac{\sqrt{11}-\sqrt{7}}{\sqrt{11}+\sqrt{7}}$

$= \dfrac{(\sqrt{11}+\sqrt{7})^2}{(\sqrt{11}-\sqrt{7})(\sqrt{11}+\sqrt{7})} - \dfrac{(\sqrt{11}-\sqrt{7})^2}{(\sqrt{11}+\sqrt{7})(\sqrt{11}-\sqrt{7})}$

$= \dfrac{11+2\sqrt{77}+7}{11-7} - \dfrac{11-2\sqrt{77}+7}{11-7}$

$= \dfrac{(18+2\sqrt{77})-(18-2\sqrt{77})}{4}$

$= \dfrac{4\sqrt{77}}{4} = \sqrt{77}$ ………(答)

参考 (2) $\dfrac{\sqrt{11}+\sqrt{7}}{\sqrt{11}-\sqrt{7}} - \dfrac{\sqrt{11}-\sqrt{7}}{\sqrt{11}+\sqrt{7}} = \dfrac{(\sqrt{11}+\sqrt{7})^2-(\sqrt{11}-\sqrt{7})^2}{(\sqrt{11}-\sqrt{7})(\sqrt{11}+\sqrt{7})}$

$= \dfrac{\{(\sqrt{11}+\sqrt{7})+(\sqrt{11}-\sqrt{7})\}\{(\sqrt{11}+\sqrt{7})-(\sqrt{11}-\sqrt{7})\}}{11-7}$

$= \dfrac{2\sqrt{11}\times2\sqrt{7}}{4} = \sqrt{77}$ としてもよい。

演習問題

35 次の計算をせよ。

(1) $\dfrac{\sqrt{2}+\sqrt{3}}{\sqrt{6}} + \dfrac{\sqrt{6}-1}{3\sqrt{2}}$

(2) $\dfrac{\sqrt{7}}{\sqrt{7}-\sqrt{5}} - \dfrac{\sqrt{5}}{\sqrt{7}+\sqrt{5}}$

(3) $\dfrac{\sqrt{5}-\sqrt{3}}{\sqrt{5}+\sqrt{3}} + \dfrac{\sqrt{5}+\sqrt{3}}{\sqrt{5}-\sqrt{3}}$

(4) $\dfrac{2}{\sqrt{5}+\sqrt{3}} - \dfrac{3}{\sqrt{5}-\sqrt{2}} + \dfrac{1}{\sqrt{3}-\sqrt{2}}$

例題(7) $\sqrt{2}=1.414$，$\sqrt{3}=1.732$ として，次の値を求めよ。

(1) $\dfrac{1}{\sqrt{2}}$　　　(2) $2\sqrt{6}\times\sqrt{2}-\sqrt{15}\times\sqrt{5}$　　　(3) $\dfrac{1}{\sqrt{3}-\sqrt{2}}$

解説 $\sqrt{2}=1.414$，$\sqrt{3}=1.732$ をそのまま代入するのではなく，式を整理してから代入する。

解答 (1) $\dfrac{1}{\sqrt{2}}=\dfrac{\sqrt{2}}{2}=\dfrac{1.414}{2}=0.707$ ………(答)

(2) $2\sqrt{6}\times\sqrt{2}-\sqrt{15}\times\sqrt{5}=4\sqrt{3}-5\sqrt{3}=-\sqrt{3}=-1.732$ ………(答)

(3) $\dfrac{1}{\sqrt{3}-\sqrt{2}}=\dfrac{\sqrt{3}+\sqrt{2}}{(\sqrt{3}-\sqrt{2})(\sqrt{3}+\sqrt{2})}=\sqrt{3}+\sqrt{2}$

$\qquad\qquad\qquad =1.732+1.414=3.146$ ………(答)

演習問題

36 $\sqrt{2}=1.414$，$\sqrt{3}=1.732$ として，次の値を求めよ。

(1) $\dfrac{6}{\sqrt{3}}$　　　　　　　　　(2) $\sqrt{48}-\sqrt{50}$

(3) $\sqrt{3}\times\sqrt{24}-\sqrt{3}\times\sqrt{6}$　　　　(4) $\dfrac{\sqrt{6}+2}{\sqrt{3}+\sqrt{2}}$

例題(8) $x=2\sqrt{3}+3\sqrt{2}$，$y=2\sqrt{3}-3\sqrt{2}$ のとき，次の式の値を求めよ。

(1) $x+y$　　　(2) xy　　　(3) x^2y+xy^2　　　(4) x^2+y^2

解説 (3)，(4)は，x，y の値をそのまま代入しても求められるが，次のように変形して，(1)，(2)で求めた $x+y$，xy の値を代入するとよい。

(3) $x^2y+xy^2=xy(x+y)$

(4) $x^2+y^2=x^2+2xy+y^2-2xy=(x+y)^2-2xy$

解答 (1) $x+y=(2\sqrt{3}+3\sqrt{2})+(2\sqrt{3}-3\sqrt{2})=4\sqrt{3}$ ………(答)

(2) $xy=(2\sqrt{3}+3\sqrt{2})(2\sqrt{3}-3\sqrt{2})=(2\sqrt{3})^2-(3\sqrt{2})^2$

$\qquad =12-18=-6$ ………(答)

(3) $x^2y+xy^2=xy(x+y)=-6\times4\sqrt{3}=-24\sqrt{3}$ ………(答)

(4) $x^2+y^2=(x+y)^2-2xy=(4\sqrt{3})^2-2\times(-6)=48+12=60$ ………(答)

⚠ x^2y+xy^2，x^2+y^2 のように，x と y を交換しても，もとと同じ式が得られる式を x と y の**対称式**という。一般に，x と y の対称式は，$x+y$，xy（これらを基本対称式という）を用いて表されることが知られている。

37 $x=2\sqrt{2}+\sqrt{7}$, $y=2\sqrt{2}-\sqrt{7}$ のとき，次の式の値を求めよ。

(1) $x+y$ (2) xy (3) x^2y+xy^2

(4) x^2+y^2 (5) $x^3+x^2y+xy^2+y^3$ (6) x^3+y^3

38 $x=\dfrac{1}{\sqrt{5}-\sqrt{3}}$, $y=\dfrac{1}{\sqrt{5}+\sqrt{3}}$ のとき，次の式の値を求めよ。

(1) x^2+xy+y^2 (2) x^2-y^2

39 $x=1+\sqrt{2}-\sqrt{3}$, $y=1+\sqrt{2}+\sqrt{3}$ のとき，次の式の値を求めよ。

(1) xy (2) $\left(\dfrac{1}{x}-\dfrac{1}{y}\right)^2$

例題 〔9〕 $3+\sqrt{7}$ の整数部分を a，小数部分を b とするとき，次の式の値を求めよ。

(1) a および b (2) $ab+b^2$ (3) $\dfrac{b}{a-b}$

解説 $2<\sqrt{7}<3$ より，$5<3+\sqrt{7}<6$ であるから，$3+\sqrt{7}$ の整数部分は 5 である。
また，$a+b=3+\sqrt{7}$ である。

解答 (1) $2<\sqrt{7}<3$ より，　$5<3+\sqrt{7}<6$

ゆえに，　　$a=5$ ………(答)

また，$a+b=3+\sqrt{7}$ であるから，

$$b=3+\sqrt{7}-a=3+\sqrt{7}-5=-2+\sqrt{7} \quad\text{………(答)}$$

(2) $ab+b^2=b(a+b)=(-2+\sqrt{7})(3+\sqrt{7})=(\sqrt{7}-2)(\sqrt{7}+3)$

$$=(\sqrt{7})^2+(-2+3)\sqrt{7}+(-2)\times 3=1+\sqrt{7} \quad\text{………(答)}$$

(3) $\dfrac{b}{a-b}=\dfrac{-2+\sqrt{7}}{5-(-2+\sqrt{7})}=\dfrac{-2+\sqrt{7}}{7-\sqrt{7}}=\dfrac{(-2+\sqrt{7})(7+\sqrt{7})}{(7-\sqrt{7})(7+\sqrt{7})}$

$$=\dfrac{(\sqrt{7}-2)(\sqrt{7}+7)}{49-7}=\dfrac{(\sqrt{7})^2+(-2+7)\sqrt{7}+(-2)\times 7}{42}=\dfrac{-7+5\sqrt{7}}{42} \quad\text{…(答)}$$

⚠ 実数 a について，$a>0$ で，$n\leqq a<n+1$ を満たす整数 n があるとき，n を a の整数部分といい，$a-n$ を a の小数部分という。

■■■ 演習問題 ■■■

40 $\sqrt{15}$ の小数部分を a とするとき，次の式の値を求めよ。

(1) $(a-2)(a+8)$ (2) a^2+6a+1

41 $5-\sqrt{2}$ の整数部分を a，小数部分を b とするとき，次の式の値を求めよ。

(1) $\sqrt{2}\,a+3b$ (2) $\dfrac{2}{b}-\dfrac{1}{a-b}$

▒▒ 進んだ問題 ▒▒

42 $\sqrt{n}$ が無理数となる自然数 n に対して，$\sqrt{na}$ が整数となる自然数 a の中で最小のものを $<n>$ で表すことにする。

(1) $<60>$ の値を求めよ。

(2) $<70x>=5$ を満たす自然数 x のうち，100 以下のものをすべて求めよ。

43 $x=3+3\sqrt{2}$ のとき，次の式の値を求めよ。

(1) x^2-6x (2) $2x^2-12x+5$ (3) x^3-6x^2-8x-3

✿ 研究 開平法 （計算によって平方根を求める方法）

　計算によって平方根の値（またはその近似値）を，次の手順で求めることを **開平法** という。1849 の平方根を求めてみよう。

① 1849 を小数点から 2 けたずつ区切る。

② 18⫶49 の 18 からひくことのできる最大の平方数を調べる。その値は $4^2=16$ である。

③ 4 を(ア)，(イ)，(ウ)に，16 を(エ)に書く。

④ 18 から 16 をひき，次の 49 をおろして 249 を得る。この 249 を(オ)とする。

⑤ (イ)の 4 と(ウ)の 4 を加えて(カ)8 とする。

⑥ (キ)，(ク)に同じ数を書き，(カ)(キ)を 2 けたの数とみなし，これに(ク)をかけて，249 からひくことのできる最大の数になるようにする。この場合，$83\times3=249$ であるから，(キ)，(ク)は 3 となる。(ケ)にも(キ)，(ク)と同じ 3 を書く。

⑦ この積 249 を(コ)に書いて，(オ)から(コ)をひき，(サ)0 となる。

このようにして，$\sqrt{1849}=43$ が求められ，1849 の平方根は ±43 である。

参考　計算の原理を説明すると，たとえば $\sqrt{1849}$ では次のようになる。

　　$1600<1849<2500$ より $40<\sqrt{1849}<50$ であるから，a を正の数とすると，

　　$\sqrt{1849}=40+a$ と表される。

　　この式を 2 乗すると，　$1849=(40+a)^2$ 　　　$1849=1600+80a+a^2$

　　　　　　　　　　　　　　$249=(80+a)\times a$

　　$83\times3=249$ より，$a=3$ である。

例題 10 開平法を使って，次の値を求めよ。

(1) 41209 の平方根

(2) $\sqrt{3.14}$ （四捨五入して小数第2位までの近似値）

解説 小数点から2けたずつ区切って計算する。

解答 (1)

```
          2 0 3
     2  √41 20 09
     2    4
    40      1 20
     0       0
   403     1 20 09
     3     1 20 09
                 0
```

（答）　±203

(2)

```
            1. 7 7 2
     1  √3. 14 00 00
     1     1
    27     2 14
     7     1 89
   347       25 00
     7       24 29
  3542          71 00
     2          70 84
                   16
```

（答）　1.77

⚠ (1)のように，計算の残りが0となるときは，**開ききれた**という。開ききれないときは，(2)のように，必要なところまで0をつけ加えてこの操作を続ける。

研究問題

44 開平法を使って，次の値を求めよ。

(1) $\sqrt{729}$　　　　　(2) $\sqrt{6241}$　　　　　(3) $\sqrt{32.49}$

(4) $\sqrt{8.65}$ （四捨五入して小数第1位までの近似値）

(5) 948.64 の平方根

(6) 4324 の平方根（四捨五入して小数第1位までの近似値）

📎 **平方根の近似値の覚え方**

$\sqrt{2}=1.4142135 6\cdots$　　ひと よ ひとよ に ひとみ ごろ　　　　（一夜一夜に人見頃）

$\sqrt{3}=1.7320508\cdots$　　ひと なみ に おごれ や　　　　（人なみにおごれや）

$\sqrt{5}=2.2360679\cdots$　　ふ じ さんろく おうむ なく　　　　（富士山麓おうむ鳴く）

$\sqrt{6}=2.4494897 4\cdots$　　に よ よく よ やく なよ　　　　（煮よ，よくよ，焼くなよ）

$\sqrt{7}=2.64575\cdots$　　な に むし い ない　　　　（菜に虫いない）

$\sqrt{8}=2.8284427\cdots$　　に や に やよ ぶな　　　　（ニヤニヤ呼ぶな）

$\sqrt{10}=3.1622776 6\cdots$　　ひとまる は み いろ に なら ぶ　　　　（一丸は三色に並ぶ）

1 次の計算をせよ。

(1) $\sqrt{15} \times \sqrt{3}$

(2) $\sqrt{72} \times \sqrt{2}$

(3) $\sqrt{18} \times \sqrt{20}$

(4) $\sqrt{21} \times (-\sqrt{14})$

(5) $\sqrt{96} \div \sqrt{12}$

(6) $\sqrt{240} \div 4\sqrt{3}$

(7) $4\sqrt{18} \div \sqrt{32} \div 2\sqrt{5}$

(8) $\sqrt{28} \div (-\sqrt{6}) \times \sqrt{\dfrac{2}{7}}$

(9) $\sqrt{\dfrac{15}{8}} \times \sqrt{5} \div \dfrac{\sqrt{21}}{4}$

(10) $\dfrac{\sqrt{6}}{12} \div \dfrac{\sqrt{39}}{8} \times \dfrac{9\sqrt{26}}{2}$

(11) $4\sqrt{5} - 6\sqrt{5}$

(12) $3\sqrt{5} + \sqrt{20}$

(13) $-\sqrt{50} + \sqrt{8}$

(14) $2\sqrt{3} + \sqrt{27} - \sqrt{108}$

(15) $\sqrt{75} - \sqrt{27} - \sqrt{12}$

(16) $\dfrac{4}{\sqrt{2}} + 3\sqrt{2}$

(17) $\dfrac{1}{\sqrt{7}} - \dfrac{1}{\sqrt{28}}$

(18) $\sqrt{\dfrac{8}{3}} + \sqrt{\dfrac{2}{27}}$

(19) $\dfrac{3\sqrt{5}}{\sqrt{2}} - \dfrac{8}{\sqrt{10}} - \dfrac{\sqrt{2}}{\sqrt{5}}$

(20) $\dfrac{2}{\sqrt{3}} - \dfrac{1}{\sqrt{2}} + \sqrt{50} - \dfrac{\sqrt{12}}{5}$

(21) $3\sqrt{8} - 15 \times \sqrt{\dfrac{18}{25}} + 6 \div \sqrt{\dfrac{9}{2}}$

(22) $\dfrac{\sqrt{32}}{2} \times \sqrt{3} - \dfrac{\sqrt{12}}{4} \div \sqrt{2} - \dfrac{\sqrt{24}}{3}$

(23) $\sqrt{3}(\sqrt{7} + \sqrt{21})$

(24) $\sqrt{15}(\sqrt{5} - \sqrt{3})$

(25) $\sqrt{26}(3\sqrt{2} - \sqrt{13})$

(26) $(\sqrt{14} - \sqrt{18}) \div \sqrt{8}$

(27) $(2\sqrt{5} + \sqrt{2})(3\sqrt{2} - \sqrt{5})$

(28) $(\sqrt{10} - 7)(\sqrt{10} - 3)$

(29) $(\sqrt{6} + \sqrt{2})^2$

(30) $(2\sqrt{3} - 5)^2$

(31) $(\sqrt{7} + \sqrt{3})(\sqrt{7} - \sqrt{3})$

(32) $(4\sqrt{2} - 3\sqrt{3})(4\sqrt{2} + 3\sqrt{3})$

(33) $\dfrac{3}{2\sqrt{7} + 5}$

(34) $\dfrac{8}{\sqrt{7} + \sqrt{3}}$

(35) $(\sqrt{7} + \sqrt{3} + \sqrt{2})(\sqrt{7} + \sqrt{3} - \sqrt{2})$

(36) $(\sqrt{5} + \sqrt{7} - \sqrt{3})(\sqrt{5} - \sqrt{7} + \sqrt{3})$

(37) $\dfrac{2 + \sqrt{3}}{\sqrt{2}} + \dfrac{\sqrt{2} - \sqrt{6}}{\sqrt{3}}$

(38) $\dfrac{\sqrt{5} - \sqrt{2}}{\sqrt{6}} - \dfrac{\sqrt{6} - \sqrt{15}}{\sqrt{2}}$

1 次の各組の数の大小を，不等号を使って表せ。　　　　　　　　　　　　↩ **1**

(1) $6\sqrt{2}$，　$5\sqrt{3}$

(2) $2+\sqrt{7}$，　5

(3) $\sqrt{38}$，　$3+\sqrt{10}$

(4) $\sqrt{\dfrac{3}{5}}$，　$\dfrac{\sqrt{3}}{5}$，　$\dfrac{3}{5}$

(5) $-\dfrac{1}{\sqrt{2}}$，　$-\sqrt{0.4}$，　$-\dfrac{\sqrt{5}}{5}$，　$-\dfrac{\sqrt{3}}{3}$

2 次の数を，開平法を使って小数で表したときの値を，(1)は有効数字 4 けた，
(2)は有効数字 3 けたの近似値で表せ。　　　　　　　　　　　　　　↩ **2**

(1) $\sqrt{63472}$

(2) $\sqrt{23.7}$

3 次の数の整数部分を求めよ。　　　　　　　　　　　　　　　　　↩ **2**

(1) $5\sqrt{7}$　　　(2) $10-2\sqrt{13}$　　　(3) $\dfrac{10}{\sqrt{11}}$　　　(4) $\dfrac{1}{\sqrt{0.24}}$

4 次の計算をせよ。　　　　　　　　　　　　　　　　　　　　　↩ **2**

(1) $\sqrt{216}-\dfrac{2\sqrt{18}}{\sqrt{3}}-\sqrt{54}-\dfrac{\sqrt{3}}{\sqrt{2}}$

(2) $\dfrac{(3\sqrt{2}+2)(3\sqrt{2}-2)}{\sqrt{6}}-\left(\sqrt{\dfrac{3}{2}}+\sqrt{\dfrac{2}{3}}\right)$

(3) $(1+\sqrt{2})^2-(\sqrt{6}-\sqrt{2})(3+\sqrt{2})+\sqrt{3}(2+3\sqrt{2})$

(4) $(\sqrt{5}+2)^2(\sqrt{5}-2)-\dfrac{5+3\sqrt{5}}{\sqrt{5}}$

5 次の計算をせよ。　　　　　　　　　　　　　　　　　　　　　↩ **2**

(1) $(2+\sqrt{5})^2-(1+\sqrt{3}+\sqrt{5})(1-\sqrt{3}+\sqrt{5})$

(2) $(1+\sqrt{3})^2-2(1+\sqrt{3})(2+\sqrt{3})+(2+\sqrt{3})^2$

(3) $(3+\sqrt{5}+\sqrt{7})^2-(3+\sqrt{5}-\sqrt{7})^2-12\sqrt{7}$

(4) $(\sqrt{6}-\sqrt{5})^7(\sqrt{6}+\sqrt{5})^9-(\sqrt{6}-\sqrt{5})^9(\sqrt{6}+\sqrt{5})^7$

6 次の計算をせよ。　　　　　　　　　　　　　　　　　　　　　↩ **2**

(1) $\dfrac{2\sqrt{3}}{2-\sqrt{3}}+\dfrac{2-\sqrt{2}}{2+\sqrt{2}}-\dfrac{\sqrt{2}}{2+\sqrt{6}}$　　　(2) $\dfrac{1}{(3-2\sqrt{2})^2}-\dfrac{1}{(3+2\sqrt{2})^2}$

(3) $\dfrac{1}{\sqrt{2}+1}+\dfrac{1}{\sqrt{3}+\sqrt{2}}+\dfrac{1}{2+\sqrt{3}}+\dfrac{1}{\sqrt{5}+2}$

7 次の式の値を求めよ。 $\xhookleftarrow$ **2**

(1) $x=1+\sqrt{3}$ のとき, x^2-2x

(2) $x=2+2\sqrt{5}$, $y=2-2\sqrt{5}$ のとき, x^2-xy+y^2

(3) $x+y=\sqrt{11}$, $x-y=\sqrt{7}$ のとき, x^2+y^2

8 次の問いに答えよ。 $\xhookleftarrow$ **1**

(1) $\sqrt{504a}$ が整数となる自然数 a の中で, 最小のものを求めよ。

(2) $\sqrt{\dfrac{468}{x}}$ が整数となる自然数 x の中で, 偶数であるものをすべて求めよ。

9 $n<\sqrt{x}<n+1$ を満たす自然数 x が 30 個あるとき, 自然数 n の値を求めよ。

$\xhookleftarrow$ **1**

10 n を自然数とするとき, $p(n)$ を $\sqrt{n}$ の整数部分とする。たとえば, $n=2$ のとき, $1<\sqrt{2}<2$ より, $\sqrt{2}$ の整数部分は 1 で, $p(2)=1$ である。このとき, $p(n)+p(n+1)=7$ を満たす自然数 n を求めよ。 $\xhookleftarrow$ **2**

11 $\sqrt{6}$ の小数部分を a, $\dfrac{1}{a}$ の小数部分を b, $(b+2)^2$ の小数部分を c とする。このとき, a, b, c の値をそれぞれ求めよ。 $\xhookleftarrow$ **2**

$\equiv$ **進んだ問題** $\equiv$

12 a, b を整数とするとき, 次の 2 つの式を同時に満たす整数の組 (a, b) をすべて求めよ。 $\xhookleftarrow$ **1**

$$3<\sqrt{a+2b}<4 \qquad 2a+b=12$$

13 $\sqrt{123}$ について, 次の問いに答えよ。 $\xhookleftarrow$ **2**

(1) 整数部分を求めよ。

(2) 小数部分を x とおくとき, x^3+23x^2+20x の値を求めよ。

14 $x=\sqrt{5}-2$ のとき, 次の式の値を求めよ。 $\xhookleftarrow$ **2**

(1) $x+\dfrac{1}{x}$ $\qquad$ (2) $x^2+\dfrac{1}{x^2}$ $\qquad$ (3) $x^4-\dfrac{1}{x^4}$

3章 2次方程式

1 **2次方程式とその解**

移項して整理すると，$ax^2+bx+c=0$（a，b，c は定数，$a\neq0$）の形で表される方程式を，x についての**2次方程式**という。

2次方程式を成り立たせる x の値を，その2次方程式の**解**といい，解をすべて求めることを，その2次方程式を**解く**という。

例 $x=1$ は，$2x^2-5x+3=0$ を成り立たせるから，この2次方程式の解である。

2 **2次方程式の解法**

(1) **因数分解による解法** 2次方程式 $ax^2+bx+c=0$ の左辺が，

$$(px+q)(rx+s)=0$$

のように因数分解されるとき，

$$px+q=0 \quad \text{または} \quad rx+s=0 \quad \text{である。}$$

これらを解いて，$\quad x=-\dfrac{q}{p} \quad$ または $\quad x=-\dfrac{s}{r}$

(2) **平方根による解法**

① $ax^2=b$（$a>0$，$b>0$）のとき

$$x^2=\frac{b}{a} \ \text{より，} \quad x=\pm\sqrt{\frac{b}{a}}$$

② $(x+m)^2=n$（$n>0$）のとき

$$x+m=\pm\sqrt{n} \ \text{より，} \quad x=-m\pm\sqrt{n}$$

③ $x^2+px+q=0$ のとき

$(x+m)^2=n$ の形に変形し，②のようにして解く。

⚠ $(x+m)^2$ のように，（1次式）^{2} の形の式を**完全平方式**という。

［例］ x^2-6x+9 は，$(x-3)^2$ という完全平方式で表すことができる。

(3) **解の公式による解法**

2次方程式 $ax^2+bx+c=0$ の解は，$\quad \boldsymbol{x=\dfrac{-b\pm\sqrt{b^2-4ac}}{2a}}$

● 2次方程式の解の公式

2次方程式 $ax^2+bx+c=0$ の解は, $x=\dfrac{-b\pm\sqrt{b^2-4ac}}{2a}$

証明

$$ax^2+bx+c=0$$

$a\neq0$ であるから，両辺を a で割ると，

$$x^2+\frac{b}{a}x+\frac{c}{a}=0$$

定数項を移項すると，　　　　$x^2+\dfrac{b}{a}x=-\dfrac{c}{a}$

両辺に x の係数 $\dfrac{b}{a}$ の $\dfrac{1}{2}$ 倍の数の2乗，すなわち $\left(\dfrac{b}{2a}\right)^2$ を加えると，

$$x^2+\frac{b}{a}x+\left(\frac{b}{2a}\right)^2=-\frac{c}{a}+\left(\frac{b}{2a}\right)^2$$

左辺を完全平方式にすると，　　$\left(x+\dfrac{b}{2a}\right)^2=\dfrac{b^2-4ac}{4a^2}$

平方根を考えると，　　　　$x+\dfrac{b}{2a}=\pm\dfrac{\sqrt{b^2-4ac}}{2a}$

ゆえに，解は，　　　　　　$x=\dfrac{-b\pm\sqrt{b^2-4ac}}{2a}$

2次方程式の解法

例 次の2次方程式を解いてみよう。

(1) $(x+1)(x-2)=0$ 　　　　(2) $-2x^2+16=0$

▶ (1) $(x+1)(x-2)=0$ より，　　(2) $-2x^2+16=0$ より，
　　$x+1=0$ または $x-2=0$ 　　　　　$2x^2=16$
　　よって，$x=-1$ または $x=2$ 　両辺を2で割って，
　　ゆえに，$x=-1,\ 2$ ……(答) 　　　　$x^2=8$
　　　　　　　　　　　　　　　ゆえに，$x=\pm2\sqrt{2}$ ……(答)

⚠ (1) 2次方程式の解の表し方には，「$x=-1,\ 2$」，「$x=-1$ または $x=2$」，
「$x=-1,\ x=2$」などがある。本書では「$x=-1,\ 2$」と表すことにする。

基本問題

1 次の(ア)〜(エ)の2次方程式のうち，$x=-3$ を解とするものはどれか。

(ア) $x^2=9$ 　　　　　　　　(イ) $x^2-2x+3=0$

(ウ) $x^2+6x+9=0$ 　　　　　(エ) $3x^2+8x-3=0$

2 次の 2 次方程式を解け。

(1) $(x-2)(x-4)=0$ (2) $x(x-7)=0$

(3) $(a+3)(a+5)=0$ (4) $(y-3)(2y-1)=0$

(5) $(3x+7)(4x-9)=0$ (6) $(5x+3)(6x+4)=0$

3 次の 2 次方程式を解け。

(1) $x^2=9$ (2) $y^2-10=0$

(3) $16p^2-3=0$ (4) $-\dfrac{1}{5}x^2+4=0$

例題 1 次の 2 次方程式を，因数分解による解法で解け。

(1) $x^2-x-56=0$ (2) $x^2=6x$

(3) $9x^2=6x-1$

解説 (2), (3)は，移項して $ax^2+bx+c=0$ の形に変形し，左辺を因数分解する。

解答 (1) $x^2-x-56=0$ (2) $x^2=6x$

$\qquad\quad (x+7)(x-8)=0$ $x^2-6x=0$

$\qquad\quad x+7=0$ または $x-8=0$ $x(x-6)=0$

$\qquad\quad$ ゆえに，$\quad x=-7,\ 8$ ……(答) $x=0$ または $x-6=0$

$\qquad\qquad\qquad\qquad\qquad\qquad\qquad\qquad\qquad$ ゆえに，$\quad x=0,\ 6$ ……(答)

$\qquad$ (3) $9x^2=6x-1$

$\qquad\qquad\quad 9x^2-6x+1=0$

$\qquad\qquad\quad\ \ (3x-1)^2=0$

$\qquad\qquad\qquad\ \ 3x-1=0$

$\qquad\qquad$ ゆえに，$\quad x=\dfrac{1}{3}$ ……(答)

⚠ (1) 「$x+7=0$ または $x-8=0$」にあたる部分は省略してもよい。

⚠ (2) $x=0$ は $x^2=6x$ の解であるから，両辺を x で割って $x=6$ としてはいけない。移項して因数分解する。

⚠ 一般に，2 次方程式は，(1), (2)のように 2 つの解をもつが，(3)のように解が 1 つになることもある。この解を**重解**といい，その 2 次方程式は，**重解をもつ**という。

〰〰〰 **演習問題** 〰〰〰

4 次の 2 次方程式を，因数分解による解法で解け。

(1) $x^2+5x=0$ (2) $4p^2-p=0$

(3) $y^2-y-6=0$ (4) $p^2+8p+7=0$

(5) $x^2+3x-4=0$ (6) $y^2-9y+20=0$

5 次の 2 次方程式を，因数分解による解法で解け。

(1) $x^2-6x+9=0$

(2) $x^2+10x+25=0$

(3) $4x^2+4x+1=0$

(4) $9x^2-12x+4=0$

(5) $4x^2-49=0$

(6) $2x^2-32=0$

6 次の 2 次方程式を，因数分解による解法で解け。

(1) $a^2=9$

(2) $x^2=7x$

(3) $x^2=10x+24$

(4) $y^2+18=9y$

(5) $x^2+36=12x$

(6) $16x^2-8x=-1$

例題❷ 次の 2 次方程式を，平方根による解法で解け。

(1) $(x-2)^2=9$

(2) $x^2+6x+4=0$

(3) $2x^2+6x+1=0$

解説 (2), (3)は，左辺を完全平方式の形に変形して，平方根の考えを利用して解く。

[2 次方程式 $x^2+px+q=0$ の左辺を完全平方式にする方法]

$$x^2+px+q=0$$
定数項を右辺に移項する
$$x^2+px=-q$$
両辺に $\left(\dfrac{p}{2}\right)^2$ を加える
$$x^2+px+\left(\dfrac{p}{2}\right)^2=-q+\left(\dfrac{p}{2}\right)^2$$
左辺を完全平方式にする
$$\left(x+\dfrac{p}{2}\right)^2=\dfrac{p^2-4q}{4}$$

(3) x^2 の係数が 1 でない 2 次方程式では，x^2 の係数で両辺を割ってから，完全平方式の形にすればよい。

解答 (1) $\quad (x-2)^2=9$

$\qquad\qquad x-2=\pm 3$

$\quad x-2=3$ より，$\quad x=5$

$\quad x-2=-3$ より，$\quad x=-1$

ゆえに，$\quad x=5,\ -1$ ………(答)

(2) $\quad x^2+6x+4=0$

4 を右辺に移項する
$\qquad\quad x^2+6x=-4$

両辺に 3^2 を加える
$\quad x^2+6x+3^2=-4+3^2$

左辺を完全平方式にする
$\qquad\quad (x+3)^2=5$

$\qquad\qquad x+3=\pm\sqrt{5}$

ゆえに，$\quad x=-3\pm\sqrt{5}$ ………(答)

(3)

$$2x^2+6x+1=0$$

)　両辺を2で割る

$$x^2+3x+\frac{1}{2}=0$$

)　$\frac{1}{2}$ を右辺に移項する

$$x^2+3x=-\frac{1}{2}$$

)　両辺に $\left(\frac{3}{2}\right)^2$ を加える

$$x^2+3x+\left(\frac{3}{2}\right)^2=-\frac{1}{2}+\left(\frac{3}{2}\right)^2$$

)　左辺を完全平方式にする

$$\left(x+\frac{3}{2}\right)^2=\frac{7}{4}$$

$$x+\frac{3}{2}=\pm\frac{\sqrt{7}}{2}$$

ゆえに，　　$x=-\dfrac{3}{2}\pm\dfrac{\sqrt{7}}{2}$ ………(答)

⚠ (2)　「$x=-3\pm\sqrt{5}$」は，「$x=-3+\sqrt{5}$，$x=-3-\sqrt{5}$」をまとめて表している。

演習問題

7 次の2次方程式を，平方根による解法で解け。

(1)　$(x-2)^2=49$

(2)　$(x+3)^2=121$

(3)　$(x-1)^2-16=0$

(4)　$(y+5)^2=7$

(5)　$12-(x-2)^2=0$

(6)　$3(x-7)^2-27=0$

(7)　$(3x-1)^2=25$

(8)　$(2y+3)^2-5=0$

(9)　$2(1-2x)^2-16=0$

(10)　$\dfrac{5(2-x)^2}{3}=30$

8 次の ☐ に適切な数を入れ，完全平方式をつくれ。

(1)　$x^2+8x+☐=(x+☐)^2$

(2)　$a^2-3a+☐=(a-☐)^2$

(3)　$y^2-\dfrac{1}{4}y+☐=(y-☐)^2$

9 次の2次方程式を，平方根による解法で解け。

(1)　$x^2-4x=5$

(2)　$y^2+2y=4$

(3)　$x^2-6x-9=0$

(4)　$x^2+8x-8=0$

(5)　$a^2-a=1$

(6)　$x^2+7x+7=0$

(7)　$x^2-\dfrac{1}{2}x-1=0$

(8)　$3y^2-6=4y$

(9)　$\dfrac{1}{2}x^2=\dfrac{4}{5}x+\dfrac{2}{5}$

(10)　$\dfrac{1}{3}x^2-\dfrac{1}{2}x-\dfrac{5}{6}=0$

例題 ③ 次の2次方程式を，解の公式を使って解け。

(1) $2x^2 - 5x + 3 = 0$ (2) $3x^2 + 4x - 2 = 0$

解説 解の公式 $x = \dfrac{-b \pm \sqrt{b^2 - 4ac}}{2a}$ に，(1)は $a=2$, $b=-5$, $c=3$ を，

(2)は $a=3$, $b=4$, $c=-2$ を代入する。

解答 (1) $2x^2 - 5x + 3 = 0$

$$x = \frac{-(-5) \pm \sqrt{(-5)^2 - 4 \times 2 \times 3}}{2 \times 2}$$

$$= \frac{5 \pm \sqrt{1}}{4} = \frac{5 \pm 1}{4}$$

ゆえに，　$x = \dfrac{3}{2}$, 1 ………(答)

(2) $3x^2 + 4x - 2 = 0$

$$x = \frac{-4 \pm \sqrt{4^2 - 4 \times 3 \times (-2)}}{2 \times 3}$$

$$= \frac{-4 \pm \sqrt{40}}{6} = \frac{-4 \pm 2\sqrt{10}}{6}$$

$$= \frac{-2 \pm \sqrt{10}}{3}$$ ………(答)

参考 (1) 因数分解 $2x^2 - 5x + 3 = (2x - 3)(x - 1)$ を利用して解くこともできる。

⚠ x の2次方程式 $ax^2 + bx + c = 0$ で，x の係数 b が偶数のとき $b = 2b'$ とおくと，

$ax^2 + 2b'x + c = 0$ となる。このとき，解の公式を使うと，

$$x = \frac{-2b' \pm \sqrt{(2b')^2 - 4ac}}{2a} = \frac{-2b' \pm \sqrt{4b'^2 - 4ac}}{2a}$$

$$= \frac{-2b' \pm 2\sqrt{b'^2 - ac}}{2a}$$

したがって，2次方程式 $ax^2 + 2b'x + c = 0$ の解は，

$$x = \frac{-b' \pm \sqrt{b'^2 - ac}}{a}$$

この公式を使うと，(2)では $a=3$, $b'=2$, $c=-2$ であるから，

$$x = \frac{-2 \pm \sqrt{2^2 - 3 \times (-2)}}{3} = \frac{-2 \pm \sqrt{10}}{3}$$

▓▓ 演習問題 ▓▓

10 次の2次方程式を，解の公式を使って解け。

(1) $3x^2 + 5x + 1 = 0$ (2) $2x^2 - 3x - 4 = 0$

(3) $6x^2 - 5x + 1 = 0$ (4) $7y^2 - 5y - 2 = 0$

(5) $p^2 + \sqrt{7}\,p + 1 = 0$ (6) $9t^2 - 9t - 1 = 0$

11 次の2次方程式を，x の係数が偶数のときの解の公式を使って解け。

(1) $x^2 - 2x - 2 = 0$ (2) $x^2 + 4x - 3 = 0$

(3) $2x^2 - 2x - 3 = 0$ (4) $3x^2 + 6x + 1 = 0$

(5) $4x^2 - 8x - 1 = 0$ (6) $4x^2 + 4x - 15 = 0$

12 次の 2 次方程式を解け。

(1) $162-8x^2=0$

(2) $3(x+1)^2-24=0$

(3) $6x^2=5x$

(4) $x^2-7x+12=0$

(5) $9x^2-42x+49=0$

(6) $10p^2+p-2=0$

(7) $7t^2+4t-2=0$

(8) $y^2-8y-1=0$

(9) $4t^2-16t+9=0$

(10) $3x^2+2\sqrt{7}\,x-7=0$

例題 4 次の 2 次方程式を解け。

(1) $\dfrac{1}{3}x^2+\dfrac{1}{2}x+\dfrac{1}{6}=0$

(2) $-0.1x^2=1.1-0.7x$

解説 係数に分数や小数があるときは，まず，両辺に同じ数をかけて係数を整数にするとよい。つぎに，移項して $ax^2+bx+c=0$ の形にする。このとき，x^2 の係数 a は正の数になるようにするとよい。

(1)では分母の最小公倍数 6 を，(2)では -10 を両辺にかける。

解答 (1) $\dfrac{1}{3}x^2+\dfrac{1}{2}x+\dfrac{1}{6}=0$

両辺を 6 倍すると，

$2x^2+3x+1=0$

左辺を因数分解すると，

$(x+1)(2x+1)=0$

ゆえに，

$x=-1,\ -\dfrac{1}{2}$ ……(答)

(2) $-0.1x^2=1.1-0.7x$

両辺を -10 倍すると，

$x^2=-11+7x$

移項すると，

$x^2-7x+11=0$

解の公式より，

$x=\dfrac{-(-7)\pm\sqrt{(-7)^2-4\times1\times11}}{2\times1}$

$=\dfrac{7\pm\sqrt{5}}{2}$ ……(答)

▧▧▧ 演習問題 ▧▧▧

13 次の 2 次方程式を解け。

(1) $-2x^2+4x+4=0$

(2) $3x^2=6x-3$

(3) $0.3x^2+1.1x+0.9=0$

(4) $0.8y^2-0.4y=1.2$

(5) $-1.5x^2+2x+0.5=0$

(6) $3.6t^2-2.4t+0.4=0$

(7) $\dfrac{1}{4}x^2-\dfrac{1}{2}x-2=0$

(8) $\dfrac{1}{3}y^2-\dfrac{1}{4}=\dfrac{1}{4}y$

(9) $\dfrac{1}{4}x^2+\dfrac{1}{8}x-\dfrac{7}{2}=0$

(10) $\dfrac{1}{2}x-\dfrac{1}{12}x^2=\dfrac{3}{8}$

例題 5 次の方程式を解け。

(1) $2(x+1)^2=(x+3)(x-2)+7$　　(2) $2(x+3)(x+2)=x(x+2)$

(3) $(5x-3)^2=(4x+1)^2$　　　　　(4) $(2x+3)^2-2(2x+3)-24=0$

解説 (1)は，展開して $ax^2+bx+c=0$ の形に変形して解けばよいが，(2)〜(4)のように，
因数分解できるものや式のおきかえなどができるものは，展開しないで解くとよい。

(2) 右辺を左辺に移項して共通因数をくくり出す。

(3) 右辺を左辺に移項して，因数分解の公式 $a^2-b^2=(a+b)(a-b)$ を使う。

(4) $2x+3=X$ とおいて，X についての2次方程式とみる。

解答 (1) $2(x+1)^2=(x+3)(x-2)+7$

展開して整理すると，　$x^2+3x+1=0$

解の公式より，　$x=\dfrac{-3\pm\sqrt{3^2-4\times1\times1}}{2\times1}$

$=\dfrac{-3\pm\sqrt{5}}{2}$ ………(答)

(2) $2(x+3)(x+2)=x(x+2)$

$2(x+3)(x+2)-x(x+2)=0$

$(x+2)\{2(x+3)-x\}=0$

$(x+2)(x+6)=0$

ゆえに，　$x=-2,\ -6$ ………(答)

(3) $(5x-3)^2=(4x+1)^2$

$(5x-3)^2-(4x+1)^2=0$

$\{(5x-3)+(4x+1)\}\{(5x-3)-(4x+1)\}=0$

$(9x-2)(x-4)=0$

ゆえに，　$x=\dfrac{2}{9},\ 4$ ………(答)

(4) $(2x+3)^2-2(2x+3)-24=0$

$2x+3=X$ とおくと，　$X^2-2X-24=0$　　　$(X+4)(X-6)=0$

よって，　$X=-4,\ 6$

$X=-4$ のとき，　$2x+3=-4$　　　$x=-\dfrac{7}{2}$

$X=6$ のとき，　$2x+3=6$　　　$x=\dfrac{3}{2}$

ゆえに，　$x=-\dfrac{7}{2},\ \dfrac{3}{2}$ ………(答)

⚠ (2) はじめに両辺を $x+2$ で割って，$2(x+3)=x$ より $x=-6$ としてはいけない。

参考 (4) X でおきかえずに，$\{(2x+3)+4\}\{(2x+3)-6\}=0$ と因数分解して解いて
もよい。

14 次の方程式を解け。

(1) $x(2x-5)=7(x-2)$ (2) $(x-2)^2=2x^2-2x-1$

(3) $x(14-x)-(x-1)(x+1)=21$ (4) $(2x+1)(2x-1)=-2(6x+5)$

(5) $3(x+2)^2=(x+2)(x+5)$ (6) $5x(3x-2)+(2-3x)(x-8)=0$

(7) $t(3t-1)=9t-3$ (8) $(4y+5)^2=(3y+2)^2$

(9) $(3x-1)^2=4(x+2)^2$ (10) $4(2x-7)^2=9(x+1)^2$

15 次の方程式を解け。

(1) $5(t-4)=(t-4)^2$ (2) $(x-2)^2+2(x-2)-8=0$

(3) $(x+7)^2=5(x+7)-3$ (4) $7x+3=(7x+3)^2+\dfrac{1}{4}$

(5) $\dfrac{1}{6}(1-x)^2+\dfrac{1}{2}(x-1)+\dfrac{3}{8}=0$ (6) $10000x^2-400x-21=0$

例題 6 x についての 2 次方程式 $3x^2-4ax+a^2=0$ の解の 1 つが 2 であるとき，次の問いに答えよ。

(1) a の値を求めよ。   (2) 他の解を求めよ。

解説 $x=2$ は $3x^2-4ax+a^2=0$ の解であるから，$x=2$ をこの方程式に代入すると，a についての 2 次方程式ができる。これにより a の値を求める。

解答 (1) $x=2$ は 2 次方程式の解であるから，$x=2$ を $3x^2-4ax+a^2=0$ に代入すると，

$$3\times2^2-4a\times2+a^2=0$$
$$a^2-8a+12=0$$
$$(a-2)(a-6)=0$$

ゆえに，$a=2, 6$ (答) $a=2, 6$

(2) $a=2$ のとき，もとの 2 次方程式は，

$$3x^2-4\times2\times x+2^2=0$$
$$3x^2-8x+4=0$$
$$(x-2)(3x-2)=0$$

よって，$x=2, \dfrac{2}{3}$

ゆえに，他の解は，$x=\dfrac{2}{3}$

$a=6$ のとき，もとの 2 次方程式は，

$$3x^2-4\times6\times x+6^2=0$$
$$3x^2-24x+36=0$$
$$x^2-8x+12=0$$
$$(x-2)(x-6)=0$$

よって，$x=2, 6$

ゆえに，他の解は，$x=6$

(答) $a=2$ のとき $x=\dfrac{2}{3}$

$a=6$ のとき $x=6$

16 次の x についての 2 次方程式が〔　　〕の中に示された値を解にもつとき，a の値を求めよ。また，他の解を求めよ。

(1) $3x^2-ax+a=0$ 〔$x=-5$〕

(2) $x^2+ax+a^2-7=0$ 〔$x=-2$〕

(3) $x^2+4x+a=0$ 〔$x=-2+\sqrt{5}$〕

(4) $x^2+(a^2+2)x-3a-7=0$ 〔$x=1$〕

(5) $3x^2-ax+2a=0$ 〔$x=a+1$〕

17 2 次方程式 $x^2+ax+b=0$ の 2 つの解が $x=5$，-6 であるとき，a，b の値をそれぞれ求めよ。

18 2 次方程式 $x^2-2x-1=0$ を満たす負の解が a であるとき，a^2-5a の値を求めよ。

19 2 次方程式 $x^2-3ax+2a=0$ を書きまちがえて，$x^2-2ax+3a=0$ として解いたために，$x=3$ という解を得た。

(1) a の値を求めよ。　　　　　　(2) 正しい解を求めよ。

20 方程式 $(x^2+x)^2-8(x^2+x)+12=0$ を満たす x の値をすべて求めよ。

21 3 つの 2 次方程式 $x^2+5x+6=0$ ……①，$x^2+mx+n=0$ ……②，$x^2-(m-2)x-4n-3=0$ ……③ がある。①，②，③が共通の解をもつとき，整数 m，n の値をそれぞれ求めよ。

研究 2次方程式の判別式

2次方程式 $ax^2+bx+c=0$ の解 $x=\dfrac{-b\pm\sqrt{b^2-4ac}}{2a}$ については,

根号内の b^2-4ac の値が正,0,負により,次の3つの場合がある。

(i) $b^2-4ac>0$ のとき,

$$x=\frac{-b+\sqrt{b^2-4ac}}{2a} \quad と \quad x=\frac{-b-\sqrt{b^2-4ac}}{2a} \quad は2つの実数の解である。$$

(ii) $b^2-4ac=0$ のとき,$x=-\dfrac{b}{2a}$ は1つの実数の解(重解)である。

(iii) $b^2-4ac<0$ のとき,

負の数の平方根はないから,実数の範囲で解はない。

b^2-4ac のことを,2次方程式 $ax^2+bx+c=0$ の**判別式**といい,D で表す。D は判別式を意味する Discriminant の頭文字である。

> 2次方程式 $ax^2+bx+c=0$ は,その判別式を $D=b^2-4ac$ とすると,
>
> $D>0$ のとき,異なる2つの実数の解をもつ。
>
> $D=0$ のとき,1つの実数の解(重解)をもつ。
>
> $D<0$ のとき,実数の解をもたない。

⚠ $D \geqq 0$ のとき,実数の解をもつ。

[参考] 2次方程式 $ax^2+2b'x+c=0$ では,$D=(2b')^2-4ac=4(b'^2-ac)$ であるから,$\dfrac{D}{4}=b'^2-ac$ の値によって,実数の解の個数を判別することができる。

実数の解の個数

例 次の2次方程式で,実数の解の個数を求めてみよう。

(1) $x^2+x-2=0$ (2) $x^2+2x+1=0$ (3) $x^2+x+1=0$

▶ (1) $x^2+x-2=0$ のとき,$a=1$,$b=1$,$c=-2$ であるから,
$$D=1^2-4\times1\times(-2)=9$$
ゆえに,$D>0$ であるから,実数の解の個数は2個   (答) 2個

(2) $x^2+2x+1=0$ のとき,$a=1$,$b=2$,$c=1$ であるから,
$$D=2^2-4\times1\times1=0$$
ゆえに,$D=0$ であるから,実数の解の個数は1個   (答) 1個

(3) $x^2+x+1=0$ のとき,$a=b=c=1$ であるから,
$$D=1^2-4\times1\times1=-3$$
ゆえに,$D<0$ であるから,実数の解の個数は0個   (答) 0個

22 次の 2 次方程式で，実数の解の個数を求めよ。

(1) $x^2+7x+8=0$ (2) $x^2-x+2=0$ (3) $x^2-5x+1=0$

(4) $9x^2-6x+1=0$ (5) $2x^2+2x+1=0$ (6) $3x^2-2x-1=0$

例題 (7) 2 次方程式 $2x^2-8x+k+1=0$ が次の条件を満たすとき，k の値または k の値の範囲を求めよ。

(1) 重解をもつ。   (2) 異なる 2 つの実数の解をもつ。

(3) 実数の解をもたない。

解説 $D=b^2-4ac$ に $a=2$，$b=-8$，$c=k+1$ を代入して，$D=0$，$D>0$，$D<0$ で考える。

解答 2 次方程式 $2x^2-8x+k+1=0$ の判別式を D とすると，
$$D=(-8)^2-4\times2\times(k+1)=-8k+56$$

(1) 重解をもつのは，$D=0$ のときである。
$$-8k+56=0 \qquad \text{ゆえに，} \quad k=7 \cdots\cdots\text{(答)}$$

(2) 異なる 2 つの実数の解をもつのは，$D>0$ のときである。
$$-8k+56>0 \qquad \text{ゆえに，} \quad k<7 \cdots\cdots\text{(答)}$$

(3) 実数の解をもたないのは，$D<0$ のときである。
$$-8k+56<0 \qquad \text{ゆえに，} \quad k>7 \cdots\cdots\text{(答)}$$

参考 x の係数が偶数であるから，$-8=2\times(-4)$ として，
$$\frac{D}{4}=(-4)^2-2\times(k+1)=-2k+14 \text{ の値を考えてもよい。}$$

■■ **研究問題** ■■

23 次の 2 次方程式が〔　　〕の中に示された条件を満たすとき，a の値，または a の値の範囲を求めよ。

(1) $x^2-6x+a=0$ 〔異なる 2 つの実数の解をもつ〕

(2) $2x^2+2x+a-1=0$ 〔重解をもつ〕

(3) $3x^2-6x-2a=0$ 〔実数の解をもたない〕

(4) $10x^2-5x+a=0$ 〔実数の解をもつ〕

24 2 次方程式 $x^2-ax+3-a=0$ が重解をもつとき，a の値を求めよ。また，そのときの解を求めよ。

25 2 つの 2 次方程式 $x^2+2x+4a-3=0$，$5x^2-4x+a=0$ のうち，一方が実数の解をもち，他方が実数の解をもたないとき，a の値の範囲を求めよ。

> 1 **応用問題の解き方**
> ① 問題をよく読み，図や表などをかいて問題の意味をよく理解する。
> ② 求めるもの，または，それに関連するものを文字で表し，問題の数量関係から2次方程式をつくる。
> ③ その2次方程式を解く。
> ④ その解が問題に適しているかどうかを確かめて，適しているものを答とする。

···· 2次方程式の応用 ····

例 縦 4 cm，横 6 cm の長方形がある。この長方形の縦と横を同じ長さだけのばして別の長方形をつくったところ，面積が 48 cm^2 になった。縦と横を何 cm ずつのばしたのか求めてみよう。

▶ 縦と横を x cm ずつのばしたとすると，縦と横の長さは，それぞれ $(4+x)$ cm，$(6+x)$ cm となるから，

$$(4+x)(6+x)=48$$
$$x^2+10x-24=0$$
$$(x+12)(x-2)=0$$
$$x=-12,\ 2$$

$x>0$ より， $x=2$

この値は問題に適する。 （答） 2 cm

▓ **基本問題** ▓

26 ある数の2乗から 28 をひいた数はもとの数の3倍になるという。もとの数を求めよ。

27 大小2つの自然数がある。大きい数は小さい数より4大きく，この2つの数の積は，この2つの数の和を5倍した数より4小さい。大きい数と小さい数をそれぞれ求めよ。

28 ある正方形の縦を 5 cm，横を 10 cm それぞれのばして長方形をつくると，その面積がもとの正方形の面積の6倍になった。このとき，もとの正方形の1辺の長さを求めよ。

例題〔8〕 2けたの自然数がある。一の位の数は十の位の数より 1 小さく、各位の数の積はこの自然数より 19 小さい。この自然数を求めよ。

解説 2けたの自然数は十の位の数を x、一の位の数を y とすると、$10x+y$ と表される。このとき、x, y は $1 \leqq x \leqq 9$, $0 \leqq y \leqq 9$ を満たす整数である。

解答 求める自然数の十の位の数を x とすると、一の位の数は $x-1$ と表される。

この自然数は $10x+(x-1)$ と表されるから、

$$x(x-1) = \{10x+(x-1)\} - 19$$

整理すると、

$$x^2 - 12x + 20 = 0$$
$$(x-2)(x-10) = 0$$

よって、　$x = 2$, 10

x は $1 \leqq x \leqq 9$ を満たす整数であるから、

$$x = 2$$

一の位の数は、$2-1=1$ であるから、この値は問題に適する。　　　　（答）　21

演習問題

29 2けたの自然数がある。十の位の数は一の位の数より 2 小さく、各位の数の積はこの自然数より 10 小さい。この自然数を求めよ。

30 連続する 2 つの正の奇数の積が 9999 であるとき、この 2 つの奇数を求めよ。

31 連続する 3 つの自然数がある。最も大きい数の 2 倍がほかの 2 つの数の積より 68 小さくなるとき、最も大きい数を求めよ。

32 ある品物を、同じ大きさの小さい箱に同じ個数ずつ詰める。その小さい箱の個数が 1 つの箱に詰められている品物の個数と等しくなると、それらを大きい箱に詰めることにする。200 個の品物を箱に詰めると、大きい箱が 2 つと小さい箱が 4 つでき、品物が 2 個余った。小さい箱に品物を何個詰めたか。

33 7km 離れた 2 地点 P、Q がある。A さんと B さんが徒歩で同じ道を、A さんは P 地点から Q 地点へ、B さんは Q 地点から P 地点へ向かって同時に出発した。2 人が R 地点ですれちがった後、B さんが P 地点に着くのに 1 時間 20 分かかった。出発後 2 人がすれちがうまでにかかった時間を求めよ。ただし、A さんは時速 4km で歩くものとする。

例題 9 縦 8 m，横 12 m の長方形の土地があ
る。右の図のように，x m の幅の道を縦に 2 本，
横に 1 本つくって，残りの部分を花だんにする
ことにした。花だんの面積と道の面積が等しく
なるようにするとき，x の値を求めよ。

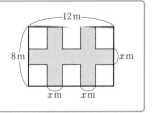

解説 右の図のように，縦の 2 本の道を左側に，横の 1
本の道を上側に動かして考える。

解答 $0<x<8$，$0<2x<12$ より，　$0<x<6$

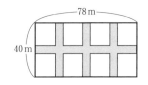

花だんの面積と道の面積が等しくなるとき，
花だんの面積は，

$$8 \times 12 \times \frac{1}{2} = 48 \, (\text{m}^2)$$

花だんの面積について，

$$(8-x)(12-2x)=48$$

整理すると，　$x^2 - 14x + 24 = 0$

$$(x-2)(x-12)=0$$

よって，　　　$x=2$，12

$0<x<6$ より，　$x=2$

この値は問題に適する。

(答)　$x=2$

演習問題

34 縦 40 m，横 78 m の長方形の土地がある。右の
図のように，同じ幅の道を縦に 3 本，横に 1 本
つくって，面積が等しい 8 区画の土地に分け，
1 区画の面積を 255 m² にした。このとき，道の
幅を求めよ。

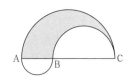

35 右の図のように，AB，BC，AC をそれぞれ直径
とする 3 つの半円があり，AC＝12 cm である。
AB を直径とする半円の面積と，BC を直径とする
半円の面積の和が，影の部分の面積に等しくなると
き，AB を直径とする半円の半径を求めよ。

36 周の長さが 40 cm の長方形がある。この長方形の縦と横の長さをそれぞれ
1 辺の長さとする 2 つの正方形の面積の和は，この長方形の面積の 2 倍よりも
16 cm² 大きい。この長方形の面積を求めよ。

37 右の図のように，正方形の厚紙の4すみから1辺が2cmの正方形を切り取り，深さ2cm，容積100cm³の箱をつくる。もとの正方形の1辺の長さを何cmにすればよいか。

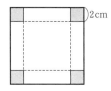

38 右の図のように，AB＝4cmの長方形ABCDがある。この長方形を，直線ABを軸として1回転させてできる立体の表面積は，直線ADを軸として1回転させてできる立体の表面積の1.5倍である。辺ADの長さを求めよ。

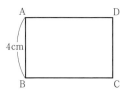

例題 10 右の図のように，3点O(0, 0)，A(8, 0)，B(2, 6)を頂点とする△OABの内部に長方形PQRSがあり，2点P，Qはx軸上に，2点R，Sはそれぞれ辺AB，OB上にある。点Pの座標が$(p, 0)$であるとき，次の問いに答えよ。ただし，座標軸の1目もりを1cmとする。

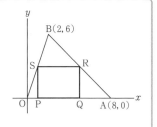

(1) 点Rの座標をpを使って表せ。

(2) 長方形PQRSの面積が9cm²となるとき，pの値を求めよ。

解説 点Sの座標をpを使って表し，点Sのy座標と点Rのy座標が等しいことに着目する。また，pの変域に注意する。

解答 (1) 直線OBの式は$y=3x$であるから，点Sの座標は$(p, 3p)$で，$0<p<2$である。

直線ABの式は，2点$(2, 6)$，$(8, 0)$を通るから，　$y=-x+8$

点Rのy座標は点Sのy座標と等しいから$3p$である。

点Rは直線AB上にあるから，　$3p=-x+8$

よって，点Rのx座標は，　$x=-3p+8$

ゆえに，　$R(-3p+8, 3p)$　　　　　　　　　（答）　$R(-3p+8, 3p)$

(2) （長方形PQRS）＝SP×SRであるから，　$3p\{(-3p+8)-p\}=9$

整理すると，　$4p^2-8p+3=0$　　$(2p-1)(2p-3)=0$

よって，　$p=\dfrac{1}{2}, \dfrac{3}{2}$

これらの値は$0<p<2$に適する。　　　　　　　（答）　$p=\dfrac{1}{2}, \dfrac{3}{2}$

39 右の図のように，2直線 $y=2x+3$，
$y=3x+a$（$a<3$）と y 軸との交点および2直線
の交点をそれぞれ A，B，C とする。ただし，座
標軸の1目もりを 1cm とする。

(1) 交点 C の座標を a を使って表せ。

(2) △ABC の面積が $1\mathrm{cm}^2$ となるとき，a の値
を求めよ。

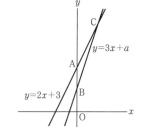

40 右の図で，四角形 ABCD，ECGF はとも
に正方形である。また，2点 A，E は直線
$y=ax+4$（$a>0$）上の点であり，3点 B，C，
G は x 軸上の点である。2点 B，G の x 座標
がそれぞれ 4，19 であるとき，a の値を求め
よ。

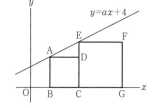

41 右の図は，1辺の長さが 6cm の正方形 ABCD である。
点 P は頂点 A を出発し秒速 1cm で反時計まわりに，点
Q は頂点 A を出発し秒速 2cm で時計まわりに，ともに
正方形の辺上を動く。2点 P，Q が頂点 A を同時に出発
してから x 秒後の △PCQ の面積について，次の問いに
答えよ。ただし，x の変域は $0<x<6$ とする。

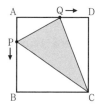

(1) 点 Q が辺 AD 上にあるとき，△PCQ の面積を x を使って表せ。

(2) △PCQ の面積が $14\mathrm{cm}^2$ となるとき，x の値を求めよ。

例題⦗11⦘ 濃度 20％ の食塩水 300g を入れた容器から $x\,\mathrm{g}$ の食塩水を取り
出し，かわりに $x\,\mathrm{g}$ の水を加えてよく混ぜた。さらに $x\,\mathrm{g}$ の食塩水を取り
出し，かわりに $x\,\mathrm{g}$ の水を加えてよく混ぜたところ，濃度が 5％ になった。
x の値を求めよ。

解説 容器の中の食塩水にふくまれる食塩について，次ページのように表にして考えると
よい。

	全体の重さ $(A\,\mathrm{g})$	食塩水にふくまれる食塩の重さ $(B\,\mathrm{g})$	濃度 $\left(\dfrac{B}{A}\right)$
はじめ	300	300×0.2	0.2
$x\,\mathrm{g}$ の食塩水を取り出す	$300-x$	$(300-x) \times 0.2$	0.2
$x\,\mathrm{g}$ の水を加える	300	$(300-x) \times 0.2$	$\dfrac{(300-x) \times 0.2}{300}$
さらに $x\,\mathrm{g}$ の食塩水を取り出す	$300-x$	$(300-x) \times \dfrac{(300-x) \times 0.2}{300}$	$\dfrac{(300-x) \times 0.2}{300}$
さらに $x\,\mathrm{g}$ の水を加える	300	$(300-x) \times \dfrac{(300-x) \times 0.2}{300}$	0.05

解答 容器の中の食塩水にふくまれる食塩の重さは，1回目の操作で $\{(300-x) \times 0.2\}\,\mathrm{g}$

になり，2回目の操作で $(300-x) \times \dfrac{(300-x) \times 0.2}{300} = \dfrac{(300-x)^2}{1500}\ (\mathrm{g})$ となる。

食塩水の重さは2回目の操作後も変わらず $300\,\mathrm{g}$ で，濃度が5％になったから，

$$\frac{(300-x)^2}{1500} = 300 \times 0.05$$

$$(x-300)^2 = 22500$$

$$x-300 = \pm 150$$

よって，　　　　　　$x = 450,\ 150$

$0 < x < 300$ より，　$x = 150$　　　この値は問題に適する。　　　　　（答）　$x = 150$

別解 はじめに濃度20％の食塩水 $300\,\mathrm{g}$ にふくまれる食塩の重さは $300 \times 0.2 = 60\ (\mathrm{g})$

で，1回目に取り出す食塩の重さは，その $\dfrac{x}{300}$ であるから，

$$60 \times \frac{x}{300} = 0.2x\ (\mathrm{g})\quad である。$$

$x\,\mathrm{g}$ の水を加えた後，食塩水の重さは $300-x+x=300\ (\mathrm{g})$，その中にふくまれる

食塩の重さは $(60-0.2x)\,\mathrm{g}$ で，2回目に取り出す食塩の重さは，その $\dfrac{x}{300}$ である

から，　　　　$(60-0.2x) \times \dfrac{x}{300} = 0.2x - \dfrac{x^2}{1500}\ (\mathrm{g})$　である。

濃度が20％から5％になったから，

$$0.2x + \left(0.2x - \frac{x^2}{1500}\right) = 300 \times 0.2 - 300 \times 0.05$$

整理すると，　　　$x^2 - 600x + 67500 = 0$

$$(x-150)(x-450) = 0$$

よって，　　　　　　$x = 150,\ 450$

$0 < x < 300$ より，　$x = 150$　　　この値は問題に適する。　　　　　（答）　$x = 150$

42 濃度 20 % の食塩水 100 g を入れた容器から x g の食塩水を取り出し，かわりに x g の水を加えてよく混ぜた。さらに $2x$ g の食塩水を取り出し，かわりに $3x$ g の水を加えてよく混ぜたところ，濃度が 8 % になった。x の値を求めよ。

43 あるアトラクションの入場料を a %（$a>0$）値上げすると，入場者数は $\dfrac{5}{6}a$ % 減少することがわかっている。収入を 0.8 % 増加させるためには，入場料を何 % 値上げすればよいか。

研究 たすきがけを使わない因数分解による 2 次方程式の解法

　1 章の例題 14（→p.19）では，たすきがけによる因数分解を学習した。2 次方程式の中にも，たすきがけを使って解くことができるものがあるが，次のようなくふうをすると，たすきがけを使わずに解くこともできる。

> 2 次方程式 $ax^2+bx+c=0$ の両辺に a をかけると，
> $$(ax)^2+b(ax)+ac=0$$
> $t=ax$ とおくと，　　　　　　$t^2+bt+ac=0$
> t^2 の係数が 1 となるから，
> $$t^2+(p+q)t+pq=(t+p)(t+q)$$
> と因数分解できる。

例　　　　　　$6x^2-11x+4=0$
　両辺に 6 をかけると，　$(6x)^2-11\times6x+6\times4=0$
　$t=6x$ とおくと，　　　　　　$t^2-11t+24=0$　←t^2 の係数が 1
　　　　　　　　　　　　　　　　$(t-3)(t-8)=0$
　よって，　　　$t=3,\ 8$
　$t=6x$ より，　$x=\dfrac{1}{2},\ \dfrac{4}{3}$　　　　　　←$x=\dfrac{t}{6}$

参考　たすきがけを使って因数分解すると，次のようになる。
　　　　$6x^2-11x+4=(2x-1)(3x-4)$

研究問題

44 次の 2 次方程式を，たすきがけを使わない因数分解による解法で解け。

(1)　$3x^2-19x+30=0$　　　　　(2)　$6x^2-13x-8=0$

1 次の方程式を解け。

(1) $x^2 = 49$

(2) $6 - \dfrac{1}{2}x^2 = 0$

(3) $x\left(x + \dfrac{2}{5}\right) = 0$

(4) $(x+7)(x-3) = 0$

(5) $(2x+1)(x-4) = 0$

(6) $(2t+15)^2 = 0$

(7) $\dfrac{1}{5}(x-1)^2 = 20$

(8) $3(2-x)^2 - 24 = 0$

(9) $\left(\dfrac{1}{3}y - 2\right)^2 - 8 = 0$

(10) $x^2 - 9x = 0$

(11) $\dfrac{4}{7}x^2 = 3x$

(12) $x^2 - 5x - 6 = 0$

(13) $x^2 - 8x + 15 = 0$

(14) $x^2 - 10x + 25 = 0$

(15) $16x^2 + 24x + 9 = 0$

(16) $x^2 - 2x - 5 = 0$

(17) $x^2 + 5x + 3 = 0$

(18) $2x^2 + 3x - 1 = 0$

(19) $5x^2 - 8x - 1 = 0$

(20) $3x^2 - 5x + 2 = 0$

(21) $-3x^2 - 7x + 6 = 0$

(22) $-2x^2 + 6x + 2 = 0$

(23) $x^2 + 6x - 1 = 3x^2 + 2$

(24) $\dfrac{y^2}{8} + \dfrac{y}{4} - 1 = 0$

(25) $x^2 - \dfrac{2}{5}x + \dfrac{1}{25} = 0$

(26) $1.5y^2 + 2y = 4$

(27) $0.9x^2 - 0.3x - 4.2 = 0$

(28) $\dfrac{2}{3}x^2 = \dfrac{1}{2} - \dfrac{4}{3}x$

(29) $\dfrac{2x+1}{2} - \dfrac{x(x+1)}{6} = 0$

(30) $\dfrac{x^2-1}{3} - \dfrac{x+2}{2} = 2$

(31) $(x-1)^2 = \dfrac{x+9}{3}$

(32) $(2x-3)(2x+7) = -20$

(33) $2x(x+1) = (x+2)(x+1)$

(34) $3(x-2)^2 = (x-2)(2x+3)$

(35) $4x^2 - 1 - (2x+1)(x+5) = 0$

(36) $\dfrac{1}{3}x^2 - 3 + (2x-1)\left(\dfrac{1}{3}x + 1\right) = 0$

(37) $(x+2)^2 = (3x-1)^2$

(38) $(x+1)^2 = \dfrac{(3x-1)^2}{4}$

(39) $(2-3x)^2 - 3(2-3x) - 10 = 0$

(40) $(x+3)^2 + 2(x+3) - 1 = 0$

1 次の方程式を解け。　　　　　　　　　　　　　　　　　　　　　⇦**1**

(1)　$2(x-3)^2=5$

(2)　$x^2-5\sqrt{3}\,x+18=0$

(3)　$\dfrac{3}{10000}x^2-\dfrac{7}{100}x+2=0$

(4)　$(3x+13)^2-4(3x+13)-221=0$

(5)　$0.1(2x-1)^2=0.7(2x-1)-1.2$

(6)　$(x+8)\left(\dfrac{1}{2}x-4\right)+\dfrac{1}{2}\{(x+5)^2-(x-5)^2\}=0$

(7)　$\dfrac{1}{7}x(x-6)+x(x-2)=(x-1)^2$

(8)　$\dfrac{x^2-2}{2}-\dfrac{x^2-5x}{3}=3$

2 x についての2次方程式 $x^2-ax+3a-b=0$ の解が2だけであるとき，a，b の値をそれぞれ求めよ。　　　　　　　　　　　　　　　　　　　　⇦**1**

3 右の図のように，連続する自然数を，ある規則にしたがって1番目は1から4，2番目は1から9，3番目は1から16，4番目は1から… というように正方形の形に並べていく。　　　　　⇦**2**

1番目

1	4
2	3

2番目

1	4	9
2	3	8
5	6	7

3番目

1	4	9	16
2	3	8	15
5	6	7	14
10	11	12	13

…

(1)　n 番目の正方形の右上すみにある自然数を，n を使って表せ。

(2)　右上すみにある自然数と左下すみにある自然数の和が266となるのは，何番目の正方形のときか。

4 ある店では，品物1個の値段を300円にすると，1日に150個売れ，1個の値段を300円から10円下げるごとに，1日に売れる品物は6個ずつ増える。ある日の1日の品物の売り上げが39960円であったとき，品物1個を何円で売ったか。ただし，品物1個の値段は300円以下とする。　　　　　⇦**2**

5 原価が1個700円の品物に，原価の x 割の利益を見込んで定価をつけたが，売れないので，定価の x 割引きで売ったところ，品物1個あたり28円の損をした。x の値を求めよ。　　　　　　　　　　　　　　　　　　　⇦**2**

6 長さ32cm の針金を2本に切り分け，それぞれの針金を折り曲げて正方形をつくったところ，その2つの正方形の面積の和が $40\,\mathrm{cm}^2$ になった。2本に切り分けた針金のうち，長いほうの長さは何 cm か。　　　　　　　⇦**2**

7 右の図のように, 3 点 O(0, 0), A(5, 10), B(15, 0) を頂点とする △OAB がある。2 点 P, Q をそれぞれ辺 OA, AB 上に PQ∥OB となるようにとる。台形 POBQ の面積が 60cm² となるとき, 点 P の座標を求めよ。ただし, 座標軸の 1 目もりを 1cm とする。 🔙2

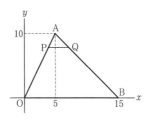

8 OA＝OB＝2cm の直角二等辺三角形 OAB がある。辺 OA 上に点 P, 辺 OB 上に点 Q を, 辺 AB と線分 PQ が平行になるようにとる。右の図のように, この直角二等辺三角形 OAB の頂点 O をふくむほうを線分 PQ で折り曲げると, 重なった部分の面積が $\frac{2}{3}$cm² となった。線分 OP の長さを求めよ。 🔙2

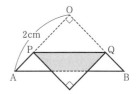

9 池を 1 周する 3.6km の道がある。A さんと B さんは同時に P 地点を出発し, この道を反対の方向に走ってまわることにした。A さんは時速 12km で走った。2 人は, 出発してから x 分後にすれちがった。B さんは, 2 人がすれちがってから 24 分後に P 地点にもどってきた。 🔙2

(1) B さんの速さを x で表せ。

(2) x の値を求めよ。

━━ **進んだ問題** ━━

10 ある文房具店では, ノート 1 冊の定価が 100 円で, 2 冊まで買っても割引きはしないが, 3 冊または 4 冊買うと購入金額全体の 2％, 5 冊または 6 冊買うと購入金額全体の 4％ を割引く。以下同様に 2 冊増すごとに 2％ ずつ割引率を増やし, 最大 50％ まで割引きをして販売している。A さん, B さんがこのノートを, 割引きを利用して同じ冊数ずつ 2 人分まとめて買ったところ, 2520 円であった。このとき, まとめて買ったノートは全部で何冊か。 🔙2

11 濃度 10％ の食塩水が 100g 入った容器 A と, 濃度 2％ の食塩水が 100g 入った容器 B がある。容器 A から xg の食塩水を容器 B に移し, B の食塩水をよく混ぜた。 🔙2

(1) このとき, 容器 B の食塩水にふくまれる食塩の重さを, x を使って表せ。

(2) 続けて, 容器 B から $2x$g の食塩水を容器 A に移し, A の食塩水をよく混ぜたところ, A の食塩水の濃度は 7％ になった。x の値を求めよ。

4章　関数 $y=ax^2$

1　関数 $y=ax^2$ のグラフ

1　**関数 $y=ax^2$**

y が x の関数で $y=ax^2$ $(a\neq0)$ と表されるとき，**y は x の 2 乗（x^2）に比例する**といい，a を**比例定数**という。

2　**関数 $y=ax^2$ のグラフ**

(1)　原点 O を**頂点**とし，y 軸について対称な**放物線**である。

(2)　①　$a>0$ のとき
グラフは上に開き，x 軸の上方にある。

②　$a<0$ のとき
グラフは下に開き，x 軸の下方にある。

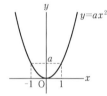
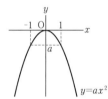

⚠　y が x についての 2 次式で表される関数を **2 次関数**という。また，2 次関数 $y=ax^2$ のグラフを**放物線 $y=ax^2$** という。

⚠　上の図のように，放物線が上に開いていることを下に凸，下に開いていることを上に凸という。

(3)　$y=ax^2$ $(a>0)$ のグラフは，$y=x^2$ のグラフを x 軸を基準にして，y 軸方向に a 倍したものである。a が大きいほどグラフの開きが小さい。

(4)　$y=ax^2$ と $y=-ax^2$ のグラフは，x 軸について対称である。

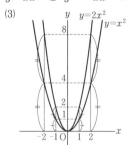
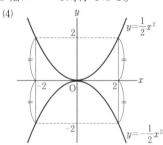

例 y は x の2乗に比例し，$x=3$ のとき $y=1$ である。y を x の式で表してみよう。

▶ y は x の2乗に比例するから，$y=ax^2$ と表される。
$x=3$ のとき $y=1$ であるから，$x=3$，$y=1$ を代入すると，
$$1=a\times 3^2$$
よって，　$a=\dfrac{1}{9}$

ゆえに，　$y=\dfrac{1}{9}x^2$ ………(答)

▓▓ 基本問題 ▓▓

1 次の(ア)～(ク)の関数のうち，y が x の2乗に比例するものはどれか。また，その比例定数を答えよ。

(ア)　$y=4x$　　　　(イ)　$y=2x^2$　　　　(ウ)　$y=\dfrac{1}{x}$　　　　(エ)　$y=2x^2-1$

(オ)　$y=x^2$　　　　(カ)　$y=\dfrac{7}{5}x^2$　　　　(キ)　$y=\dfrac{3}{x^2}$　　　　(ク)　$y=-\dfrac{x^2}{3}$

2 次の2つの量 x，y について，y を x の式で表せ。また，y が x の2乗に比例するものを選び，その比例定数を答えよ。

(1)　1辺の長さが $x$cm の立方体の表面積は $y$cm² である。

(2)　半径が $x$cm の円の周の長さは $y$cm である。

(3)　底面の半径が $x$cm，高さが 8cm の円柱の体積は $y$cm³ である。

(4)　縦 $2x$cm，横 $5x$cm，高さ 3cm の直方体の体積は $y$cm³ である。

(5)　底面の1辺の長さが $x$cm，高さが $y$cm の正四角錐の体積は 40 cm³ である。

3 y は x の2乗に比例し，比例定数は $\dfrac{1}{8}$ である。

(1)　y を x の式で表せ。

(2)　$x=6$ のときの y の値を求めよ。

(3)　$y=4$ のときの x の値を求めよ。

4 次の関数について，x と y の対応の表を完成せよ。ただし，x の値は小さい順に並んでいるものとする。

(1) $y = \dfrac{1}{3}x^2$

x	$\cdots$		-3		0	1			$\cdots$
y	$\cdots$	12		$\dfrac{1}{3}$			$\dfrac{4}{3}$	3	$\cdots$

(2) $y = -4x^2$

x	$\cdots$	-2				1			$\cdots$
y	$\cdots$		-4	-1	0		-36	-48	$\cdots$

5 次の関数において，x または y が（　）の中に示された値をとるとき，y または x の値を求めよ。

(1) $y = \dfrac{1}{8}x^2$ （$x = -2$）

(2) $y = -2x^2$ （$x = \sqrt{5}$）

(3) $y = 3x^2$ （$y = 12$）

(4) $y = -\dfrac{4}{5}x^2$ （$y = -5$）

例題【1】 y は x^2 に比例する数と x に比例する数の和で，$x=1$ のとき $y=1$，$x=2$ のとき $y=-2$ である。$x=-3$ のときの y の値を求めよ。

解説 x^2 に比例する数は比例定数を a とすると ax^2，x に比例する数は比例定数を b とすると bx と表されるから，x と y の関係は $y = ax^2 + bx$ と表される。

解答 x^2 に比例する数を ax^2，x に比例する数を bx とすると，x と y の関係は，

$y = ax^2 + bx$ と表される。

$x=1$ のとき $y=1$ であるから，　　$1 = a \times 1^2 + b \times 1$ ………①

$x=2$ のとき $y=-2$ であるから，　$-2 = a \times 2^2 + b \times 2$ ………②

①，②を連立させて解くと，　　　$a = -2$, $b = 3$

よって，　　　$y = -2x^2 + 3x$ ………③

$x = -3$ を③に代入すると，

$y = -2 \times (-3)^2 + 3 \times (-3) = -27$ 　　　　　（答）$y = -27$

⚠ x^2 に比例する数と x に比例する数の比例定数は一般に異なるから，a，b のように異なる文字を使って区別する。

演習問題

6 y は x^2 に比例し，$x=2$ のとき $y=5$ である。

(1) y を x の式で表せ。

(2) $x=-6$ のときの y の値を求めよ。

(3) $y=20$ のときの x の値を求めよ。

7 y は x^2 に比例する数と x に比例する数の和で，$x=3$ のとき $y=15$，$x=-3$ のとき $y=3$ である。

(1) y を x の式で表せ。　　　　(2) $x=-5$ のときの y の値を求めよ。

(3) $y=1$ のときの x の値を求めよ。

8 y は x^2 に比例する数と x に反比例する数の和で，$x=1$ のとき $y=2$，$x=2$ のとき $y=15$ である。

(1) y を x の式で表せ。　　　　(2) $x=-\dfrac{1}{2}$ のときの y の値を求めよ。

例題【2】 次の関数のグラフをかけ。

(1) $y=\dfrac{1}{4}x^2$　　　　　　　　(2) $y=-2x^2$

解説 関数 $y=ax^2$ のグラフは，$a>0$ のときは下に凸，$a<0$ のときは上に凸の放物線となる。原点を通り，y 軸について対称であることに注意してグラフをかくとよい。

解答 x の値に対応する y の値の表をつくると，それぞれ下のようになる。

(1)

x	$\cdots$	-3	-2	-1	0	1	2	3	$\cdots$
y	$\cdots$	$\dfrac{9}{4}$	1	$\dfrac{1}{4}$	0	$\dfrac{1}{4}$	1	$\dfrac{9}{4}$	$\cdots$

(2)

x	$\cdots$	-3	-2	-1	0	1	2	3	$\cdots$
y	$\cdots$	-18	-8	-2	0	-2	-8	-18	$\cdots$

(答) (1) 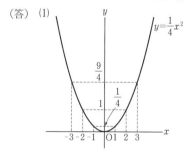　　(2)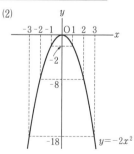

⚠ 放物線は原点の近くでもなめらかな曲線であることに注意する。たとえば，(1)のグラフをかくときは，右の図のような折れ線にならないようにする。

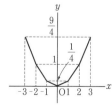

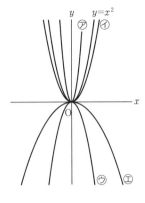

演習問題

9 右の図の⑦〜⊆は，次の関数のグラフである。
それぞれにあてはまるグラフを⑦〜⊆から選べ。

(1) $y = -x^2$ (2) $y = 4x^2$

(3) $y = -\dfrac{1}{5}x^2$ (4) $y = \dfrac{2}{3}x^2$

10 次の関数のグラフをかけ。

(1) $y = 3x^2$ (2) $y = -3x^2$ (3) $y = \dfrac{1}{3}x^2$ (4) $y = -\dfrac{3}{2}x^2$

11 次の関数について，後の問いに答えよ。

  ⑦ $y = 5x^2$ ④ $y = -6x^2$ ⑦ $y = \dfrac{5}{8}x^2$ ⊆ $y = 1.5x^2$

  ⑦ $y = -5x^2$ ⑪ $y = -\dfrac{1}{8}x^2$ ⑪ $y = -\dfrac{3}{2}x^2$ ⑦ $y = \dfrac{1}{9}x^2$

(1) y の値が負にならないものはどれか。
(2) グラフが下に開いている（上に凸である）ものはどれか。
(3) グラフが x 軸について対称であるものは，どれとどれか。
(4) グラフの開きが最も大きいものはどれか。また，最も小さいものはどれか。
(5) グラフの開きが関数 $y = \dfrac{3}{4}x^2$ のグラフより大きいものはどれか。

12 関数 $y = 12x^2$ について，次の問いに答えよ。

(1) この関数のグラフを，x 軸を基準にして y 軸方向に $\dfrac{1}{2}$ 倍したグラフの式
を求めよ。
(2) この関数のグラフを，x 軸を基準にして y 軸方向に何倍すると，関数
$y = 2x^2$ のグラフになるか。

13 関数 $y = ax^2$ のグラフが点 $(4, -4)$ を通る。

(1) a の値を求めよ。
(2) 次の点のうち，このグラフ上にあるものはどれか。
   A$(-8, 16)$ B$(8, -16)$ C$(2, -1)$
   D$(-4, -1)$ E$(-2\sqrt{2}, 2)$ F$(-2\sqrt{2}, -2)$

2　変化の割合

1　**関数 $y=ax^2$ の値の変化**

  (1)　$a>0$ のとき

    ①　x の値が増加すると，

      $x<0$ の範囲では，y の値は減少する。

      $x>0$ の範囲では，y の値は増加する。

    ②　$x=0$ のとき，y の値は最小となり，

      最小値は 0 である。

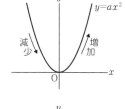

  (2)　$a<0$ のとき

    ①　x の値が増加すると，

      $x<0$ の範囲では，y の値は増加する。

      $x>0$ の範囲では，y の値は減少する。

    ②　$x=0$ のとき，y の値は最大となり，

      最大値は 0 である。

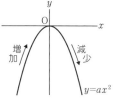

2　**関数の変化の割合**

　　x の関数 y において，x の値 x_1，x_2 に対応する y の値をそれぞれ y_1，y_2 とすると，x の値が x_1 から x_2 まで増加するとき，

$$(\text{変化の割合})=\frac{(y \text{の増加量})}{(x \text{の増加量})}$$

$$=\frac{y_2-y_1}{x_2-x_1}$$

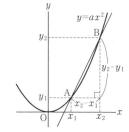

  (1)　変化の割合は，この関数のグラフ上の 2 点

    A$(x_1,\ y_1)$，B$(x_2,\ y_2)$ を結ぶ直線 AB の傾きに等しい。

  (2)　ある範囲で，つねに

    (変化の割合)>0 ならば，x の値が増加するとき，y の値は増加する。

    (変化の割合)<0 ならば，x の値が増加するとき，y の値は減少する。

  (3)　1 次関数 $y=ax+b$ では，変化の割合は一定で，そのグラフの傾き a に等しい。

    関数 $y=ax^2$ では，変化の割合は一定ではない。

例 関数 $y=-3x^2$ について，x の値が -1 から 2 まで増加するときの
変化の割合を求めてみよう。

▶ $x=-1$ のとき，　$y=-3\times(-1)^2=-3$
　$x=2$ のとき，　　$y=-3\times2^2=-12$

x	$-1 \to 2$
y	$-3 \to -12$

ゆえに，　　　　（変化の割合）$=\dfrac{（y\,の増加量）}{（x\,の増加量）}$

$=\dfrac{-12-(-3)}{2-(-1)}$

$=\dfrac{-9}{3}$

$=-3$ ………（答）

▒ 基本問題 ▒

14 次の関数について，後の問いに答えよ。

　(ア) $y=-3x+2$　　(イ) $y=4x+3$　　(ウ) $y=7x^2$　　(エ) $y=-x^2$

(1) $x>0$ の範囲で，x の値が増加するとき y の値が増加するものはどれか。

(2) $x>0$ の範囲で，x の値が増加するとき y の値が減少するものはどれか。

(3) $x<0$ の範囲で，x の値が増加するとき y の値が増加するものはどれか。

(4) $x<0$ の範囲で，x の値が増加するとき y の値が減少するものはどれか。

15 次の問いに答えよ。

(1) 関数 $y=7x^2$ の最小値を求めよ。

(2) 関数 $y=-9x^2$ の最大値を求めよ。

16 (1)〜(3)の関数について，x の値が①，②のように増加するときの変化の割合
をそれぞれ求めよ。

　　① 2 から 4 まで　　　　　　② -2 から -1 まで

(1) $y=5x-7$　　　　　(2) $y=-8x^2$　　　　　(3) $y=\dfrac{1}{3}x^2$

例題 3 x の変域が $-4 \leqq x \leqq 2$ のとき，次の関数の最大値，最小値をそ
れぞれ求めよ。

(1) $y=\dfrac{3}{4}x^2$　　　　　　　(2) $y=-3x^2$

解説 それぞれの関数のグラフをかいて調べる。

関数 $y=ax^2$ のグラフは，y 軸について対称な放物線である。グラフ上の点について，$a>0$ のとき，x 座標の絶対値が大きいほど y 座標は大きく，$a<0$ のとき，x 座標の絶対値が大きいほど y 座標は小さい。

また，関数の最大値，最小値を求めるときは，そのときの x の値を書くのがふつうである。

解答 (1) x の変域が $-4 \leqq x \leqq 2$ のとき，$y=\dfrac{3}{4}x^2$ のグラフは右の図のようになる。

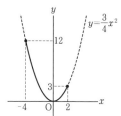

（答） 最大値 12（$x=-4$ のとき）

最小値 0（$x=0$ のとき）

(2) x の変域が $-4 \leqq x \leqq 2$ のとき，$y=-3x^2$ のグラフは右の図のようになる。

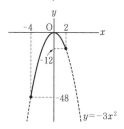

（答） 最大値 0（$x=0$ のとき）

最小値 -48（$x=-4$ のとき）

⚠ x の変域のことを**定義域**，y の変域のことを**値域**ということもある。

演習問題

17 次の関数において，x の変域が（　　）の中に示された範囲であるとき，y の変域を求めよ。

(1) $y=2x^2$ （$x \geqq 2$）

(2) $y=-8x^2$ （$x<2$）

(3) $y=7x^2$ （$1 \leqq x < 2$）

(4) $y=-\dfrac{3}{4}x^2$ （$-2 \leqq x \leqq -1$）

(5) $y=\dfrac{5}{3}x^2$ （$-3 < x < 1$）

(6) $y=-3x^2$ （$-2 \leqq x \leqq 3$）

18 x の変域が（　　）の中に示された範囲であるとき，次の関数の最大値，最小値をそれぞれ求めよ。

(1) $y=6x^2$ （$-3 \leqq x \leqq -1$）

(2) $y=-\dfrac{1}{3}x^2$ （$3 \leqq x \leqq 6$）

(3) $y=\dfrac{1}{2}x^2$ （$-4 \leqq x \leqq 3$）

(4) $y=-x^2$ （$-5 \leqq x \leqq 7$）

(5) $y=5x^2$ （$-\dfrac{7}{5} \leqq x \leqq \dfrac{3}{2}$）

(6) $y=-\dfrac{4}{5}x^2$ （$-3\sqrt{5} \leqq x \leqq 6$）

例題 4 関数 $y = 2x^2$ において，x の変域が $-1 \leqq x \leqq a$ のとき，y の変域は $-16 \leqq y \leqq b$ である。このとき，a，b の値をそれぞれ求めよ。

解説 x の変域 $-1 \leqq x \leqq a$ における y の変域は，a の値によって変わるので，次のように，a の値の範囲によって3つの場合に分類する。

(i) x の変域に 0 がふくまれない場合（$-1 \leqq a < 0$）
このとき，y の変域は $-2 \leqq y \leqq -2a^2$

(ii) x の変域に 0 がふくまれるが，1 がふくまれない場合（$0 \leqq a < 1$）
このとき，y の変域は $-2 \leqq y \leqq 0$

(iii) x の変域に 0 も 1 もふくまれる場合（$a \geqq 1$）
このとき，y の変域は $-2a^2 \leqq y \leqq 0$

問題に合うのは，これらのうちのどの場合かを考える。

(i) $-1 \leqq a < 0$ のとき  (ii) $0 \leqq a < 1$ のとき (iii) $a \geqq 1$ のとき

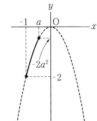 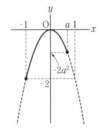 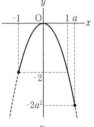

解答 $x = -1$ のとき $y = -2$ である。
y の変域が $-16 \leqq y \leqq b$ であるから，$a \geqq 1$ であり，グラフは右の図のようになる。
$x = a$ のとき，　$y = -2a^2$ 　　　$-2a^2 = -16$
よって，　$a = \pm 2\sqrt{2}$ 　　　$a \geqq 1$ より，　$a = 2\sqrt{2}$
$-1 \leqq x \leqq 2\sqrt{2}$ のとき $-16 \leqq y \leqq 0$ より，　$b = 0$
（答）$a = 2\sqrt{2}$，$b = 0$

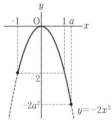

演習問題

19 関数 $y = x^2$ において，x の変域が $-5 \leqq x \leqq a$ のとき，y の変域は $9 \leqq y \leqq b$ である。このとき，a，b の値をそれぞれ求めよ。

20 関数 $y = -\dfrac{3}{2}x^2$ において，x の変域が $a \leqq x \leqq 2$ のとき，y の変域は $-18 \leqq y \leqq b$ である。このとき，a，b の値をそれぞれ求めよ。

21 関数 $y = ax^2$ において，x の変域が $-3 \leqq x \leqq 6$ のとき，y の変域は $0 \leqq y \leqq 12$ である。このとき，a の値を求めよ。

22 2つの関数 $y=ax^2$ と $y=-3x+6$ において，x の変域が $0 \leqq x \leqq b$ のとき，y の変域は一致する。このとき，a, b の値をそれぞれ求めよ。

23 x の変域が $-2 \leqq x \leqq 3$ のとき，関数 $y=\dfrac{2}{3}x^2$ の y の変域と，1次関数 $y=ax+b$ の y の変域が一致する。このとき，a, b の値をそれぞれ求めよ。

例題〔5〕 2つの関数 $y=ax^2$ と $y=8x-7$ において，x の値が -1 から 3 まで増加するとき，それぞれの変化の割合が等しい。このとき，a の値を求めよ。

解説 1次関数の変化の割合は一定で，そのグラフの傾きに等しい。

解答 $y=ax^2$ において，x の値が -1 から 3 まで増加するときの変化の割合は，

$$\frac{a \times 3^2 - a \times (-1)^2}{3-(-1)} = \frac{8a}{4} = 2a$$

x	$-1 \to 3$
y	$a \to 9a$

$y=8x-7$ の変化の割合は，つねに 8 である。

よって，　$2a=8$

ゆえに，　$a=4$

（答）　$a=4$

演習問題

24 関数 $y=ax^2$ において，x の値が 1 から 5 まで増加するときの変化の割合が -14 である。このとき，a の値を求めよ。

25 2つの関数 $y=-2x^2$ と $y=-8x+5$ において，x の値が a から $a+2$ まで増加するとき，それぞれの変化の割合が等しい。このとき，a の値を求めよ。

26 関数 $y=\dfrac{1}{2}x^2$ において，x の値が 1 から 3 まで増加するときの変化の割合と，関数 $y=ax^2$ において，x の値が 2 から 3 まで増加するときの変化の割合が等しい。このとき，a の値を求めよ。

進んだ問題

27 次の問いに答えよ。

(1) 関数 $y=ax^2$ $(a \neq 0)$ において，$x=p$ から $x=q$ までの変化の割合は $a(p+q)$ であることを示せ。ただし，$p \neq q$ とする。

(2) 関数 $y=ax^2$ $(a \neq 0)$ において，$x=1$ から $x=4$ までの変化の割合と，$x=-2$ から $x=p$ $(p \neq -2)$ までの変化の割合が等しい。このとき，p の値を求めよ。

3　関数 $y=ax^2$ の応用

> **例題〔6〕** 物体が高いところから自然に落下するとき，はじめの x 秒間に落下する距離を y m とすると，y は x の2乗に比例する。はじめの2秒間に 19.6 m 落下するとき，次の問いに答えよ。
> (1) 落ちはじめて2秒後から 2.4 秒後までの平均の速さを求めよ。
> (2) 平均の速さが秒速 98 m になるのは，落ちはじめて5秒後から何秒後までか。

解説 y は x の2乗に比例するから，比例定数を a とすると，x と y の関係は $y=ax^2$ と表される。$x=2$ のとき $y=19.6$ であることから a を求める。

(1) 落ちはじめて2秒後から 2.4 秒後までの**平均の速さ**とは，$x=2$ から $x=2.4$ までの**変化の割合**のことである。

(2) 求める時刻を t 秒後（$t>5$）とすると，落ちはじめて5秒後から t 秒後までの平均の速さが秒速 98 m になる。

解答 y は x の2乗に比例するから，比例定数を a とすると，x と y の関係は $y=ax^2$ と表される。$x=2$ のとき $y=19.6$ であるから，

$$19.6=a\times2^2 \qquad 4a=19.6$$

よって，　　$a=4.9$

ゆえに，　　$y=4.9x^2$

(1) $x=2$ から $x=2.4$ までの平均の速さは，

$$\frac{4.9\times2.4^2-4.9\times2^2}{2.4-2}=\frac{4.9\times(2.4^2-2^2)}{2.4-2}=\frac{4.9\times(2.4+2)(2.4-2)}{2.4-2}$$
$$=4.9\times(2.4+2)=21.56$$

（答）　秒速 21.56 m

(2) 求める時刻を t 秒後（$t>5$）とすると，$x=5$ から $x=t$ までの平均の速さは，

$$\frac{4.9t^2-4.9\times5^2}{t-5}=\frac{4.9(t+5)(t-5)}{t-5}=4.9(t+5)$$

よって，　　$4.9(t+5)=98$

ゆえに，　　$t=15$

（答）　15 秒後

演習問題

28 ふりこが1往復するのにかかる時間は，おもりの重さやふれ幅に関係なく一定で，それを周期という。周期が x 秒のふりこの長さを y m とすると，y は x の2乗に比例する。ふりこの長さが 4 m のとき周期は4秒であった。

(1) y を x の式で表せ。

(2) 長さが 9 cm のふりこの周期は何秒か。

29 ある物体が斜面をすべり落ちるとき，はじめの x 秒間に進む距離を y m とすると，y は x の2乗に比例する。はじめの2秒間に16m進むとき，次の問いに答えよ。

(1) y を x の式で表せ。

(2) 落ちはじめて3.6秒後から5.4秒後までの平均の速さを求めよ。

(3) 平均の速さが秒速100mになるのは，落ちはじめて4秒後から何秒後までか。

30 車にブレーキをかけて，ブレーキがききはじめてから止まるまでに進む距離を制動距離という。ある車の速さを時速 x km，制動距離を y m とすると，y は x の2乗に比例し，x と y の関係を表したグラフは右の図のようになった。

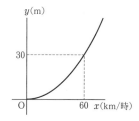

(1) y を x の式で表せ。

(2) 時速90kmのときの制動距離は何mか。

(3) 制動距離を7.5m以下にするとき，車は時速何km以下で走ればよいか。

31 Aさんは，坂の途中のP地点からボールを転がし，ボールが転がりはじめてから2秒後に，Aさんも秒速2mでP地点から坂をおりていった。Aさんは，いったんボールを追いこしたが，その後ボールに追いこされ，ボールはしだいに遠のいていった。ボールがP地点を転がりはじめてから x 秒間に y m 進むとするとき，y は x の2乗に比例し，x と y の関係を表すグラフは，右の図のようになった。

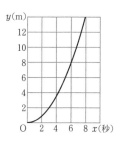

(1) y を x の式で表せ。

(2) Aさんが坂をおりはじめたとき，ボールは何m進んでいるか。

(3) ボールが転がりはじめてから x 秒間にAさんが y m 進むとするとき，Aさんが坂をおりていくときの x と y の関係を表すグラフを，上の図にかき入れよ。ただし，$x \geqq 2$ とする。

(4) Aさんがいったんボールを追いこした後，ボールに追いこされるのは，ボールが転がりはじめてから何秒後か。

(5) ボールが転がりはじめて12秒後から13秒後までのボールの平均の速さは，Aさんが坂をおりていく速さの何倍になっているか。

例題 7 右の図のように，1辺の長さが 10cm の正方形 ABCD がある。点 P は辺 AB 上を頂点 A から頂点 B まで秒速 1cm で動き，B に着くと停止する。また，点 Q は正方形の辺上を頂点 A から頂点 D，C を通って頂点 B まで秒速 2cm で動き，B に着くと停止する。2点 P，Q が同時に頂点 A を出発してから x 秒後（$0<x<15$）の △APQ の面積を y cm² とするとき，次の問いに答えよ。

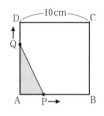

(1) 点 Q が頂点 A を出発して頂点 B に着くまでの x と y の関係を式で表せ。また，そのグラフをかけ。

(2) $y=20$ となるときの x の値を求めよ。

解説 次のように，3つの場合に分類して，x と y の関係を式で表し，グラフをかく。

(ⅰ) 点 P が辺 AB 上にあり，点 Q が辺 AD 上にある場合

(ⅱ) 点 P が辺 AB 上にあり，点 Q が辺 DC 上にある場合

(ⅲ) 点 P が頂点 B にあり，点 Q が辺 CB 上にある場合

(ⅰ) [図] D C Q A P B
(ⅱ) [図] D Q C A P B
(ⅲ) [図] D C Q A B(P)

解答 (1) 点 Q が頂点 D に着くのは，$10÷2=5$ より 5秒後，頂点 C に着くのは，$10×2÷2=10$ より 10秒後，頂点 B に着くのは，$10×3÷2=15$ より 15秒後である。

(ⅰ) $0<x≦5$ のとき，

点 P は辺 AB 上にあり，点 Q は辺 AD 上にある。

$AP=1×x=x$，$AQ=2×x=2x$ であるから，

$$△APQ=\frac{1}{2}×x×2x=x^2$$

ゆえに，　$y=x^2$

(ⅱ) $5<x≦10$ のとき，

点 P は辺 AB 上にあり，点 Q は辺 DC 上にある。

$AP=x$，$AD=10$ であるから，

$$△APQ=\frac{1}{2}×x×10=5x$$

ゆえに，　$y=5x$

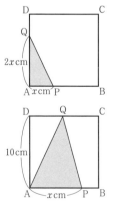

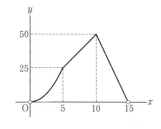

(iii) $10 < x < 15$ のとき,

点 P は頂点 B にあり, 点 Q は辺 CB 上にある。
AP＝AB＝10, PQ＝BQ＝10×3－2×x＝30－2x
であるから,

$$\triangle APQ = \frac{1}{2} \times 10 \times (30 - 2x)$$
$$= 150 - 10x$$

ゆえに, $\quad y = -10x + 150$

（答） $0 < x \leq 5$ のとき $y = x^2$

$\qquad$ $5 < x \leq 10$ のとき $y = 5x$

$\qquad$ $10 < x < 15$ のとき $y = -10x + 150$

$\qquad$ グラフは右の図

(2) グラフより, $y = 20$ となるのは, $0 < x \leq 5$ と
$10 < x < 15$ のときである。

(i) $0 < x \leq 5$ のとき

$y = x^2$ に $y = 20$ を代入すると,

$$20 = x^2 \qquad x = \pm 2\sqrt{5}$$

$0 < x \leq 5$ より, $\quad x = 2\sqrt{5}$

(ii) $10 < x < 15$ のとき

$y = -10x + 150$ に $y = 20$ を代入すると,

$$20 = -10x + 150 \qquad x = 13$$

この値は $10 < x < 15$ を満たす。

ゆえに, 求める x の値は, $\quad x = 2\sqrt{5}$, 13

（答） $x = 2\sqrt{5}$, 13

▰▰▰ **演習問題** ▰▰▰

32 右の図のように, AB＝BC＝4cm の直角二等辺三角形
ABC がある。点 P は頂点 A を出発し, 辺 AB, BC 上
を頂点 B を通って頂点 C まで一定の速さで動き, C に
着くと停止する。点 Q は, 点 P が出発するのと同時に
頂点 B を出発し, 辺 BC 上を P と同じ速さで動き, 頂点
C に着くと停止する。このとき, 点 P が動いた道のりを
x cm（$0 < x < 8$）, $\triangle APQ$ の面積を y cm^2 とする。

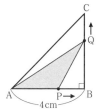

(1) y を x の式で表せ。また, そのグラフをかけ。

(2) $y = 4$ となるときの x の値を求めよ。

33 右の図のように，AB＝10cm，AD＝5cm の長
方形 ABCD がある。点 P は頂点 A を，点 Q は頂
点 B を同時に出発し，それぞれ秒速2cm，秒速
4cm で長方形の辺上を反時計まわりに動く。2点
P，Q が出発してから x 秒後（$x>0$）に，長方形

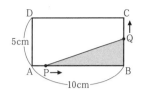

ABCD を線分 PQ で分割したもののうち，面積が大きくないほうを $y$cm² とす
る。

(1) 線分 PQ がはじめて長方形 ABCD の面積を 2 等分するのは，出発してか
ら何秒後か。

(2) 点 Q が頂点 B を出発してから頂点 D に着くまでの y を x の式で表せ。

34 右の図のように，1辺の長さが3cm の立方体
ABCD–EFGH がある。2点 P，Q は頂点 E を同
時に出発し，底面 EFGH の辺上を，点 P は F→
G→H→E の順に，点 Q は H→G→F→E の順に，
それぞれ秒速1cm，秒速0.5cm で動き，2点は
t 秒後に出会う。2点 P，Q が出発してから x 秒

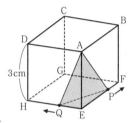

後（$0<x<t$）の三角錐 A–EPQ の体積を $y$cm³ とする。

(1) $x=3$ および $x=6$ のときの y の値をそれぞれ求めよ。

(2) t の値を求めよ。

(3) y を x の式で表せ。また，そのグラフをかけ。

(4) $y=1$ となるときの x の値を求めよ。

例題 8 右の図のように，放物線 $y=ax^2$ と直
線 $y=ax+b$ は 2 点 A$(a,\ c)$，B$(-1,\ 2)$ で交
わり，C は直線 AB と y 軸との交点である。

(1) a，b，c の値をそれぞれ求めよ。

(2) 原点 O を通り，△OAB の面積を 2 等分する
直線の式を求めよ。

(3) 点 C を通り，△OAB の面積を 2 等分する直
線の式を求めよ。

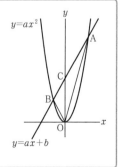

解説 (2) 原点 O を通り △OAB の面積を 2 等分する直線は，辺 AB の中点 M を通る。

(3) 点 C を通り △OAB の面積を 2 等分する直線と，辺 OA との交点を P とする
と，△OPC＝△OMC であるから，OC を底辺とすると，△OPC と △OMC は高
さが等しい。

解答 (1) 放物線 $y=ax^2$ は点 B$(-1, 2)$ を通るから,

$$2=a\times(-1)^2 \qquad \text{ゆえに,} \quad a=2$$

また, 直線 $y=2x+b$ も点 B を通るから,

$$2=2\times(-1)+b \qquad \text{ゆえに,} \quad b=4$$

つぎに, 点 A$(2, c)$ が放物線 $y=2x^2$ 上にあるから,

$$c=2\times2^2=8$$

このとき, 直線 $y=2x+4$ は点 A$(2, 8)$ を通る。

(答) $a=2$, $b=4$, $c=8$

(2) 原点 O を通り △OAB の面積を 2 等分する直線は, 辺 AB の中点 M を通る。

A$(2, 8)$, B$(-1, 2)$ であるから, 点 M の座標は, $\left(\dfrac{2+(-1)}{2}, \dfrac{8+2}{2}\right)$ より, $\left(\dfrac{1}{2}, 5\right)$

ゆえに, 直線 OM の式は,

$$y=10x \qquad \text{(答)} \quad y=10x$$

(3) 点 C を通り △OAB の面積を 2 等分する直線と, 辺 OA との交点を P とする。

△OPC$=$△OMC であるから, OC を底辺とすると, △OPC と △OMC は高さが等しい。

点 C が y 軸上にあるから, 点 P の x 座標は点 M の x 座標に等しい。

よって, 点 P の x 座標は $\dfrac{1}{2}$ となる。

直線 OA の式は $y=4x$ であるから, 点 P の y 座標は,

$$y=4\times\dfrac{1}{2}=2 \qquad \text{よって,} \quad \text{P}\left(\dfrac{1}{2}, 2\right)$$

直線 CP は点 C$(0, 4)$ を通るから, y 切片が 4, 傾きは, $\dfrac{2-4}{\dfrac{1}{2}-0}=-4$

ゆえに, 直線 CP の式は, $y=-4x+4$ (答) $y=-4x+4$

参考 (3) △OAB$=\dfrac{1}{2}\times4\times\{2-(-1)\}=6$, △OBC$=\dfrac{1}{2}\times4\times\{0-(-1)\}=2$ より,

$$\text{△OPC}=\dfrac{1}{2}\text{△OAB}-\text{△OBC}=\dfrac{1}{2}\times6-2=1$$

点 P の x 座標を p $(p>0)$ とすると,

$$\text{△OPC}=\dfrac{1}{2}\times4\times p=2p$$

よって, $2p=1$ より, $p=\dfrac{1}{2}$

と求めてもよい。

35 右の図のように，放物線 $y=ax^2$ と直線 ℓ が2点A，Bで交わっている。点Aの座標は $(4, 8)$ である。

(1) a の値を求めよ。

(2) Oを原点とし，直線 ℓ と y 軸との交点をCとする。$\triangle OAC：\triangle OBC=2：1$ となるとき，点Bの座標を求めよ。

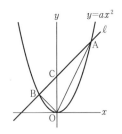

36 右の図のように，直線 ℓ は，2つの放物線 $y=\dfrac{1}{4}x^2$ $(x\leqq0)$，$y=ax^2$ $\left(a>\dfrac{1}{4}\right)$ と3点A，B，Cで交わっている。点Aの y 座標は1，点Bの x 座標は $-\dfrac{3}{2}$ であり，AB：BC=1：7である。

(1) 点Cの x 座標を求めよ。

(2) a の値を求めよ。

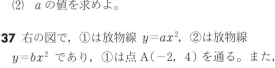
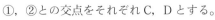

37 右の図で，①は放物線 $y=ax^2$，②は放物線 $y=bx^2$ であり，①は点A$(-2, 4)$ を通る。また，x 軸上の点B$(3, 0)$ を通り x 軸に垂直な直線と，①，②との交点をそれぞれC，Dとする。

(1) a の値を求めよ。

(2) $\triangle ABC$ の面積を求めよ。

(3) $\triangle ADC$ の面積が $\triangle ABD$ の面積の3倍となるとき，b の値を求めよ。

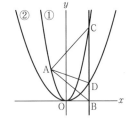

38 右の図のように，放物線 $y=ax^2$ 上に2点 A$(-4, 4)$，B$(b, 9)$ がある。ただし，$b>0$ である。点Pが放物線上を点Aから点Bまで動くとき，点Qを四角形APBQが平行四辺形になるようにとる。

(1) a, b の値をそれぞれ求めよ。

(2) □APBQの対角線の交点の座標を求めよ。

(3) 点Qが y 軸上にくるとき，点Qの y 座標を求めよ。

(4) 点 $(3, 0)$ を通り，□APBQの面積を2等分する直線の式を求めよ。

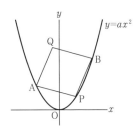

39 右の図のように，直線 $y=ax$ が，2つの放物線 $y=2x^2$，$y=bx^2$ とそれぞれ点 A，B で交わっている。点 A の x 座標は2で，点 B の y 座標は -3 である。また，点 A を通り y 軸に平行な直線と，放物線 $y=bx^2$ との交点を C とする。

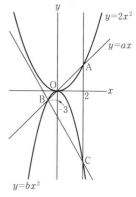

(1) a，b の値をそれぞれ求めよ。

(2) 点 C の座標を求めよ。

(3) 直線 BC の式を求めよ。

(4) y 軸上に点 P をとり，△PBC と △ABC の面積が等しくなるようにするとき，点 P の座標を求めよ。ただし，点 P の y 座標は正とする。

40 右の図のように，関数 $y=x^2$ のグラフ上に2点 A，B があり，関数 $y=ax^2$ $(a<0)$ のグラフ上に点 C がある。また，関数 $y=-x^2$ のグラフ上に点 D がある。点 A，B，D の x 座標はそれぞれ 1，-1，-2 で，四角形 ABCD は平行四辺形である。

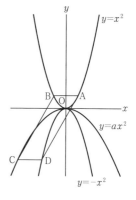

(1) a の値を求めよ。

(2) y 軸上に点 P をとり，△PDA と □ABCD の面積が等しくなるようにするとき，点 P の y 座標を求めよ。ただし，点 P の y 座標は正とする。

41 右の図のように，関数 $y=\dfrac{2}{3}x^2$ のグラフ上に3点 A，B，C がある。点 A，B，C の x 座標はそれぞれ -3，3，6 であり，O は原点である。

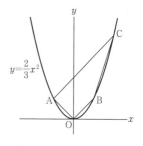

(1) 四角形 AOBC の面積を求めよ。

(2) x 軸上に点 P をとり，△APC と四角形 AOBC の面積が等しくなるようにするとき，点 P の座標を求めよ。

(3) 点 C を通り，四角形 AOBC の面積を2等分する直線の式を求めよ。

42 長方形 ABCD は，辺 AD が直線 $y=1$ 上

にあり，辺 BC が直線 $y=-\dfrac{1}{4}$ 上にあり，

点 D の x 座標は点 A の x 座標より 1 だけ大

きいものとする。長方形 ABCD は，その周

が放物線 $y=x^2$ と異なる 2 点 P，Q で交わ

るように動く。ただし，P の x 座標は Q の

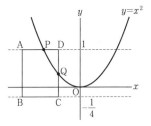

x 座標より小さいものとする。点 A の x 座標を t として，次の問いに答えよ。

(1) $t=-\dfrac{3}{2}$ のとき，2 点 P，Q の座標をそれぞれ求めよ。

(2) t の値の範囲を求めよ。

(3) 線分 PQ が長方形 ABCD の面積を 2 等分するとき，t の値を求めよ。

=== **進んだ問題** ===

43 直角をはさむ 2 辺の長さが 8 cm の直角二等辺三角形と，1 辺の長さが 4 cm

の正方形がある。正方形が右の図の位置から秒

速 1 cm で直線 ℓ 上を右に進む。t 秒後に正方

形と直角二等辺三角形が重なった部分の面積を

S cm^2 とする。

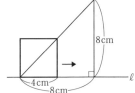

(1) $0 \leqq t \leqq 4$ のとき，S を t の式で表せ。

(2) $4 < t \leqq 8$ のとき，S を t の式で表せ。

(3) $S=10$ となるときの t の値を求めよ。

44 右の図のように，放物線 $y=x^2$ と x 軸に平行な

直線 ℓ，x 軸に平行でない直線 m があり，ℓ と m

は点 A$(1,\ a^2)$ で交わっている。放物線 $y=x^2$ と

直線 ℓ との交点のうち，x 座標が小さいほうの点を

B，大きいほうの点を C とする。放物線 $y=x^2$ と

直線 m との交点のうち，x 座標が小さいほうの点

を P，大きいほうの点を Q とする。線分 PC と線分

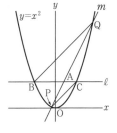

BQ が平行であるとき，次の問いに答えよ。ただし，$a>1$ とする。

(1) 点 P の x 座標を p，点 Q の x 座標を q とするとき，直線 PQ の式は，

$y=(p+q)x-pq$ と表されることを示せ。

(2) 点 P の x 座標 p と点 Q の x 座標 q を，それぞれ a を使って表せ。

(3) 直線 PC の傾きを求めよ。

(4) BQ : PC$=7:3$ となるとき，a の値を求めよ。

放物線と直線の位置関係を調べると，次の 3 つの場合がある。

(i) 共有点が2つ 　(ii) 共有点がただ1つ 　(iii) 共有点がない

共有点がただ 1 つの場合，放物線と直線は**接する**といい，そのときの直線を放物線の**接線**，共有点を**接点**という。

放物線 $y=ax^2$ ……① と直線 $y=bx+c$ ……② が共有点をもつとき，共有点の座標を $(x,\ y)$ とすると，$x,\ y$ は①と②をともに満たす。

よって，$x,\ y$ は，連立方程式 $\begin{cases} y=ax^2 \\ y=bx+c \end{cases}$ の解である。したがって，2 次方程式 $ax^2=bx+c$ を解けば，共有点の x 座標を求めることができる。

例題 9 放物線 $y=2x^2$ と次の直線の共有点の座標を求めよ。

(1) $y=4x+6$　　　　　　(2) $y=8x-8$

解説 (1) 連立方程式 $\begin{cases} y=2x^2 \\ y=4x+6 \end{cases}$ の解を求めればよい。この連立方程式の解を求める

には，2 次方程式 $2x^2=4x+6$ を解き，得られた x の値を $y=2x^2$（または $y=4x+6$）に代入すればよい。

(2) (1)と同様に，連立方程式 $\begin{cases} y=2x^2 \\ y=8x-8 \end{cases}$ の解が，共有点の座標である。

解答 (1) 求める共有点の座標を $(x,\ y)$ とすると，$x,\ y$ は，

連立方程式 $\begin{cases} y=2x^2 & ……① \\ y=4x+6 & ……② \end{cases}$ の解である。

①，②より，　$2x^2=4x+6$　　$2x^2-4x-6=0$　　$x^2-2x-3=0$

$(x+1)(x-3)=0$　　よって，　$x=-1,\ 3$

$x=-1$ を①に代入すると，　$y=2\times(-1)^2=2$

$x=3$ を①に代入すると，　$y=2\times3^2=18$

ゆえに，求める共有点の座標は $(-1,\ 2)$，$(3,\ 18)$

（答）　$(-1,\ 2)$，$(3,\ 18)$

(2) 求める共有点の座標を (x, y) とすると，x，y は，

連立方程式 $\begin{cases} y=2x^2 & \cdots\cdots① \\ y=8x-8 & \cdots\cdots② \end{cases}$ の解である。

①，②より，　$2x^2=8x-8$　　$2x^2-8x+8=0$　　$x^2-4x+4=0$

　　　　　　　$(x-2)^2=0$　　　よって，　$x=2$

$x=2$ を①に代入すると，　$y=2\times2^2=8$

ゆえに，求める共有点の座標は $(2,\ 8)$ 　　　　　　　　　（答）$(2,\ 8)$

⚠ 放物線の式と直線の式を連立させてできる2次方程式の判別式 D は，(1)のように共有点が2つのときは $D>0$ であり，(2)のように共有点がただ1つのとき（接するとき）は $D=0$ である。また，放物線と直線が共有点をもたないときは $D<0$ である。

▤ 研究問題 ▤

45 放物線 $y=ax^2$ と直線 $y=x+b$ が2点A，Bで交わっている。2点A，Bの x 座標がそれぞれ -2，7であるとき，a，b の値をそれぞれ求めよ。

46 次の放物線と直線の共有点の座標を求めよ。

(1)　$y=x^2$，　　$y=5x-6$ 　　　　　(2)　$y=4x^2$，　　$y=12x-9$

(3)　$y=x^2$，　　$y=2x+1$ 　　　　　(4)　$y=2x^2$，　　$y=5x-2$

47 右の図のように，放物線 $y=ax^2$ と傾き -1 の直線 ℓ が2点 A$(-6,\ 12)$，Bで交わっている。また，直線 ℓ は x 軸と点Cで交わっている。

(1)　a の値と点Bの座標をそれぞれ求めよ。

(2)　放物線上の x 座標が正の部分に点Pをとり，$\triangle$ACP の面積が $\triangle$AOC の面積の5倍になるようにするとき，点Pの座標を求めよ。ただし，Oは原点である。

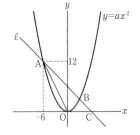

48 右の図のように，放物線 $y=2x^2$ と直線 $y=2x+12$ が2点A，Bで交わっている。ただし，点Aの x 座標は正である。

(1)　2点A，Bの座標をそれぞれ求めよ。

(2)　原点をOとし，直線 $y=2x+12$ が y 軸と交わる点をCとするとき，$\triangle$OAC を OC を軸として1回転させたときにできる立体の体積を求めよ。

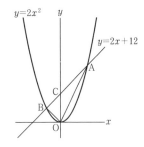

❶ $y-4$ は $x+2$ の2乗に比例し，$x=-1$ のとき $y=6$ である。$y=22$ のときの x の値を求めよ。 ⬅**1**

❷ 2つの関数 $y=ax^2$ と $y=bx+16$ において，x の変域が $-4\leqq x\leqq 2$ のとき，y の変域は一致する。このとき，a，b の値をそれぞれ求めよ。ただし，$a>0$ とする。 ⬅**2**

❸ 2つの関数 $y=ax^2$ と $y=\dfrac{8}{x}$ において，x の値が1から4まで増加するとき，それぞれの変化の割合が等しい。このとき，a の値を求めよ。 ⬅**2**

❹ 関数 $y=2x^2$ において，x の変域が $a\leqq x\leqq a+3$ のとき，y の変域は $0\leqq y\leqq 8$ である。このとき，a の値を求めよ。 ⬅**2**

❺ 図1のように，直線 ℓ 上に2点A，Bがあり，AB＝50cm である。Pは，直線 ℓ 上を左から右へ動く点である。点Pが点Aを出発してから x 秒間に進む距離を y cm とすると，$0\leqq x\leqq 10$ のとき，y は x の2乗に比例し，x と y の関係は $y=ax^2$ と表される。また，$x\geqq 10$ のときは，y は x の1次関数である。このような点Pの動きを示すグラフは，図2のようになった。 ⬅**3**

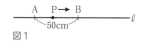

図1

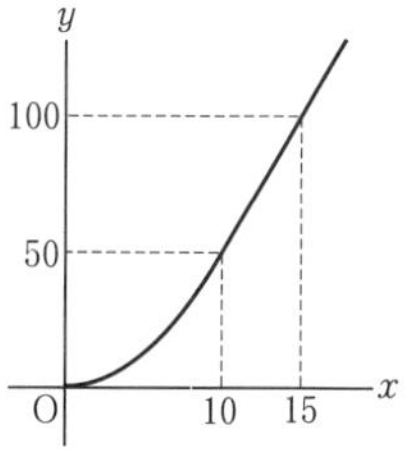

図2

(1) a の値を求めよ。

(2) $x\geqq 10$ のとき，y を x の式で表せ。

(3) Qは直線 ℓ 上を左から右へ動く点であり，点Aから点Bまでは秒速 b cm の一定の速さで動き，Bから先は秒速4cmで動く。点Qは，点Pが点Aを出発してから3秒後にAを出発し，その1秒後にPに追い着き，点Bを通過した後にPに追い着かれた。

① b の値を求めよ。

② 点Qが点Pに追い着かれたのは，点Aから何cm進んだ位置か。

6 右の図のように，関数 $y=\dfrac{1}{2}x^2$ のグラフと，

$y=-x^2$ のグラフがある。$y=\dfrac{1}{2}x^2$ のグラフ上

に 2 点 A，B を，直線 AB が x 軸と平行になる
ようにとり，$y=-x^2$ のグラフ上に 2 点 C，D を
四角形 ABCD が長方形となるようにとる。ただ
し，2 点 A，D の x 座標は正とする。点 A の x
座標を t とするとき，次の問いに答えよ。 🔙 **3**

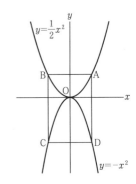

(1) 長方形 ABCD の周の長さを，t を使って表
　　せ。

(2) $2<t<4$ のとき，直線 $y=2x$ は辺 AB，BC とそれぞれ点 E，F で交わり，
　　長方形 ABCD は直線 $y=2x$ によって，△EBF と五角形 FCDAE に分けら
　　れる。この三角形と五角形の周の長さの差が 10 となるとき，四角形 ABCD
　　の周の長さを求めよ。

7 右の図のように，2 つの放物線 $y=2x^2$ …①
と，$y=kx^2$ …②（$0<k<2$）がある。四角形
ABCD は正方形であり，頂点 A は放物線①上，
頂点 C は放物線②上にある。頂点 A の x 座標
は負，頂点 C の x 座標は正である。頂点 A の
y 座標と頂点 C の y 座標は等しく，頂点 D の
y 座標は頂点 B の y 座標より大きい。 🔙 **3**

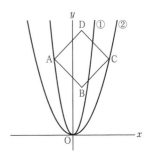

(1) 頂点 B が放物線①上にあり，AC＝3 のと
　　き，k の値を求めよ。

(2) 頂点 A の x 座標が -2 であり，直線 $y=8x$ が正方形 ABCD の面積を 2
　　等分するとき，k の値を求めよ。

8 右の図で，O は原点，3 点 A，B，C は放物
線 $y=x^2$ 上の点で，直線 OA，AB，BC の傾
きは，それぞれ $-\dfrac{1}{3}$，1，$-\dfrac{1}{3}$ である。直線
BC と y 軸との交点を D とする。 🔙 **3**

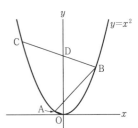

(1) 3 点 A，B，C の座標をそれぞれ求めよ。

(2) △OAB と △ABC の面積の比を求めよ。

(3) 点 D を通り，四角形 AOBC の面積を 2 等分する直線の式を求めよ。

9 右の図のように，放物線 $y=ax^2$ と
直線 $y=mx+n$ が2点 A(4, b)，B(-2, 2) で
交わっている。 ↩ **3**

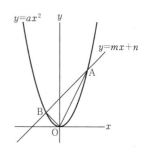

(1) a, b, m, n の値をそれぞれ求めよ。

(2) 放物線 $y=ax^2$ 上に点 P を，△PAB の面積
が △OAB の面積と等しくなるようにとる。こ
のような点 P は原点 O 以外に3点ある。これ
ら3点の x 座標を求めよ。

10 右の図のように，AB=9cm，AD=8cm，
AE=12cm の直方体 ABCD–EFGH がある。点 P は
頂点 A を出発し，長方形 ABFE の辺上を秒速3cm
で A→B→F→E の順に進み，頂点 E で停止する。点
Q は点 P が出発するのと同時に頂点 A を出発し，長
方形 ADHE の辺上を秒速2cm で A→D→H の順に進
み，頂点 H で停止する。点 P が頂点 A を出発してか
ら x 秒後の三角錐 AEPQ の体積を $y$cm³ とする。た
だし，点 P が頂点 A または E にあるときは $y=0$ とする。

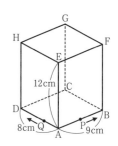

(1) $x=3$ および $x=4$ のときの y の値をそれぞれ求めよ。

(2) y を x の式で表せ。また，そのグラフをかけ。

(3) $y=27$ となるときの x の値を求めよ。

進んだ問題

11 右の図のように，
直角をはさむ2辺の
長さが 4cm である
直角二等辺三角形を
2つ合わせた図形

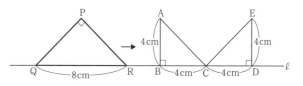

ABCDE がある。斜辺の長さが 8cm である直角二等辺三角形 PQR が，秒速
1cm で直線 ℓ 上を右に進む。点 R が点 B に重なってから x 秒後の △PQR と
図形 ABCDE の重なった部分の面積を $y$cm² とする。ただし，$0\leqq x\leqq16$ とす
る。 ↩ **3**

(1) y を x の式で表せ。

(2) $y=5$ となるときの x の値を求めよ。

5章 平行線と比

1 中点連結定理

① 中点連結定理

(1) **中点連結定理** 三角形の2辺の中点を結ぶ線分は，残りの辺に平行で，長さはその半分に等しい。

右の図で，　**AD＝DB，AE＝EC**

ならば

$$DE \,/\!/\, BC, \quad DE = \frac{1}{2}BC$$

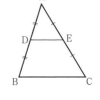

(2) **中点連結定理の逆** 三角形の1辺の中点を通り，他の1辺に平行な直線をひくと，残りの辺の中点を通る。

右の図で，　**AD＝DB，DE∥BC**

ならば

AE＝EC

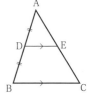

② 中点連結定理の応用

(1) 台形の底でない2辺の中点を結ぶ線分は，底に平行で，長さは2つの底の和の半分に等しい。

右の図で，　**AD∥BC，AE＝EB，DF＝FC**

ならば

$$EF \,/\!/\, AD \;(\text{または}\; EF \,/\!/\, BC), \quad EF = \frac{1}{2}(AD + BC)$$

（→p.100，演習問題7(2)）

(2) 台形の底でない1辺の中点を通り，底に平行な直線をひくと，底でない残りの辺の中点を通る。

右の図で，　**AD∥BC，AE＝EB，**

　　　　　　EF∥AD（または EF∥BC）

ならば

DF＝FC

（→p.100，演習問題8(2)）

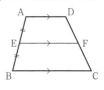

● 中点連結定理

> △ABC の辺 AB，AC の中点をそれぞれ D，E とするとき，
>
> $$DE \parallel BC, \qquad DE = \frac{1}{2}BC$$

【証明】線分 DE の延長と，頂点 C を通り辺 AB に平行な直線との交点を F とする。

△ADE と △CFE において，

AB∥FC より， ∠DAE＝∠FCE（錯角）

∠DEA＝∠FEC（対頂角）

AE＝CE（仮定）

よって， △ADE≡△CFE（2角夾辺）

ゆえに， AD＝CF ………①

DE＝FE ………②

AD＝DB（仮定）と①より，

DB＝FC

また，DB∥FC より，四角形 DBCF は平行四辺形である。

よって， DF∥BC， DF＝BC

②より， $DE = \frac{1}{2}DF = \frac{1}{2}BC$

ゆえに， $DE \parallel BC, \qquad DE = \frac{1}{2}BC$

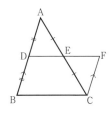

● 中点連結定理の逆

> △ABC の辺 AB の中点を D とする。点 D を通り辺 BC に平行な直線と，辺 AC との交点を E とするとき，
>
> AE＝EC

【証明】線分 DE の延長と，頂点 C を通り辺 AB に平行な直線との交点を F とする。

DF∥BC（仮定），DB∥FC より，四角形 DBCF は

平行四辺形である。

よって， DB＝FC

点 A と F，点 C と D を結ぶと，

AD＝DB（仮定）より，

AD＝FC

また，AD∥FC より，四角形 ADCF は平行四辺形である。

ゆえに，平行四辺形の対角線はたがいに他を2等分するから，

AE＝EC

例 右の図の △ABC で，AD＝DB，AF＝FE＝EC のとき，線分 BG の長さを求めてみよう。

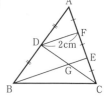

▶ △ABE で，AD＝DB，AF＝FE（ともに仮定）から，中点連結定理より，

$$DF＝\frac{1}{2}BE \quad\cdots\cdots①$$

$$DF \parallel BE \quad\cdots\cdots②$$

DF＝2cm であるから，①より，

$$BE＝2DF＝2×2＝4$$

△CFD で，CE＝EF（仮定）と②から，中点連結定理の逆より，

$$CG＝GD$$

△CFD で，CE＝EF，CG＝GD から，中点連結定理より，

$$GE＝\frac{1}{2}DF$$

よって，

$$GE＝\frac{1}{2}×2＝1$$

ゆえに，

$$BG＝BE－GE＝4－1＝3$$

（答）　3cm

▥▥ **基本問題** ▥▥

1 次の図の △ABC で，x の値を求めよ。

(1)

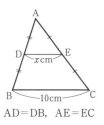

AD＝DB，AE＝EC

(2)

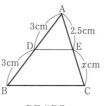

DE∥BC

(3)

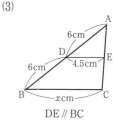

DE∥BC

2 次の図の AD∥BC の台形 ABCD で，x の値を求めよ。

(1)

AE＝EB，DF＝FC

(2)

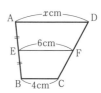

AE＝EB，AD∥EF∥BC

3 △ABC の辺 AB，AC の中点をそれぞれ D，E とし，辺 BC 上に点 P をとるとき，線分 AP と DE との交点 Q は線分 AP の中点であることを証明せよ。

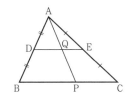

4 △ABC の辺 AB の中点を D とする。辺 AC 上に点 E があり，$DE = \dfrac{1}{2}BC$ であるとき，E はつねに辺 AC の中点であるといえるか。

例題〔1〕 右の図の △ABC で，BC＝CA とする。辺 AB 上に点 D をとり，線分 BD の中点 P を通り辺 BC に平行な直線をひき，線分 CD との交点を Q とする。線分 AD の中点を R とするとき，△PQR は二等辺三角形であることを証明せよ。

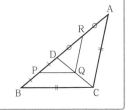

解説 線分の中点や平行線に着目して，中点連結定理やその逆を利用できるか考える。

証明 △DBC で，DP＝PB，PQ∥BC（ともに仮定）から，中点連結定理の逆より，
$$DQ = QC$$
△DBC で，DP＝PB，DQ＝QC から，中点連結定理より，
$$PQ = \frac{1}{2}BC \quad \cdots\cdots①$$
△DCA で，DQ＝QC，DR＝RA（仮定）から，中点連結定理より，
$$QR = \frac{1}{2}CA \quad \cdots\cdots②$$
①，②と BC＝CA（仮定）より，　PQ＝QR
ゆえに，△PQR は二等辺三角形である。

別証 △DBC で，DP＝PB，PQ∥BC（ともに仮定）から，中点連結定理の逆より，
$$DQ = QC$$
△DCA で，DQ＝QC，DR＝RA（仮定）から，中点連結定理より，
　　　QR∥CA
よって，　　∠A＝∠QRP（同位角）
また，PQ∥BC より，　　∠B＝∠RPQ（同位角）
△ABC で BC＝CA（仮定）であるから，　　∠A＝∠B
よって，　　∠QRP＝∠RPQ
ゆえに，△PQR は，QP＝QR の二等辺三角形である。

⚠ 中点連結定理の結論は，線分の長さに関するものと，平行に関するものの 2 つがあるが，その後の証明に必要ないものは書かなくてもよい。

5 右の図で，四角形 ABCD と四角形 DBCE は
ともに平行四辺形である。このとき，
BC // FG であることを証明せよ。

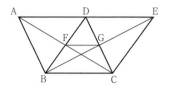

6 右の図の四角形 ABCD で，辺 AB，BC，CD，DA の中
点をそれぞれ P，Q，R，S とするとき，次のことを証
明せよ。

(1) 四角形 PQRS は平行四辺形である。

(2) 四角形 PQRS の 4 つの辺の長さの和は，
四角形 ABCD の対角線の長さの和に等しい。

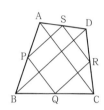

7 右の図の AD // BC の台形 ABCD で，辺 AB，
DC の中点をそれぞれ E，F とし，直線 AF と
辺 BC の延長との交点を G とするとき，次の
ことを証明せよ。

(1) △AFD ≡ △GFC

(2) EF // BC，$EF = \dfrac{1}{2}(AD + BC)$

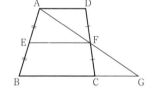

8 右の図の AD // BC の台形 ABCD で，辺 AB の中点
を E とし，E を通り辺 BC に平行な直線と，辺 DC，
対角線 AC との交点をそれぞれ F，G とする。次のこ
とを証明せよ。

(1) G は線分 AC の中点である。

(2) F は辺 DC の中点である。

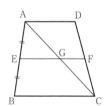

例題〔2〕 右の図で，AD＝DF，BF＝FC とする。
このとき，AE：EB を求めよ。

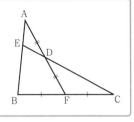

解説 中点連結定理とその逆を利用するために，補助線をひく必要がある場合も多い。補助線は，線分の中点どうしを結んだり，線分の中点からある辺に平行にひいたりするとよい。

この問題では，△BCE の辺 BC の中点 F に着目し，F を通り辺 CE に平行な直線をひく。

解答 点 F を通り線分 CE に平行な直線をひき，
線分 AB との交点を G とする。
　△BCE で，BF＝FC（仮定），FG∥CE
から，中点連結定理の逆より，
$$\text{BG}＝\text{GE} \quad\cdots\cdots\cdots①$$
　△AFG で，AD＝DF（仮定），DE∥FG
から，中点連結定理の逆より，
$$\text{AE}＝\text{EG} \quad\cdots\cdots\cdots②$$
①，②より，　AE＝EG＝GB
ゆえに，　　　AE：EB＝1：2

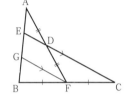

（答）　1：2

▓ 演習問題 ▓

9 右の図の四角形 ABCD で，AE：EB＝2：1，
DF＝FC，AD∥EC，EC＝5AD のとき，EG：GC を
求めよ。

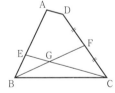

10 右の図の △ABC で，∠C＝90° とし，辺 AB の中点
を M とするとき，AM＝BM＝CM であることを証明
せよ。

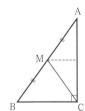

11 右の図の AD∥BC の台形 ABCD で，対角線 BD と
AC の中点をそれぞれ E，F とし，直線 EF と辺 AB,
CD との交点をそれぞれ G，H とする。
AD：BC＝2：3 のとき，GE：EF：FH を求めよ。

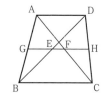

12 右の図で，四角形 ABCD は平行四辺形で，
AA′∥BB′∥CC′∥DD′ とするとき，

$$AA′+CC′=BB′+DD′$$

であることを証明せよ。

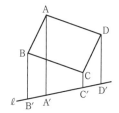

13 右の図の AB＝CD の四角形 ABCD で，対角線
AC と BD の中点をそれぞれ P，Q とし，辺 AD と
BC の中点をそれぞれ M，N とする。このとき，
PQ は線分 MN の垂直二等分線であることを証明せ
よ。

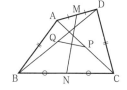

━━ **進んだ問題** ━━

14 右の図の AD∥BC の台形 ABCD で，CD＝CA
とする。対角線 BD 上に点 E を，∠ECD＝∠BAC
となるようにとるとき，E は線分 BD の中点である
ことを証明せよ。

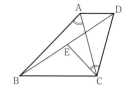

---

① 　**等積**

(1) 　2つの図形の面積が等しいとき，これらの図形は**等積**であるという。
　　△ABC と △DEF が等積であるとき，**△ABC＝△DEF** と書く。

(2) 　合同な2つの図形は等積である。
　　　　　　　△ABC≡△DEF　のとき，　△ABC＝△DEF

② 　**三角形の等積**

　底辺 BC を共有する △ABC と △A′BC につい
て，次のことが成り立つ。

(1) 　頂点 A，A′ が直線 BC について同じ側にあ
　　るとき，

　　① 　AA′∥BC　ならば　△ABC＝△A′BC

　　② 　△ABC＝△A′BC　ならば　AA′∥BC

(2) 　頂点 A，A′ が直線 BC について反対側にあるとき，

　　① 　線分 AA′ が辺 BC，またはその延長によって2等分されるならば，
　　　　　　　　△ABC＝△A′BC

　　② 　△ABC＝△A′BC　ならば，線分 AA′ は辺 BC，またはその延長に
　　　　よって2等分される。

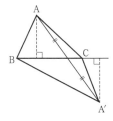

③ 　**面積と比**

(1) 　底辺の等しい2つの三角形の
　　面積の比は，それらの高さの比
　　に等しい。

　　　右の図で，$S:S′=h:h′$

(2) 　高さの等しい2つの三角形の
　　面積の比は，それらの底辺の比
　　に等しい。

　　　右の図で，$S:S′=a:a′$

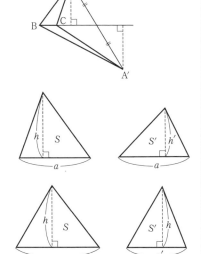

(3) △ABC の辺 BC，またはその延長上に点 D をとるとき，

$$\triangle ABD : \triangle ADC = BD : DC$$

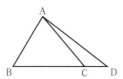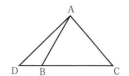

面積と比の利用

例 右の図の AD∥BC の台形 ABCD で，AE：EC＝2：3 であり，△BCE の面積は 9cm² である。このとき，△ABE，△DBC，△AED の面積を順に求めてみよう。

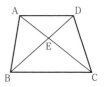

▶ まず，△ABE の面積は，すでに面積のわかっている △BCE との面積の比を考えることで，求めることができる。

△ABE：△BCE＝AE：EC＝2：3 であるから，

$$\triangle ABE = \frac{2}{3}\triangle BCE = \frac{2}{3} \times 9 = 6$$

つぎに，△DBC の面積は，三角形の等積を利用する。

△ABC と △DBC は辺 BC を共有し，AD∥BC であるから，

$$\triangle ABC = \triangle DBC$$

よって，　　　△DBC＝△ABE＋△BCE＝6＋9＝15

最後に，△AED の面積は，△DCE との面積の比を考える。

△AED：△DCE＝AE：EC＝2：3 であるから，

$$\triangle AED = \frac{2}{3}\triangle DCE = \frac{2}{3}(\triangle DBC - \triangle BCE) = \frac{2}{3}(15 - 9) = 4$$

（答）　△ABE＝6cm²，△DBC＝15cm²，△AED＝4cm²

▓▓ 基本問題 ▓▓

15 次の図で，△ABC の面積を求めよ。

(1)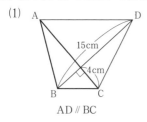

AD∥BC

(2)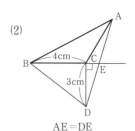

AE＝DE

16 右の図の □ABCD で，辺 DC の中点を E とする。次の三角形と等積な三角形をすべて答えよ。

(1) △ABC

(2) △AED

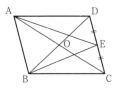

17 右の図の □ABCD で，□ABCD，△ABP の面積をそれぞれ 26cm²，9cm² とするとき，△PCD の面積を求めよ。

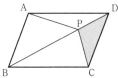

例題 3 右の図の □ABCD で，辺 CD の延長上の点を E とし，線分 BE と辺 AD との交点を F とするとき，

$$△AFE＝△CDF$$

であることを証明せよ。

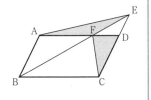

解説 対角線 BD をひくと，AB∥ED より △ABE＝△ABD，FD∥BC より △FBD＝△FCD である。

証明 点 B と D を結ぶ。

△ABE と △ABD は，辺 AB を共有し，AB∥ED であるから，

$$△ABE＝△ABD$$

よって，

$$△AFE＝△ABE－△ABF$$
$$＝△ABD－△ABF＝△BDF$$

ゆえに，

$$△AFE＝△BDF \quad ………①$$

△BDF と △CDF は，辺 FD を共有し，FD∥BC であるから，

$$△BDF＝△CDF \quad ………②$$

①，②より，

$$△AFE＝△CDF$$

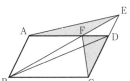

参考 次のように示してもよい。

点 A と C を結ぶ。

$$△ABE＝△ABD＝△ACD, \quad △ABF＝△ACF \quad より,$$
$$△AFE＝△ABE－△ABF$$
$$＝△ACD－△ACF$$
$$＝△CDF$$

18 右の図の四角形 ABCD は平行四辺形で，△AED，△BCF の面積がそれぞれ 30 cm²，18 cm² であるとき，△AFD の面積を求めよ。

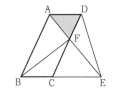

19 右の図の四角形 ABCD は平行四辺形で，△ABP，△QBC の面積がそれぞれ 15 cm²，24 cm² であるとき，△PQD の面積を求めよ。

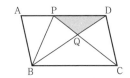

20 右の図のように，□ABCD の対角線 BD 上の点 P を通り辺 AB に平行な直線と，辺 AD，BC との交点をそれぞれ E，F とするとき，

$$△APE＝△CPF$$

であることを証明せよ。

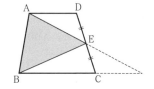

21 右の図の AD∥BC の台形 ABCD で，辺 CD の中点を E とするとき，

$$（台形 ABCD）＝2△ABE$$

であることを証明せよ。

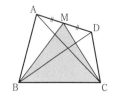

22 右の図の四角形 ABCD で，辺 AD の中点を M とするとき，

$$△MBC＝\frac{1}{2}（△ABC＋△DBC）$$

であることを証明せよ。

例題 4 右の図の四角形 ABCD について，次の問い
に答えよ。

(1) 四角形 ABCD と等積で，辺 AB と ∠B を共有す
る △ABE を作図する方法を説明せよ。

(2) 頂点 A を通り，四角形 ABCD の面積を 2 等分す
る直線を作図する方法を説明せよ。

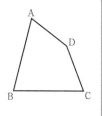

解説 面積を変えないで，図形の形を変えることを**等積変形**，または**等積移動**という。

(1) △ACD を平行線を利用して等積変形する。

(2) (1)で求めた △ABE の面積を 2 等分する。

解答 (1) ① 頂点 D を通り対角線 AC に平行な直線と，
辺 BC の延長との交点を E とする。

② 点 A と E を結ぶ。

これが求める △ABE である。

（△ABE は四角形 ABCD と等積である。）

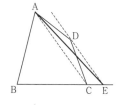

(2) ① 線分 BE の中点を M とする。

② 点 A と M を結ぶ。

直線 AM が求める直線である。

（直線 AM は四角形 ABCD の面積を 2 等分する。）

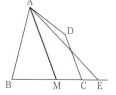

⚠ (1)の（四角形 ABCD）＝△ABE と，(2)の △ABM＝$\frac{1}{2}$×（四角形 ABCD）は，次
のように証明できる。

(1) △ACD と △ACE は，辺 AC を共有し，AC // DE であるから，

$$△ACD＝△ACE$$

また， （四角形 ABCD）＝△ABC＋△ACD

$$△ABE＝△ABC＋△ACE$$

ゆえに， （四角形 ABCD）＝△ABE

(2) M は線分 BE の中点であるから，

$$△ABM＝△AME＝\frac{1}{2}△ABE$$

（四角形 ABCD）＝△ABE であるから，

$$△ABM＝\frac{1}{2}×（四角形 ABCD）$$

23 次の問いに答えよ。

(1) 右の図の五角形 ABCDE と等積で、点 E を 1 つの頂点とする △EFG を作図する方法を説明せよ。ただし、F, G は直線 BC 上の点とする。

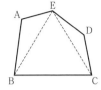

(2) 右の図の四角形 ABCD で、辺 AD 上の点 P を通り、四角形 ABCD の面積を 2 等分する線分 PQ を作図する方法を説明せよ。ただし、Q は辺 BC 上の点とする。

24 右の図のように、△ABC の辺 AB 上に点 P がある。辺 BC の中点 M を利用して、点 P を通り、△ABC の面積を 2 等分する線分 PQ を作図する方法を説明せよ。ただし、Q は辺 BC 上の点とする。

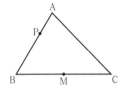

25 次の図の △ABC で、D, E は辺 BC を 3 等分する点である。点 P を通り、△ABC の面積を 3 等分する線分 PQ, PR を作図する方法を説明せよ。ただし、Q, R は △ABC の辺上の点とする。

(1)

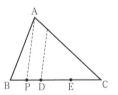

(2)

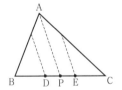

26 次の図のように、四角形 ABCD が折れ線によって 2 つの部分に分けられている。四角形 ABPE の面積が図の影の部分の面積と等しくなるように、線分 EP を作図する方法を説明せよ。ただし、P は辺 BC 上の点とする。

(1)

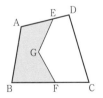

(2)

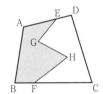

例題 5 △ABC で，辺 AB，AC，
またはその延長上にそれぞれ点 D，
E をとるとき，

$$\frac{\triangle ADE}{\triangle ABC}=\frac{AD \cdot AE}{AB \cdot AC}$$

であることを証明せよ。

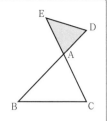

解説 ・は×の意味で使い，AD・AE は AD×AE の意味である。

また，$\dfrac{\triangle ADE}{\triangle ABC}=\dfrac{AD \cdot AE}{AB \cdot AC}$ は，△ADE：△ABC＝AD・AE：AB・AC と同じこと

である。

△ABC の辺 BC，またはその延長上に点 D をとるとき，

△ABD：△ADC＝BD：DC であることを利用する

（→p.104，まとめ③(3)）。

この証明では，△ADC（または △ABE）と △ADE，

△ABC との面積の関係を考える。

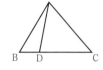

証明 点 D と C を結ぶ。

△ABC：△ADC＝AB：AD であるから，

$$\triangle ADC=\frac{AD}{AB}\triangle ABC \quad \cdots\cdots\cdots ①$$

△ADC：△ADE＝AC：AE であるから，

$$\triangle ADE=\frac{AE}{AC}\triangle ADC \quad \cdots\cdots\cdots ②$$

①，②より，$\quad \triangle ADE=\dfrac{AE}{AC}\cdot\dfrac{AD}{AB}\triangle ABC$

ゆえに，$\quad \dfrac{\triangle ADE}{\triangle ABC}=\dfrac{AD \cdot AE}{AB \cdot AC}$

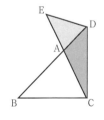

⚠ 次の図の場合も $\dfrac{\triangle ADE}{\triangle ABC}=\dfrac{AD \cdot AE}{AB \cdot AC}$ が成り立つ。

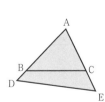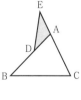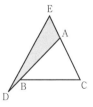

27 次の図で，$\dfrac{\triangle ADE}{\triangle ABC}$ を求めよ。

(1)

A
E
D
B C

AB：AD＝5：3
AC：AE＝7：3

(2)

D
E
A
B C

AB：AD＝3：5
AC：AE＝2：1

(3)

D
A
E
B C

AB：AD＝3：2
AC：AE＝3：2

(4)

A
D
B C
E

AD：DB＝4：3
AC：CE＝4：1

28 右の図の △ABC で，BC＝5cm，BE＝2BA
である。△BDE の面積が △ABC の面積の 1.4
倍となるとき，線分 BD の長さを求めよ。

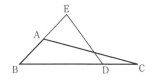

29 次の図で，△DEF の面積は △ABC の面積の何倍か。

(1)

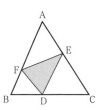

BD：DC＝2：3
CE：EA＝5：4
AF：FB＝2：1

(2)

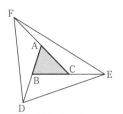

AD＝2AB
BE＝2BC
CF＝2CA

≡ **進んだ問題** ≡

30 右の図の ∠A＝90° の直角三角形 ABC で，
BA＝BD，BC＝5cm である。点 D を通り
△ABC の面積を 2 等分する直線と，辺 AB と
の交点を E とするとき，線分 DE の長さを求
めよ。

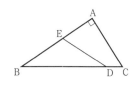

1　線分の内分，外分

(1)　**内分**　線分 AB 上に点 P があり，
AP：PB＝m：n であるとき，点 P は
線分 AB を m：n に**内分する**という。

(2)　**外分**　線分 AB（または線分 BA）
の延長上に点 Q があり，
AQ：QB＝m：n であるとき，点 Q は
線分 AB を m：n に**外分する**という。

$m > n$ のとき

$m < n$ のとき

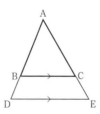

🔔　線分 AB を m：n に内分する点 P は，
線分 BA を n：m に内分する。また，
線分 AB を m：n に外分する点 Q は，線分 BA を n：m に外分する。

2　**三角形の平行線と比**

(1)　三角形の 1 つの辺に平行な直線は，他の 2 辺を等しい比に内分，または外分する。

下の図の △ABC で，DE∥BC　ならば　AD：DB＝AE：EC

🔔　AD：AB＝AE：AC，AB：DB＝AC：EC，AB：AD＝BC：DE も成り立つ。

(2)　三角形の 2 つの辺を等しい比に内分，または外分する直線は，残りの辺に平行である。

下の図の △ABC で，AD：DB＝AE：EC　ならば　DE∥BC

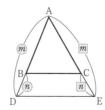
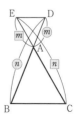

🔔　AD：AB＝AE：AC，または　AB：DB＝AC：EC　のときも，DE∥BC である。

3 平行線と比

2直線がいくつかの平行線に交わっているとき，平行線で切り取られる2直線の対応する線分の比は等しい。

右の図で，　　AA′∥BB′∥CC′∥DD′

ならば

AB：A′B′＝BC：B′C′＝CD：C′D′

⚠ AC：A′C′，BD：B′D′，AD：A′D′ も AB：A′B′ と等しい。

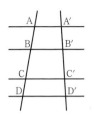

● 三角形の平行線と比

(1)　△ABC の辺 BC に平行な直線と2辺 AB，AC，またはその延長との交点をそれぞれ D，E とするとき，

AD：DB＝AE：EC

(2)　△ABC の辺 AB，AC，またはその延長上にそれぞれ点 D，E があり，AD：DB＝AE：EC であるとき，

DE∥BC

証明　△ADE と △DBE は辺 DE を共有するから，

△ADE：△DBE＝AD：DB ………①

同様に，　　△ADE：△EDC＝AE：EC ………②

(1)　△DBE と △EDC は，辺 DE を共有し，DE∥BC（仮定）であるから，

△DBE＝△EDC ………③

①，②，③より，　　AD：DB＝AE：EC

(2)　AD：DB＝AE：EC（仮定）と①，②より，

△ADE：△DBE＝△ADE：△EDC

よって，　　△DBE＝△EDC

△DBE と △EDC は，辺 DE を共有し，等積であるから，

DE∥BC

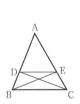
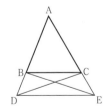

31 数直線上の点に，次のような記号がついている。例にならって，☐にあてはまる数，記号または語句を答えよ。ただし，目もりは等間隔である。

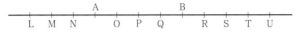

（例）点 P は線分 AB を ☐1☐ : ☐1☐ に ☐内☐ 分する。

(1) 点 Q は線分 AB を ☐⑦☐ : ☐⑦☐ に ☐⑦☐ 分する。

(2) 点 O は線分 BA を ☐⑦☐ : ☐⑦☐ に ☐⑦☐ 分する。

(3) 点 N は線分 AB を ☐⑦☐ : ☐⑦☐ に ☐⑦☐ 分する。

(4) 点 U は線分 AB を ☐⑦☐ : ☐⑦☐ に ☐⑦☐ 分する。

(5) 線分 AB を 1 : 3 に内分する点は ☐⑦☐ ，1 : 3 に外分する点は ☐⑦☐ ，3 : 1 に外分する点は ☐⑦☐ である。

(6) 点 A は線分 ☐⑦☐ と ☐⑦☐ と ☐⑦☐ を 1 : 3 に外分する。

32 次の図で，BC∥DE のとき，x の値を求めよ。

(1)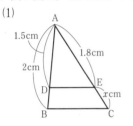

(2)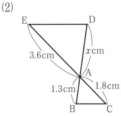

(3)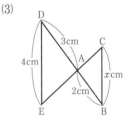

33 次の図で，$\ell \parallel m \parallel n$ のとき，x の値を求めよ。

(1)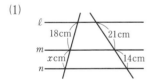

(2)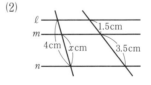

34 右の図のように，四角形 ABCD の辺 AB，BC，CD，DA 上に，それぞれ点 P，Q，R，S をとり，AP : PB＝AS : SD＝1 : 2，CQ : QB＝CR : RD＝2 : 3 とするとき，次の比を求めよ。

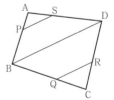

(1) PS : BD

(2) QR : BD

(3) PS : QR

例題⑥ 右の図のように，△ABC の辺 BC を 3 等分する点を M，N とし，点 M を通り辺 AB に平行な直線と，辺 AC との交点を D，点 N を通り辺 AC に平行な直線と，辺 AB との交点を E とするとき，ED∥BC であることを証明せよ。

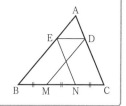

解説 DM∥AB より CD:DA＝CM:MB，EN∥AC より BE:EA＝BN:NC である。また，△ABC で，AE:EB＝AD:DC ならば，ED∥BC であることを利用する。

証明 △ABC で，

DM∥AB（仮定）より，

$$CD:DA＝CM:MB$$

EN∥AC（仮定）より，

$$BE:EA＝BN:NC$$

また，M，N は辺 BC の 3 等分点であるから，

$$CM:MB＝BN:NC（＝2:1）$$

よって，　　　　CD:DA＝BE:EA

ゆえに，　　　　ED∥BC

演習問題

35 右の図の △ABC で，DE∥BC，DF∥BE であるとき，$AE^2＝AF\cdot AC$ であることを証明せよ。

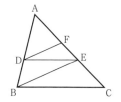

36 右の図の △ABC の辺 BC 上に点 D をとる。線分 AD の延長上の点 P を通り辺 AB，AC に平行な直線と，辺 BC およびその延長との交点をそれぞれ Q，R とするとき，$DB\cdot DR＝DC\cdot DQ$ であることを証明せよ。

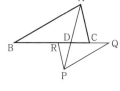

37 右の図のように，▱ABCD の対角線 AC 上の点 P を通る 2 直線と，辺 AB，BC，CD，DA との交点をそれぞれ E，F，G，H とするとき，EH∥FG であることを証明せよ。

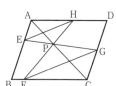

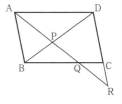

例題 〔7〕 右の図の □ABCD の対角線 BD 上に点
P を，BP：PD＝2：3 となるようにとり，直線
AP と辺 BC との交点を Q，辺 DC の延長との交
点を R とする。
(1) BQ：QC を求めよ。
(2) PQ：QR を求めよ。

解説 線分の比を求めるときは，平行線に着目し，平行線と比の定理を用いる。□ABCD
より，AD∥BC，AB∥DC であることを利用する。

解答 (1) AD∥BQ（仮定）より，　　　　　DP：PB＝DA：BQ
　　　DP：PB＝3：2，AD＝BC より，　BC：BQ＝3：2
　　　ゆえに，　　BQ：QC＝2：1　　　　　　　　　　　　　　　（答）　2：1
　　(2) AB∥DR（仮定）より，　　BQ：QC＝AQ：QR
　　　BQ：QC＝2：1 より，　　　　AQ：QR＝2：1 ………①
　　　また，AD∥BQ より，　　　　AP：PQ＝DP：PB
　　　DP：PB＝3：2 より，　　　　AP：PQ＝3：2 ………②
　　　①，②より，　PQ：QR＝4：5　　　　　　　　　　　　　　（答）　4：5

▓▓▓ 演習問題 ▓▓▓

38 右の図で，線分 AB，DC はいずれも線分 BC に垂直
で，線分 AC と BD との交点を E とし，E から BC にひ
いた垂線を EF とする。AB＝9cm，EF＝6cm のとき，
線分 DC の長さを求めよ。

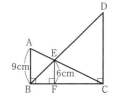

39 右の図の △ABC で，DE∥BC，DF∥AC，EG∥AB，
AD：DB＝2：3 とする。このとき，BG：GF：FC を
求めよ。

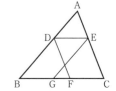

40 右の図の △ABC で，辺 AB を 3：1 に内分する
点を D，辺 BC を 3：2 に外分する点を E とし，
辺 AC と線分 DE との交点を F とするとき，
EF：FD を求めよ。

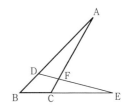

41 右の図の □ABCD で，BE：EC＝1：3，FG∥BC とする。

(1) BF：FD を求めよ。

(2) FG：BC を求めよ。

(3) △AEG：□ABCD を求めよ。

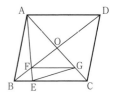

例題 8 右の図の AD∥BC の台形 ABCD で，辺 AB，CD 上にそれぞれ点 E，F をとり，EF∥AD とする。AE：EB＝1：2，AD＝5cm，BC＝8cm のとき，線分 EF の長さを求めよ。

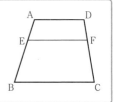

解説 点 B と D を結び，対角線 BD と線分 EF との交点を G とする。AD∥EG，GF∥BC より，平行線と比の定理を利用する。

解答 対角線 BD と線分 EF との交点を G とする。

△BDA で，EG∥AD（仮定）より， BA：BE＝AD：EG

AE：EB＝1：2 より，

$$EG＝\frac{2}{3}AD＝\frac{2}{3}×5＝\frac{10}{3} \quad\cdots\cdots\cdots①$$

△DBC で，GF∥BC（仮定）より， DF：DC＝GF：BC

また，AD∥EF∥BC（仮定）より， AE：EB＝DF：FC

よって，DF：FC＝1：2 より， $GF＝\frac{1}{3}BC＝\frac{1}{3}×8＝\frac{8}{3} \quad\cdots\cdots\cdots②$

①，②より， $EF＝EG＋GF＝\frac{10}{3}＋\frac{8}{3}＝6$ （答） 6cm

別解 右の図のように，頂点 A を通り辺 DC に平行な直線と，線分 EF，辺 BC との交点をそれぞれ H，I とする。

△ABI で，EH∥BI（仮定）より， AE：AB＝EH：BI

AE：EB＝1：2 より， EH：BI＝1：3

四角形 AICD は平行四辺形であるから， BI＝8－5＝3

よって， $EH＝\frac{1}{3}BI＝\frac{1}{3}×3＝1$

$$EF＝EH＋HF＝EH＋AD$$

ゆえに， EF＝1＋5＝6 （答） 6cm

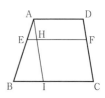

⚠ 一般に，右の図の AD∥BC の台形 ABCD で，AD∥EF（または EF∥BC），AE：EB＝m：n のとき，

$$EF＝\frac{n\,AD＋m\,BC}{m＋n} \quad が成り立つ。$$

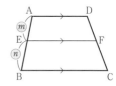

演習問題

42 次の図で，x，y の値をそれぞれ求めよ。

(1)
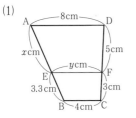

AD∥EF∥BC

(2)
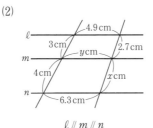

$\ell \parallel m \parallel n$

(3)
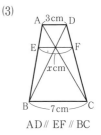

AD∥EF∥BC

43 右の図の AD∥BC の台形 ABCD で，AD＝2cm，BC＝7cm，AE：EB＝2：3，AD∥EF とし，線分 EF と対角線 AC，BD との交点をそれぞれG，H とする。

(1) 線分 EF の長さを求めよ。

(2) 線分 HG の長さを求めよ。

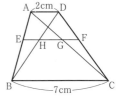

44 右の図の AD∥BC の台形 ABCD で，対角線 AC と BD との交点を E とし，E を通り辺 AD に平行な直線と，辺 AB との交点を F とすると，AF：FB＝1：2 である。線分 FC と BE との交点を G とする。

(1) △CEF の面積は台形 ABCD の面積の何倍か。

(2) △BGF の面積は台形 ABCD の面積の何倍か。

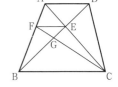

進んだ問題

45 右の図のように，△ABC の辺 BC の中点を M とし，線分 AM 上の点 P を通る直線と，辺 AB，AC との交点をそれぞれ D，E とする。DP＝EP が成り立つとき，BC∥DE であることを証明せよ。

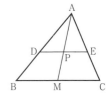

1 次の図で，x，y の値をそれぞれ求めよ。 ⇦ **1** **3**

(1)

A
40°
D E F
x°
48° 64°
B C
AD＝DB，AE＝EC

(2)

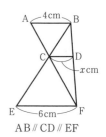

$\ell \parallel m \parallel n$

(3)

A 4cm B
C D
$x$cm
E 6cm F
AB∥CD∥EF

2 四角形 ABCD の辺 AB，BC，CD，DA の中点をそれぞれ P，Q，R，S とするとき，次のことを証明せよ。 ⇦ **1**

(1) 四角形 ABCD がひし形であるとき，四角形 PQRS は長方形である。

(2) 四角形 ABCD が長方形であるとき，四角形 PQRS はひし形である。

(1)

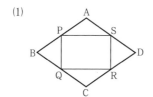

(2)

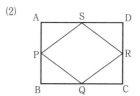

3 右の図の △ABC は鋭角三角形で，その外側に点 D，E を，△ABD，△ACE がそれぞれ辺 AB，AC を斜辺とする直角二等辺三角形となるようにとる。辺 AB，BC，CA の中点をそれぞれ P，Q，R とすると，△DQP≡△QER であることを証明せよ。 ⇦ **1**

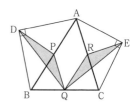

4 右の図の △ABC で，∠B の二等分線と辺 AC との交点を D，辺 AC の中点を E，頂点 A から線分 BD にひいた垂線と線分 BD，辺 BC との交点をそれぞれ F，G とする。 ⇦ **1** **2**

(1) FE∥BC であることを証明せよ。

(2) △ABC の面積が △BEF の面積の 10 倍になるとき，BG：GC を求めよ。

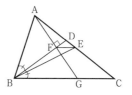

5 次の図は，線分 AB を(1)〜(3)のように内分，または外分する点 P を作図する方法を示したものである。この方法を説明せよ。 ⇐ 3

(1) 3：1 に内分　　　(2) 3：1 に外分　　　(3) 1：3 に外分

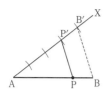 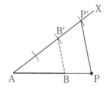 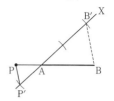

6 右の図で，△ABC の内部の点 O を通り，3 辺 AB，BC，CA に平行な線分をそれぞれ DE，FG，HI とするとき，$\dfrac{DE}{AB}+\dfrac{FG}{BC}+\dfrac{HI}{CA}=2$ であることを証明せよ。 ⇐ 3

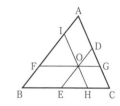

7 右の図の □ABCD で，辺 AB を 2：1 に内分する点を E，辺 AD を 3：1 に内分する点を F とし，線分 BF と ED との交点を G とする。 ⇐ 2 3

(1) EG：GD を求めよ。

(2) △GEB の面積は □ABCD の面積の何倍か。

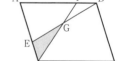

8 右の図の △ABC で，AD：DB＝5：2，AE：EC＝3：2，線分 BE と CD との交点を F とする。△ABC：△CEF＝5：1 となることを証明せよ。 ⇐ 2 3

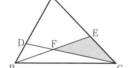

=== **進んだ問題** ===

9 右の図の四角形 ABCD で，P，Q および T，U はそれぞれ辺 AB，CD を 3 等分する点である。BR：RS：SC＝DV：VW：WA＝1：1：2 のとき，八角形 PQRSTUVW の面積は，四角形 ABCD の面積の何倍か。 ⇐ 2

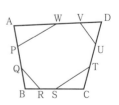

6章 相似

1 相似な図形

1 **相似の位置**

　右の図のように，図形 F 上の点
P と図形 F′ 上の適当な点 P′ とを結
ぶ直線がつねに定点 O を通り，
OP：OP′ が一定であるとき，図形
F と F′ は**相似の位置**にあるといい，
点 O を**相似の中心**という。

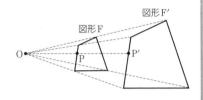

2 **相似**

　移動によって相似の位置におくこ
とができる 2 つの図形は，**相似であ
る**という。相似な図形で，対応する
線分の長さの比を**相似比**という。

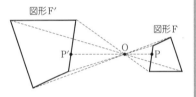

　△ABC と △A′B′C′ が相似のとき，記号 ∽ を使って，**△ABC∽△A′B′C′**
と表す。相似比は AB：A′B′（または BC：B′C′，CA：C′A′）である。

　⚠　相似な図形を頂点の記号で表すとき，対応する頂点を周にそって同じ順
　　　に並べて書く。

3 **相似な図形の性質**

(1)　相似の位置にある 2 つの多角形では，

　　①　対応する辺は平行で，対応する角はそれぞれ等しい。

　　②　相似比は，相似の中心から対応する点までの距離の比に等しい。

(2)　相似な 2 つの多角形では，

　　①　対応する辺の比はすべて等しい。

　　②　対応する角はそれぞれ等しい。

(3)　辺数の等しい 2 つの多角形で，角が順にそれぞれ等しく，それらには
　　さまれる辺の比がすべて等しいとき，2 つの多角形は相似である。

　　　⚠　相似な 2 つの図形において，対応する曲線，線分などの長さの比は，相
　　　　　似比に等しい。

例 右の図で，△ABC と △DEF が O を
相似の中心として，相似の位置にある
とき，x，y の値をそれぞれ求めてみ
よう。

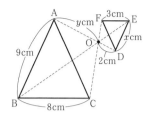

▶ △ABC と △DEF の相似比は，対応する辺
BC と EF の長さの比より，$8:3$ である。

よって，　　　AB：DE＝BC：EF

$$9:x=8:3$$

$$x=\frac{27}{8}$$

また，点 A と D は対応する頂点であり，O は相似の中心であるから，

OA：OD＝BC：EF

$$y:2=8:3$$

$$y=\frac{16}{3}$$

（答）　$x=\dfrac{27}{8}$，$y=\dfrac{16}{3}$

基本問題

1 右の図の四角形 ABCD と四角形 A′B′C′D′ で，直
線 AA′，BB′，CC′，DD′ は1点 O で交わり，
AB∥A′B′，BC∥B′C′，CD∥C′D′，DA∥D′A′，
OA：OA′＝1：4 である。

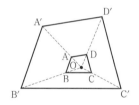

(1) 四角形 ABCD と四角形 A′B′C′D′ はどのような
位置関係にあるか。

(2) OB′＝16cm のとき，線分 OB の長さを求めよ。

(3) CD＝5cm のとき，辺 C′D′ の長さを求めよ。

2 次の図は，それぞれ相似の位置にある 2 つの多角形を示したものである。相
似の中心を答えよ。また，その 2 つの多角形を，記号∽を使って表せ。

(1)

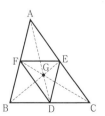

(2)

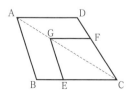

3 次の図の △ABC について，O を相似の中心として，2 倍に拡大した △A′B′C′，$\dfrac{1}{2}$ 倍に縮小した △A″B″C″ をそれぞれかけ。

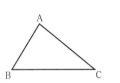

4 右の図で，四角形 ABCD と四角形 A′B′C′D′ の相似比が 3：1 である四角形 A′B′C′D′ を，O を相似の中心として，相似の位置にかけ。

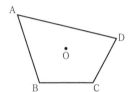

5 右の図で，四角形 ABCD ∽ 四角形 EFGH である。

(1) 四角形 ABCD と四角形 EFGH の相似比を求めよ。

(2) ∠H の大きさを求めよ。

(3) 辺 CD に対応する四角形 EFGH の辺はどれか。また，その長さを求めよ。

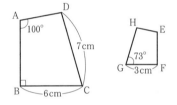

6 右の図で，△ABC と △DEF は，O を相似の中心として，相似の位置にあり，直線 AO と辺 EF との交点を G とする。

(1) △ABC と △DEF の相似比を求めよ。

(2) △OBD と相似の位置にある三角形を答えよ。

(3) 線分 GE の長さを求めよ。

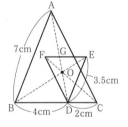

7 次の図形のうち，つねに相似であるものはどれか。㋐〜㋕からすべて選べ。

(㋐) 2 つの正方形
(㋑) 2 つの長方形
(㋒) 2 つの等脚台形
(㋓) 2 つの直角二等辺三角形
(㋔) 2 つの円
(㋕) 2 つの正五角形

例題 1 右の図のように，△ABC の辺 AB 上に頂点 D，辺 AC 上に頂点 G があり，辺 BC 上に辺 EF がある正方形 DEFG を作図する方法を説明せよ。

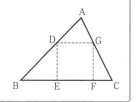

解説 正方形 DEFG と相似の位置にある正方形 D′E′F′G′ をつくり，それを拡大（または縮小）して，条件を満たす正方形 DEFG をつくる。

解答 ① 辺 AB 上に点 D′ をとり，D′ から辺 BC に垂線 D′E′ をひく。

② 線分 D′E′ を 1 辺とする正方形 D′E′F′G′ を，直線 D′E′ について頂点 A と同じ側につくる。

③ 直線 BG′ と辺 AC との交点を G とする。

④ 点 G を通り辺 BC に平行な直線と，辺 AB との交点を D とし，D，G から辺 BC にそれぞれ垂線 DE，GF をひく。

これが求める正方形 DEFG である。

⚠ DE∥D′E′，DG∥D′G′，GF∥G′F′ より，

$$BD:BD′=BE:BE′=BG:BG′=BF:BF′$$

よって，四角形 DEFG と四角形 D′E′F′G′ は，B を相似の中心として，相似の位置にある。

ゆえに，四角形 DEFG は求める正方形である。

別解 ① 辺 AB 上に点 D′ をとり，D′ を通り辺 BC に平行な直線と，辺 AC との交点を G′ とする。

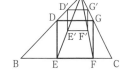

② 線分 D′G′ を 1 辺とする正方形 D′E′F′G′ を，直線 D′G′ について頂点 A と反対側につくる。

③ 直線 AE′，AF′ と辺 BC との交点をそれぞれ E，F とする。

④ 点 E を通り辺 BC に垂直な直線と，辺 AB との交点を D，点 F を通り辺 BC に垂直な直線と，辺 AC との交点を G とし，D と G を結ぶ。

これが求める正方形 DEFG である。

8 次の図で，四角形 ABCD と相似で，線分 B′C′ が辺 BC に対応する四角形 A′B′C′D′ をかけ。ただし，BC∥B′C′ とする。

(1)　　　　　　　　　　　　　　(2)

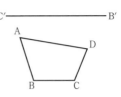

9 右の図のように，△ABC の辺 BC，CA，AB 上にそれぞれ点 D，E，F があり，FD∥AC となる正三角形 DEF を作図する方法を説明せよ。

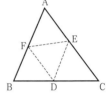

10 右の図のように，半円 O の直径上に点 A，B があり，弧上に点 C，D がある正方形 ABCD を作図する方法を説明せよ。

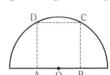

11 右の図のように，□ABCD の対角線 AC 上の点 P を通り辺 AD，AB に平行な直線と，辺 AB，AD との交点をそれぞれ Q，R とする。このとき，四角形 ABCD と四角形 AQPR は，A を相似の中心として，相似の位置にあることを証明せよ。

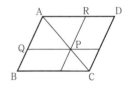

■■■ 進んだ問題 ■■■

12 右の図の AB＝AC の二等辺三角形 ABC で，点 P，Q はそれぞれ辺 AB，AC の中点である。線分 BQ と CP との交点を O とし，直線 AO と辺 BC との交点を R とするとき，△ABC と △RQP は，O を相似の中心として，相似の位置にあることを証明せよ。

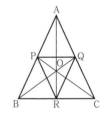

> ① **三角形の相似条件**
>
> 　次のいずれか1つの条件が成り立てば，2つの三角形は相似である。
>
> (1) 2組の角がそれぞれ等しい。　　　　　　（**2角の相似**）
>
> (2) 2組の辺の比とその間の角がそれぞれ等しい。
>
> 　　　　　　　　　　　（**2辺の比と夾角の相似**）
>
> (3) 3組の辺の比がそれぞれ等しい。　　　（**3辺の比の相似**）

=== **基本問題** ===

13 次の図の中で，相似な三角形はどれとどれか。対応する頂点に注意して，記号∽を使って表せ。また，そのときの相似条件を書け。

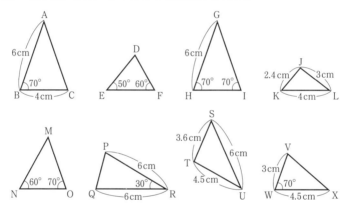

14 次の図において，△ABC∽△A′B′C′ である。x, y の値をそれぞれ求めよ。

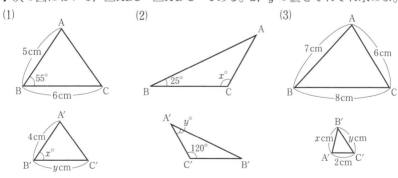

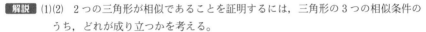

例題❷ 右の図のように，AB＝3cm，BC＝6cm，CA＝4cm の △ABC の辺 BC 上に点 D を，BD＝1.5cm となるようにとり，辺 CA の延長上に点 E を，∠CEB＝∠ABC となるようにとる。

(1) △ABC∽△DBA であることを証明せよ。また，線分 AD の長さを求めよ。

(2) △ABC∽△BEC であることを証明せよ。また，線分 AE の長さを求めよ。

(3) △DBA∽△BEC であることを示し，その相似比を求めよ。

解説 (1)(2) 2つの三角形が相似であることを証明するには，三角形の3つの相似条件のうち，どれが成り立つかを考える。

(3) 一般に，△ABC と △A′B′C′ と △A″B″C″ において，△ABC∽△A′B′C′，△ABC∽△A″B″C″ のとき，△A′B′C′∽△A″B″C″ である。

解答 (1) △ABC と △DBA において，AB＝3cm，BD＝1.5cm，BC＝6cm であるから，

$$AB : DB = BC : BA = 2 : 1$$

$$\angle ABC = \angle DBA \quad (共通)$$

よって，　　　△ABC∽△DBA （2辺の比と夾角）

また，BC：BA＝CA：AD より，　　6：3＝4：AD

ゆえに，　　　AD＝2　　　　　　　　　　　　　（答）　AD＝2cm

(2) △ABC と △BEC において，

$$\angle ACB = \angle BCE \quad (共通)$$

$$\angle ABC = \angle BEC \quad (仮定)$$

よって，　　　△ABC∽△BEC （2角）

また，AC：BC＝CB：CE より，　　4：6＝6：CE　　　CE＝9

ゆえに，　　　AE＝CE－CA＝9－4＝5　　　　　（答）　AE＝5cm

(3) (1)，(2)より，△ABC∽△DBA，△ABC∽△BEC であるから，

$$△DBA∽△BEC$$

△DBA と △BEC の相似比は，対応する辺 AD と CB の長さの比である。

ゆえに，　　　AD：CB＝2：6＝1：3　　　　　（答）　1：3

参考 (3)の △DBA∽△BEC は，次のように示してもよい。

△DBA と △BEC において，

$$\angle ABD = \angle CEB \quad (仮定) \quad \cdots\cdots①$$

(1)より ∠CAB＝∠ADB，(2)より ∠CAB＝∠CBE であるから，

$$\angle ADB = \angle CBE \quad \cdots\cdots②$$

①，②より，　　△DBA∽△BEC （2角）

15 次の図で, x, y の値をそれぞれ求めよ。

(1)

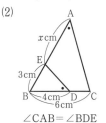

ED∥BC

(2)

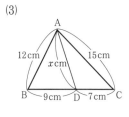

∠CAB＝∠BDE

(3)

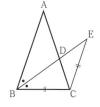

16 右の図のように, AB＝AC の二等辺三角形 ABC がある。∠B の二等分線と辺 AC との交点を D とし, 線分 BD の延長上に点 E を, CE＝BC となるようにとる。

(1) △ABD∽△CED であることを証明せよ。

(2) AB＝6cm, BC＝4cm のとき, 線分 AD の長さを求めよ。

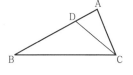

17 右の図の △ABC で, AB＝2AC, AD：DB＝1：3 とする。

(1) △ABC∽△ACD であることを証明せよ。

(2) ∠A＝85°, ∠B＝28° のとき, ∠BCD の大きさを求めよ。

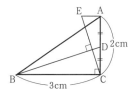

18 右の図で, △ABC は ∠C＝90° の直角三角形であり, BC＝3cm, AC＝2cm である。辺 AC の中点を D とし, 点 C を通り直線 BD に垂直な直線と, 点 A を通り辺 BC に平行な直線との交点を E とする。

(1) △BCD∽△CAE であることを証明せよ。

(2) 線分 AE の長さを求めよ。

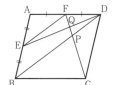

19 右の図の □ABCD で, 辺 AB, AD の中点をそれぞれ E, F とし, 線分 CF と BD, DE との交点をそれぞれ P, Q とする。

(1) △EQF∽△DQP であることを証明せよ。

(2) FP＝3cm のとき, 線分 PQ の長さを求めよ。

20 右の図のように，1辺の長さが 10cm の正三角形 ABC の辺 BC，AB 上にそれぞれ点 P，Q を，∠APQ=60° となるようにとる。

(1) △APC∽△PQB であることを証明せよ。

(2) BP=4cm のとき，線分 BQ の長さを求めよ。

21 右の図の △OAB，△OCD，△OEF は，それぞれ ∠OAB，∠OCD，∠OEF を直角とする直角二等辺三角形であり，3点 A，C，E は一直線上にある。

(1) △OAC∽△OBD であることを証明せよ。

(2) 3点 B，D，F が一直線上にあることを証明せよ。

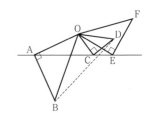

例題(3) 右の図のように，平地に垂直に立っている木の影の一部が塀にうつっている。このとき，長さ 1m の棒を地面に垂直に立てると，地面にうつった影の長さが 1.2m になった。BD=3m，CD=2m のとき，この木の高さを求めよ。

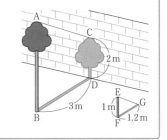

解説 相似を利用して，直接には，はかれないものの長さや，2地点間の距離を求めることができる。線分 AC の延長と BD の延長との交点を P とすると，△EFG∽△CDP であることを利用する。

解答 線分 AC の延長と BD の延長との交点を P とする。

△EFG∽△CDP より，

$$EF : CD = FG : DP$$
$$1 : 2 = 1.2 : DP$$

よって，　　DP=2×1.2=2.4

△ABP∽△CDP より，

$$AB : CD = BP : DP$$

BP=3+2.4=5.4 であるから，

$$AB : 2 = 5.4 : 2.4 = 9 : 4$$

ゆえに，　　$AB = \dfrac{9}{4} \times 2 = 4.5$

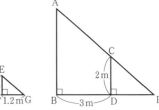

（答）　4.5m

22 右の図は，棒を利用して電柱の高さ AB が
はかれることを示している。地点 P に立っ
て，線分 BP 上の地点 Q に棒を立て，目の
位置 X から A を見あげた線と棒との交点を
C，X から B を見おろした線と棒との交点を
D とし，AB⊥BP，CQ⊥BP，XP⊥BP とす
る。PQ＝1m，PB＝8m，CD＝75cm のと
き，電柱の高さ AB を求めよ。

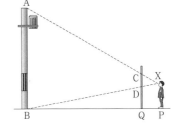

23 右の図は，対岸にある 2 つの地点 A，B 間
の距離を求めるため，こちら岸にある 2 地点
P，Q から A，B を見た角度をはかり，

　　∠APQ＝∠A′P′Q′，∠BPQ＝∠B′P′Q′，
　　∠BQP＝∠B′Q′P′，∠AQP＝∠A′Q′P′

となるように縮図をかいたものである。

(1)　AB：A′B′＝PQ：P′Q′ であることを証
　　明せよ。

(2)　PQ＝30m，P′Q′＝6cm，A′B′＝2.68cm
　　のとき，2 地点 A，B 間の距離を求めよ。

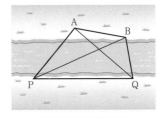

24 右の図で，△ABC は AB＝AC の二等辺三角形で，
四角形 ACDE は正方形である。このとき，
△EBC∽△ECF であることを証明せよ。

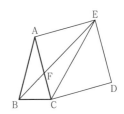

1 　**相似な図形の周の比**
　　相似な2つの図形の周の比は，相似比に等しい。

2 　**相似な図形の面積の比**
　　相似な2つの図形の面積の比は，相似比の2乗に等しい。

　例　$\triangle ABC \backsim \triangle A'B'C'$ で，
相似比を $a:b$ とすると，
周の比と面積の比は，次の
ように表すことができる。

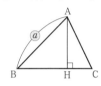

（周の比）

$$\frac{AB+BC+CA}{A'B'+B'C'+C'A'}=\frac{\frac{a}{b}(A'B'+B'C'+C'A')}{A'B'+B'C'+C'A'}=\frac{a}{b}$$

（面積の比）

$$\frac{\triangle ABC}{\triangle A'B'C'}=\frac{\frac{1}{2}\cdot AH\cdot BC}{\frac{1}{2}\cdot A'H'\cdot B'C'}=\frac{\frac{1}{2}\cdot\left(\frac{a}{b}A'H'\right)\cdot\left(\frac{a}{b}B'C'\right)}{\frac{1}{2}\cdot A'H'\cdot B'C'}=\frac{a^2}{b^2}$$

　ゆえに，$\triangle ABC$ と $\triangle A'B'C'$ の周の比は $a:b$，面積の比は
$a^2:b^2$ である。

···　**相似な図形の周の比と面積の比**　···

　例　右の図で，$\triangle ABC$ と $\triangle DBE$ の周の比と
　　　面積の比をそれぞれ求めてみよう。

　　▶　$\triangle ABC$ と $\triangle EBD$ において，
　　　　　　$AB:EB=BC:BD=2:1$ ……①
　　　　　　　　$\angle ABC=\angle EBD$（共通）
　　　　よって，　$\triangle ABC \backsim \triangle EBD$（2辺の比と夾角）
　　　　①より，相似比は 2:1 であるから，
　　　　　　　　周の比は，　　2:1
　　　　　　　　面積の比は，　$2^2:1^2=4:1$

　　　　　　　　　　　　（答）　周の比 2:1，面積の比 4:1

25 右の図で, おうぎ形 ABC とおうぎ形
DEF の周の比と面積の比をそれぞれ求め
よ。

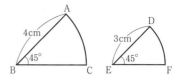

26 右の図の △ABC で, 辺 AB を 5 : 2 に内分する点
を D とし, D を通り辺 BC に平行な直線と, 辺 AC
との交点を E とする。

(1) △ABC と △ADE の面積の比を求めよ。

(2) △ABC の面積が 98cm² のとき, 台形 DBCE の面
積を求めよ。

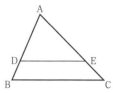

27 △ABC と △DEF について, △ABC∽△DEF, △ABC と △DEF の面積の
比は 25 : 36, DE = 12cm のとき, 辺 AB の長さを求めよ。

例題(4) 右の図のように, OA : OB = 3 : 2
である △OAB を, O を中心として一定の割
合で拡大したものを, O を中心に時計まわり
に回転させると △OCD となる。このとき,
$\triangle AOC = \dfrac{9}{4} \triangle BOD$ であることを証明せよ。

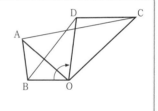

解説 △AOC∽△BOD であることを証明する。このとき, △AOC と △BOD の面積の
比は, OA² : OB² である。

証明 △AOC と △BOD において,

△OAB∽△OCD (仮定) より,

$$\angle BOA = \angle DOC \quad \cdots\cdots\cdots ①$$

$$OA : OC = OB : OD$$

すなわち, $\quad OA : OB = OC : OD \quad \cdots\cdots\cdots ②$

∠AOC = ∠AOD + ∠DOC, ∠BOD = ∠AOD + ∠BOA と①より,

$$\angle AOC = \angle BOD \quad \cdots\cdots\cdots ③$$

②, ③より, △AOC∽△BOD (2辺の比と夾角)

△AOC と △BOD の相似比は, OA : OB = 3 : 2 であるから,

$$\triangle AOC : \triangle BOD = 3^2 : 2^2 = 9 : 4$$

ゆえに, $\quad \triangle AOC = \dfrac{9}{4} \triangle BOD$

28 次の図で，四角形 ABCD の面積を S とするとき，影の部分の面積を S を使って表せ。

(1)

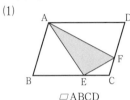

□ABCD
BE : EC = DF : FC = 2 : 1

(2)

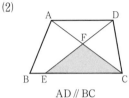

AD // BC
AD : BE : EC = 4 : 1 : 5

29 右の図の AD // BC の台形 ABCD で，AD : BC = $a : b$

のとき，$\triangle$OAD $= \dfrac{a^2}{b^2} \triangle$OCB であることを証明せよ。

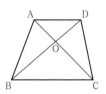

30 右の図の $\triangle$ABC で，BP : PC = 5 : 3，AB // QP，
BC // RQ である。$\triangle$ABC の面積が $128\,\text{cm}^2$ のとき，
$\triangle$QPC，□RBPQ の面積をそれぞれ求めよ。

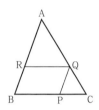

31 右の図の $\triangle$ABC で，AD : DB = AF : FC = 1 : 2，
BE = EC である。

(1) $\triangle$ADF : $\triangle$ABC を求めよ。

(2) $\triangle$DGF : $\triangle$CGE を求めよ。

(3) $\triangle$DGF の面積は $\triangle$ABC の面積の何倍か。

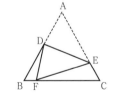

32 右の図のように，正三角形 ABC の頂点 A が辺 BC
上の点 F に重なるように，線分 DE を折り目として
折り曲げると，BF = 3 cm，FD = 7 cm，DB = 8 cm で
あった。

(1) $\triangle$BFD の面積は $\triangle$CEF の面積の何倍か。

(2) $\triangle$DFE の面積は $\triangle$ABC の面積の何倍か。

33 右の図の △ABC で，∠BAC の二等分線と辺 BC との交点を D とし，線分 AD の垂直二等分線と辺 AB，AC との交点をそれぞれ E，F とする。

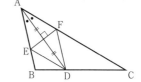

(1) △EBD∽△FDC であることを証明せよ。

(2) EB：ED＝1：2 のとき，△EBD：△FDC を求めよ。

34 右の図の △ABC で，AC＝CD，△ABD≡△AED である。

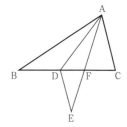

(1) ∠EDF＝∠BCA であることを証明せよ。

(2) △ABC∽△FED であることを証明せよ。

(3) AC＝4cm，BC＝7cm のとき，△ABC：△FED を求めよ。

35 右の図の △ABC で，辺 AB 上に点 D をとり，D を通り辺 BC に平行な直線と，辺 AC との交点を E とする。また，線分 BD 上に点 F をとり，F を通り線分 DE に平行な直線と，辺 AC との交点を G とする。さらに，線分 AD 上に点 H を，BF：DH＝AC：AE となるようにとる。

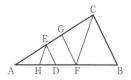

(1) △BCF∽△DEH であることを証明せよ。

(2) AH＝3cm，HD＝2cm のとき，次の比を求めよ。

　(i) AF：FB　　(ii) △AFG：△BCF

═══ **進んだ問題** ═══

36 右の図のように，長方形 ABCD の頂点 D が頂点 B に重なるように，線分 EF を折り目として折り曲げると，AE：EB＝1：3 である。頂点 A の移動した点を A′，折り目 EF と対角線 BD との交点を G とする。また，点 E から線分 BF に垂線をひき，その交点を H，線分 BG との交点を I とする。

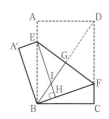

(1) BH：HF を求めよ。

(2) △BDC の面積は △IBH の面積の何倍か。

4 相似な立体

1 **相似の位置**

　右の図のように，立体 F 上の点 P と立体 F′ 上の適当な点 P′ とを結ぶ直線がつねに定点 O を通り，OP：OP′ が一定であるとき，立体 F と F′ は**相似の位置**にあるといい，点 O を**相似の中心**という。

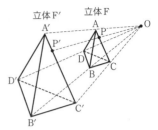

2 **相似**

　移動によって相似の位置におくことができる 2 つの立体は，**相似である**という。相似な立体で，対応する線分の長さの比を**相似比**という。

　相似の位置にある 2 つの立体では，相似の中心から対応する点までの距離の比は相似比に等しい。

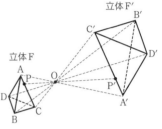

　四面体 ABCD と四面体 A′B′C′D′ が相似のとき，記号 ∽ を使って，**四面体 ABCD ∽ 四面体 A′B′C′D′** と表す。相似比は AB：A′B′（または AC：A′C′，BC：B′C′，BD：B′D′，CD：C′D′，DA：D′A′）である。

3 **相似な立体の性質**

　相似な 2 つの立体において，

(1) 対応する曲線，線分などの長さの比は，相似比に等しい。

(2) 表面積の比は，相似比の 2 乗に等しい。

(3) 体積の比は，相似比の 3 乗に等しい。

···· **相似な立体の表面積の比と体積の比** ····································

例　1 辺の長さが 4cm の正四面体と 10cm の正四面体について，表面積の比と体積の比をそれぞれ求めてみよう。

▶ 2 つの正四面体は相似であり，相似比は 4：10＝2：5 である。
　表面積の比は，相似比の 2 乗に等しいから，　$2^2：5^2＝4：25$
　体積の比は，相似比の 3 乗に等しいから，　$2^3：5^3＝8：125$

　　　　　　　　　　　　　　　（答）　表面積の比 4：25，体積の比 8：125

⚠　一般に，2 つの球や，面の数が等しい 2 つの正多面体は相似である。

37 次の2つの立体の表面積の比と体積の比をそれぞれ求めよ。

　⑴　1辺の長さが8cmの正八面体と12cmの正八面体

　⑵　半径が6cmの球と12cmの球

38 2つの相似な円柱がある。底面の半径がそれぞれ2cm，10cmで，大きいほうの円柱の体積が $500\pi\,cm^3$ である。小さいほうの円柱の体積を求めよ。

例題⑤ 右の図のように，三角錐 A-BCD を平面 BCD に平行な平面 EFG で切って，三角錐 A-EFG と立体 EFG-BCD に分ける。AE＝4cm，EB＝2cm のとき，三角錐 A-EFG の体積と立体 EFG-BCD の体積の比を求めよ。

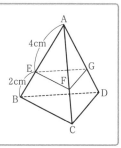

解説 体積を求めなくても，相似比を利用して体積の比を求めることができる。

　平面 BCD∥平面 EFG より，三角錐 A-BCD と三角錐 A-EFG は，A を相似の中心として相似の位置にある。これらの立体の相似比を利用する。

解答 三角錐 A-BCD と三角錐 A-EFG は相似であり，

　　　　相似比は，　　AB：AE＝6：4＝3：2

　よって，体積の比は，　$3^3:2^3=27:8$

　ゆえに，三角錐 A-EFG と立体 EFG-BCD の体積の比は，

　　　　8：（27－8）＝8：19

(答)　8：19

≣≣ **演習問題** ≣≣

39 右の図の △ABC は ∠C＝90° の直角三角形で，DE∥BC である。△ADE と台形 DBCE を，それぞれ辺 AC を軸として1回転させてできる2つの立体の体積の比を求めよ。

40 右の図の立方体 ABCD-EFGH で，辺 AB，BF，BC の中点をそれぞれ L，M，N とする。四面体 BLMN と四面体 BAFC と立方体 ABCD-EFGH の体積の比を求めよ。

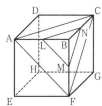

41 右の図の立方体 ABCD–EFGH で，辺 CD，FG の中点をそれぞれ P，Q とし，3 点 P，H，Q を通る平面でこの立方体を切って 2 つの立体に分ける。頂点 C をふくむほうの立体の体積は，頂点 A をふくむほうの立体の体積の何倍か。

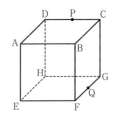

例題 6 右の図の三角錐 O–ABC で，OP：PA＝2：3，OQ＝QB，OR：RC＝1：2 である。三角錐 O–PQR と三角錐 O–ABC の体積の比を求めよ。

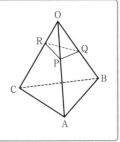

解説 三角錐 O–PQR，三角錐 O–ABC の底面をそれぞれ △OPQ，△OAB とみて，その高さを h，h' とすると，$h : h' = OR : OC$ である。

解答 点 R，C から平面 OAB に垂線 RH，CH′ をひくと，点 O，R，C，H，H′ は同一平面上にある。

△ORH と △OCH′ において，

$$\angle HOR = \angle H'OC \text{（共通）}$$
$$\angle RHO = \angle CH'O \,(=90°)$$

よって，　　△ORH∽△OCH′（2 角）

ゆえに，　　RH：CH′＝OR：OC＝1：3

また，　　（三角錐 O–PQR の体積）＝$\dfrac{1}{3} \cdot$ △OPQ・RH

　　　　　（三角錐 O–ABC の体積）＝$\dfrac{1}{3} \cdot$ △OAB・CH′

$$\dfrac{\triangle OPQ}{\triangle OAB} = \dfrac{OP \cdot OQ}{OA \cdot OB} = \dfrac{2 \times 1}{5 \times 2} = \dfrac{1}{5}$$

ゆえに，　　（三角錐 O–PQR の体積）：（三角錐 O–ABC の体積）＝1：15

（答）　1：15

⚠ 一般に，例題 6 のような三角錐 O–ABC で，次のことが成り立つ。

$$\dfrac{\text{（三角錐 O–PQR の体積）}}{\text{（三角錐 O–ABC の体積）}} = \dfrac{OP \cdot OQ \cdot OR}{OA \cdot OB \cdot OC}$$

よって，　　$\dfrac{\text{（三角錐 O–PQR の体積）}}{\text{（三角錐 O–ABC の体積）}} = \dfrac{2 \times 1 \times 1}{5 \times 2 \times 3} = \dfrac{1}{15}$

42 右の図のように，正方形 ABCD を底面とする正四角
錐 O–ABCD で，辺 OA 上の点 E を通り底面に平行な平
面と，辺 OB，OC，OD との交点をそれぞれ F，G，H
とする。OE：EA＝1：3 のとき，次の問いに答えよ。

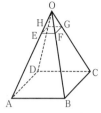

(1) 正四角錐 O–ABCD の体積は，四角錐 O–EFGH の
体積の何倍か。

(2) △OAB と正方形 ABCD の面積が等しいとき，立体 EFGH–ABCD の表面
積は，四角錐 O–EFGH の表面積の何倍か。

43 右の図のように，1 辺の長さが 6cm の正四面体
ABCD の辺 AB，AC，AD 上にそれぞれ点 P，Q，R を
とり，AP＝3cm，AQ＝4cm，AR＝5cm とする。

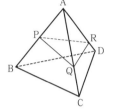

(1) △APR と △ABD の面積の比を求めよ。

(2) 四面体 APQR と正四面体 ABCD の体積の比を求め
よ。

44 右の図のように，1 辺の長さが a であ
る正四面体 ABCD の 4 つの頂点からそ
れぞれ 1 辺の長さが $\frac{1}{3}a$ である正四面
体を取り除いて，立体 F をつくる。

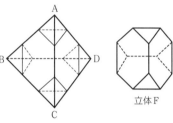

立体F

(1) 立体 F の体積は，正四面体 ABCD
の体積の何倍か。

(2) 立体 F の表面積は，正四面体 ABCD の表面積の何倍か。

進んだ問題

45 右の図のように，2 つの円錐の形をした上下対称な水時計があ
り，上下の円錐の底面積はともに 72cm² である。これを水平な
面に置き，上の円錐に水がいっぱいで，下の円錐が空になった状
態から水を落としはじめる。水が落ちる量は毎秒一定で，水が全
部落ちるには 180 秒かかる。

(1) 上の円錐と下の円錐に入っている水の深さの比が 2：1 にな
るのは，水を落としはじめてから何秒後か。

(2) 下の円錐の水面の面積が 50cm² になるのは，水を落としはじめてから何
秒後か。

1 次の図で，x，y の値をそれぞれ求めよ。 ⇦ **2** **3**

(1)

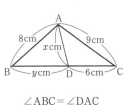

∠ABC＝∠DAC

(2)

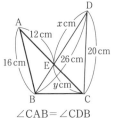

∠CAB＝∠CDB

(3)

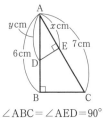

∠ABC＝∠AED＝90°
△ABC＝4△ADE

2 右の図のように，△ABC の∠B の二等分線と辺 AC との交点を D とすると，△ABC∽△BCD であった。このとき，∠C の大きさを求めよ。 ⇦ **1**

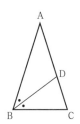

3 右の図のように，△ABC の辺 AB，BC，CA 上にそれぞれ点 P，Q，R があり，PQ⊥BC，∠QRP＝90°，∠RPQ＝60° であるような △PQR を作図する方法を説明せよ。 ⇦ **1**

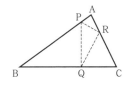

4 ∠A＝90° の直角三角形 ABC で，頂点 A から斜辺 BC に垂線 AD をひくとき，次のことを証明せよ。 ⇦ **2**

(1) $AB^2＝BD \cdot BC$，$AC^2＝CD \cdot CB$

(2) $AD^2＝BD \cdot CD$

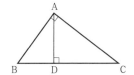

5 右の図のように，線分 AB の延長と CD の延長との交点を P，線分 AD と BC との交点を Q とする。PA・PB＝PC・PD ならば，QA・QD＝QB・QC であることを証明せよ。 ⇦ **2**

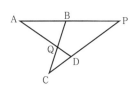

6 右の図の △ABC で，AD＝DF＝FB，DE∥FG∥BC とする。 ⇦**3**

(1) 四角形 FBRQ の面積は △ABR の面積の何倍か。

(2) （四角形 FBRQ）＝（四角形 PQGE）のとき，BR：RC を求めよ。

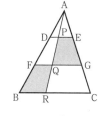

7 右の図のように，高さが 9cm の円錐を，底面から 4cm の高さのところで底面に平行な平面で切り，上側の円錐部分を A とする。さらに，残りの立体（円錐台）の高さを 2 等分するところで底面に平行な平面で切り，上側を B，下側を C とする。このとき，A，B，C の体積の比を求めよ。 ⇦**4**

8 右の図のように，円錐の一部分の形をしたコップに水を入れ，細いかき混ぜ棒を置き，コップの上面との交点を A，下面との交点を B とする。コップの上面と下面は，それぞれ半径 4cm，2cm の円であり，コップの高さは 13.5cm である。また，かき混ぜ棒は水面の中心 C を通るものとする。 ⇦**4**

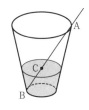

(1) AC：BC を求めよ。

(2) 水面の半径を求めよ。

(3) コップに入っている水の体積を求めよ。ただし，かき混ぜ棒の体積は考えないものとする。

進んだ問題

9 右の図のように，1 辺の長さが 2cm の立方体 ABCD-EFGH を △AFC に平行な平面で切ったところ，切り口が六角形 PQRSTU になり，P，Q，R，S，T，U はそれぞれ辺 AE，EF，FG，GC，CD，DA の中点となった。 ⇦**4**

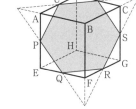

(1) 2 つに分かれた立体のうち，頂点 B をふくむほうの立体の体積を求めよ。

(2) 六角形 PQRSTU を底面とし，B を頂点とする六角錐 B-PQRSTU の体積を求めよ。

7章　三角形の応用

1　三角形の辺と角

1　**三角形の辺と角の大小関係**

(1) 三角形の 2 辺に大小があるとき，大きな辺に対する角は，小さな辺に対する角よりも大きい。

　　△ABC で，

$$\mathbf{AB} > \mathbf{AC} \quad ならば \quad \angle\mathbf{C} > \angle\mathbf{B}$$

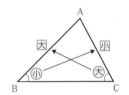

(2) 三角形の 2 角に大小があるとき，大きな角に対する辺は，小さな角に対する辺よりも大きい。

　　△ABC で，

$$\angle\mathbf{C} > \angle\mathbf{B} \quad ならば \quad \mathbf{AB} > \mathbf{AC}$$

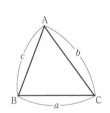

2　**三角形の 3 辺の長さの性質**

三角形の 2 辺の長さの和は，他の 1 辺の長さより大きい。

　　△ABC で，BC$=a$，CA$=b$，AB$=c$ とするとき，

$$b+c>a, \quad c+a>b, \quad a+b>c$$

この 3 つの不等式が成り立つとき，a，b，c を 3 辺の長さとする三角形ができる。この 3 つの不等式を**三角形の成立条件**ということがある。

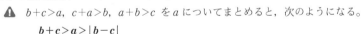

　　⚠　$b+c>a$，$c+a>b$，$a+b>c$ を a についてまとめると，次のようになる。

$$b+c>a>|b-c|$$

● 三角形の辺と角の大小関係

> (1) △ABCで，AB＞AC ならば ∠C＞∠B
> (2) △ABCで，∠C＞∠B ならば AB＞AC

証明 (1) AB＞AC であるから，辺 AB 上に AD＝AC と
なる点 D をとることができる。

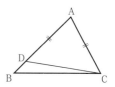

△ADC で，AD＝AC より，∠ADC＝∠ACD

△DBC で，∠ADC＝∠B＋∠BCD

ゆえに，　∠ACB＝∠ACD＋∠BCD

　　　　　＝∠ADC＋∠BCD

　　　　　＝∠B＋2∠BCD

よって，　∠ACB＞∠B

ゆえに，△ABCで，　AB＞AC ならば ∠C＞∠B

(2) 辺 AB と AC の大小は，AB＞AC，AB＝AC，
AB＜AC のうちのいずれかである。

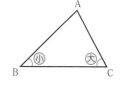

AB＝AC とすると，△ABC は二等辺三角形となる
から，　　∠C＝∠B

AB＜AC とすると，(1)より，∠C＜∠B

ゆえに，どちらの場合も仮定の ∠C＞∠B に反する。

よって，　　AB＞AC

ゆえに，△ABCで，　∠C＞∠B ならば AB＞AC

● 三角形の 3 辺の長さの性質

> △ABCで，BC＝a，CA＝b，AB＝c とするとき，
> 　　　$b+c>a$，　$c+a>b$，　$a+b>c$

証明 辺 BA の延長上に点 D を，AD＝AC となるようにとり，点 C と D を結ぶ。

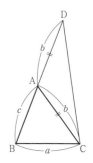

△ACD で，AC＝AD より，∠ACD＝∠ADC

∠BCD＞∠ACD であるから，∠BCD＞∠ADC

すなわち，△BCD で，∠BCD＞∠BDC であるから，

　　　　　BD＞BC

BD＝BA＋AD，AD＝AC より，　BA＋AC＞BC

よって，　$b+c>a$

同様に，　$c+a>b$，　$a+b>c$

ゆえに，　$b+c>a$，　$c+a>b$，　$a+b>c$

⚠ $b+c>a$，$a>b-c$，$a>c-b$ となるから，
$b+c>a>|b-c|$ と表すことができる。

例 3cm，4cm，$x$cm の長さの線分を3辺とする三角形ができるような x の値の範囲を求めてみよう。

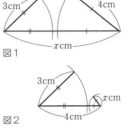

▶ 図1のように，$x$cm が3cmと4cmの和以上となるとき，3cmと4cmの線分の端を結ぶ三角形はできない。

図2のように，$x$cm が4cmから3cmをひいた差以下となるとき，3cmと$x$cmの線分の端を結ぶ三角形はできない。

よって，三角形ができるのは，$x$cm が3cmと4cmの和よりも短く，差よりも長いときである。

よって，　　　$4-3 < x < 4+3$

ゆえに，　　　$1 < x < 7$　　　　　　　　（答）　$1 < x < 7$

⚠ 不等式 $b+c > a > |b-c|$ に，$a=x$，$b=4$，$c=3$ を代入して求める。

基本問題

1 △ABC で，$BC=a$，$CA=b$，$AB=c$ とする。次の ☐ に，a，b，c のうち，あてはまるものを入れよ。

(1) $\angle A=45°$，$\angle B=65°$ であるとき，3辺のうち，最も大きいものは ☐ア である。

(2) $\angle A$ が直角であるとき，3辺のうち，最も大きいものは ☐イ である。

(3) $\angle B$ が鈍角であるとき，3辺のうち，最も大きいものは ☐ウ である。

(4) $\angle A > \angle B$，$\angle C=60°$ であるとき，3辺の長さの大小は，
☐エ $>$ ☐オ $>$ ☐カ である。

2 次の3つの長さの線分を3辺とするとき，三角形ができるものはどれか。
(ア) 2cm，　7cm，　9cm
(イ) 3cm，　4cm，　4cm
(ウ) 5cm，　7cm，　13cm

3 次の3つの長さの線分を3辺とする三角形ができるような x の値の範囲を求めよ。
(1) 4cm，　9cm，　$x$cm
(2) 5cm，　11cm，　$2x$cm

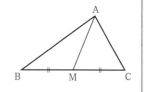

例題 1 AB＞AC の △ABC の辺 BC の中点
を M とする。
(1) ∠CAM＞∠BAM であることを証明せよ。
(2) AB＋AC＞2AM であることを証明せよ。

解説 辺 AB と AC を隣り合う 2 辺とする平行四辺形を考える。
(1)は三角形の辺と角の大小関係，(2)は三角形の 3 辺の長さの性質を利用する。

証明 線分 AM の延長上に点 D を，MD＝AM となるようにとると，BM＝MC（仮定）
より，四角形 ABDC は対角線がたがいに他を 2 等分するから，平行四辺形となる。

よって，　　　　　　　　　AC＝BD ………①

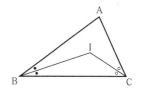

また，AC∥BD より，　　∠CAM＝∠BDM（錯角）………②

(1) AB＞AC（仮定）と①より，　AB＞BD
△ABD で，AB＞BD であるから，

　　　　　　　　　　　　∠BDM＞∠BAM ………③

②，③より，　　　　　　∠CAM＞∠BAM

(2) △ABD で，　　　　　AB＋BD＞AD
M は線分 AD の中点であるから，

　　　　　　　　　　　　AD＝2AM

これらと①より，　　　　AB＋AC＞2AM

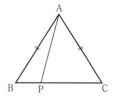

=== **演習問題** ===

4 AB＞AC の△ABC で，∠B，∠C の二等分線の
交点を I とするとき，IB＞IC であることを証明せ
よ。

5 AB＝AC の二等辺三角形 ABC の辺 BC 上に点 P が
あるとき，AB＞AP であることを証明せよ。ただし，
点 P は頂点 B，C とは一致しないものとする。

6 次の 3 つの長さの線分を 3 辺とする三角形ができるとき，正の数 x の値の範
囲を求めよ。
(1) 9cm，　　$x$cm，　　$2x$cm
(2) 5cm，　　$(5-2x)$cm，　　$(3x-2)$cm

7 △ABC の 3 辺 BC，CA，AB 上にそれぞれ点 D，E，
F をとるとき，

$$AB+BC+CA>DE+EF+FD$$

であることを証明せよ。ただし，点 D，E，F は
△ABC の頂点とは一致しないものとする。

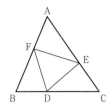

8 右の図の AD∥BC の台形 ABCD で，∠A＝90°，
AD＝4cm，BC＝7cm である。点 P が辺 AB 上を動
くとき，CP＋DP が最小となるような △PCD の面積
は，台形 ABCD の面積の何倍か。

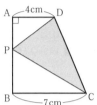

9 右の図のように，線分 AB と CD との交点を O と す
るとき，次のことを証明せよ。

(1) AB＋CD＞AC＋BD

(2) 2(AB＋CD)＞AC＋BC＋BD＋AD＞AB＋CD

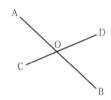

10 右の図のように，△ABC の内部に点 P をとるとき，
次のことを証明せよ。

(1) ∠CPB＞∠CAB

(2) AB＋AC＞PB＋PC

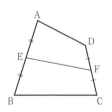

■■■ **進んだ問題** ■■■

11 四角形 ABCD において，辺 AB，CD の中点をそれ
ぞれ E，F とするとき，AD＋BC≧2EF であること
を証明せよ。

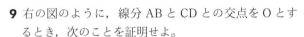

三角形の内心，傍心，外心，垂心，重心をまとめて**三角形の五心**という。

1 **内心**

三角形の 3 つの内角の二等分線は 1 点で交わる。その点を三角形の**内心**という。内心は三角形の 3 辺から等距離にあるから，三角形の**内接円**（3 辺に接する円）の中心となる。

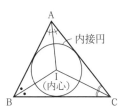

2 **傍心**

三角形の 1 つの内角と，他の 2 つの角の外角の二等分線は 1 点で交わる。その点を三角形の**傍心**という。傍心は三角形の 3 辺，またはその延長から等距離にあるから，三角形の**傍接円**（1 辺と他の 2 辺の延長に接する円）の中心となる。

⚠ 傍心は 3 つある。（→p.149，基本問題 16）

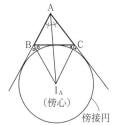

3 **外心**

三角形の 3 つの辺の垂直二等分線は 1 点で交わる。その点を三角形の**外心**という。外心は三角形の 3 頂点から等距離にあるから，三角形の**外接円**（3 頂点を通る円）の中心となる。

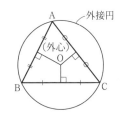

4 **垂心**

三角形の 3 つの頂点からそれぞれの対辺，またはその延長にひいた垂線は 1 点で交わる。その点を三角形の**垂心**という。

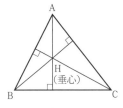

5 **重心**

三角形の頂点とその対辺の中点を結ぶ 3 つの線分（**中線**）は 1 点で交わる。その点を三角形の**重心**という。重心は中線を 2：1 に内分する。

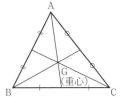

● 内心

> △ABC の 3 つの内角の二等分線は 1 点 I で交わり，I は △ABC の 3 辺から等距離にある。

証明 △ABC の ∠A，∠B の二等分線の交点を I とし，I から辺 BC，CA，AB にそれぞれ垂線 ID，IE，IF をひく。

I は ∠A の二等分線上の点であるから，

$$IE = IF$$

また，I は ∠B の二等分線上の点であるから，

$$IF = ID$$

よって，　　$ID = IE$

ゆえに，点 I は ∠C の二等分線上にあるから，△ABC の 3 つの内角の二等分線は 1 点 I で交わる。

また，$ID = IE = IF$ であるから，点 I は △ABC の 3 辺から等距離にある。

（このことから，I は △ABC の内接円の中心であることがわかる。）

● 傍心

> △ABC の ∠A の二等分線と ∠B，∠C の外角の二等分線は 1 点 I_A で交わり，I_A は △ABC の 3 辺，またはその延長から等距離にある。

証明 △ABC の ∠B，∠C の外角の二等分線の交点を I_A とし，I_A から直線 BC，CA，AB にそれぞれ垂線 I_AD，I_AE，I_AF をひく。

内心の証明と同様に，

$$I_AD = I_AE = I_AF$$

ゆえに，点 I_A は ∠A の二等分線上にあるから，∠A の二等分線と ∠B，∠C の外角の二等分線は 1 点 I_A で交わる。

また，点 I_A は △ABC の 3 辺，またはその延長から等距離にある。

（このことから，I_A は △ABC の傍接円の中心の 1 つであることがわかる。）

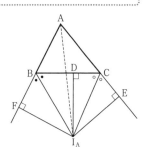

基本問題

12 次の図で，それぞれ合同な三角形の組を 3 つあげよ。

(1)
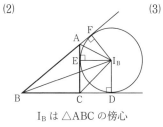
I は △ABC の内心

(2)
I_B は △ABC の傍心

(3)
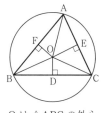
O は △ABC の外心

13 右の図で，H を △ABC の垂心とするとき，△AFH と相似な三角形を 3 つあげよ。

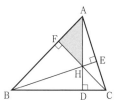

14 右の図で，G を △ABC の重心とするとき，△AFG と面積が等しい（等積な）三角形を 5 つあげよ。また，△AFG : △AGC を求めよ。

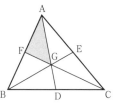

15 次の図で，x の値を求めよ。

(1)
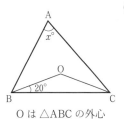
O は △ABC の外心

(2)
H は △ABC の垂心

(3)
G は △ABC の重心
DE // BC

16 右の図で，I_A，I_B，I_C を △ABC の傍心とする。
∠CAB＝∠BCA＝62° のとき，∠$I_C I_A I_B$，∠$I_A I_B B$ の大きさをそれぞれ求めよ。

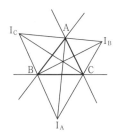

例題 2 △ABC で，AB＝7cm，BC＝10cm，CA＝8cm である。△ABC の内心 I を通り辺 BC に平行な直線と，辺 AB，AC との交点をそれぞれ D，E とする。

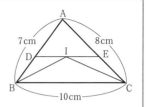

(1) △ADE と △ABC の周の長さの比を求めよ。

(2) 線分 EI の長さを求めよ。

解説 (1) I は △ABC の内心であるから，∠IBA＝∠IBC である。また，DE∥BC であるから，∠DIB＝∠IBC である。これらを利用して，△ADE の周の長さを求める。

(2) △ADE∽△ABC より，その相似比を利用する。

解答 (1) I は △ABC の内心であるから，

$$\angle IBA = \angle IBC$$

また，DE∥BC（仮定）より，

$$\angle DIB = \angle IBC（錯角）$$

よって，　　　∠DBI＝∠DIB

ゆえに，△DBI で，　DB＝DI

同様に，△EIC で，　EC＝EI ………①

ゆえに，　　AD＋DE＋EA＝AD＋(DI＋IE)＋EA

　　　　　　　　　　＝AD＋(DB＋CE)＋EA

　　　　　　　　　　＝(AD＋DB)＋(CE＋EA)

　　　　　　　　　　＝AB＋CA

AB＝7cm，CA＝8cm であるから，△ADE の周の長さは 15cm である。

△ABC の周の長さは 25cm であるから，△ADE と △ABC の周の長さの比は，

$$15 : 25 = 3 : 5$$

（答）3：5

(2) △ADE と △ABC において，

$$\angle EAD = \angle CAB（共通）$$

DE∥BC（仮定）より，

$$\angle ADE = \angle ABC（同位角）$$

よって，　　△ADE∽△ABC（2角）

(1)より，△ADE と △ABC の相似比は 3：5 であるから，

$$AE = \frac{3}{5}AC$$

ゆえに，　　$EC = AC - AE = AC - \frac{3}{5}AC = \frac{2}{5}AC = \frac{2}{5} \times 8 = \frac{16}{5}$

①より，　　$EI = EC = \frac{16}{5}$

（答）$\frac{16}{5}$ cm

17 次の図で，x，y の値をそれぞれ求めよ。

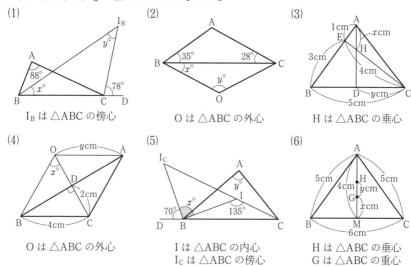

(1)

I_B は △ABC の傍心

(2)

O は △ABC の外心

(3)

H は △ABC の垂心

(4)

O は △ABC の外心

(5)

I は △ABC の内心
I_C は △ABC の傍心

(6)

H は △ABC の垂心
G は △ABC の重心

18 右の図の △ABC の外接円の半径と内接円の半径をそれぞれ求めよ。

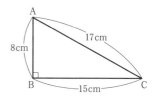

19 △ABC の内心を I，∠A の内部にある傍心を I_A，∠A の大きさを $a°$ とするとき，∠BIC，∠BI_AC をそれぞれ $a°$ を使って表せ。

20 △ABC の外心を O とし，∠A の大きさを $a°$ とするとき，次の図の ∠BOC をそれぞれ $a°$ を使って表せ。

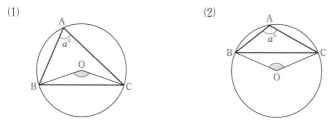

(1)

(2)

21 △ABC の垂心を H とし，∠A の大きさを $a°$ とするとき，次の図の ∠BHC をそれぞれ $a°$ を使って表せ。

(1)

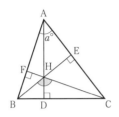

(2)

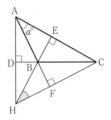

22 右の図のように，△ABC の内心を I とし，内接円 I と辺 BC，CA，AB との接点をそれぞれ D，E，F とする。BC＝a，CA＝b，AB＝c とするとき，線分 AE，BF，CD の長さをそれぞれ a，b，c を使って表せ。

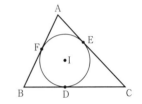

23 右の図のように，△ABC の ∠B の内部にある傍心を I_B とし，傍接円 I_B と辺 BC，CA，AB，またはその延長との接点をそれぞれ D，E，F とする。BC＝12cm，CA＝7cm，AB＝11cm とするとき，線分 AE，BF，CD の長さをそれぞれ求めよ。

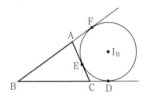

24 右の図で，△ABC の重心を G，△AGC の重心を G′ とする。

(1) BG′ : BG を求めよ。

(2) △FGG′ の面積は △ABC の面積の何倍か。

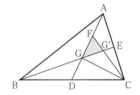

25 1 辺の長さが 3cm の正方形 ABCD の辺 BC 上に点 P をとり，△ABP，△DAP，△CDP の重心をそれぞれ Q，R，S とする。

(1) 線分 QS の長さを求めよ。

(2) △QRS の面積を求めよ。

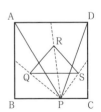

例題 (3) △ABC で，内心と外心が一致するならば，△ABC は正三角形であることを証明せよ。

解説 内心は三角形の 3 つの内角の二等分線の交点，外心は三角形の 3 つの辺の垂直二等分線の交点である。その性質を利用して導く。

証明 △ABC の内心であり，外心でもある点を P とし，辺 AB，AC の中点をそれぞれ M，N とする。

△AMP と △ANP において，

AP は共通

P は △ABC の内心であるから，

$$\angle PAM = \angle PAN$$

P は △ABC の外心でもあるから，

$$\angle PMA = \angle PNA = 90°$$

よって， △AMP ≡ △ANP（斜辺と 1 鋭角）

ゆえに， AM = AN

AB = 2AM，AC = 2AN であるから，

$$AB = AC$$

同様に， BC = BA

よって， AB = BC = CA

ゆえに，△ABC は正三角形である。

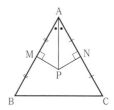

別証 右の図で，P は △ABC の内心であるから，

$$\angle PAB = \angle PAC, \quad \angle PBA = \angle PBC,$$
$$\angle PCB = \angle PCA \quad \cdots\cdots① $$

P は △ABC の外心でもあるから，

$$PA = PB = PC$$

よって， ∠PAB = ∠PBA， ∠PBC = ∠PCB，

$$\angle PCA = \angle PAC \quad \cdots\cdots② $$

①，②より，

$$\angle PAB = \angle PAC = \angle PBA = \angle PBC = \angle PCB = \angle PCA$$

よって， ∠A = ∠B = ∠C

ゆえに，△ABC は正三角形である。

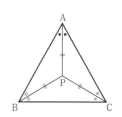

参考 △PAB ≡ △PBC ≡ △PCA を利用して示してもよい。

 演習問題

26 △ABC で，内心と垂心が一致するならば，△ABC は正三角形であることを証明せよ。

27 次の □ に内心，傍心，外心，垂心，重心のうち，あてはまるものを入れよ。

(1) 正三角形の □(ア)，□(イ)，□(ウ)，□(エ) は一致する。

(2) ∠A＝90° の直角三角形 ABC で，□(オ) は斜辺 BC の中点と一致し，□(カ) は頂点 A と一致する。

(3) どのような三角形でも，□(キ) と □(ク) はつねに三角形の内部にあり，□(ケ) はつねに三角形の外部にある。

(4) △ABC の 3 辺 BC，CA，AB の中点をそれぞれ D，E，F とするとき，△ABC の外心は △DEF の □(コ)，△ABC の重心は △DEF の □(サ) である。

(5) △ABC の傍心を I_A，I_B，I_C とするとき，△ABC の内心は $\triangle I_A I_B I_C$ の □(シ) である。

28 右の図で，△ABC の垂心を H とするとき，
$$AH \cdot HD = BH \cdot HE = CH \cdot HF$$
であることを証明せよ。

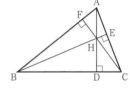

29 右の図のように，△ABC の 3 辺 BC，CA，AB の中点をそれぞれ P，Q，R とし，線分 RQ の延長上に点 S を，QS＝RQ となるようにとる。

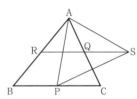

(1) △APS の 3 辺の長さは，それぞれ △ABC の 3 つの中線のいずれかの長さと等しいことを証明せよ。

(2) Q は △APS の重心であることを証明せよ。

▰▰▰ **進んだ問題** ▰▰▰

30 右の図で，△ABC の垂心を H，線分 AH，BH，CH の中点をそれぞれ P，Q，R，辺 BC，CA，AB の中点をそれぞれ L，M，N とする。

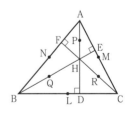

(1) ∠PQL＝90° であることを証明せよ。

(2) 5 点 P，Q，L，D，R は同一円周上にあることを証明せよ。

(3) 6 点 D，E，F，L，M，N は △PQR の外接円の周上にあることを証明せよ。

---

1 **メネラウスの定理**

　△ABC の 3 辺 BC，CA，AB，またはその延長が，頂点を通らない 1 つの直線とそれぞれ点 P，Q，R で交わるとき，

$$\frac{BP}{PC} \cdot \frac{CQ}{QA} \cdot \frac{AR}{RB} = 1$$

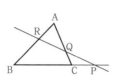 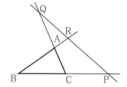

2 **三角形の面積と線分の比**

　辺 BC を共有する △ABC と △A′BC で，頂点 A，A′ を結ぶ直線と辺 BC，またはその延長との交点を P とするとき，

$$\frac{\triangle ABC}{\triangle A'BC} = \frac{AP}{A'P}$$

  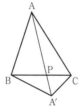 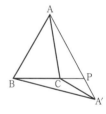

3 **チェバの定理**

　△ABC の 3 頂点 A，B，C と，三角形の辺上にもその延長上にもない点 O とを結ぶ直線が，対辺 BC，CA，AB，またはその延長と交わる点をそれぞれ P，Q，R とするとき，

$$\frac{BP}{PC} \cdot \frac{CQ}{QA} \cdot \frac{AR}{RB} = 1$$

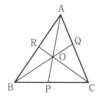 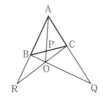

(1) **三角形の内角の二等分線**

　　△ABC の ∠A の二等分線と対辺
BC との交点を P とするとき，

　　　　BP：PC＝AB：AC

（点 P は辺 BC を △ABC の 2 辺の比　AB：AC　に内分する。）

(2) **三角形の外角の二等分線**

　　△ABC の ∠A の外角の二等分線と対辺 BC の延長が交わるとき，その交点を Q とすると，

　　　　BQ：QC＝AB：AC

（点 Q は辺 BC を △ABC の 2 辺の比　AB：AC　に外分する。）

● メネラウスの定理

　　△ABC の 3 辺 BC，CA，AB，またはその延長が，頂点を通らない 1 つの直線とそれぞれ点 P，Q，R で交わるとき，

$$\frac{BP}{PC} \cdot \frac{CQ}{QA} \cdot \frac{AR}{RB} = 1$$

[証明] 右の図のように，頂点 A，B，C から直線 PQ に垂線 AA′，BB′，CC′ をひく。

AA′ // BB′ より，　　$\dfrac{AR}{RB} = \dfrac{AA'}{BB'}$

同様に，　$\dfrac{BP}{PC} = \dfrac{BB'}{CC'}$，　$\dfrac{CQ}{QA} = \dfrac{CC'}{AA'}$

よって，　$\dfrac{BP}{PC} \cdot \dfrac{CQ}{QA} \cdot \dfrac{AR}{RB} = \dfrac{BB'}{CC'} \cdot \dfrac{CC'}{AA'} \cdot \dfrac{AA'}{BB'} = 1$

ゆえに，　$\dfrac{BP}{PC} \cdot \dfrac{CQ}{QA} \cdot \dfrac{AR}{RB} = 1$

⚠ 上の証明は，3 組の三角形の相似
（△ARA′∽△BRB′，△BPB′∽△CPC′，
△CQC′∽△AQA′）として考えることもできる。

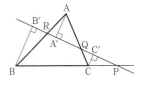

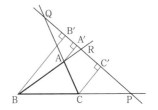

[参考] 次のように示すこともできる。
　　頂点 C を通り直線 PQ に平行な直線と，直線 AB との交点を D とすると，

$$\frac{BP}{PC} = \frac{BR}{RD}, \quad \frac{CQ}{QA} = \frac{DR}{RA}$$

　　ゆえに，　$\dfrac{BP}{PC} \cdot \dfrac{CQ}{QA} \cdot \dfrac{AR}{RB} = \dfrac{BR}{RD} \cdot \dfrac{DR}{RA} \cdot \dfrac{AR}{RB} = 1$

● 三角形の面積と線分の比

> 辺 BC を共有する △ABC と △A′BC で，頂点 A，A′ を結ぶ直線と辺 BC，またはその延長との交点を P とするとき，$\dfrac{\triangle ABC}{\triangle A'BC}=\dfrac{AP}{A'P}$

証明 頂点 A，A′ から辺 BC，またはその延長に垂線 AH，A′H′ をひく。

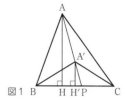

△APH と △A′PH′ において，

$$\angle AHP=\angle A'H'P \ (=90°)$$

図1のとき，　$\angle APH=\angle A'PH'$（共通）

図2のとき，　$\angle APH=\angle A'PH'$（対頂角）

よって，　$\triangle APH \backsim \triangle A'PH'$（2角）

ゆえに，　$AH:A'H'=AP:A'P$　………①

また，　$\triangle ABC:\triangle A'BC$

$$=\frac{1}{2}\cdot BC\cdot AH:\frac{1}{2}\cdot BC\cdot A'H'$$

$$=AH:A'H'　………②$$

①，②より，　$\dfrac{\triangle ABC}{\triangle A'BC}=\dfrac{AP}{A'P}$

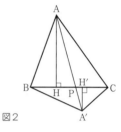

図2

● チェバの定理

> △ABC の3頂点 A，B，C と，三角形の辺上にもその延長上にもない点 O とを結ぶ直線が，対辺 BC，CA，AB，またはその延長と交わる点をそれぞれ P，Q，R とするとき，$\dfrac{BP}{PC}\cdot\dfrac{CQ}{QA}\cdot\dfrac{AR}{RB}=1$

証明 △ABO と △ACO は辺 AO を共有するから，

$$\frac{\triangle ABO}{\triangle ACO}=\frac{BP}{PC}$$

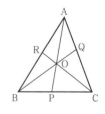

同様に，　$\dfrac{\triangle BCO}{\triangle BAO}=\dfrac{CQ}{QA}$，　$\dfrac{\triangle CAO}{\triangle CBO}=\dfrac{AR}{RB}$

よって，　$\dfrac{BP}{PC}\cdot\dfrac{CQ}{QA}\cdot\dfrac{AR}{RB}=\dfrac{\triangle ABO}{\triangle ACO}\cdot\dfrac{\triangle BCO}{\triangle BAO}\cdot\dfrac{\triangle CAO}{\triangle CBO}=1$

ゆえに，　$\dfrac{BP}{PC}\cdot\dfrac{CQ}{QA}\cdot\dfrac{AR}{RB}=1$

⚠ チェバの定理は，メネラウスの定理を使って示すこともできる（→p.166，7章の問題［9］）。

● 角の二等分線の定理

> (1) **三角形の内角の二等分線**
>   △ABC の ∠A の二等分線と対辺 BC との交点を P とするとき，
> $$BP : PC = AB : AC$$
> (2) **三角形の外角の二等分線**
>   △ABC の ∠A の外角の二等分線と対辺 BC の延長が交わるとき，その交点を Q とすると，
> $$BQ : QC = AB : AC$$

$\boxed{証明}$ (1) 頂点 C を通り線分 AP に平行な直線と，辺 BA の延長との交点を D とする。

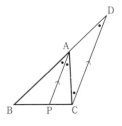

AP∥DC より，　BA : AD＝BP : PC ………①

　　　　　　　　∠PAB＝∠CDA（同位角）

　　　　　　　　∠PAC＝∠ACD（錯角）

AP は ∠A の二等分線であるから，

　　　　　　　　∠PAB＝∠PAC

よって，　　　　∠CDA＝∠ACD

△ACD で，　　　AC＝AD ………②

①，②より，　　BP : PC＝AB : AC

(2) AB＞AC として，証明する。

　点 C を通り線分 AQ に平行な直線と，辺 AB との交点を D とし，辺 BA の延長上に点 E をとる。

AQ∥DC より，　AB : AD＝QB : QC ………①

　　　　　　　　∠QAC＝∠ACD（錯角）

　　　　　　　　∠EAQ＝∠ADC（同位角）

AQ は ∠EAC の二等分線であるから，

　　　　　　　　∠QAC＝∠QAE

よって，　　　　∠ACD＝∠ADC

△ADC で，　　　AC＝AD ………②

①，②より，　　BQ : QC＝AB : AC

$\boxed{参考}$ (1)　三角形の面積に着目して，次のように示すこともできる。

　△ABP と △ACP において，

　∠PAB＝∠PAC より，点 P は 2 辺 AB，AC から等距離にあるから，

　　　　　　　　△ABP : △ACP＝AB : AC ………①

　辺 BP，PC をそれぞれの底辺とみると，高さが共通であるから，

　　　　　　　　△ABP : △ACP＝BP : PC ………②

　①，②より，　　BP : PC＝AB : AC

(2)　△QAB と △QAC において，(1)と同様に示すことができる。

例 △ABC は，1辺の長さが 8cm の正三角形である。(1)，(2)の図で，
線分 AQ の長さをそれぞれ求めてみよう。

▶ (1)　RB＝AB－AR＝8－2＝6 (cm)，AR：RB＝2：6＝1：3，
BP：PC＝(8＋2)：2＝5：1 であるから，△ABC と直線 PQR で，メネ
ラウスの定理より，CQ：QA を求める。

メネラウスの定理より，

$$\frac{BP}{PC} \cdot \frac{CQ}{QA} \cdot \frac{AR}{RB} = 1$$

$$\frac{5}{1} \times \frac{CQ}{QA} \times \frac{1}{3} = 1$$

よって，　$\dfrac{CQ}{QA} = \dfrac{3}{5}$

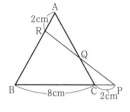

ゆえに，　$AQ = 8 \times \dfrac{5}{3+5} = 5$　　　　　　　　　　（答）　5cm

(2)　AR：RB＝3：(8－3)＝3：5，BP：PC＝6：(8－6)＝3：1 であるから，
△ABC と点 O で，チェバの定理より，CQ：QA を求める。

チェバの定理より，

$$\frac{BP}{PC} \cdot \frac{CQ}{QA} \cdot \frac{AR}{RB} = 1$$

$$\frac{3}{1} \times \frac{CQ}{QA} \times \frac{3}{5} = 1$$

よって，　$\dfrac{CQ}{QA} = \dfrac{5}{9}$

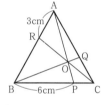

ゆえに，　$AQ = 8 \times \dfrac{9}{5+9} = \dfrac{36}{7}$　　　　　　（答）　$\dfrac{36}{7}$ cm

参考 メネラウスの定理，チェバの定理を利用するとき，三角形の3頂点のうち
の1つを出発点とみて，次の手順で考えるとよい。
上の例で考えてみよう。

① 頂点 B を出発点とみて，辺 BC→CA→AB の順に，それぞれの分数の
左上と右下に頂点を書き入れる。

$$\frac{B\blacksquare}{\blacksquare C} \cdot \frac{C\blacksquare}{\blacksquare A} \cdot \frac{A\blacksquare}{\blacksquare B} = 1$$

② それぞれの分数のあいているスペース（■部分）に，辺 BC，CA，AB
の内分点，または外分点を書き入れる。

$$\frac{B\mathbf{P}}{\mathbf{P}C} \cdot \frac{C\mathbf{Q}}{\mathbf{Q}A} \cdot \frac{A\mathbf{R}}{\mathbf{R}B} = 1$$

③ わかっている線分の比をあてはめる。

31 次の図の △ABC で，BP：PC を求めよ。

(1)

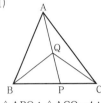

△ABQ：△ACQ＝4：3

(2)

AR：RB＝CQ：QA＝2：5

(3)

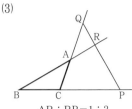

AR：RB＝1：3
CQ：QA＝9：5

(4)

AR：RB＝3：4
CQ：QA＝2：5

(5)

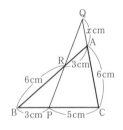

AB：AC＝8：9
AP は ∠CAB の二等分線

(6)

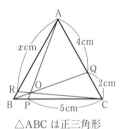

AB：AC＝7：4
AP は ∠CAB の外角の
二等分線

32 次の図で，x の値を求めよ。

(1)

(2)

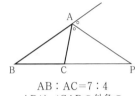

△ABC は正三角形

33 右の図の △ABC で，BQ が ∠B の二等分線
であるとき，x，y の値をそれぞれ求めよ。

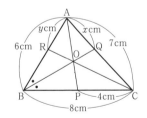

34 右の図の △ABC で，AP：PC＝1：4，

BQ：QP＝RS：SC＝5：3 のとき，次の比を求めよ。

(1) △ABQ：△BCQ

(2) △BCQ：△BSQ

(3) △BSQ：△ABC

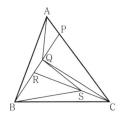

35 右の図の △ABC で，

△OAB：△OBC：△OCA＝2：2：1 である。

(1) BD：DC を求めよ。

(2) △OBD の面積は △ABC の面積の何倍か。

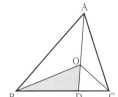

例題 4 右の図の △ABC で，∠B の二等分線

と辺 AC との交点を D，線分 BD を 3：1 に内

分する点を E，線分 AE の延長と辺 BC との交

点を F とする。AB＝4cm，BC＝6cm のとき，

△EBF の面積は △ABC の面積の何倍か。

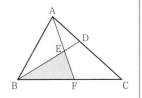

解説 BD は ∠B の二等分線であるから，BA：BC＝AD：DC である。また，△BCD と

直線 AEF で，メネラウスの定理より，BF：FC を求めることができる。

解答 △ABC で，BD は ∠B の二等分線であるから，

$$BA：BC＝AD：DC$$

AB＝4，BC＝6 より，　AD：DC＝2：3

よって，　　CA：AD＝5：2

点 E は線分 BD を 3：1 に内分するから，

$$BE：ED＝3：1$$

△BCD と直線 AEF で，メネラウスの定理より，

$$\frac{CA}{AD}\cdot\frac{DE}{EB}\cdot\frac{BF}{FC}＝1 \qquad \frac{5}{2}\times\frac{1}{3}\times\frac{BF}{FC}＝1$$

よって，　　BF：FC＝6：5

また，　　　$\triangle EBF＝\dfrac{BF\cdot BE}{BC\cdot BD}\triangle BCD＝\dfrac{6\times3}{11\times4}\triangle BCD＝\dfrac{9}{22}\triangle BCD$

$$\triangle BCD＝\frac{CD}{CA}\triangle ABC＝\frac{3}{5}\triangle ABC$$

ゆえに，　　$\triangle EBF＝\dfrac{9}{22}\times\dfrac{3}{5}\triangle ABC＝\dfrac{27}{110}\triangle ABC$ 　　　　（答）$\dfrac{27}{110}$ 倍

36 次の図の △ABC で，BP：PC を求めよ。

(1)

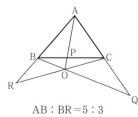

AB：BR＝5：3
AC：CQ＝11：10

(2)

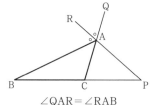

∠QAR＝∠RAB
AB：AC＝9：4

37 △ABC で，AB＝8cm，BC＝6cm，CA＝4cm のとき，∠A，およびその外角の二等分線と，辺BC，およびその延長との交点をそれぞれP，Qとする。このとき，線分 PQ の長さを求めよ。

38 △ABC で，辺 BC を 5：3 に内分する点を P，辺 CA の中点を Q とする。線分 AP と BQ との交点を O とし，線分 CO の延長と辺 AB との交点を R とする。

(1) AR：RB を求めよ。

(2) △BPR の 3 辺の長さの和は △ABC の 3 辺の長さの和の何倍か。

39 △ABC で，辺 BC を 2：3 に内分する点を D，辺 CA を 1：3 に内分する点を E とし，線分 AD と BE との交点を P とする。

(1) AP：PD を求めよ。

(2) 四角形 PDCE の面積は △ABC の面積の何倍か。

40 右の図で，△ABC の面積は △OBC の面積の 9 倍である。

(1) △ABO：△BCO：△CAO を求めよ。

(2) 線分 RB，AQ の長さをそれぞれ求めよ。

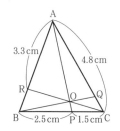

41 右の図の △ABC で，点 S は線分 PQ を 1：2 に内分する。

(1) △ASC の面積は △CQP の面積の何倍か。

(2) 線分 AR の長さを求めよ。

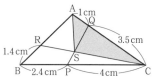

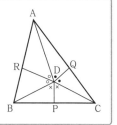

例題〔5〕 右の図で，△ABC の内部に点 D をとり，∠BDC，∠CDA，∠ADB の二等分線と辺 BC，CA，AB との交点をそれぞれ P，Q，R とするとき，

$$\frac{BP}{PC}\cdot\frac{CQ}{QA}\cdot\frac{AR}{RB}=1$$

であることを証明せよ。

解説 △DBC で，DP は ∠BDC の二等分線であるから，DB：DC＝BP：PC である。

証明 △DBC で，DP は ∠BDC の二等分線であるから，$\dfrac{BP}{PC}=\dfrac{DB}{DC}$

△DCA で，DQ は ∠CDA の二等分線であるから，$\dfrac{CQ}{QA}=\dfrac{DC}{DA}$

△DAB で，DR は ∠ADB の二等分線であるから，$\dfrac{AR}{RB}=\dfrac{DA}{DB}$

よって，$\dfrac{BP}{PC}\cdot\dfrac{CQ}{QA}\cdot\dfrac{AR}{RB}=\dfrac{DB}{DC}\cdot\dfrac{DC}{DA}\cdot\dfrac{DA}{DB}=1$

ゆえに，$\dfrac{BP}{PC}\cdot\dfrac{CQ}{QA}\cdot\dfrac{AR}{RB}=1$

⚠ 点 D が △ABC の外部にあるときも $\dfrac{BP}{PC}\cdot\dfrac{CQ}{QA}\cdot\dfrac{AR}{RB}=1$ が成り立つ。

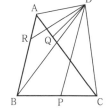

⚠ 線分 AP と BQ との交点を O とし，線分 CO の延長と辺 AB との交点を R′ とすると，チェバの定理より，$\dfrac{BP}{PC}\cdot\dfrac{CQ}{QA}\cdot\dfrac{AR'}{R'B}=1$ であることから，点 R と R′ は一致する。

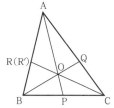

▓▓▓ 演習問題 ▓▓▓

42 右の図で，四角形 ABCD の外部に点 O をとり，∠AOB，∠BOC，∠COD，∠DOA の二等分線と辺 AB，BC，CD，DA との交点をそれぞれ P，Q，R，S とするとき，

$$\frac{AP}{PB}\cdot\frac{BQ}{QC}\cdot\frac{CR}{RD}\cdot\frac{DS}{SA}=1$$

であることを証明せよ。

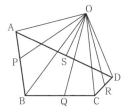

43 右の図の △ABC で，中線 BP と CQ との交点を G とする。線分 AG の延長と辺 BC との交点を R とするとき，チェバの定理を利用して，線分 AR が △ABC の中線であることを証明せよ。

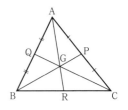

44 右の図のように，△ABC の内部に点 P をとり，線分 AP の延長と辺 BC，線分 BP の延長と辺 CA，線分 CP の延長と辺 AB の交点をそれぞれ D，E，F とするとき，

$$\frac{PD}{AD} + \frac{PE}{BE} + \frac{PF}{CF} = 1$$

であることを証明せよ。

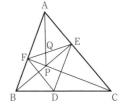

45 右の図の △ABC で，辺 BC を $1:a$ に内分する点を D とし，AB∥ED，AC∥FD とする。線分 BE と CF との交点を P，線分 AP と FE との交点を Q とするとき，点 Q は FE を $1:a$ に内分することを証明せよ。

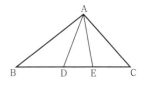

進んだ問題

46 右の図のように，1 つの直線が四角形 ABCD の辺 AB，BC，CD，DA，またはその延長と交わる点をそれぞれ P，Q，R，S とするとき，

$$\frac{AP}{PB} \cdot \frac{BQ}{QC} \cdot \frac{CR}{RD} \cdot \frac{DS}{SA} = 1$$

であることを証明せよ。

47 右の図のように，∠A=3∠B，AC=3cm，BC=5cm の △ABC で，∠A を 3 等分する直線と辺 BC との交点をそれぞれ D，E とする。
(1) 線分 AD，DE の長さをそれぞれ求めよ。
(2) AB：AE を求めよ。
(3) 線分 AB の長さを求めよ。

1 右の図で，AP，DQ はそれぞれ ∠BAC，
∠BDC の二等分線である。AB＝4cm，DC＝3cm，
BP：PQ：QC＝5：3：4 のとき，線分 AC，BD の
長さをそれぞれ求めよ。　⇦**3**

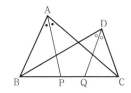

2 右の図の △ABC について，次の問いに答えよ。
⇦**3**

(1) AR：RB を求めよ。

(2) 線分 QR の長さを求めよ。

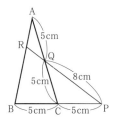

3 次の5つの長さの線分から3つを選び，それらを3辺とする三角形をつくる。
異なる三角形は全部で何通りあるか。　⇦**1**

$$3cm, \quad 4cm, \quad 6cm, \quad 9cm, \quad 12cm$$

4 右の図の △ABC で，辺 AB を 5：3 に外分する点
を P，辺 AC を 2：1 に外分する点を Q とし，線分
BQ と CP との交点を O とする。直線 AO と辺 BC，
線分 PQ との交点をそれぞれ R，S とする。　⇦**3**

(1) △ABO：△ACO を求めよ。

(2) △APO：△AQO を求めよ。

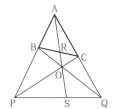

5 図1の3点 A′，B′，C′ は
△ABC の傍心で，図2の3点
A″，B″，C″ は △A′B′C′ の傍
心である。　⇦**2**

(1) ∠CAB＝$a°$ とするとき，
∠C″A″B″ を $a°$ を使って表
せ。

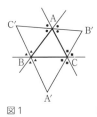

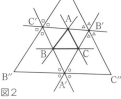

図1　　図2

(2) △ABC∽△A″B″C″ のとき，△ABC は正三角形であることを証明せよ。

6 正三角形の内接円，外接円，傍接円の半径をそれぞれ r_1，r_2，r_3 とするとき，
$r_1：r_2：r_3$ を求めよ。　⇦**2**

7 右の図で，I は △ABC の内心である。 ⇦ 2 3

(1) 線分 BD の長さを求めよ。

(2) AI : ID を求めよ。

(3) △AFI の面積は △ABC の面積の何倍か。

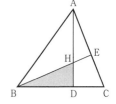

8 右の図で，△ABC の垂心を H とし，
AB : BD : DA = 5 : 3 : 4,
AD : DC : CA = 12 : 5 : 13 とする。 ⇦ 2

(1) AD : BE を求めよ。

(2) △BDH の面積は △ABC の面積の何倍か。

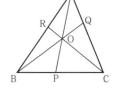

9 右の図の △ABC について，次の問いに答えよ。
⇦ 3

(1) △ABP と直線 COR で，メネラウスの定理から
得られる等式を書け。

(2) △APC と直線 BOQ で，メネラウスの定理から
得られる等式を書け。

(3) (1)，(2)で得た等式を利用して，

$$\frac{BP}{PC} \cdot \frac{CQ}{QA} \cdot \frac{AR}{RB} = 1 \text{ （チェバの定理）であることを証明せよ。}$$

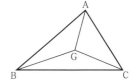

10 △ABC の重心を G とするとき，AG < BG + CG
であることを証明せよ。 ⇦ 1 2

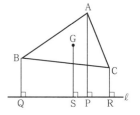

▨▨ 進んだ問題 ▨▨

11 右の図の △ABC の頂点 A，B，C と重心 G か
ら，直線 ℓ にひいた垂線をそれぞれ AP，BQ，
CR，GS とするとき，

  AP + BQ + CR = 3GS

であることを証明せよ。 ⇦ 2

8章　三平方の定理

1　三平方の定理

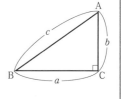

● 三平方の定理

△ABC で，$\angle C=90°$　ならば　$BC^2+CA^2=AB^2$

証明 頂点 C から辺 AB に垂線 CD をひく。

△ABC と △CBD において，

$$\angle BCA=\angle BDC=90°$$
$$\angle B \text{ は共通}$$

よって，　　　　△ABC∽△CBD（2角）

ゆえに，　　　　$AB:CB=BC:BD$

よって，　　　　$BC^2=AB \cdot BD$　………①

同様に，　　　　△ABC∽△ACD（2角）

ゆえに，　　　　$AB:AC=CA:DA$

よって，　　　　$CA^2=AB \cdot DA$　………②

①，②より，　$BC^2+CA^2=AB \cdot BD+AB \cdot DA=AB \cdot (BD+DA)$

$BD+DA=AB$ であるから，

$$BC^2+CA^2=AB^2$$

● 三平方の定理の逆

> △ABC で， $BC^2+CA^2=AB^2$ ならば ∠C＝90°

証明 △A′B′C′ を B′C′＝BC，C′A′＝CA，∠C′＝90° の直角三角形とする。

△A′B′C′ で，∠C′＝90° であるから，
$$B′C′^2+C′A′^2=A′B′^2$$
よって， $A′B′^2=BC^2+CA^2$
$BC^2+CA^2=AB^2$（仮定）より，
$$AB^2=A′B′^2$$
$AB>0$，$A′B′>0$ であるから，
$$AB=A′B′ \cdots\cdots ①$$
△ABC と △A′B′C′ において，
①より， $AB=A′B′$
また， $BC=B′C′$， $CA=C′A′$
よって， △ABC≡△A′B′C′（3辺）
ゆえに， ∠C＝∠C′
∠C′＝90° であるから， ∠C＝90°

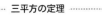

三平方の定理

例 ∠C＝90° の直角三角形 ABC で，AB＝7cm，BC＝5cm とするとき，辺 CA の長さを求めてみよう。

▶ △ABC で，∠C＝90° であるから，
$$BC^2+CA^2=AB^2$$
よって， $5^2+CA^2=7^2$
ゆえに， $CA^2=7^2-5^2=24$
$CA>0$ であるから， $CA=\sqrt{24}=2\sqrt{6}$

（答） $2\sqrt{6}$ cm

▨▨▨ **基本問題** ▨▨▨

1 ∠C＝90° の直角三角形 ABC で，BC＝$a$cm，CA＝$b$cm，AB＝$c$cm とするとき，次の表の空らんをうめよ。

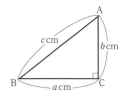

a	1		3	5		15
b	1	1	4		6	
c		2		13	7	17

2 3辺の長さが次のような三角形のうち，直角三角形はどれか。(ア)～(エ)からすべて選べ。

(ア) 3cm，5cm，6cm 　　(イ) 6cm，8cm，10cm

(ウ) $\sqrt{7}$ cm，$3\sqrt{2}$ cm，5cm 　　(エ) $\sqrt{11}$ cm，4cm，5cm

3 直角三角形 ABC で，辺 AB は辺 BC より 2cm 長く，辺 BC は辺 CA より 2cm 長い。△ABC の 3辺の長さをそれぞれ求めよ。

例題1 右の図で，四角形 CDEF は正方形である。直角三角形 ABC の直角をはさむ 2辺の長さは BC=a，CA=b である。その斜辺 AB の長さを c とすると，
$$a^2+b^2=c^2$$
が成り立つことを，右の図を使って証明せよ。

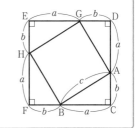

解説 △ABC と △GAD，△HGE，△BHF は合同である。四角形 AGHB が正方形であることから，正方形 CDEF の面積を a，b，c を使って表す。

証明 △ABC と △GAD において，
$$BC=AD, \quad CA=DG \text{（ともに仮定）}$$
$$\angle BCA=\angle ADG \text{（}=90°\text{）}$$
よって，　　△ABC≡△GAD（2辺夾角）………①
ゆえに，　　AB=GA
同様に，△GAD≡△HGE（2辺夾角），△HGE≡△BHF（2辺夾角）より，
$$AB=GA=HG=BH=c \text{ ………②}$$
また，①より，∠CAB=∠DGA であるから，
$$\angle BAG=180°-(\angle CAB+\angle GAD)$$
$$=180°-(\angle DGA+\angle GAD)$$
$$=90° \text{ ………③}$$
②，③より，四角形 AGHB は 1辺の長さが c の正方形である。
よって，　　（正方形 CDEF）＝（正方形 AGHB）＋4△ABC
$$=c^2+4\times\frac{1}{2}ab$$
$$=c^2+2ab$$
また，（正方形 CDEF）＝$(a+b)^2$ であるから，
$$(a+b)^2=c^2+2ab$$
$$a^2+2ab+b^2=c^2+2ab$$
ゆえに，　　$a^2+b^2=c^2$

4 次のように，三平方の定理を証明した。□にあてはまる語句，または記号を答えよ。

右の図のように，∠C＝90°の直角三角形 ABC の 3 辺をそれぞれ 1 辺とする正方形をつくる。頂点 C から辺 AB に垂線をひき，辺 AB，ED との交点をそれぞれ M，N とする。

△BHA と △ECA において，

$\boxed{\text{(ア)}}$＝$\boxed{\text{(イ)}}$ （正方形 HACI の 2 辺）

$\boxed{\text{(ウ)}}$＝$\boxed{\text{(エ)}}$ （正方形 AEDB の 2 辺）

$\boxed{\text{(オ)}}$＝$\boxed{\text{(カ)}}$ （∠HAC＝∠BAE＝90°）

よって，△BHA≡△ECA（$\boxed{\text{(キ)}}$）………①

また，△BHA と $\boxed{\text{(ク)}}$ は辺 HA を共有し，

CB∥HA より，

△BHA＝$\boxed{\text{(ク)}}$ ………②

同様に，$\boxed{\text{(ケ)}}$ と △EMA は辺 AE を共有し，CM∥AE より，

$\boxed{\text{(ケ)}}$＝△EMA ………③

①，②，③より，

$\boxed{\text{(ク)}}$＝△EMA

ゆえに， （正方形 ACIH）＝（長方形 $\boxed{\text{(コ)}}$）

同様に， （正方形 CBGF）＝（長方形 $\boxed{\text{(サ)}}$）

よって， （正方形 ACIH）＋（正方形 CBGF）＝（正方形 $\boxed{\text{(シ)}}$）

ゆえに， $CA^2＋BC^2＝AB^2$

5 次の図を使って，$a^2＋b^2＝c^2$ であることを証明せよ。

(1)

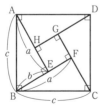

正方形 ABCD，∠BEA＝90°
△ABE≡△BCF≡△CDG≡△DAH

(2)

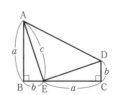

△ABE≡△ECD，∠ABE＝90°

6 次の問いに答えよ。

(1) a^2-b^2, $2ab$, a^2+b^2 を3辺の長さとする三角形は，直角三角形であることを証明せよ。ただし，$a>b>0$ とする。

(2) $4n^2-1$, $4n$, $4n^2+1$ を3辺の長さとする三角形は，直角三角形であることを証明せよ。ただし，$n>\dfrac{1}{2}$ とする。

また，このことを利用して，直角三角形の3辺の長さを表す自然数の組を3組つくれ。ただし，相似な直角三角形を除く。

7 右の図の2つの正方形 A，B の面積の和，および差に等しい面積をもつ正方形をつくれ。

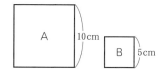

8 右の図の正方形 ABCD の面積の2倍の面積をもつ正方形をつくれ。

9 右の図のように，四角形 ABCD の対角線 AC と BD が直交しているとき，
$$AB^2+CD^2=AD^2+BC^2$$
であることを証明せよ。

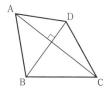

進んだ問題

10 直角三角形の3辺の長さが x, $2x+1$, $3x-1$ であるとき，x の値を求めよ。

11 右の図の AD∥BC の等脚台形 ABCD で，頂点 A から辺 BC に垂線 AH をひくとき，次のことを証明せよ。

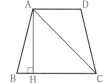

(1) $AB^2=BC^2+CA^2-2BC\cdot CH$

(2) $AC^2-AB^2=AD\cdot BC$

---

1 直角三角形の辺の長さ

∠C＝90° の直角三角形 ABC で，

(1) 斜辺 AB の長さは
$$\sqrt{a^2+b^2}$$

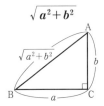

(2) 直角をはさむ一方の辺 AC の 長さは $\sqrt{c^2-a^2}$

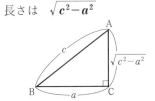

2 座標平面上の 2 点間の距離

P$(x_1,\ y_1)$，Q$(x_2,\ y_2)$ のとき，
$$PQ=\sqrt{(x_2-x_1)^2+(y_2-y_1)^2}$$

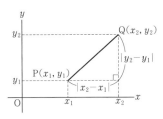

···· 特別な形の直角三角形の 3 辺の長さの比 ····················

例 次のような直角三角形 ABC の 3 辺の長さの比を求めてみよう。

(1) ∠A＝45°，∠B＝90°，∠C＝45°

(2) ∠A＝90°，∠B＝60°，∠C＝30°

▶ AB＝1 とする。

(1) △ABC は直角二等辺三角形であるから，
$$AB=BC=1$$
△ABC で，∠B＝90° であるから，
$$CA=\sqrt{AB^2+BC^2}=\sqrt{1^2+1^2}=\sqrt{2}$$
ゆえに，　AB：BC：CA＝1：1：$\sqrt{2}$ ……(答)

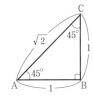

(2) △ABC を，辺 CA を対称の軸として対称移動 した図形を△ADC とすると，△BCD は正三角 形になるから，　BC＝DB＝2AB＝2
△ABC で，∠CAB＝90° であるから，
$$CA=\sqrt{BC^2-AB^2}=\sqrt{2^2-1^2}=\sqrt{3}$$
ゆえに，　AB：BC：CA＝1：2：$\sqrt{3}$ ……(答)

⚠ (1)，(2)の直角三角形の 3 辺の長さの比は，問題を解くときに利用してよい。

12 次の図の x の値を求めよ。

(1)

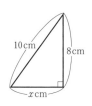

(2)

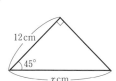

(3)

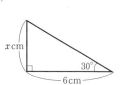

13 次のものを求めよ。

(1) 1辺の長さが 4cm の正方形の対角線の長さ

(2) 2辺の長さが 3cm，6cm の長方形の対角線の長さ

(3) 1辺の長さが 1cm の正三角形の高さと面積

14 次の図の x の値を求めよ。

(1)

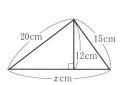

(2)

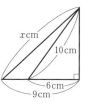

(3)

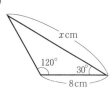

15 次の図の x の値を求めよ。

(1)

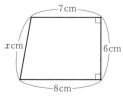

(2)

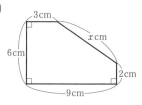

16 座標平面上の次の2点間の距離を求めよ。

(1) O$(0, 0)$，A$(3, -\sqrt{7})$

(2) B$(4, 9)$，C$(-3, 2)$

(3) D$(1, -4)$，E$(-3, 4)$

(4) F$(\sqrt{11}, \sqrt{7})$，G$(-\sqrt{7}, \sqrt{11})$

17 座標平面上の点 $(0, 3)$ と x 軸上の点 P との距離が 7 となるとき，点 P の座標を求めよ。

例題 (2) 右の図の △ABC で，頂点 A から辺 BC に垂線 AH をひくとき，AH の長さと △ABC の面積をそれぞれ求めよ。

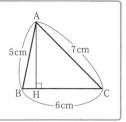

解説 BH＝x cm として，△ABH と △AHC において，三平方の定理を利用する。

解答 BH＝x cm とする。

△ABH で，∠BHA＝90° であるから，

$$AH^2 = AB^2 - BH^2 = 5^2 - x^2 \qquad \cdots\cdots\cdots ①$$

△AHC で，∠AHC＝90° であるから，

$$AH^2 = AC^2 - CH^2 = 7^2 - (6-x)^2 \quad \cdots\cdots ②$$

①，②より，　$5^2 - x^2 = 7^2 - (6-x)^2$ 　$25 - x^2 = 49 - (36 - 12x + x^2)$

ゆえに，　　$x = 1$

①より，　　$AH^2 = 25 - 1 = 24$

AH＞0 より，　$AH = 2\sqrt{6}$

また，　　　$\triangle ABC = \dfrac{1}{2} \cdot BC \cdot AH = \dfrac{1}{2} \times 6 \times 2\sqrt{6} = 6\sqrt{6}$

(答)　$AH = 2\sqrt{6}$ cm, $\triangle ABC = 6\sqrt{6}$ cm²

演習問題

18 次の図の △ABC で，x, y の値をそれぞれ求めよ。

(1)

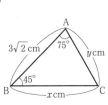

(2)

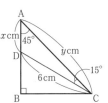

(3)

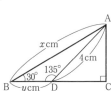

(4)

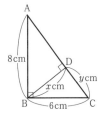

(5)

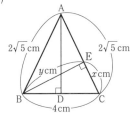

19 次の図の四角形 ABCD の面積を求めよ。

(1)

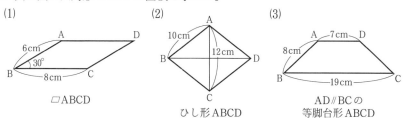

□ABCD

(2)

ひし形 ABCD

(3)

AD∥BC の
等脚台形 ABCD

20 次の図の四角形 ABCD で，△BCD の面積を求めよ。

(1)

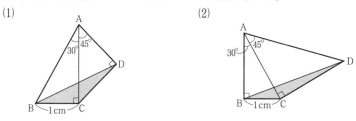

(2)

21 次の図の △ABC の面積を求めよ。

(1)

(2)

22 1 辺の長さが 2cm の正六角形 ABCDEF について，
次の問いに答えよ。

(1) この正六角形の面積を求めよ。

(2) 辺 BC，CD の中点をそれぞれ M，N とするとき，
△MNE の 3 辺の長さをそれぞれ求めよ。

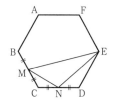

23 右の図の四角形 ABCD で，頂点 A から辺 BC に
垂線 AH をひく。

(1) 線分 AH の長さを求めよ。

(2) 四角形 ABCD の面積を求めよ。

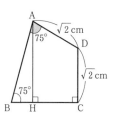

例題 3 右の図のように，AB＝2cm，BC＝3cm の長方形 ABCD を，対角線 BD を折り目として折り曲げたとき，頂点 C が点 E に重なる。

辺 AD と BE との交点を F とするとき，線分 FD の長さを求めよ。

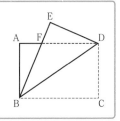

解説 △ABF≡△EDF を示し，△ABF で三平方の定理を利用して，線分 BF の長さを求める。

解答 △ABF と △EDF において，

$$AB＝ED（仮定）$$
$$\angle A＝\angle E（＝90°）$$
$$\angle BFA＝\angle DFE（対頂角）$$

よって，　　　△ABF≡△EDF（2角1対辺）

ゆえに，　　　BF＝DF ………①

FD＝$x$cm とすると，

$$AF＝AD－FD＝3－x ………②$$

△ABF で，∠FAB＝90° であるから，

$$BF^2＝FA^2＋AB^2$$

①，②より，　$x^2＝(3－x)^2＋2^2$

よって，　　　$x＝\dfrac{13}{6}$

ゆえに，　　　$FD＝\dfrac{13}{6}$

（答）　$\dfrac{13}{6}$cm

演習問題

24 右の図は，正方形 ABCD の辺 BC，CD 上にそれぞれ点 E，F をとり，△AEF が正三角形になるようにしたものである。△ECF の面積が 8cm² のとき，次の問いに答えよ。

(1) 線分 CE，EF の長さをそれぞれ求めよ。

(2) 正方形 ABCD の1辺の長さを求めよ。

25 1辺の長さが4cmの正方形 ABCD がある。右の図のように，辺 AB の中点を E とし，線分 CE を対角線とする正方形 EFCG をつくる。辺 BC と EF との交点を P とするとき，次の問いに答えよ。

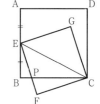

(1) 対角線 CE，辺 CF の長さをそれぞれ求めよ。

(2) 線分 BP の長さを求めよ。

26 右の図の □ABCD で，辺 AB の中点を E，辺 DA の延長と直線 CE との交点を F，頂点 D から線分 CF にひいた垂線を DG とする。AD＝DG＝CG＝1cm のとき，次の問いに答えよ。

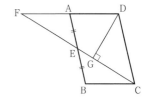

(1) △AFE≡△BCE であることを証明せよ。

(2) □ABCD の面積を求めよ。

27 右の図の △ABC で，辺 BC，CA の中点をそれぞれ M，N とする。AB＝AC＝6cm，BC＝4cm のとき，線分 AM，BN の長さをそれぞれ求めよ。

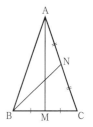

28 AB＝6cm の長方形 ABCD で，図1のように，辺 AB を 1：2 に内分する点を E とし，線分 EC を折り目として折り曲げると，頂点 B は辺 AD 上の点 F に重なる。

また，図2のように，頂点 C が辺 AB の中点 M に重なるように，線分 PQ を折り目として折り曲げると，頂点 D は点 N に重なる。

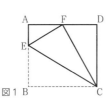

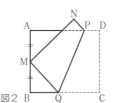

(1) 辺 AD の長さを求めよ。

(2) 線分 BQ の長さを求めよ。

(3) 線分 PD の長さを求めよ。

例題④ 座標平面上の3点 $A(x, 3)$, $B(3, 5)$, $C(-1, 0)$ について, △ABC が次のような三角形になるときの x の値を求めよ。

(1) $AB = AC$ の二等辺三角形　　(2) $\angle A = 90°$ の直角三角形

解説 座標平面上の2点間の距離の公式を使って,三角形の辺の長さを求める。また,x の値を求めてから,3点 A, B, C が一直線上にないことを確かめる。

解答 $AB^2 = (3-x)^2 + (5-3)^2 = x^2 - 6x + 13$ ………①

$AC^2 = (-1-x)^2 + (0-3)^2 = x^2 + 2x + 10$ ………②

(1) $AB = AC$ より,　　$AB^2 = AC^2$

①,②より,　　$x^2 - 6x + 13 = x^2 + 2x + 10$

ゆえに,　　$x = \dfrac{3}{8}$

このとき,3点 A, B, C は一直線上にない。　　　　　（答）　$x = \dfrac{3}{8}$

(2) $BC^2 = (-1-3)^2 + (0-5)^2 = 41$

△ABC は $\angle A = 90°$ の直角三角形であるから,

$$CA^2 + AB^2 = BC^2$$

①,②より,　　$(x^2 + 2x + 10) + (x^2 - 6x + 13) = 41$

$$x^2 - 2x - 9 = 0$$

$$x = 1 \pm \sqrt{10}$$

このとき,3点 A, B, C は一直線上にない。　　　　　（答）　$x = 1 \pm \sqrt{10}$

⚠ 3点 A, B, C が一直線上にあるときは,三角形にならない。

演習問題

29 座標平面上に次の3点 A, B, C があるとき,△ABC の3辺の長さをそれぞれ求めよ。また,△ABC はどのような三角形か。

(1) $A(2, 1)$, $B(4, -2)$, $C(10, 2)$

(2) $A(-1, 3)$, $B(2, -1)$, $C(-5, 6)$

(3) $A(1, -2)$, $B(3, -6)$, $C(-3, -4)$

30 座標平面上に2点 $O(0, 0)$, $A(2, 0)$ があり, 点 P は放物線 $y = ax^2$ $(a > 0)$ 上を動く。△POA が次のような三角形になるときの a の値を求めよ。

(1) $\angle OAP = 90°$ の直角二等辺三角形

(2) $\angle APO = 90°$ の直角二等辺三角形

(3) 正三角形

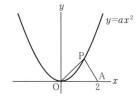

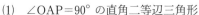

31 座標平面上の 3 点 $A(-3, -3)$，$B(0, 2)$，$C(-1, x)$ について，$\triangle ABC$ が次のような三角形になるときの x の値を求めよ。

(1) $CA=CB$ の二等辺三角形

(2) $AB=AC$ の二等辺三角形

(3) $\angle C=90°$ の直角三角形

例題 (5) $\triangle ABC$ で，辺 BC の中点を M とするとき，
$AB^2+AC^2=2(AM^2+BM^2)$ であることを証明せよ。

解説 頂点 A から辺 BC に垂線 AH をひいて，三平方の定理を利用する。

証明 頂点 A から辺 BC に垂線 AH をひき，$BM=CM=x$，$MH=y$，$AH=h$ とする。

(i) 点 H が線分 MC 上にあるとき

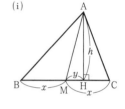

$\triangle ABH$ で，$\angle BHA=90°$ であるから，
$$AB^2=BH^2+HA^2=(x+y)^2+h^2$$

$\triangle AHC$ で，$\angle AHC=90°$ であるから，
$$AC^2=CH^2+HA^2=(x-y)^2+h^2$$

$\triangle AMH$ で，$\angle MHA=90°$ であるから，
$$AM^2=MH^2+HA^2=y^2+h^2$$

よって，
$$AB^2+AC^2=\{(x+y)^2+h^2\}+\{(x-y)^2+h^2\}$$
$$=2(x^2+y^2+h^2)$$

また，
$$2(AM^2+BM^2)=2\{(y^2+h^2)+x^2\}$$
$$=2(x^2+y^2+h^2)$$

ゆえに，$\quad AB^2+AC^2=2(AM^2+BM^2)$

(ii) 点 H が線分 BM 上にあるとき
$$BH=x-y, \quad CH=x+y$$

(iii) 点 H が辺 BC の延長上にあるとき
$$BH=x+y, \quad CH=y-x$$

(iv) 点 H が辺 CB の延長上にあるとき
$$BH=y-x, \quad CH=x+y$$

(ii), (iii), (iv) のときも，(i) と同様に証明できる。

⚠ (i) で，点 H が C や M と一致するときも，同じ式となる。

⚠ この定理を**中線定理（パップスの定理）**といい，これを利用して，問題を解いてもよい。

32 次の図の x の値を求めよ。

(1)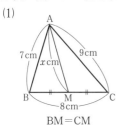
BM＝CM

(2)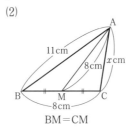
BM＝CM

(3)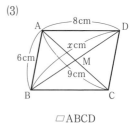
▱ABCD

33 長方形 ABCD と，直線 AC，BD 上にない点 P があるとき，
$PA^2+PC^2＝PB^2+PD^2$ が成り立つことを証明せよ。

34 右の図の △ABC で，BD＝DE＝EC＝1，
AB：AD：AC＝3：$\sqrt{3}$：1 のとき，x，y
の値をそれぞれ求めよ。

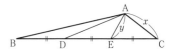

35 次の問いに答えよ。

(1) △ABC で，辺 BC を $m：n$ に内分する点を D
とするとき，
$$nAB^2+mAC^2＝nBD^2+mCD^2+(m+n)AD^2$$
であることを，AB＞AC，$m<n$ の場合について証
明せよ。

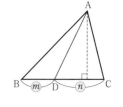

(2) △ABC で，∠A の二等分線と辺 BC との交点を D とする。AB＝6cm，
BC＝7cm，CA＝8cm のとき，線分 AD の長さを求めよ。

36 右の図のように，2 つの長方形 ABCD，
EFGH があり，辺 BC，FG は一直線上
にある。長方形 ABCD は頂点 C を中心
として時計まわりに，長方形 EFGH は
頂点 F を中心として反時計まわりに，
同じ速さで回転する。2 つの長方形が，

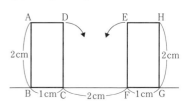

図の位置から同時に回転しはじめるとき，次のそれぞれの場合に，2 つの長方
形が重なった部分にできる図形の面積を求めよ。

(1) 動きはじめてから 45° 回転したとき

(2) 頂点 A と H がはじめて一致したとき

---

1 **直方体，立方体の対角線の長さ**

(1) 3辺の長さが a, b, c の直方体
の対角線の長さは $\sqrt{a^2+b^2+c^2}$

(2) 1辺の長さが a の立方体の
対角線の長さは $\sqrt{3}\,a$

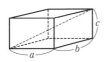

2 **球の切り口の円の半径と面積**

半径 r の球を，中心から d（$0<d<r$）の距離
にある平面で切ったとき，

切り口の円の半径は $\sqrt{r^2-d^2}$

切り口の円の面積は $\pi(r^2-d^2)$

球の切り口の円の半径と面積

例 半径 7cm の球を，中心から $2\sqrt{6}$ cm の距離
にある平面で切ったとき，切り口の円の半径
と面積をそれぞれ求めてみよう。

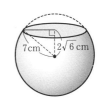

▶ 切り口の円の半径は， $\sqrt{7^2-(2\sqrt{6})^2}=\sqrt{25}=5$
したがって，切り口の円の面積は， $\pi\times5^2=25\pi$

（答）半径 5cm, 面積 $25\pi\,\text{cm}^2$

基本問題

37 次の図形の対角線の長さを求めよ。

(1) 縦 2cm，横 3cm，高さ 6cm の直方体

(2) 1辺が 6cm の立方体

38 ある球を中心から $2\sqrt{5}$ cm 離れた平面で切ったところ，切り口の円の周の長
さは 8π cm であった。この球の表面積と体積をそれぞれ求めよ。

39 右の図のように，底面の半径が 3cm，母線の長さが
9cm の円錐がある。この円錐の高さと体積をそれぞれ求
めよ。

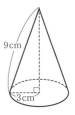

例題 6 1辺の長さが 12cm の正四面体 ABCD で，頂点 A から底面 BCD にひいた垂線と底面との交点を G とする。

(1) 線分 AG の長さを求めよ。

(2) この正四面体の体積を求めよ。

(3) この正四面体に内接する球の半径を求めよ。

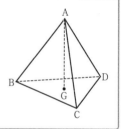

解説 点 G は △BCD の重心であることを利用する。また，内接する球の中心を O とすると，正四面体 ABCD の体積は，三角錐 O–ABC，O–BCD，O–CDA，O–DAB の体積の和と等しい。

解答 (1) 線分 BG の延長と辺 CD との交点を E とする。

G は正三角形 BCD の重心であるから，

$$CE = ED, \quad BE \perp CD$$

△BCE で，$\angle CEB = 90°$，$\angle BCE = 60°$ であるから，

$$BE = \frac{\sqrt{3}}{2}BC = \frac{\sqrt{3}}{2} \times 12 = 6\sqrt{3}$$

BG : GE = 2 : 1 より，

$$BG = \frac{2}{3}BE = \frac{2}{3} \times 6\sqrt{3} = 4\sqrt{3}$$

△ABG で，$\angle BGA = 90°$ であるから，

$$AG^2 = AB^2 - BG^2 = 12^2 - (4\sqrt{3})^2 = 96$$

AG > 0 より，　AG $= 4\sqrt{6}$　　　　　　　　　　　　（答）　$4\sqrt{6}$ cm

(2) （正四面体 ABCD の体積）$= \frac{1}{3} \cdot \triangle BCD \cdot AG = \frac{1}{3} \cdot \left(\frac{1}{2} \cdot CD \cdot BE\right) \cdot AG$

$$= \frac{1}{3} \times \left(\frac{1}{2} \times 12 \times 6\sqrt{3}\right) \times 4\sqrt{6} = 144\sqrt{2}$$

（答）　$144\sqrt{2}$ cm³

(3) 正四面体 ABCD に内接する球の中心を O，半径を r とする。

（正四面体 ABCD の体積）

=（三角錐 O–ABC の体積）+（三角錐 O–BCD の体積）+（三角錐 O–CDA の体積）+（三角錐 O–DAB の体積）

よって，　　$144\sqrt{2} = 4\left(\frac{1}{3} \cdot \triangle BCD \cdot r\right)$

$$144\sqrt{2} = 4 \times \left\{\frac{1}{3} \times \left(\frac{1}{2} \times 12 \times 6\sqrt{3}\right) \times r\right\}$$

$$r = \sqrt{6}$$

（答）　$\sqrt{6}$ cm

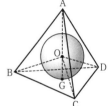

⚠ G が △BCD の重心であることは次のように確かめられる。

△ABG≡△ACG（斜辺と1辺）より、　　　　　BG＝CG

同様に、△ACG≡△ADG（斜辺と1辺）より、　CG＝DG

ゆえに、BG＝CG＝DG より、点 G は △BCD の外心である。

また、△BCD は正三角形であり、正三角形の外心と重心は一致するから、点 G は △BCD の重心である。

参考 (2)　正四面体の体積は、次のように求めることもできる。

右の図の立方体の4つの頂点 A，B，C，D を結ぶと、正四面体となる。正四面体の1辺の長さが 12cm のとき、この立方体の1辺の長さは、

$$\frac{AB}{\sqrt{2}}=6\sqrt{2}$$

正四面体の体積は、立方体の体積から4つの三角錐

A–RCB，B–QAD，C–PDA，D–SBC の体積をひいたものであるから、

$$(6\sqrt{2})^3-4\times\frac{1}{3}\times\left(\frac{1}{2}\times6\sqrt{2}\times6\sqrt{2}\right)\times6\sqrt{2}=144\sqrt{2}$$

演習問題

40 次の展開図で表される円錐の表面積と体積をそれぞれ求めよ。

(1)

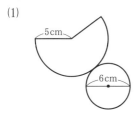

(2)

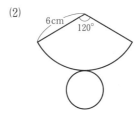

41 右の図のように、底面の半径が 2cm，高さが 4cm の円柱と，すべての頂点が円柱の底面上にある正四角錐 O–ABCD がある。正四角錐の底面 ABCD が円柱の側面と接するとき、次の問いに答えよ。

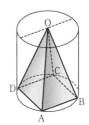

(1)　この正四角錐の体積を求めよ。

(2)　この正四角錐の表面積を求めよ。

42 右の図は、$AB=\sqrt{2}$ cm の正方形を底面とする $OA=2$cm の正四角錐 O–ABCD である。

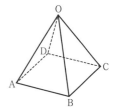

(1)　この正四角錐の体積を求めよ。

(2)　三角錐 O–ABC について、△OBC を底面としたときの高さを求めよ。

43 右の図の1辺の長さが12cmの正方形を折り曲げて，三角錐 A-BCD をつくる。

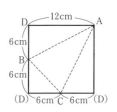

(1) この三角錐の体積を求めよ。

(2) この三角錐に内接する球の半径を求めよ。

44 右の図のように，1辺の長さが3cmの正八面体 ABCDEF がある。この正八面体の各面の重心を頂点とする立方体をつくる。

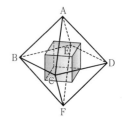

(1) 正八面体の体積を求めよ。

(2) 立方体の体積を求めよ。

例題 7 右の図のように，底面が1辺1cmの正三角形で，$OA=OB=OC=\sqrt{2}$ cm の正三角錐 O-ABC がある。辺 OB 上に点 D を，AD+DC が最小になるようにとるとき，その長さを求めよ。

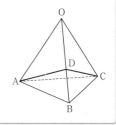

解説 展開図の必要な線分がふくまれる部分で考える。

解答 右の図は，展開図の一部で，求める長さは線分 AC の長さである。

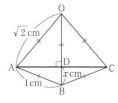

DB=$x$cm とすると，

△ABD で，∠BDA=90° であるから，

$$AD^2=AB^2-BD^2=1^2-x^2 \quad \cdots\cdots ①$$

△OAD で，∠ADO=90° であるから，

$$AD^2=AO^2-OD^2$$
$$=(\sqrt{2})^2-(\sqrt{2}-x)^2 \quad \cdots\cdots ②$$

①，②より，　$1-x^2=2-(\sqrt{2}-x)^2$　　よって，　$x=\dfrac{\sqrt{2}}{4}$

$$AD^2=1-\left(\dfrac{\sqrt{2}}{4}\right)^2=\dfrac{7}{8}$$

AD>0 より，　$AD=\dfrac{\sqrt{14}}{4}$

AC=2AD であるから，求める長さは，　$2\times\dfrac{\sqrt{14}}{4}=\dfrac{\sqrt{14}}{2}$　　　（答）　$\dfrac{\sqrt{14}}{2}$cm

演習問題

45 右の図の三角柱 ABC-DEF で，AB＝3cm，BC＝4cm，CA＝4cm，AD＝6cm とする。辺 CF 上に点 P をとり，△AEP の周の長さが最小になるようにするとき，△AEP の周の長さを求めよ。

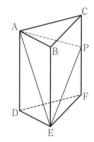

46 右の図の円錐で，AB は母線で3cm，BC は底面の直径で2cm，点 D は母線 AC 上にあって，CD＝1cm である。点 B からこの円錐の側面を通って点 D にいたる最短経路の長さを求めよ。

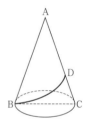

47 底面が正方形で OA＝5cm の正四角錐 O-ABCD がある。右の図のように，頂点 A から糸を側面に巻いて A にもどる最短経路が A→P→Q→R→A のとき，線分 OQ の長さが3cm であった。

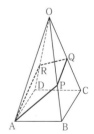

(1) 最短の糸の長さを求めよ。

(2) 線分 PQ の長さを求めよ。

(3) 底面の正方形 ABCD の面積を求めよ。

48 右の図のように，1辺の長さが2cm の正四面体 ABCD の頂点 A から △ABC，△BCD，△ACD，△ADB の順に通り，頂点 B まで糸を張る。このとき，最短の糸の長さを求めよ。

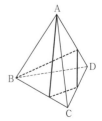

例題 **8** 右の図のように，1辺の長さが 6 cm の
立方体 ABCD–EFGH の辺 BF，DH を 1：2 に
内分する点をそれぞれ P，Q とする。3 点 P，Q，
G を通る平面でこの立方体を切る。

(1) 切り口の図形の面積を求めよ。

(2) 平面で分けられた 2 つの立体のうち，頂点
A をふくむほうの立体の体積を求めよ。

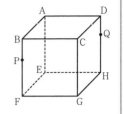

解説 3 点 P，Q，G を通る平面が立方体のどの辺と交わるかを考える。直線 CB と GP，
直線 CD と GQ の交点をそれぞれ S，T とすると，3 点 P，Q，G を通る平面は辺
AB，AD と交わり，その交点は直線 ST と辺 AB，AD との交点である。

解答 図 1 のように，直線 CB と GP，直線 CD と GQ
の交点をそれぞれ S，T とし，直線 ST と辺 AB，
AD との交点をそれぞれ M，N とする。

(1) △SGT で，

MP∥TG より，　△SPM∽△SGT

SM：ST＝SB：SC＝BP：CG＝1：3 より，

$$\triangle SPM : \triangle SGT = 1^2 : 3^2 = 1 : 9$$

△SPM≡△TQN より，求める面積は，

（五角形 MPGQN）＝△SGT－△SPM－△TQN

$$=\triangle SGT - \frac{1}{9}\triangle SGT - \frac{1}{9}\triangle SGT = \frac{7}{9}\triangle SGT$$

$SM = NT = \dfrac{1}{3}ST$ より，　$MN = ST - \dfrac{1}{3}ST - \dfrac{1}{3}ST = \dfrac{1}{3}ST$

よって，　$SM = MN = NT = \dfrac{1}{3}ST$

$MN = 3\sqrt{2}$ より，　$ST = 9\sqrt{2}$

また，$PG = \sqrt{4^2 + 6^2} = 2\sqrt{13}$，$SP：PG = 1：2$ より，　$SG = 3\sqrt{13}$

図 2 のように，頂点 G から辺 ST へ垂線 GU をひく。

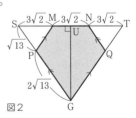

$$GU^2 = GS^2 - SU^2$$

$$= (3\sqrt{13})^2 - \left(\frac{9\sqrt{2}}{2}\right)^2 = \frac{153}{2}$$

$GU > 0$ より，　$GU = \dfrac{3\sqrt{34}}{2}$

ゆえに，　（五角形 MPGQN）＝$\dfrac{7}{9}$△SGT

図 2

$$= \frac{7}{9} \times \left(\frac{1}{2} \times 9\sqrt{2} \times \frac{3\sqrt{34}}{2}\right) = \frac{21\sqrt{17}}{2}$$

（答）　$\dfrac{21\sqrt{17}}{2}$ cm²

(2) 頂点 C をふくむほうの立体の体積は，三角錐 G–CTS の体積から，三角錐
P–BMS，Q–DTN の体積をひいたものであるから，

$$\frac{1}{3}\times\left(\frac{1}{2}\times9\times9\right)\times6-\frac{1}{3}\times\left(\frac{1}{2}\times3\times3\right)\times2-\frac{1}{3}\times\left(\frac{1}{2}\times3\times3\right)\times2=75$$

ゆえに，求める立体の体積は，　　$6^3-75=141$　　　　　　　　（答）　$141\,\mathrm{cm}^3$

別解　図 3 のように，点 P を通り線分 GQ に平行な直
線と，点 Q を通り線分 PG に平行な直線との交
点を O とすると，O は 2 平面 ABFE，AEHD の
交線である直線 AE 上にある。線分 OP と辺 AB，
線分 OQ と辺 AD の交点をそれぞれ M，N とす
る。

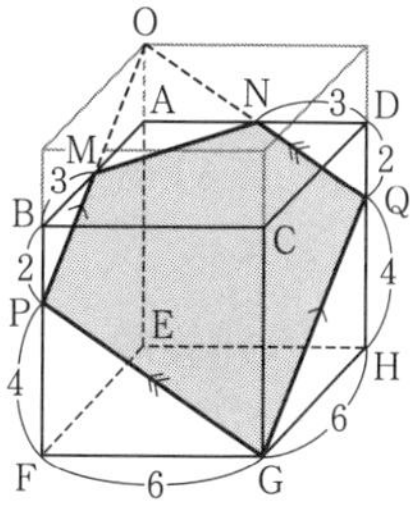

図3

(1)　切り口の五角形 MPGQN の面積は，ひし形
OPGQ の面積から △OMN の面積をひいたも
のである。

図 4 のように，点 P と Q，点 O と G を結び，
その交点を R とする。

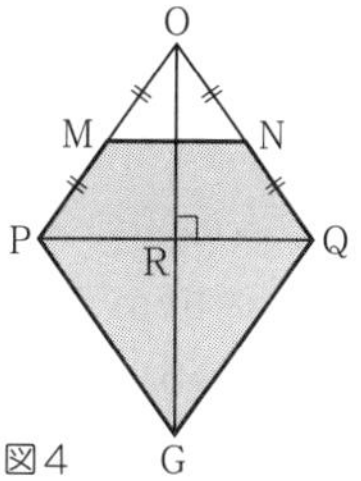

$$PQ=BD=6\sqrt{2}$$

$$OP=QG=\sqrt{GH^2+HQ^2}$$
$$=\sqrt{6^2+4^2}=2\sqrt{13}$$

△OPR で，$\angle PRO=90°$ であるから，

$$OR=\sqrt{OP^2-PR^2}$$
$$=\sqrt{(2\sqrt{13}\,)^2-(3\sqrt{2}\,)^2}=\sqrt{34}$$

よって，　（ひし形 OPGQ）$=\dfrac{1}{2}\cdot PQ\cdot OG$

$$=\frac{1}{2}\times6\sqrt{2}\times2\sqrt{34}=12\sqrt{17}$$

図4

MN∥PQ より，　△OMN∽△OPQ
また，OM：OP＝1：2 であるから，

$$\triangle OMN=\frac{1^2}{2^2}\triangle OPQ=\frac{1}{4}\times\frac{1}{2}\times（ひし形\ OPGQ）=\frac{3\sqrt{17}}{2}$$

ゆえに，　（五角形 MPGQN）$=12\sqrt{17}-\dfrac{3\sqrt{17}}{2}=\dfrac{21\sqrt{17}}{2}$

（答）　$\dfrac{21\sqrt{17}}{2}\,\mathrm{cm}^2$

(2)　求める立体の体積は，1 辺が 6 cm の正方形を底面とする高さ 8 cm の直方体の

体積の $\dfrac{1}{2}$ から三角錐 O–AMN の体積をひいたものであるから，

$$(6\times6\times8)\times\frac{1}{2}-\frac{1}{3}\times\left(\frac{1}{2}\times3\times3\right)\times2=141$$
　　　　　　（答）　$141\,\mathrm{cm}^3$

49 右の図のように，1辺の長さが4cmの立方体
ABCD–EFGHの辺BCの中点をMとし，3点M，A，
Fを通る平面でこの立方体を切る。

(1) 三角錐B–AFMの体積を求めよ。

(2) △AFMの面積を求めよ。

(3) △AFMを底面とする三角錐B–AFMの高さを求
めよ。

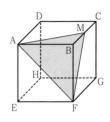

50 右の図のように，AB＝2cm，AD＝3cm，AE＝5cm
の直方体ABCD–EFGHがある。辺BF上に点Pを，
PF＝2cmとなるようにとり，3点A，P，Gを通る平
面でこの直方体を切るとき，切り口と辺DHとの交点
をQとする。

(1) 切り口の図形の周の長さを求めよ。

(2) 切り口の図形の面積を求めよ。

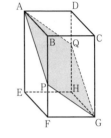

51 右の図のように，底面が1辺8cmの正方形で，高
さが6cmの直方体ABCD–EFGHがある。辺AB，
BCの中点をそれぞれM，Nとする。この直方体を，
3点M，N，Eを通る平面で切る。

(1) 切り口の図形の周の長さを求めよ。

(2) 平面で分けられた2つの立体のうち，頂点Bを
ふくむほうの立体の体積を求めよ。

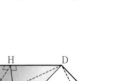

52 右の図の立体ABC–DEFにおいて，四
角形BCFEは BC＝6cm，CF＝8cm の
長方形，△ABCと△DEFは正三角形で，
平面ABCと平面DEFは平行である。ま
た，四角形ACFDは平行四辺形で，
∠DACは鋭角である。2点G，Hはともに辺AD上の点で，AG＝2cm，
CG＝5cm，AH⊥BH，AH⊥CH のとき，次のものを求めよ。

(1) 線分CHの長さ

(2) 四面体GBCDの体積

53 右の図のように，1辺の長さが6cm の立方体
ABCD–EFGH の辺 AB，FG，GH の中点をそれぞれ
L，M，N とする。この立方体を，3点 L，M，N を
通る平面で切る。

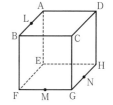

(1) 切り口の図形の周の長さを求めよ。

(2) 切り口の図形の面積を求めよ。

(3) 切り口の図形を底面とし，C を頂点とする角錐をつくったとき，その体積
を求めよ。

54 右の図のような，底面が1辺2cm の正三角形で，
$OA=OB=OC=\sqrt{5}$ cm の三角錐 O–ABC がある。こ
の三角錐の辺 OB 上に点 D を，辺 OC 上に点 E を，
それぞれ $AD\perp OB$，$DE\perp OC$ となるようにとる。

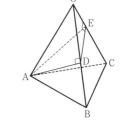

(1) 線分 OD の長さを求めよ。

(2) △ODE の面積を求めよ。

(3) 三角錐 O–ADE の体積を求めよ。

═══ **進んだ問題** ═══

55 右の図のように，底面の半径が3cm，高さが$6\sqrt{2}$ cm
の円柱の内部に，底面が長方形で，$AB=AC=AD=AE$
の四角錐 A–BCDE が入っている。頂点 A は円柱の側面
に，頂点 B，C，D，E は底面の円周上にある。底面の円
の中心をそれぞれ O，O′ とする。∠BOC＝120° のとき，
四角錐 A–BCDE の体積を求めよ。

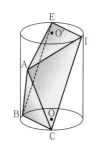

56 右の図のように，底面が1辺6cm の正六角形で，高
さが12cm の正六角柱 ABCDEF–GHIJKL があり，辺
IJ の中点を M とする。四面体 ADMK の体積を求めよ。

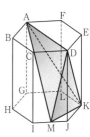

1 右の図で，影をつけた7つの四角形はすべて正
方形である。正方形 A，B，C，D の面積の和を
求めよ。 ⇦**1**

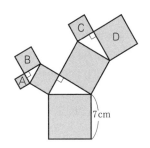

2 次の図で，x，y の値をそれぞれ求めよ。 ⇦**2**

(1)

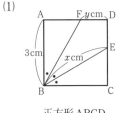

正方形 ABCD
∠ABF＝∠FBE＝∠EBC

(2)

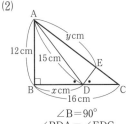

∠B＝90°
∠BDA＝∠EDC

(3)

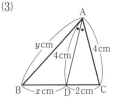

AD は∠A の二等分線

3 3辺の長さが AB＝14cm，BC＝15cm，AC＝13cm
の △ABC で，頂点 A から辺 BC に垂線 AD をひく。 ⇦**2**

(1) 線分 BD の長さを求めよ。

(2) △ABC の面積を求めよ。

(3) 辺 BC 上に点 P をとり，P を通り辺 BC に垂直な
直線が，△ABC の面積を2等分するとき，線分 BP の長さを求めよ。

4 右の図のように，座標平面上に4点 A，B，C，D
がある。B$(3, \sqrt{3})$，O$(0, 0)$，∠COB＝30° のとき，
次の問いに答えよ。 ⇦**2**

(1) 点 C の座標を求めよ。

(2) 五角形 OABCD の面積を求めよ。

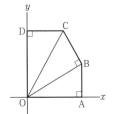

5 右の図のように，∠A＝90°，AB＝2cm，CA＝$\sqrt{3}$ cm の直角三角形 ABC の外側に，正三角形 BPC，CQA をつくる。辺 AC の中点を M とし，直線 QM と辺 BC との交点を R とする。また，点 Q から直線 BC に垂線 QH をひく。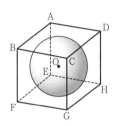

(1) 線分 PR の長さを求めよ。

(2) 線分 QR の長さを求めよ。

(3) 線分 RH の長さを求めよ。

(4) △PQR の面積を求めよ。

6 右の図のように，1辺の長さが4cm の立方体 ABCD–EFGH に球 O が内接している。この球を平面 BGD で切るとき，切り口の円の半径を求めよ。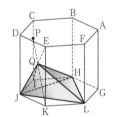

7 右の図のように，底面が1辺6cm の正六角形で，高さが9cm の正六角柱 ABCDEF–GHIJKL がある。辺 CI を 1:2 に内分する点を P，線分 EI と PK との交点を Q とするとき，四面体 QHJL の体積を求めよ。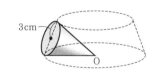

8 右の図のように，底面の半径が3cm の円錐を，頂点 O を固定して，すべらないように水平な机の上を同じ方向に転がしたところ，円錐はちょうど3回転してもとの位置にもどった。

(1) この円錐の母線の長さを求めよ。

(2) この円錐の表面積を求めよ。

(3) このように，円錐をもとの位置にもどるまで転がしたとき，円錐が通ったあとにできる立体を考える。この立体を容器にして，水をいっぱいに入れたとき，容器の中の水の体積を求めよ。

9 右の図のような直方体 ABCD–EFGH で，AB＝10cm，AD＝AE＝5cm とする。辺 GH の中点を M とするとき，次の問いに答えよ。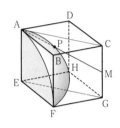

(1) 三角錐 M–ACD の体積を求めよ。

(2) △ACM の面積を求めよ。

(3) 頂点 D から平面 ACM に垂線をひき，その交点を I とするとき，線分 DI の長さを求めよ。

10 右の図のように，1辺の長さが4cm の立方体 ABCD–EFGH の内部に，E を中心とする半径4cm の球の $\dfrac{1}{8}$ である立体 S が入っている。辺 CG の中点を M とし，頂点 A と M を結ぶ。線分 AM と球の表面との交点で，頂点 A 以外の点を P とする。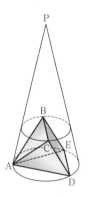

(1) 線分 AM の長さを求めよ。

(2) 線分 AP の長さを求めよ。

(3) 立体 S を，点 P を通り底面 EFGH に平行な平面で切るとき，切り口のおうぎ形の面積を求めよ。

進んだ問題

11 右の図のように，P を頂点とし，底面の半径が1cm，高さが h cm の円錐の内部に，頂点 A，D，E が円錐の底面の円周上にあり，頂点 B，C が円錐の側面上にあるような，正四角錐 A–BCDE が入っている。線分 BC が，頂点 B を通り底面に平行な平面で円錐を切ってできる切り口の円の直径であるとき，次の問いに答えよ。

(1) 正方形 BCDE の1辺の長さを求めよ。

(2) h の値を求めよ。

9章　円

1　円の基本性質

1　弦と中心

　円の中心 O を通らない弦を AB とする。

(1)　円の中心 O から弦 AB にひいた垂線を OH とするとき，AH＝BH である。

(2)　弦 AB の中点を H とするとき，OH⊥AB である。

(3)　弦 AB の垂直二等分線は円の中心 O を通る。

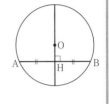

2　中心からの距離と弦の長さ

　1つの円，または半径の等しい円で，

(1)　中心からの距離が等しい2つの弦の長さは等しい。

(2)　長さが等しい2つの弦の中心からの距離は等しい。

3　弧と中心角

　1つの円，または半径の等しい円で，

(1)　等しい中心角に対する弧は等しい。

(2)　等しい弧に対する中心角は等しい。

(3)　弧の長さとその弧に対する中心角の大きさは比例する。

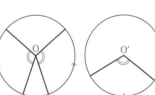

4　弧と弦

　1つの円，または半径の等しい円で，

(1)　等しい弧に対する弦は等しい。

(2)　等しい弦に対する劣弧，および優弧はそれぞれ等しい。

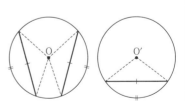

　⚠　半円周より小さい弧を劣弧，半円周より大きい弧を優弧という。

　　　ふつう，弧というときは劣弧を表す。

例 右の図の半円 O で，$\overset{\frown}{AC} : \overset{\frown}{CB} = 5 : 13$ の
とき，∠OCB の大きさを求めてみよう。

▶ 弧の長さとその弧に対する中心角の大きさは
　比例するから，

$$\angle AOC : \angle COB = \overset{\frown}{AC} : \overset{\frown}{CB} = 5 : 13$$

∠AOC + ∠COB = 180° より，

$$\angle COB = \frac{13}{5+13} \times 180° = 130°$$

また，△OBC で，OB = OC（半径）であるから，

$$\angle OBC = \angle OCB$$

ゆえに，　　　$\angle OCB = \dfrac{1}{2}(180° - 130°) = 25°$ 　　　　（答）　25°

≡ 基本問題 ≡

1 円 O の周上に 3 点 A，B，C があり，$\overset{\frown}{AB} : \overset{\frown}{BC} : \overset{\frown}{CA} = 4 : 5 : 6$ であるとき，
∠AOB，∠BOC，∠COA の大きさをそれぞれ求めよ。

2 次の問いに答えよ。

(1) 右の図で，2 点 A，B を通り，直線 ℓ 上に中心
　がある円を作図せよ。

(2) 右の図の 3 点 A，B，C を通る円を作図せよ。

(3) 右の図は，中心が示されていない円である。こ
　の円の中心 O を作図せよ。

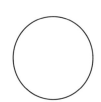

3 次の図の円 O で，x の値を求めよ。

(1)

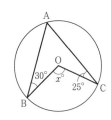

(2)

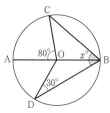

AB は直径

4 右の図のように，AB を直径とする半円 O がある。
∠DBO＝63°，$\overset{\frown}{\text{AC}}:\overset{\frown}{\text{CD}}=1:2$ のとき，∠COD の大
きさを求めよ。

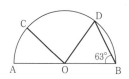

例題〔1〕 右の図で，線分 AB，CD，PS はそれぞ
れ円 O の直径で，AB⊥CD である。PO＝PQ の
とき，$\overset{\frown}{\text{BR}}$ は $\overset{\frown}{\text{BS}}$ の何倍か。

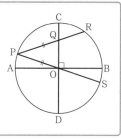

解説 弧の長さとその弧に対する中心角の大きさは比例するから，$\overset{\frown}{\text{BR}}$ と $\overset{\frown}{\text{BS}}$ の比を求め
るには，点 O と R を結び，∠ROB と∠BOS の大きさの比を求めればよい。
∠BOS＝$a°$ として，∠ROB を a を用いて表す。

解答 点 O と R を結ぶ。∠BOS＝$a°$ とすると，
　　∠POA＝∠BOS（対頂角）より，　　∠POA＝$a°$
　　∠AOC＝90° より，　　∠POQ＝$90°-a°$
　　△POQ で，PO＝PQ より，
　　　　　　∠QPO＝$180°-2\angle$POQ
　　　　　　　　　＝$180°-2(90°-a°)=2a°$
　　△ORP で，OR＝OP（半径）より，
　　∠ORP＝∠OPR＝$2a°$ であるから，
　　　　　　∠ROS＝∠ORP＋∠OPR＝$4a°$
　　　　　　∠ROB＝∠ROS－∠BOS＝$4a°-a°=3a°$
　　よって，　　∠ROB＝3∠BOS
　　ゆえに，　　$\overset{\frown}{\text{BR}}=3\overset{\frown}{\text{BS}}$

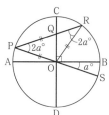

（答）3倍

5 右の図のように，AB を直径とする半円 O がある。
$\overset{\frown}{AC}:\overset{\frown}{CD}:\overset{\frown}{DB}=5:1:3$ のとき，∠E の大きさを
求めよ。

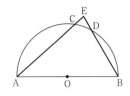

6 右の図のように，AB を直径とする円 O の周上に 2
点 C，D があり，弦 CD と AB との交点を E とする。
∠CAB＝50°，$\overset{\frown}{AD}:\overset{\frown}{DB}=1:2$ のとき，∠AEC の大
きさを求めよ。

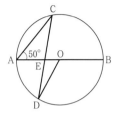

7 右の図のように，線分 AB 上に点 C をとり，AB,
AC をそれぞれ直径とする半円 O，O′ をつくる。
半円 O の $\overset{\frown}{AB}$ 上に点 P を，$\overset{\frown}{AP}$ が半円 O′ の $\overset{\frown}{AC}$ に
等しくなるようにとる。AB＝10cm，AC＝6cm
のとき，∠PAO の大きさを求めよ。

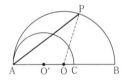

8 右の図のように，AB を直径とする半円 O がある。
∠POB＝110°，∠PRQ＝85° のとき，$\overset{\frown}{PQ}:\overset{\frown}{QB}$ を
求めよ。

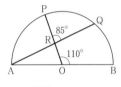

9 右の図のように，円 O の弦 AB の延長上に，半径
に等しい線分 BC をとり，線分 CO，およびその延
長と円周との交点をそれぞれ D，E とするとき，
$\overset{\frown}{AE}$ は $\overset{\frown}{BD}$ の何倍か。

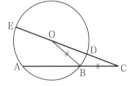

10 右の図のように，AB を直径とする円 O があり，
∠DOC＝4∠ODC である。
(1) $\overset{\frown}{AE}$ は $\overset{\frown}{BD}$ の何倍か。
(2) $\overset{\frown}{AE}$ が円 O の周の $\dfrac{1}{3}$ であるとき，∠DOB の大き
さを求めよ。

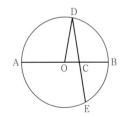

例題【2】 円 O の周上の点 P から 2 つの半径 OA，OB にひいた垂線の長さが等しいとき，$\overparen{PA}=\overparen{PB}$ であることを証明せよ。

解説 等しい中心角に対する弧は等しいことを利用する。

証明 点 P から半径 OA，OB にひいた垂線の長さが等しいことから，P は ∠AOB の二等分線上にある。

よって，　　∠POA＝∠POB

等しい中心角に対する弧は等しいから，

$$\overparen{PA}=\overparen{PB}$$

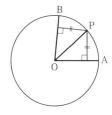

演習問題

11 円 O の $\overparen{AB}$ 上に点 M を，$\overparen{AM}=\overparen{MB}$ となるようにとる。中心 O と点 M を結ぶとき，線分 OM は弦 AB を垂直に 2 等分することを証明せよ。

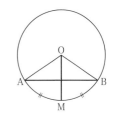

12 右の図のように，AB を直径とする半円 O の周上に 2 点 C，D があり，AC∥OD である。このとき，BD＝CD となることを証明せよ。

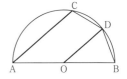

進んだ問題

13 右の図のように，AB を直径とする半円 O の周上に 2 点 C，D がある。$\overparen{CD}:\overparen{DB}=11:3$，∠E＝22° のとき，∠ACD の大きさを求めよ。

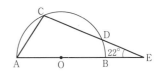

2　円と直線

1　円と直線の位置関係

　　円 O の半径を r，中心 O と直線 ℓ との距離を d とするとき，円 O と直線 ℓ との位置関係は次のようになる。

(1)　円 O と直線 ℓ が**離れている**（共有点が 0 個）$\Longleftrightarrow d>r$

(2)　円 O と直線 ℓ が**接する**（共有点が 1 個）$\Longleftrightarrow d=r$

(3)　円 O と直線 ℓ が**交わる**（共有点が 2 個）$\Longleftrightarrow d<r$

　　⚠　「$p\Longleftrightarrow q$」は「p ならば q であり，かつ q ならば p である」を表す。

(1)　　(2)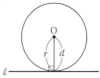　　(3)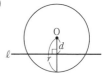

2　接線

　　円と直線が接するとき，その直線を**接線**といい，その共有点を**接点**という。円外の 1 点から，その円に接線をひいたとき，その点と接点の距離を**接線の長さ**という。

(1)　円の接線は，接点を通る半径に垂直である。逆に，円周上の 1 点を通り，その点を通る半径に垂直な直線は接線である。

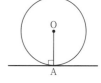

(2)　円外の 1 点から，その円にひいた 2 つの接線の長さは等しい。このとき，円外の 1 点と円の中心を結ぶ直線は，2 つの接線のつくる角を 2 等分する。

　　　右の図で，PA＝PB，∠APO＝∠BPO

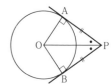

3　円に外接する三角形，四角形

　　三角形，四角形などの多角形のすべての辺が，ある円に接するとき，その多角形は円に**外接する**という。また，その円を多角形の**内接円**という。

(1)　**円に外接する三角形**　三角形が円に外接するとき，内接円の中心はその三角形の内心である。

(2)　**円に外接する四角形**　四角形が円に外接するとき，向かい合う辺の長さの和は等しい。

　　　右の図で，AB＋CD＝AD＋BC

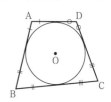

例 右の図のように，△ABC が 3 点 P，Q，R で円に外接するとき，x と y の値をそれぞれ求めてみよう。

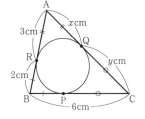

▶ AQ，AR は頂点 A から円にひいた接線であるから，

$$AQ = AR$$

ゆえに，　$x = 3$

また，BP，BR は頂点 B から円にひいた接線であるから，

$$BP = BR = 2$$

よって，　$CP = BC - BP = 6 - 2 = 4$

CQ，CP は頂点 C から円にひいた接線であるから，

$$CQ = CP$$

ゆえに，　$y = 4$

（答）　$x = 3,\ y = 4$

基本問題

14 次の図の円 O で，x の値を求めよ。

(1)

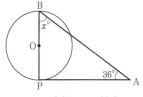

BP は直径，P は接点

(2)

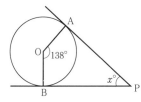

A，B は接点

15 次の図の △ABC，四角形 ABCD はそれぞれ円に外接し，P，Q，R，S は接点である。x，y の値をそれぞれ求めよ。

(1)

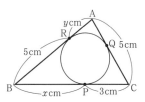

(2)

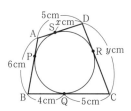

例題(3) 右の図の円 O で，直径 AB の延長上の点 C から円 O に接線をひき，接点を P とする。∠ACP＝26° のとき，∠CAP の大きさを求めよ。

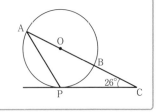

解説 円の接線は，接点を通る半径に垂直であるから，点 O と P を結ぶと，∠OPC＝90° となることを利用する。円の接線に関する問題では，接点と円の中心を結ぶとよい。

解答 点 O と P を結ぶ。

CP は接線であるから，
$$\angle OPC = 90°$$
また，△OAP で，OA＝OP（半径）であるから，
$$\angle OAP = \angle OPA$$
よって，　∠COP＝∠OAP＋∠OPA＝2∠OAP
△OPC で，
$$\angle COP = 180° - \angle OPC - \angle PCO$$
$$= 180° - 90° - 26° = 64°$$
ゆえに，　$\angle OAP = \dfrac{1}{2}\angle COP = 32°$

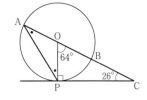

（答）　32°

演習問題

16 右の図の半円 O で，直径 BA の延長上の点 C から半円 O に接線をひき，接点を D とする。∠DCA＝24° のとき，$\overset{\frown}{AD}:\overset{\frown}{DB}$ を求めよ。

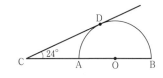

17 右の図で，O は 2 つの半円の中心で，線分 BC は小さい半円と点 D で接している。線分 OD の延長と大きい半円との交点を E とする。∠AOC＝56° のとき，∠OEB の大きさを求めよ。

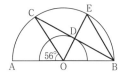

18 右の図の円 O で，2 点 A，B は周上にあり，AB＝OB である。線分 OB の延長上に点 C を，BC＝OB となるようにとるとき，AC は円 O の接線であることを証明せよ。

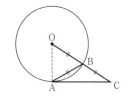

19 次の問いに答えよ。

(1) 右の図のように，AB を直径とする円 O の周上
に点 C をとると，∠ACB＝90° であることを証明
せよ。

(2) (1)の結果を利用して，円 O 外の点 P から円 O に
ひいた接線を作図せよ。

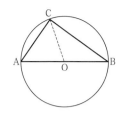

例題〔4〕 右の図のように，円 O に外接する
△ABC があり，D，E，F は接点である。
BC＝a，CA＝b，AB＝c とし，△ABC の周の

長さの半分を s，すなわち $s=\dfrac{1}{2}(a+b+c)$

とするとき，次の式が成り立つことを証明せよ。

(1) AE＝AF＝$s-a$，　　BD＝BF＝$s-b$，　　CD＝CE＝$s-c$

(2) △ABC の面積を S，内接円の半径を r とするとき，$S=sr$

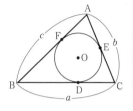

解説 (1) 円外の 1 点から，その円にひいた 2 つの接線の長さは等しいことを利用する。

(2) △ABC を △OBC，△OCA，△OAB の 3 つに分ける。この 3 つの三角形は，
辺 BC，CA，AB を底辺とするとき，高さはいずれも r に等しい。

証明 (1) AE，AF は頂点 A から円 O にひいた接線であ

るから，　　　　　　　　AE＝AF

これを x とすると，　　AE＝AF＝x

同様に，BD＝BF＝y，CD＝CE＝z と表すこと

ができる。

AB＋BC＋CA＝AF＋BF＋BD＋CD＋CE＋AE

であるから，　$c+a+b=2x+2y+2z$

よって，　　　$s=\dfrac{1}{2}(2x+2y+2z)=x+y+z$

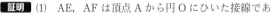
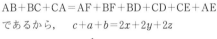

$y+z$＝BD＋CD＝BC＝a であるから，　$x=s-(y+z)=s-a$

ゆえに，　　　　　AE＝AF＝$s-a$

同様に，　　　　　BD＝BF＝$s-b$，　　CD＝CE＝$s-c$

(2) 点 O と A，O と B，O と C を結ぶ。

$$S=△OBC+△OCA+△OAB$$
$$=\dfrac{1}{2}ar+\dfrac{1}{2}br+\dfrac{1}{2}cr$$
$$=\dfrac{1}{2}(a+b+c)r=sr$$

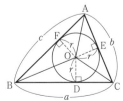

20 右の図で，△ABC は円 O に外接し，D，E，F は接点である。また，AB=14cm，BC=15cm，CA=13cm とする。

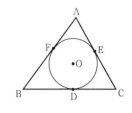

(1) 線分 AF，BD，CE の長さをそれぞれ求めよ。

(2) △ABC の面積は 84cm² である。内接円 O の半径を求めよ。

21 右の図で，△ABC は円 O に外接し，D，E，F は接点である。∠A=75°，∠B=45° のとき，$\overset{\frown}{FD} : \overset{\frown}{DE} : \overset{\frown}{EF}$ を求めよ。

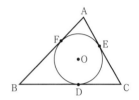

22 右の図のように，円 O に外接する四角形 ABCD があり，AB+CD=18cm，内接円 O の半径は 4cm である。この四角形 ABCD の面積を求めよ。

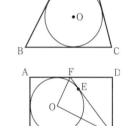

23 右の図のように，長方形 ABCD の辺 AB，BC，AD に接する円 O がある。頂点 C から円 O に接線をひき，接点を E，辺 AD との交点を F とするとき，△OCF は直角三角形であることを証明せよ。

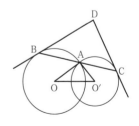

24 右の図で，A は 2 つの円 O，O′ の交点の 1 つである。点 A を通る直線と円 O，O′ との交点をそれぞれ B，C とし，点 B における円 O の接線と点 C における円 O′ の接線との交点を D とする。

∠AOO′=35°，∠AO′O=50° のとき，∠BDC の大きさを求めよ。

---

1 **2つの円の位置関係**

2つの円 O, O′ の半径をそれぞれ r, r' $(r>r')$, 中心 O, O′ 間の距離を d とするとき, 2つの円 O, O′ の位置関係は次のようになる。

(1) **離れている** $\Longleftrightarrow d>r+r'$
（共有点が 0 個）

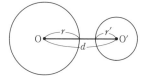

(2) **外接する** $\Longleftrightarrow d=r+r'$
（共有点が 1 個）

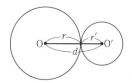

(3) **交わる** $\Longleftrightarrow r-r'<d<r+r'$
（共有点が 2 個）

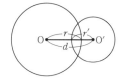

(4) **内接する** $\Longleftrightarrow d=r-r'$
（共有点が 1 個）

(5) **円 O′ が円 O にふくまれる** $\Longleftrightarrow d<r-r'$
（共有点が 0 個）

2 **交わる 2 つの円**

2つの円 O, O′ が2点 A, B で交わっているとき, 中心線 OO′ は共通弦 AB を垂直に2等分する。

⚠ 2つの円の中心を結んだ直線を**中心線**という。

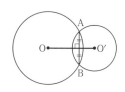

3 **接する 2 つの円**

2つの円 O, O′ が内接または外接しているとき, その共有点を2つの円の**接点**といい, その接点は中心線 OO′ 上にある。

4　共通接線

2つの円の両方に接する直線をそれらの円の**共通接線**という。共通接線に対し，2つの円が同じ側にあるときを**共通外接線**，反対側にあるときを**共通内接線**という。共通接線の接点間の距離を**共通接線の長さ**という。共通外接線が2本ひけるとき，その長さは等しい。共通内接線についても，同じことが成り立つ。

下の図で，実線は共通外接線，点線は共通内接線である。

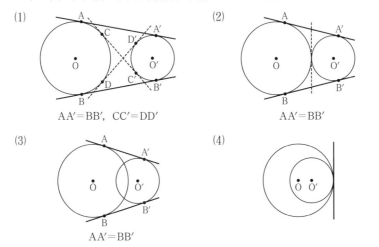

(1)　　AA′＝BB′，　CC′＝DD′

(2)　　AA′＝BB′

(3)　　AA′＝BB′

(4)

···· **2つの円の位置関係** ····

> **例**　半径6cm，4cmの2つの円があり，中心間の距離が$d$cmである。2つの円が交わっているとき，dの値の範囲を求めてみよう。
>
> ▶ 2つの円が交わるのは，中心間の距離が2つの円の半径の差より大きく，和より小さいときであるから，　$6-4<d<6+4$
> ゆえに，　$2<d<10$　　　　　　　　　　　　　　　（答）　$2<d<10$

▨▨▨ 基本問題 ▨▨▨

25 次の表の空らんに，あてはまる数を入れよ。

2つの円の位置関係	離れている	外接する	交わる	内接する	ふくまれる
共通外接線の数					
共通内接線の数					

26 次の場合に，半径 r の円 O と半径 r' の円 O′ の位置関係を答えよ。

(1) $r=6$, $r'=3$, $\mathrm{OO}'=10$

(2) $r=5$, $r'=2$, $\mathrm{OO}'=7$

(3) $r=5$, $r'=3$, $\mathrm{OO}'=2$

(4) $r=8$, $r'=4$, $\mathrm{OO}'=3$

(5) $r=7$, $r'=5$, $\mathrm{OO}'=4$

(6) $r=2$, $r'=9$, $\mathrm{OO}'=6$

27 半径 10cm，7cm の 2 つの円があり，中心間の距離が d cm である。次の場合に，d の値の範囲を求めよ。

(1) 2 つの円が離れている。

(2) 2 つの円が交わる。

例題〔5〕 右の図の 2 つの円 O，O′ の半径をそれぞれ r，r'（$r>r'$）とするとき，これらの円の共通外接線を作図する方法を説明せよ。

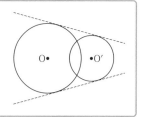

解説 円外の 1 点から円に接線をひく方法を利用する（→p.201，演習問題 19）。

解答 ① O を中心とし，半径の差 $r-r'$ を半径とする円をかく。

② OO′ を直径とする円をかき，①の円との交点を A，A′ とする。

③ 線分 OA，OA′ の延長と円 O との交点をそれぞれ B，B′ とする。

④ 点 O′ を通り，線分 OB，OB′ に平行な直線をひき，円 O′ との交点をそれぞれ C，C′ とする。

⑤ 点 B と C，点 B′ と C′ を通る直線をひく。

直線 BC，B′C′ が求める共通外接線である。

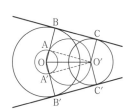

参考 ④で，2 点 B，B′ を通り，それぞれ線分 OB，OB′ に垂直な直線 BC，B′C′（C，C′ は円 O′ の接点である）をひいてもよい。

⚠ 直線 O′A，O′A′ は，①の円の接線になる。また，AB∥O′C，AB=O′C=r'，∠BAO′=90° より，四角形 BAO′C は長方形となり，OB⊥BC，O′C⊥BC である。よって，直線 BC は共通接線である。

また，2 本の共通外接線 BC，B′C′ は，直線 OO′ について対称である。

28 右の図のように，3つの円P，Q，Rがある。円Pと円Qは外接し，円P，円Qはともに円Rに内接している。PQ=11cm，PR=9cm，円Rの半径が13cmのとき，線分QRの長さを求めよ。

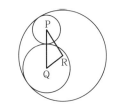

29 右の図の2つの円O，O′の半径をそれぞれr，r'とするとき，これらの円の共通内接線を作図する方法を説明せよ。

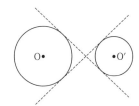

30 右の図で，2つの円O，O′はそれぞれ△ABQ，△AQCに内接し，3点B，Q，Cは一直線上にある。D，E，F，G，Pはそれぞれ接点で，AQは円O，O′の共通内接線である。BC=9cm，CA=7cm，AB=8cmのとき，次の問いに答えよ。

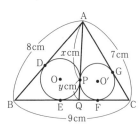

(1) AP=$x$cm，PQ=$y$cm とするとき，$x-y$ の値を求めよ。

(2) 線分BQの長さを求めよ。

31 点Pで外接する2つの円O，O′の共通外接線の1つが，円O，O′に接する点をそれぞれQ，Rとする。

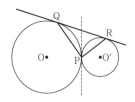

(1) ∠QPR=90° であることを証明せよ。

(2) 円O，O′の半径が等しければ，PQ=PR であることを証明せよ。

32 右の図のように，ABを直径とする半円Oがある。この半円の周上の点Pで半円に内接し，かつ直径ABに接する円O′を作図せよ。

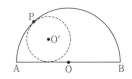

4　円周角

1　円周角

　円 O において，$\overset{\frown}{AB}$ を除いた円周上に点 P をとる
とき，$\angle APB$ を $\overset{\frown}{AB}$ に対する**円周角**という。また，
$\overset{\frown}{AB}$ を円周角 $\angle APB$ に対する弧という。

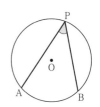

2　円周角の定理

(1)　円周角の大きさは，同じ弧に対する中心角の大き
さの半分である。

(2)　同じ弧に対する円周角の大きさは等しい。

3　円周角と弧

(1)　1 つの円，または半径の等しい円において，

　①　長さの等しい弧に対する円周角の大きさは等しく，大きさの等しい
　　　円周角に対する弧の長さは等しい。

　②　円周角の大きさは，それに対する弧の長さに比例する。

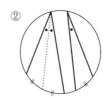

(2)　①　半円の弧に対する円周角は直角である。

　　②　直角である円周角に対する弧は半円である。

4　円周角と円の内部，外部

　円において，$\overset{\frown}{AB}$ に対する円周角の大きさを $a°$ と
し，点 P を直線 AB について，$\overset{\frown}{AB}$ の反対側にとると
き，次のことが成り立つ。

(1)　点 P が円の内部にある $\Longleftrightarrow$ $\angle APB > a°$

(2)　点 P が円の周上にある $\Longleftrightarrow$ $\angle APB = a°$

(3)　点 P が円の外部にある $\Longleftrightarrow$ $\angle APB < a°$

● 円の内部，外部の点を頂点とする角の大きさと，円周角の大きさの関係

円において，$\overgroup{AB}$ に対する円周角の大きさを $a°$ とするとき，右の図の点 P について，次のことが成り立つ。

(1) 点 P が円の内部にある $\Longrightarrow$ $\angle APB > a°$

(2) 点 P が円の周上にある $\Longrightarrow$ $\angle APB = a°$

(3) 点 P が円の外部にある $\Longrightarrow$ $\angle APB < a°$

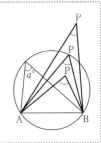

証明 (1) 線分 AP の延長と円周との交点を Q とする。

$\triangle PBQ$ で， $\angle APB = \angle PQB + \angle PBQ$

$\angle PQB = a°$

ゆえに， $\angle APB > a°$

(1) (2)

(2) $\angle APB$ は $\overgroup{AB}$ に対する円周角であるから， $\angle APB = a°$

(3) $\angle APB$ の内部にある円の周上に点 Q をとり，線分 AQ の延長と線分 PB との交点を R とする。

$\triangle PAR$ で， $\angle QRB = \angle APB + \angle PAR$

よって， $\angle QRB > \angle APB$

$\triangle RQB$ で， $\angle AQB = \angle QRB + \angle QBR$

$\angle AQB = a°$

よって， $a° > \angle QRB$

ゆえに， $\angle APB < a°$

(3)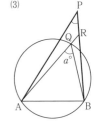

(1) $\angle APB > a° \Longrightarrow$ 点 P が円の内部にある

(2) $\angle APB = a° \Longrightarrow$ 点 P が円の周上にある

(3) $\angle APB < a° \Longrightarrow$ 点 P が円の外部にある

証明 (1) $\angle APB > a°$ のとき，点 P が円の内部にない ……① と仮定すると，点 P は円の周上か外部のどちらかにある。

すでに上で証明されたことにより，点 P が円の周上にあるならば，$\angle APB = a°$ であり，点 P が円の外部にあるならば，$\angle APB < a°$ である。

これらは $\angle APB > a°$ であることに反する。

ゆえに，①は誤りで，点 P は円の内部になければならない。

(2)，(3)は，(1)と同様に証明できる。

例 次の図の円Oで，xの値を求めてみよう。

(1)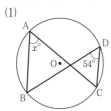

(2)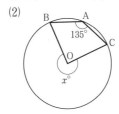

(3)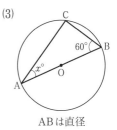

ABは直径

▶ (1) 同じ弧に対する円周角は等しいから，

$$∠BAC=∠BDC$$

ゆえに，　$x=54$　　　　　　　　　　（答）　$x=54$

(2) 中心角の大きさは，同じ弧に対する円周角の2倍であるから，

$$x°=2∠BAC=2×135°=270°$$

（答）　$x=270$

(3) 半円の弧に対する円周角は直角であるから，

$$∠BCA=90°$$

△ABCで，　$∠BAC=180°−∠ACB−∠CBA$

ゆえに，　$x=180−90−60=30$　　　（答）　$x=30$

基本問題

33 次の図の円Oで，xの値を求めよ。

(1)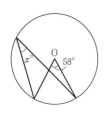

(2)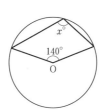

(3)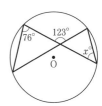

(4)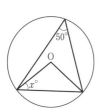

(5)

(6)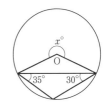

34 円周上に3点 A, B, C があり, $\overarc{AB} : \overarc{BC} : \overarc{CA} = 3 : 4 : 5$ である。△ABC の∠A, ∠B, ∠C の大きさをそれぞれ求めよ。

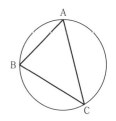

35 右の図の △ABC で, ∠CAB＝43°, ∠ABC＝77° とする。3つの頂点 A, B, C を通る円の周上にある 点を, D, E, F の中から選べ。

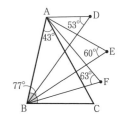

36 次の図の円 O で, x の値を求めよ。ただし, AB は直径である。

(1) 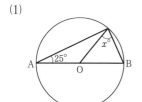   (2)   (3)

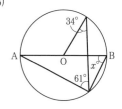

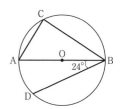

37 右の図のように, AB を直径とする円 O の周上に 2点 C, D があり, ∠ABD＝24°, $\overarc{CA} : \overarc{AD} = 4 : 3$ である。∠CAB の大きさを求めよ。

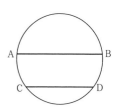

38 右の図のように, 円 O の2つの弦 AB と CD が 平行であるとき, $\overarc{AC} = \overarc{BD}$ となることを証明せよ。

例題 6 右の図で，∠BCD＝110°，

$\overparen{AB} : \overparen{BC} : \overparen{CD} : \overparen{DE} = 1 : 2 : 3 : 4$ である。この

とき，次の角の大きさを求めよ。

(1) ∠ACE

(2) ∠AFE

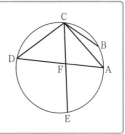

解説 円周角の大きさは，それに対する弧の長さに比例することを利用する。

(1) ∠ACB＝$x°$，∠ACE＝$y°$ とおき，連立方程式をつくる。

(2) △ACF の外角を利用して求める。

解答 (1) ∠ACB＝$x°$，∠ACE＝$y°$ とする。

$\overparen{AB} : \overparen{CD} : \overparen{DE} = 1 : 3 : 4$ より，$\overparen{CD}$，$\overparen{DE}$ に対する円

周角はそれぞれ $3x°$，$4x°$ となる。

$$\angle BCD = \angle BCA + \angle ACE + \angle DCE$$
$$= x° + y° + 4x° = 110°$$

よって，　　　$5x + y = 110$ ………①

$\overparen{AC} = \overparen{CD} = 3\overparen{AB}$ より，

$$\angle CDA = \angle DAC = 3x°$$

△ACD で，　　$\angle ACD + \angle CDA + \angle DAC = (y° + 4x°) + 3x° + 3x°$
$$= 180°$$

よって，　　　$10x + y = 180$ ………②

①，②より，　$x = 14$，$y = 40$

（答）　40°

(2) △ACF で，

$$\angle AFE = \angle FAC + \angle ACF$$
$$= 3 \times 14° + 40° = 82°$$

（答）　82°

⚠ 右の図のように，2 つの弦 AB と CD が点 E で交わ
るとき，△AED で，∠DEB＝∠ADC＋∠BAD で
あるから，∠DEB は $\overparen{AC}$ に対する円周角と $\overparen{BD}$ に
対する円周角の和になる。

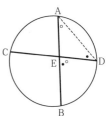

39 次の図の円Oで, x, y の値をそれぞれ求めよ。

(1)
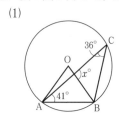

(2)
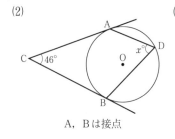

A, Bは接点

(3)
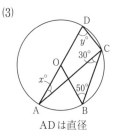

ADは直径

40 右の図で, 点A, B, C, D, E, F, G, Hは円周を8等分している。∠GPHの大きさを求めよ。

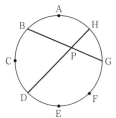

41 右の図のように, $\overset{\frown}{ACB}$ と弦 AB に囲まれた図形の内部に点Pがあり, ∠APB=$x°$ とする。$\overset{\frown}{ACB}$ が円周の $\dfrac{3}{5}$ であるとき, x の値の範囲を求めよ。

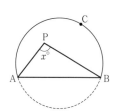

42 右の図のように, 円Oの周上に4点A, D, B, Cがあり, △ABCは正三角形である。∠AEB=25° のとき, $\overset{\frown}{AD}:\overset{\frown}{DB}$ を求めよ。

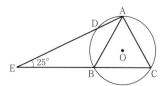

43 右の図のように, 円Oの弦 AB, CDが点Pで交わり, ∠APC=30°, $\overset{\frown}{AC}$ は円周の $\dfrac{1}{15}$ である。

(1) ∠ADC の大きさを求めよ。

(2) ∠BOD の大きさを求めよ。

(3) $\overset{\frown}{BD}$ は円周の何倍か。

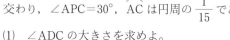
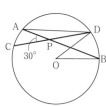

44 次の図で，x の値を求めよ。ただし，O は円の中心である。

(1)

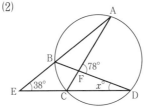

AB＝AC，CD は直径

(2)

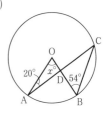

(3)

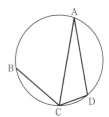

45 右の図で，AB＝AD，AD∥BC，$\overparen{AB}:\overparen{BC}＝4:3$ である。∠AED の大きさを求めよ。

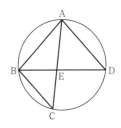

46 右の図で，∠BCD＝120°，$\overparen{AB}:\overparen{BC}:\overparen{CD}＝3:2:1$ である。∠ACD の大きさを求めよ。

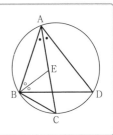

例題 7 右の図のように，円周上に 4 点 A，B，C，D があり，∠BAC＝∠CAD である。線分 AC 上に点 E を，∠ABE＝∠EBD となるようにとるとき，BC＝EC となることを証明せよ。

解説 同じ弧に対する円周角の大きさが等しいことを利用する。

証明 ∠CAD＝∠CBD（$\overparen{CD}$ に対する円周角）　　　∠BAC＝∠CAD（仮定）

よって，　　　∠CBD＝∠BAC

また，　　　∠ABE＝∠EBD（仮定）　　　∠EBC＝∠CBD＋∠EBD

△ABE で，　∠BEC＝∠BAC＋∠ABE

よって，　　∠EBC＝∠BEC

ゆえに，△CBE で，　BC＝EC

47 右の図のように，円Ｏの周上に4点A，B，C，Dがあり，線分ACとBDとの交点をEとする。AB＝AE，∠BAC＝∠CAD のとき，BC＝ED であることを証明せよ。

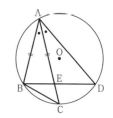

48 右の図のように，△ABC の辺 BC を直径とする半円Ｏと，2辺 AB，AC との交点をそれぞれ D，Eとし，線分 BE と CD との交点を F とする。DB＝DC のとき，BF＝CA であることを証明せよ。

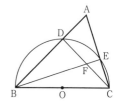

49 右の図の円Ｏで，AB，CD は直径で，AB⊥CE である。このとき，次のことを証明せよ。
(1) AB∥DE
(2) △OAD∽△ACE

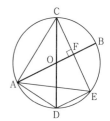

50 右の図のように，円Ｏの周上に4点A，B，C，D があり，△ABC は正三角形である。Dを中心として点Bを通る円をかき，線分 AD との交点を E とするとき，次のことを証明せよ。
(1) △BDE は正三角形である。
(2) AE＝CD

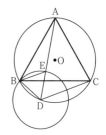

51 右の図のように，円周上に5点A，B，C，D，E があり，AB＝AC，AE∥DB である。
(1) 線分 BD と CE との交点を F とするとき，四角形 AEFD は平行四辺形であることを証明せよ。
(2) ∠EAD＝117° のとき，$\overparen{BC}$ は円周の何倍か。

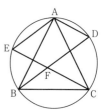

52 右の図の円 O で，AB＝AC であり，D は線分 AC
上の点とする。線分 BD の延長と円 O との交点を E
とし，線分 BE 上に点 F を，EF＝EC となるように
とる。線分 CF の延長と円 O との交点を G とすると
き，△ACE≡△GEF であることを証明せよ。

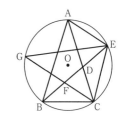

53 右の図のように，2 つの円 O，O′ が 2 点 A，B で交わ
っている。円 O′ の $\overparen{AB}$（円 O の内部にある弧）上に点
P をとり，直線 AP，BP と円 O との交点をそれぞれ Q，
R とする。点 P が $\overparen{AB}$ 上のどこにあっても，$\overparen{QR}$ の長さ
は一定であることを証明せよ。

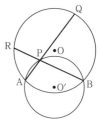

━━━ **進んだ問題** ━━━

54 右の図のように，□ABCD の内部に
∠BAP＝∠BCP となる点 P があり，3 点 A，P，
D を通る円がある。辺 BA の延長と円との交点を
Q，点 P を通り辺 AB と平行な直線と円との交点を
R とする。このとき，次のことを証明せよ。
(1) 四角形 PCDR は平行四辺形である。
(2) PB＝PQ

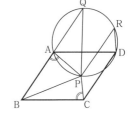

1 次の図で，x の値を求めよ。ただし，O は円の中心である。　⤶ **1** **4**

(1)

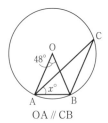

AB は直径

(2)

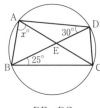

OA // CB

(3)

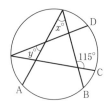

DE＝DC

2 右の図で，$\overset{\frown}{AB}$，$\overset{\frown}{CD}$ の長さはそれぞれ円周の $\dfrac{1}{4}$，

$\dfrac{1}{6}$ である。x，y の値をそれぞれ求めよ。　⤶ **4**

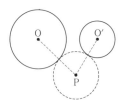

3 2つの円 O，O′ の半径をそれぞれ r，r' （$r>r'$）と
する。　⤶ **3**

(1) 円 O，O′ が離れているとき，これらの円に外接
する円を P とすると，PO－PO′ は一定であること
を証明せよ。

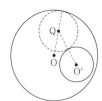

(2) 円 O に円 O′ がふくまれるとき，円 O に内接し，
円 O′ に外接する円を Q とすると，QO＋QO′ は一定
であることを証明せよ。

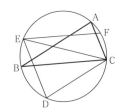

4 右の図のように，円周上の3点 A，B，C に対し，
円周上の3点 D，E，F を，CD // AB，DE // CA，
EF // BC となるようにとる。$\overset{\frown}{AF}:\overset{\frown}{FC}=1:2$ のとき，
次の問いに答えよ。　⤶ **4**

(1) ∠ABC＝$a°$ として，∠BCE の大きさを $a°$ を使っ
て表せ。

(2) ∠BCA＝72° のとき，∠ABC の大きさを求めよ。

5 右の図のように，長方形 ABCD の頂点 A を中心として頂点 B を通る円をかく。この円に頂点 D から接線をひき，接点を T，辺 BC との交点を E とするとき，DT＝EC であることを証明せよ。 🔙 **2**

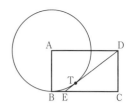

6 右の図のように，AB を直径とする半円 O で，$\overset{\frown}{AC} : \overset{\frown}{CD} : \overset{\frown}{DB} = 1 : 2 : 2$ とする。線分 AD と BC との交点 E から直径 AB にひいた垂線を EF とする。 🔙 **4**

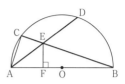

(1) ∠DEB の大きさを求めよ。

(2) AC＝AF であることを証明せよ。

7 右の図のように，円 O の周上に 4 点 A，B，C，D があり，∠AOB＝90°，AC⊥BD，∠ACD＝15° である。 🔙 **4**

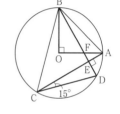

(1) ∠OAC の大きさを求めよ。

(2) BE＝CE であることを証明せよ。

8 右の図のように，円周上の 4 点 A，B，C，D に対し，2 点 A，B を通る別の円をかき，その円と線分 AC，AD，BC，BD の延長との交点をそれぞれ E，F，G，H とする。このとき，EH∥FG であることを証明せよ。 🔙 **4**

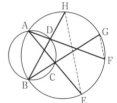

━━━ **進んだ問題** ━━━

9 右の図で，3 点 A，B，C は円 O の周上の点で，∠ACB＝60° である。中心 O から弦 AB に垂線 OO′ をひき，O′ を中心として点 O を通る円 O′ をかくと，円 O′ は円 O に内接することを証明せよ。 🔙 **3**

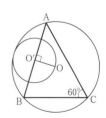

10章 円の応用

1 円に内接する四角形

1　**円に内接する四角形の性質**

　四角形が円に内接するとき，

(1)　1組の対角の和は $180°$ である。

　　右の図で，　$\angle A + \angle C = 180°$

　　　　　　　　$\angle B + \angle D = 180°$

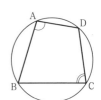

(2)　1つの内角はその向かい合う内角の外角に等しい。

　　右の図で，　$\angle A = \angle DCE$

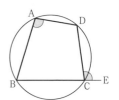

(3)　1辺について，同じ側にある2つの頂点からその辺を見込む角は等しい。

　　右の図で，　$\angle BAC = \angle BDC$

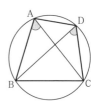

　⚠　右の図のように，1点 P から線分 AB の両端に向かう2つの半直線 PA，PB のつくる角 $\angle APB$ を，点 P から線分 AB を見込む角という。

2 **四角形が円に内接する条件**

次のいずれか 1 つの条件が成り立てば，四角形は円に内接する。

(1) 1 組の対角の和が 180° である。

右の図で，∠A＋∠C＝180°

(2) 1 つの内角がその向かい合う内角の外角に等しい。

右の図で，∠A＝∠DCE

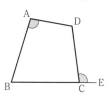

(3) 1 辺について，同じ側にある 2 つの頂点からその辺を見込む角が等しい。

右の図で，∠BAC＝∠BDC

⚠ 四角形 ABCD が円に内接するということは，4 点 A，B，C，D がこの順に同一円周上にあるということである。四角形が円に内接する条件は，その頂点である 4 点が同一円周上にあるための条件といいかえてもよい。つまり，4 点 A，B，C，D が同一円周上にあることを証明するためには，(1)～(3)のいずれか 1 つの条件が成り立っていることをいえばよい。

円に内接する四角形

例 右の図で，x と y の値をそれぞれ求めてみよう。

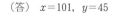

▶ 四角形 ABCD は円に内接するから，1 組の対角の和は 180° である。

よって，　　∠B＋∠D＝180°

　　　　　　79＋x＝180

ゆえに，　　x＝101

また，1 つの内角はその向かい合う内角の外角に等しいから，

　　　　　　∠A＝∠DCE

ゆえに，　　y＝45

（答）　x＝101，y＝45

基本問題

1 次の(1)〜(4)で，四角形 ABCD が円に内接するとき，∠A の大きさを求めよ。

(1) ∠A＝∠C－30°

(2) ∠A＝4∠C

(3) AD∥BC，∠C＝∠D＋20°

(4) AD∥BC，AB∥DC

2 次の図で，x，y の値をそれぞれ求めよ。ただし，O は円の中心である。

(1)
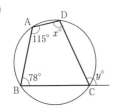

(2)
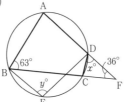

(3)
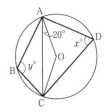

3 次の四角形 ABCD のうち，円に内接するものを，(ア)〜(ウ)からすべて選べ。

(ア)
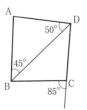

(イ)
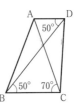

(ウ)
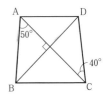

例題〔1〕 右の図で，四角形 ABCD が円に内接し
ているとき，x，y の値をそれぞれ求めよ。

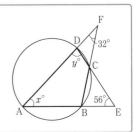

解説 円に内接する四角形の性質を利用して，x，y の連立方程式をつくる。

解答 四角形 ABCD は円に内接するから，　　∠CBE＝∠CDA＝y°

　　　　△FAB で，　　∠FBE＝∠BFA＋∠FAB＝32°＋x°

　　　　よって，　　　$y＝x＋32$　………①

　　　　△DAE で，　　∠EDA＋∠DAE＋∠AED＝180°

　　　　よって，　　　$y＋x＋56＝180$

　　　　ゆえに，　　　$x＋y＝124$　………②

　　　　①，②より，　$x＝46$，$y＝78$

（答）　$x＝46$，$y＝78$

4 次の図で，x の値を求めよ。

(1)

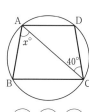

BEは直径
AB＝AE

(2)

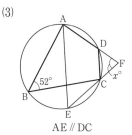

$\overset{\frown}{\text{BA}}=\overset{\frown}{\text{AD}}=\overset{\frown}{\text{DC}}$

(3)

AE∥DC

5 次の図で，四角形 ABCD が円に内接しているとき，x，y の値をそれぞれ求めよ。

(1)

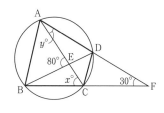

(2)

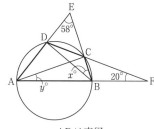

ABは直径

6 右の図のように，∠C＝80° の四角形 ABCD が円に内接しており，AB＝AD＝AE，∠ABE＝54° である。このとき，∠DAB と∠ABC の大きさをそれぞれ求めよ。

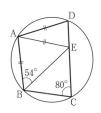

7 円 O に内接する四角形 ABCD で，∠D＝2∠B のとき，次の問いに答えよ。

(1) ∠B の大きさを求めよ。

(2) AB＝BC＝2cm のとき，円 O の半径を求めよ。

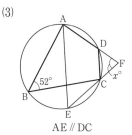

例題② 右の図で，四角形 ABCD は円に内接して
いる。頂点 A を通り辺 CD に平行な直線と，対角
線 BD との交点を M，頂点 D を通り辺 AB に平行
な直線と，対角線 AC との交点を N とする。ただ
し，辺 AB と CD は平行ではない。

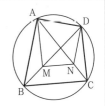

(1) 四角形 AMND は円に内接することを証明せよ。

(2) MN∥BC であることを証明せよ。

解説 (1) 四角形が円に内接する 3 つの条件のうち，どれが成り立つかを考える。

証明 (1) AM∥DC（仮定）より，

$$∠MAN＝∠ACD（錯角）$$

AB∥DN（仮定）より，

$$∠NDM＝∠ABD（錯角）$$

また，四角形 ABCD は円に内接するから，

$$∠ACD＝∠ABD（\overparen{AD}\ に対する円周角）$$

よって，　　　∠MAN＝∠NDM

ゆえに，四角形 AMND は円に内接する。

(2) (1)より，四角形 AMND は円に内接するから，

$$∠DAN＝∠DMN（\overparen{DN}\ に対する円周角）$$

四角形 ABCD は円に内接するから，

$$∠DAC＝∠DBC（\overparen{DC}\ に対する円周角）$$

よって，　　　∠DMN＝∠DBC

同位角が等しいから，

$$MN∥BC$$

演習問題

8 次の図で，x の値を求めよ。

(1)

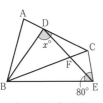

△ABC≡△DBE

(2)

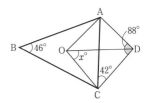

O は △ABC の外心

9 右の図の四角形 ABCD で，対角線の交点を E とすると，AB＝AE，DE＝DC である。

(1) 四角形 ABCD は円に内接することを証明せよ。

(2) ∠AED＝110°，∠ACB＝40° のとき，∠DAC の大きさを求めよ。

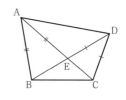

10 右の図のように，▱ABCD の頂点 A，B を通る円と辺 AD，BC との交点をそれぞれ E，F とするとき，四角形 CDEF は円に内接することを証明せよ。

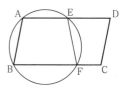

11 右の図のように，円に内接する四角形 ABCD の頂点 A を通り辺 CD に平行な直線と，辺 BC との交点を E，頂点 D を通り辺 AB に平行な直線と，辺 BC との交点を F とするとき，四角形 AEFD は円に内接することを証明せよ。ただし，辺 AB と CD は平行ではない。

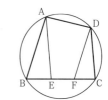

12 右の図の △ABC で，点 D，E，F はそれぞれ辺 BC，CA，AB 上にあり，2 つの円は，それぞれ点 B，D，F，および点 C，D，E を通る。この 2 つの円の点 D 以外の交点を P とするとき，4 点 A，F，P，E は同一円周上にあることを証明せよ。

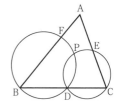

13 右の図のように，∠A＝60° の △ABC の内心を I，外心を O とする。

(1) 4 点 B，C，I，O は同一円周上にあることを証明せよ。

(2) △ABC の垂心を H とするとき，点 H は(1)の円の周上にあることを証明せよ。

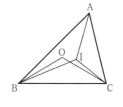

14 右の図の △ABC で，頂点 A から辺 BC にひいた垂線を AD，点 D から辺 AB，AC にひいた垂線をそれぞれ DE，DF とするとき，4 点 B，C，F，E は同一円周上にあることを証明せよ。

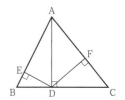

例題 3 右の図のように，△ABC の辺 BC を直径とする円 O と辺 AB，AC との交点をそれぞれ P，Q とする。

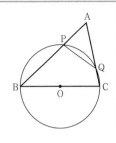

(1) △ABC∽△AQP であることを証明せよ。

(2) ∠PAQ＝60°，BP＝$2\sqrt{6}$ cm，PQ＝3cm とするとき，次のものを求めよ。

① AP：AC

② 辺 BC の長さ

③ 線分 PA の長さ

解説 四角形 PBCQ は円 O に内接するから，∠ABC＝∠AQP である。

解答 (1) △ABC と △AQP において，

$$\angle CAB = \angle PAQ \text{（共通）}$$

四角形 PBCQ は円 O に内接するから，

$$\angle ABC = \angle AQP$$

ゆえに，　　　　　△ABC∽△AQP（2角）

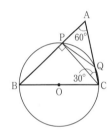

(2) ① 点 C と P を結ぶ。

辺 BC は円 O の直径であるから，

$$\angle CPB = 90°$$

△APC で，∠APC＝90°，∠CAP＝60° より，

$$AP : AC = 1 : 2$$

② (1)より，△ABC∽△AQP であるから，

$$AC : AP = BC : QP$$

①より，AC：AP＝2：1 であるから，

$$BC = 2QP = 6$$

③ △BCP で，∠CPB＝90° より，

$$CP = \sqrt{BC^2 - PB^2}$$
$$= \sqrt{6^2 - (2\sqrt{6})^2} = 2\sqrt{3}$$

△APC で，∠APC＝90°，∠CAP＝60° より，

$$AP : PC = 1 : \sqrt{3}$$

ゆえに，　　　$AP = \dfrac{PC}{\sqrt{3}} = \dfrac{2\sqrt{3}}{\sqrt{3}} = 2$

（答）① AP：AC＝1：2　② 6cm　③ 2cm

15 右の図で，四角形 ABCD は円 O に内接し，AD∥BC である。E は辺 BC 上の点で，OE⊥BC である。AB＝5cm，BC＝8cm，AD＝2cm のとき，次の問いに答えよ。

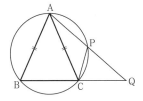

(1) 四角形 ABCD は等脚台形であることを証明せよ。

(2) 四角形 ABCD の面積を求めよ。

(3) 線分 OE の長さを求めよ。

16 右の図のように，AB＝AC である △ABC の外接円の $\overarc{AC}$ 上に点 P をとり，線分 AP の延長と辺 BC の延長との交点を Q とする。

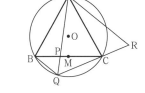

(1) △ACQ∽△APC であることを証明せよ。

(2) AB＝10cm で，P が線分 AQ の中点であるとき，線分 AP の長さを求めよ。

17 右の図で，円 O は，1辺の長さが 6cm の正三角形 ABC の外接円であり，M は辺 BC の中点，P は線分 BM 上の点である。線分 AP の延長と円 O との交点を Q とし，線分 QC の延長上に点 R を，CR＝BQ となるようにとる。

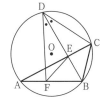

(1) △ABQ≡△ACR であることを証明せよ。

(2) 点 P が，線分 BM 上を頂点 B から点 M まで動くとき，点 R が動いてできる線の長さを求めよ。ただし，点 P が頂点 B に一致するときは，点 R は頂点 C の位置にあるものとする。

18 右の図のように，△ABC の外接円 O の $\overarc{AC}$ 上に点 D をとり，線分 BD と辺 AC との交点を E とする。また，辺 AB 上に点 F を，∠CDB＝∠BDF となるようにとる。

(1) △BCD∽△FED であることを証明せよ。

(2) ∠ABC＝96°，∠FEA＝30° のとき，∠EFB の大きさを求めよ。

19 右の図のように，長方形 ABCD の頂点 A，B を通る円 O と，辺 AD，BC，対角線 BD との交点をそれぞれ E，F，G とする。また，直線 EG と辺 BC との交点を H とする。

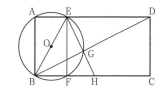

(1) △ABD∽△FHE であることを証明せよ。

(2) AB=$6\sqrt{3}$ cm，BE=12cm，FH：HC=1：2 のとき，線分 FH の長さを求めよ。

20 右の図のように，∠B が鈍角である △ABC の頂点 B から辺 AC にひいた垂線を BD，頂点 C から辺 AB の延長にひいた垂線を CE，直線 DB と CE との交点を F とする。

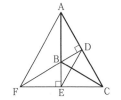

(1) △ABC∽△ADE であることを証明せよ。

(2) ∠BAC=30°，BC=3cm のとき，次の長さを求めよ。

① 線分 DE

② 線分 AF

━━ **進んだ問題** ━━

21 △ABC の頂点 A，B から対辺，またはその延長にそれぞれ垂線 AD，BE をひき，その交点を H とする。また，直線 CH と辺 AB との交点を F とする。

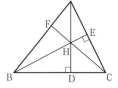

(1) 4 点 F，B，C，E は同一円周上にあることを証明せよ。

(2) 頂点 C から対辺 AB にひいた垂線は，ただ 1 つしかないことから，三角形の各頂点から対辺にひいた 3 つの垂線は，1 点 H で交わることを証明せよ。

22 右の図のように，△ABC の頂点 A，C を通る円 O をかき，円周と辺 AB，BC との交点をそれぞれ D，E とする。AD=DE=6cm，DB=8cm，BE=7cm のとき，次の問いに答えよ。

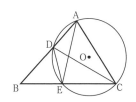

(1) 線分 EC の長さを求めよ。

(2) 線分 AE の長さを求めよ。

(3) 線分 CD の長さを求めよ。

(4) 円 O の半径を求めよ。

2 接弦定理

<u>1</u> **接弦定理**

　円の接線とその接点を通る弦のつくる角は，その角の内部にある弧に対する円周角に等しい。

　右の図で，ST が A を接点とする円 O の接線であるならば，

$$∠BAT＝∠BPA$$

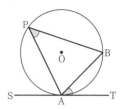

<u>2</u> **接弦定理の逆**

　円周上の定点からひいた直線と弦のつくる角の内部にその弦に対する弧があるとき，その角とその弧に対する円周角が等しいならば，定点からひいた直線は，定点を接点とする円の接線である。

　右の図で，∠BAT＝∠BPA ならば，ST は A を接点とする円 O の接線である。

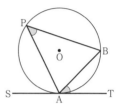

● **接弦定理**

　円 O の接線 ST とその接点 A を通る弦 AB のつくる角 ∠BAT は，その角の内部にある $\overset{\frown}{AB}$ に対する円周角 ∠BPA に等しい。

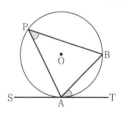

証明 (i) ∠BAT が鋭角のとき

　　　点 A を通る直径を AC とする。

　　　∠CAT＝90° であるから，

$$∠BAT＝90°－∠CAB \quad\cdots\cdots①$$

　　　△ABC で，∠ABC＝90° であるから，

$$∠BCA＝90°－∠CAB \quad\cdots\cdots②$$

　　　また，　　∠BCA＝∠BPA

　　　　　　（$\overset{\frown}{AB}$ に対する円周角）$\cdots\cdots③$

　　　①，②，③より，

$$∠BAT＝∠BPA$$

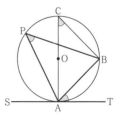

(ii) ∠BAT が直角のとき

AB は円 O の直径であるから,
$$∠BPA = 90°$$
ゆえに, 　　∠BAT ＝ ∠BPA

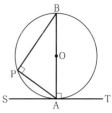

(iii) ∠BAT が鈍角のとき

点 C を弦 AB について,点 P と反対側の円 O の
周上にとる。

四角形 BPAC は円 O に内接するから,
$$∠BPA = 180° - ∠ACB \quad\cdots\cdots\text{④}$$
また, 　　∠BAT ＝ 180° － ∠SAB 　　……⑤

∠BAT が鈍角であるから,∠SAB は鋭角である。

よって,(i)より, 　∠SAB ＝ ∠ACB 　　……⑥

④,⑤,⑥より, 　∠BAT ＝ ∠BPA

(i),(ii),(iii)より, 　∠BAT ＝ ∠BPA

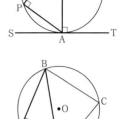

● 接弦定理の逆

> 円 O の周上の点 A を通る直線 ST と弦 AB の
> つくる角 ∠BAT が,$\overparen{\text{AB}}$ に対する円周角 ∠BPA
> と等しいとき,直線 ST は点 A で円 O に接する。

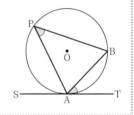

証明 (i) ∠BAT が鋭角のとき

点 A を通る直径を AC とする。

∠ABC ＝ 90° であるから,
$$∠BCA + ∠CAB = 90° \quad\cdots\cdots\text{①}$$
また, 　　∠BAT ＝ ∠BPA (仮定)
$$∠BCA = ∠BPA$$
$$(\overparen{\text{AB}} \text{ に対する円周角})$$
よって, 　　∠BCA ＝ ∠BAT 　　……②

①,②より, 　∠BAT ＋ ∠CAB ＝ 90°

すなわち,∠CAT ＝ 90° であるから,
$$OA ⊥ ST$$
ゆえに,直線 ST は点 A で円 O に接する。

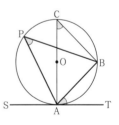

(ii) ∠BAT が直角のとき

∠BPA＝∠BAT＝90° であるから，AB は直径である。

AB⊥ST より，直線 ST は点 A で円 O に接する。

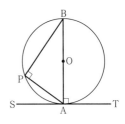

(iii) ∠BAT が鈍角のとき

点 C を弦 AB について，点 P と反対側の円 O の周上にとる。

四角形 BPAC は円 O に内接するから，

∠ACB＝180°－∠BPA

また，　　　∠SAB＝180°－∠BAT

∠BAT＝∠BPA（仮定）

よって，　　∠SAB＝∠ACB

∠BAT が鈍角であるから，∠SAB は鋭角である。

よって，(i)より，直線 ST は点 A で円 O に接する。

(i)，(ii)，(iii)より，直線 ST は点 A で円 O に接する。

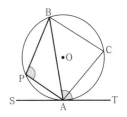

接弦定理

例 右の図で，直線 CD が点 C で円 O に接するとき，x の値を求めてみよう。

▶ △BCD で，　∠BCD＝180°－∠CDB－∠DBC

＝180°－82°－40°

＝58°

CD は円 O の接線であるから，接弦定理より，

∠BAC＝∠BCD

ゆえに，　　x＝58　　　　　（答）　x＝58

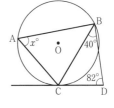

基本問題

23 次の図で，直線 ST が点 A で円 O に接するとき，x の値を求めよ。

(1)

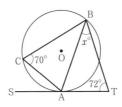

(2)

(3)

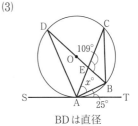

BD は直径

24 右の図で，直線 PA，PB は，円 O の接線である。

∠APB＝52° のとき，∠BCA の大きさを求めよ。

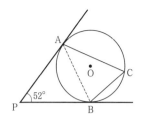

例題⁴ 右の図で，円 O に内接する四角形

ABCD の対角線 AC，BD の交点を E とし，

DA＝DE とする。また，線分 DB の延長と点

C における円 O の接線との交点を F とする。

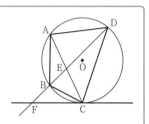

(1) △ACD∽△EFC であることを証明せよ。

(2) 円 O の半径が 7cm，∠ABD＝45°，

CD：FC＝3：2 のとき，線分 DE，EC の長さをそれぞれ求めよ。

解説 FC は円 O の接線であるから，接弦定理より，∠CDA＝∠FCE である。

解答 (1) △ACD と △EFC において，

FC は円 O の接線であるから，接弦定理より，

$$∠CDA＝∠FCE \quad ………①$$

△DAE で，DA＝DE（仮定）より，

$$∠DAE＝∠AED$$

また， $∠AED＝∠CEF$（対頂角）

よって， $∠DAC＝∠CEF \quad ………②$

①，②より， △ACD∽△EFC（2 角）

(2) 点 O と A，O と D を結ぶ。

△AOD で， $OA＝OD＝7$

$$∠AOD＝2∠ABD＝90°$$

よって， $DA＝\sqrt{2}\,OA＝\sqrt{2}×7＝7\sqrt{2}$

ゆえに， $DE＝DA＝7\sqrt{2}$

また，(1)より， △ACD∽△EFC であるから，

$$AD：EC＝CD：FC＝3：2$$

$$EC＝\frac{2}{3}AD＝\frac{2}{3}×7\sqrt{2}＝\frac{14\sqrt{2}}{3}$$

（答） $DE＝7\sqrt{2}$ cm， $EC＝\dfrac{14\sqrt{2}}{3}$ cm

25 次の図で，直線 ST が点 A で円 O に接するとき，x の値を求めよ。

(1)

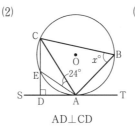

$\overparen{AB}=\overparen{BC}=\overparen{CD}$

(2)

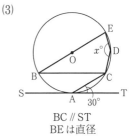

AD⊥CD

(3)

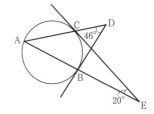

BC // ST
BE は直径

26 右の図のように，円周上に 3 点 A，B，C を
とり，点 B におけるこの円の接線と線分 AC
の延長との交点を D，点 C におけるこの円の
接線と線分 AB の延長との交点を E とする。
∠AEC＝20°，∠BDA＝46° のとき，∠CAB
の大きさを求めよ。

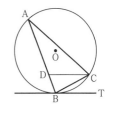

27 右の図で，△ABC は円 O に内接し，点 B における円
O の接線を BT とする。点 C を通り直線 BT に平行な
直線と，辺 AB との交点を D とする。
(1) △ABC∽△CBD であることを証明せよ。
(2) BC＝4cm，AD＝6cm のとき，線分 BD の長さを
求めよ。

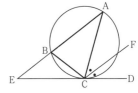

28 右の図のように，△ABC は円に内接している。
点 C におけるこの円の接線 CD と，直線 AB と
の交点を E とする。∠ACD の二等分線 CF と直
線 AB が平行であるとき，BC＝BE であること
を証明せよ。

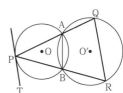

29 右の図で，交わる 2 つの円 O，O′ の交点を A，B
とする。円 O の周上の点 P から点 A，B にひいた
直線と，円 O′ との交点のうち，A，B 以外の点を
それぞれ Q，R とする。線分 QR は点 P における
円 O の接線 PT に平行であることを証明せよ。

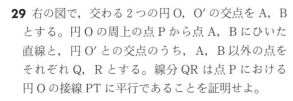

30 右の図の △ABC で，2点 D，E は辺 BC 上にあり，∠BAD＝∠CAE である。3点 A，B，E を通る円の E における接線と，辺 CA との交点を F とするとき，四角形 ADEF は円に内接することを証明せよ。

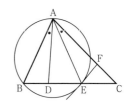

31 右の図のように，円外の点 P からこの円に2本の接線をひき，接点をそれぞれ A，B とする。AB を1辺として円に内接する △ABC をつくり，点 C を通り辺 AB に平行な直線と，直線 PA，PB との交点をそれぞれ Q，R とする。

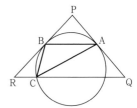

(1) △ACQ∽△CBR であることを証明せよ。

(2) AB＝3cm，BC＝2cm，CA＝4cm のとき，線分 RC，CQ の長さをそれぞれ求めよ。

32 右の図で，円 O の周上の点 P における円 O の接線と，直径 AB の延長との交点を C とする。点 A から直線 CP に垂線 AD をひき，AD と円 O との交点のうち，A 以外の点を E とする。

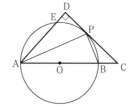

(1) △ABP∽△APD であることを証明せよ。

(2) 円 O の半径を2cm，線分 BC の長さを1cm とするとき，次のものを求めよ。

① 線分 AD の長さ

② 四角形 DEOP の面積

33 右の図の △ABC で，∠CAB の二等分線と辺 BC との交点を D とする。3点 A，B，D を通る円の点 D における接線と，3点 A，C，D を通る円との交点のうち，D 以外の点を E とする。∠ABC＝60°，∠CAB＝75° のとき，次の問いに答えよ。

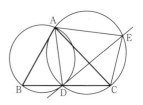

(1) ∠ACE の大きさを求めよ。

(2) ∠AEC の大きさを求めよ。

(3) △ABD：△ACE を求めよ。

例題 5 右の図のように，半円 O の $\overgroup{BC}$ 上に点 A をとる。中心 O を通り直径 BC に垂直な直線と，線分 BA の延長，および線分 AC との交点をそれぞれ D，E とするとき，AO は △AED の外接円の接線であることを証明せよ。

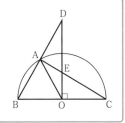

解説 ∠CAO＝∠ODA を示し，接弦定理の逆を利用する。

証明 BC は半円 O の直径であるから，∠BAC＝90° より，
$$\angle DAC = 90°$$
よって，∠DAC＝∠DOC（＝90°）より，4 点 A，O，C，D は同一円周上にある。
ゆえに，　　　∠ODA＝∠OCA
　　　　　　　（$\overgroup{AO}$ に対する円周角）………①

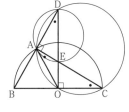

また，△OCA は OC＝OA（半径）の二等辺三角形であるから，　∠OCA＝∠CAO　　………②
①，②より，　∠CAO＝∠ODA
ゆえに，接弦定理の逆より，AO は △AED の外接円の接線である。

演習問題

34 右の図で，PA は △ABC の外接円の接線である。BC∥DE のとき，PA は △ADE の外接円の接線であることを証明せよ。

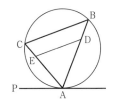

35 右の図の △ABC で，AD は ∠A の二等分線である。辺 BA の延長上に点 E を，AE＝AC となるようにとるとき，AD は 3 点 A，C，E を通る円の接線であることを証明せよ。

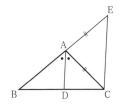

36 右の図のように，正方形 ABCD の対角線 BD 上に点 P をとり，線分 AP の延長と辺 CD との交点を E，辺 BC の延長との交点を F とする。このとき，PC は EF を直径とする円の接線であることを証明せよ。

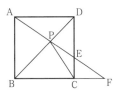

37 右の図のように，AB＝AC の二等辺三角形 ABC が円 O に内接している。円 O の周上に点 D をとり，辺 CA の延長と線分 BD の延長との交点を E とし，E を通り辺 BC に平行な直線と，線分 DA の延長との交点を F とする。このとき，次のことを証明せよ。

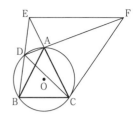

(1) 4 点 C，D，E，F は同一円周上にある。

(2) CF は円 O の接線である。

38 右の図の △ABC で，頂点 B，C から辺 CA，AB にそれぞれ垂線 BD，CE をひき，辺 BC の中点を M とする。MD は 3 点 A，D，E を通る円の接線であることを証明せよ。

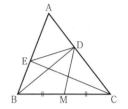

<hr />

進んだ問題

39 右の図で，直線 ST は点 A における大小 2 つの円に共通な接線である。点 A から直線をひき，2 円との交点をそれぞれ B，C とする。直線 CE は小さいほうの円に点 D で接している。∠BAT＝30°，∠CDA＝75°，AB＝3cm とする。

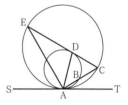

(1) ∠EAS の大きさを求めよ。

(2) 線分 AD の長さを求めよ。

(3) 大きいほうの円の直径を求めよ。

1 弦と接線の長さ

(1) **弦の長さ** 半径 r の円 O で，中心 O からの距離が d（$d<r$）である弦の長さを ℓ とするとき，

$$\ell=2\sqrt{r^2-d^2}$$

(2) **接線の長さ** 半径 r の円 O の中心 O からの距離が d（$d>r$）である点 P から，この円にひいた接線の長さを ℓ とするとき，

$$\ell=\sqrt{d^2-r^2}$$

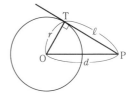

(3) **共通接線の長さ** 半径が r，r'（$r\geqq r'$）である円 O と円 O' で共通接線がひけるとき，中心間の距離 OO' を d，共通外接線の長さ AA' を ℓ_1，共通内接線の長さ BB' を ℓ_2 とするとき，

$$\ell_1=\sqrt{d^2-(r-r')^2} \qquad\qquad \ell_2=\sqrt{d^2-(r+r')^2}$$

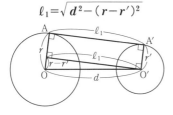
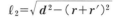
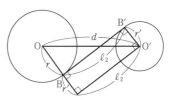

2 方べきの定理

(1) 円の 2 つの弦 AB，CD，またはその延長が点 P で交わるとき，

$$PA\cdot PB=PC\cdot PD$$

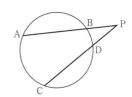

(2) 円外の点 P から，この円に点 T で接する接線と，2 点 A，B で交わる直線をひくとき，

$$PT^2=PA\cdot PB$$

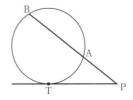

● 方べきの定理

---

(1) 円の2つの弦 AB，CD，またはその延長が点 P で交わるとき，
$$PA \cdot PB = PC \cdot PD$$

(2) 円外の点 P から，この円に点 T で接する接線と，2点 A，B で交わる直線をひくとき，
$$PT^2 = PA \cdot PB$$

証明 (1)(i) 図1のとき，

$\triangle$PAC と $\triangle$PDB において，

$\angle$CPA ＝ $\angle$BPD（対頂角）

$\angle$ACP ＝ $\angle$DBP（$\overset{\frown}{AD}$ に対する円周角）

よって， $\triangle$PAC $\backsim$ $\triangle$PDB（2角）

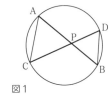
図1

(ii) 図2のとき，

$\triangle$PAC と $\triangle$PDB において，

$\angle$CPA ＝ $\angle$BPD（共通）

四角形 ACDB は円に内接するから，

$\angle$ACP ＝ $\angle$DBP

よって， $\triangle$PAC $\backsim$ $\triangle$PDB（2角）

(i)，(ii)のどちらの場合も PA：PD＝PC：PB

が成り立つ。

ゆえに， $PA \cdot PB = PC \cdot PD$

図2

(2) $\triangle$ATP と $\triangle$TBP において，

$\angle$TPA ＝ $\angle$BPT（共通）

PT は円の接線であるから，接弦定理より，

$\angle$ATP ＝ $\angle$TBP

ゆえに， $\triangle$ATP $\backsim$ $\triangle$TBP（2角）

よって， PT：PB＝PA：PT

ゆえに， $PT^2 = PA \cdot PB$

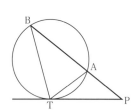

例　半径 5cm の円 O で，次のものを求めてみよう。

(1) 中心 O から 3cm の距離にある弦の長さ

(2) 中心 O から 10cm の距離にある点から，円 O にひいた接線の長さ

▶(1) 右の図のように，3 点 A，B，C をとると，

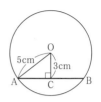

$$AB = 2AC = 2\sqrt{OA^2 - OC^2}$$
$$= 2\sqrt{5^2 - 3^2}$$
$$= 8$$

（答）　8cm

(2) 右の図のように，2 点 P，T をとると，

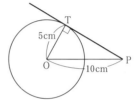

$$PT = \sqrt{OP^2 - OT^2}$$
$$= \sqrt{10^2 - 5^2}$$
$$= 5\sqrt{3}$$

（答）　$5\sqrt{3}$ cm

基本問題

40 次の問いに答えよ。

(1) 半径 17cm の円で，中心から 8cm の距離にある弦の長さを求めよ。

(2) 直径 10cm の円で，長さ 6cm の弦は円の中心から何 cm の距離にあるか。

(3) 半径 7cm の円の中心から 25cm の距離にある点から，この円にひいた接線の長さを求めよ。

41 半径 7cm の円 O と，半径 1cm の円 O′ との中心間の距離 OO′ が 10cm であるとき，共通外接線，共通内接線の長さをそれぞれ求めよ。

方べきの定理

例　右の図で，x の値を求めてみよう。

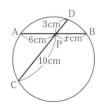

▶方べきの定理より，

$$PA \cdot PB = PC \cdot PD$$

よって，　　$6 \times x = 10 \times 3$

ゆえに，　　$x = 5$

（答）　$x = 5$

42 次の図で，x の値を求めよ。

(1)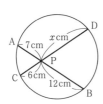

(2)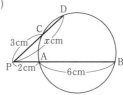

(3)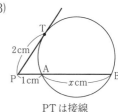

PT は接線

例題 6 右の図の長方形 ABCD で，

AB＝4cm，PC＝3cm とし，円 O は四角形 ABPD に内接している。

(1) 辺 AD の長さを求めよ。

(2) 円 O に外接し，辺 AD，CD に接する円 O′ の半径を求めよ。

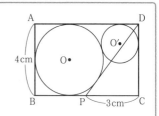

解説 円外の1点からひいた2つの接線の長さは等しいことを利用する。

解答 (1) 右の図のように，円 O と辺 AD，BC，線分 PD との接点をそれぞれ E，F，G とする。

四角形 ABFE は長方形であるから，

$$AE＝BF＝2$$

△DPC で，∠PCD＝90° であるから，

$$DP＝\sqrt{3^2＋4^2}＝5$$

AD＝$x$cm とすると，

$$DG＝ED＝x－2$$
$$FP＝GP＝5－DG＝7－x$$

PC＝3 より， $2＋(7－x)＋3＝x$

ゆえに， $x＝6$

（答） 6cm

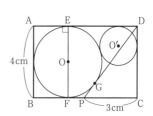

(2) 右の図で，円 O′ の半径を $r$cm とすると，

$$(2＋r)^2＝(2－r)^2＋(4－r)^2$$
$$r^2－16r＋16＝0$$
$$r＝8±4\sqrt{3}$$

$0<r<2$ より， $r＝8－4\sqrt{3}$

（答） $(8－4\sqrt{3})$cm

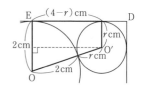

43 次の図で，円 O の半径を 4cm とするとき，影の部分の周の長さと面積をそれぞれ求めよ。

(1)

(2)

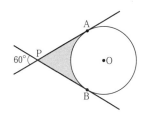

AP は接線

PA，PB は接線

44 右の図で，円 O と円 O′ は点 A で外接し，BC は共通外接線である。点 A における円 O，O′ の共通内接線と直線 BC との交点を D とする。円 O の半径が 25cm，線分 BC の長さが 30cm のとき，次の問いに答えよ。

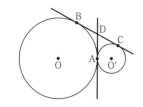

(1) 円 O′ の半径を求めよ。

(2) 線分 O′D の長さを求めよ。

45 右の図のように，円 P は，長方形 ABCD の 3 辺 AB，BC，DA に接している。DE は円 P の接線であり，円 Q は円 P に外接し，辺 DA，直線 DE に接している。AB＝10cm，AD＝17cm のとき，次のものを求めよ。

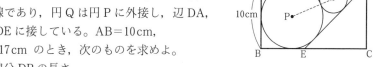

(1) 線分 DP の長さ

(2) 円 Q の半径

(3) 線分 EC の長さ

46 右の図で，半径 $r$cm の円 O と半径 r'cm の円 O′ との中心間の距離 OO′ は 13cm である。共通外接線 AD の長さが 12cm，共通内接線 BC の長さが $4\sqrt{3}$ cm のとき，r，r' の値をそれぞれ求めよ。ただし，$r<r'$ とする。

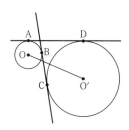

47 右の図のように，半円 O に内接している 2 つ
の円 A，B はたがいに外接し，それぞれ点 O，P
で半円 O の直径に接している。半円 O の直径が
20 cm のとき，円 B の半径を求めよ。

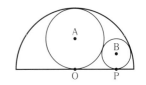

例題 (7) 右の図のように，円周上に 4 点 A，B，
C，D をとり，線分 AC，BD の交点を E とする。
$\overarc{AB}=\overarc{BC}=\overarc{CD}$ のとき，$AB^2=AC \cdot CE$ であるこ
とを証明せよ。

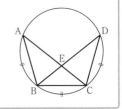

解説 BC が △ABE の外接円の接線となることを示し，その外接円について方べきの定
理を利用する。また，別証のように，相似を利用してもよい。

証明 $\overarc{BC}=\overarc{CD}$ より， $\angle CAB=\angle DBC$
接弦定理の逆より，BC は △ABE の外接円の接線で
ある。
よって，方べきの定理より，
$$CB^2=CE \cdot CA$$
$\overarc{AB}=\overarc{BC}$ より， $AB=BC$
ゆえに， $AB^2=AC \cdot CE$

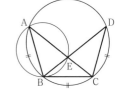

参考 点 A と D を結ぶと，$\overarc{BC}=\overarc{CD}$ より，
$$\angle BDC=\angle CAD$$
よって，CD は △AED の外接円の接線であるから，方べきの定理より，
$$CD^2=CE \cdot CA$$
$AB=CD$ より， $AB^2=AC \cdot CE$
としてもよい。

別証 △ABC と △BEC において，
$\overarc{BC}=\overarc{CD}$ より， $\angle CAB=\angle CBE$
$\angle BCA=\angle ECB$（共通）
ゆえに， △ABC∽△BEC（2 角）
よって， $AC:BC=BC:EC$
$$BC^2=AC \cdot EC$$
$\overarc{AB}=\overarc{BC}$ より， $AB=BC$
ゆえに， $AB^2=AC \cdot CE$

48 次の図で，x の値を求めよ。

(1)

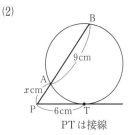

(2)

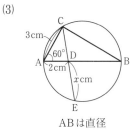

PT は接線

(3)

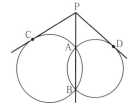

AB は直径

49 右の図のように，2つの円の交点 A，B を通る直線上に点 P をとる。点 P から2つの円にそれぞれ接線 PC，PD をひくとき，PC＝PD であることを証明せよ。

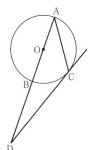

50 右の図のように，円 O の直径 AB の延長と，点 C における円 O の接線との交点を D とする。
(1) ∠BAC＝35° のとき，∠BDC の大きさを求めよ。
(2) AD＝5cm，CD＝3cm のとき，円 O の半径を求めよ。

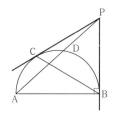

51 右の図のように，長さが 10cm の線分 AB を直径とする半円がある。$\overparen{AB}$ を3等分する点のうち A に近いほうを C とし，2点 B，C における接線の交点を P，線分 AP と $\overparen{BC}$ との交点を D とする。次のものを求めよ。
(1) 線分 BC の長さ
(2) ∠BPC の大きさ
(3) 線分 AP の長さ
(4) 線分 AD の長さ

52 右の図で，BC は円 O の直径，E は弦 BA の延長と弦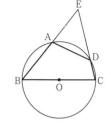
CD の延長との交点である。また，DC=$5\sqrt{17}$ cm，
BE=25cm，DC=5cm である。
(1) 線分 AE の長さを求めよ。
(2) 四角形 ABCD の面積を求めよ。

53 右の図の △ABC で，AE，BC はそれぞれ円 O，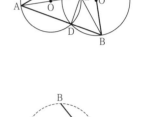
O′ の直径である。また，EF=2cm，BE=4cm，
AD=5cm である。
(1) 線分 DB の長さを求めよ。
(2) 円 O の半径を求めよ。
(3) 四角形 ODO′F の面積を求めよ。

54 次のことを証明せよ。
(1) 線分 BA の延長上の 1 点 P から他の線分 PT
をひくとき，PT²=PA・PB ならば，PT は 3 点
A，B，T を通る円の接線である。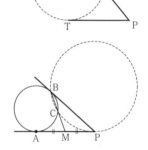

(2) 右の図で，2 直線 PA，PB はそれぞれ点 A，
B で同じ円に接する。線分 PA の中点 M と点
B を結ぶ線分と，円との交点のうち，B 以外の
点を C とするとき，PA は 3 点 P，C，B を通
る円の接線である。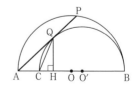

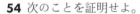
進んだ問題

55 右の図のように，半円 O の直径 AB 上に点 C を
とり，線分 CB を直径とする半円 O′ をつくる。点
A から半円 O′ に接線をひき，半円 O の周との A
以外の交点を P，半円 O′ との接点を Q とし，Q か
ら線分 AB に垂線をひき，その交点を H とする。
(1) QC は ∠HQA の二等分線であることを証明せよ。
(2) 半円 O の半径を r とする。AH：HO=2：1 のとき，線分 O′B，AQ の長
さをそれぞれ r を使って表せ。

1 次の図で，x，y の値をそれぞれ求めよ。ただし，O は円の中心である。

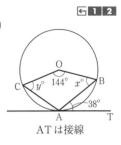

(1)

112°
$y°$
$x°$

BE は直径

(2)

80°
$x°$

(3)

144°
$y°$　$x°$
38°

AT は接線

(4)

$y°$
50°
28°
$x°$

AB＝BC，AE＝DC

(5)

26°
88°
$x°$
$y°$
84°

AT は接線

2 右の図の四角形 ABCD で，∠B＝∠D＝90°，
∠DAC＝45°，∠CAB＝30°，BC＝1 cm のとき，
△BCD の面積を求めよ。

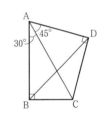

30°　45°

3 右の図の △ABC は，∠C＝90°，BC＜CA の直角
三角形である。辺 AB の中点 M を通り AB に垂直な
直線と，辺 AC，辺 BC の延長との交点をそれぞれ D，
E とするとき，MC は △DCE の外接円の接線である
ことを証明せよ。

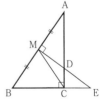

4 右の図のように，$\overparen{AB}$ 上に点 M をとり，$\overparen{AM}＝\overparen{MB}$
とする。線分 AB と線分 MC，MD との交点をそれぞれ
E，F とするとき，四角形 CDFE は円に内接することを
証明せよ。

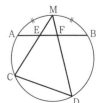

5 右の図のように，AD∥BC の台形 ABCD に半径 2cm の円 O が内接している。円 O と辺 AB，BC，CD，DA との接点をそれぞれ E，F，G，H とする。OB＝CF＝4cm のとき，次の問いに答えよ。 ⇦ **3**

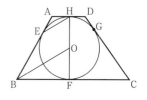

(1) ∠EHF の大きさを求めよ。

(2) 線分 GD の長さを求めよ。

(3) 台形 ABCD の周の長さを求めよ。

6 右の図のように，AB＝8cm，AC＝6cm，∠A＝60° の △ABC がある。頂点 B，C から辺 AC，AB にそれぞれ垂線 BD，CE をひき，BD と CE との交点を F とする。また，辺 BC の中点を M とする。 ⇦ **1**

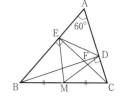

(1) ∠BFC の大きさを求めよ。

(2) △DEM は正三角形であることを証明せよ。

(3) △DEM の面積を求めよ。

7 右の図のように，AB を直径とする半円 O がある。線分 AB の延長上の点 P から半円 O に接線をひき，接点を C とする。また，∠CAB の二等分線と線分 BC との交点を D とする。

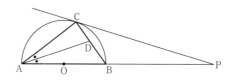

　BP＝9cm，PC＝12cm のとき，次の問いに答えよ。 ⇦ **3**

(1) 半円 O の半径を求めよ。

(2) 線分 AC の長さを求めよ。

(3) △ADC の面積を求めよ。

8 右の図で，円 A と円 B，円 B と円 C はたがいに外接し，3 つの円に同時に接する直線を 2 本ひくことができる。円 A の半径を 9cm，円 C の半径を 1cm とするとき，次の問いに答えよ。 ⇦ **3**

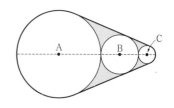

(1) 円 B の半径を求めよ。

(2) 図のように，3 つの円に，たるまないように糸をかけて 1 周させたとき，糸の長さを求めよ。

(3) (2)の糸と円で囲まれる部分の面積（影の部分の面積の和）を求めよ。

9 右の図のように，2点 A，B で交わる円 O，O′ がある。点 B における円 O′ の接線と円 O との交点のうち，B 以外の点を C，線分 CA の延長と円 O′ との交点のうち，A 以外の点を D とする。

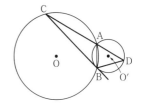

円 O の半径が $6\sqrt{2}$ cm，AC＝12cm，AD＝6cm のとき，次の問いに答えよ。 ← **3**

(1) 線分 BC の長さを求めよ。

(2) ∠BDA の大きさを求めよ。

(3) ∠BAC の大きさを求めよ。

(4) 線分 AB の長さを求めよ。

10 右の図のように，四角形 ABCD は円に内接し，点 E を対角線 AC 上に ∠EBC＝∠ABD となるようにとる。次のことを証明せよ。 ← **3**

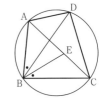

(1) EC・BD＝AD・BC

(2) AE・BD＝AB・DC

(3) AB・CD＋AD・BC＝AC・BD

進んだ問題

11 右の図で，おうぎ形 OAB の中心角は 90° で，O′ は CA を直径とする半円の中心である。また，E は線分 OD と半円 O′ との接点で，F は線分 AE の延長と線分 OB との交点である。 ← **1 2 3**

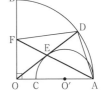

(1) OE＝OF であることを証明せよ。

(2) OA＝8cm，CA＝6cm のとき，次のものを求めよ。

① 線分 OE の長さ

② 四角形 OADF の面積

③ 線分 DF の長さ

11章 標本調査

1 標本調査

1 標本調査
  (1) **全数調査** ある集団について何かを調べるとき，その集団全体に対して行う調査を**全数調査**という。
    例 国勢調査や学校基本調査（身体測定等）など。
  (2) **標本調査** ある集団について何かを調べるとき，その集団の一部を取り出して調査し，全体の性質を推定する調査を**標本調査**という。
    例 テレビの視聴率調査など。
    標本調査をするとき，特徴や傾向などの性質を知りたい集団全体を**母集団**といい，調査のために取り出した一部のデータを**標本**（サンプル）という。取り出したデータの個数を**標本の大きさ**という。
2 **任意抽出法（無作為抽出法，ランダム・サンプリング）**
    母集団から標本を取り出すことを**抽出**（標本抽出）といい，母集団からかたよりなく標本を選ぶ方法を**任意抽出法**（無作為抽出法，ランダム・サンプリング）という。また，このように標本を選ぶことを**無作為に抽出する**という。
    母集団から標本を抽出するときは，標本の性質が母集団の性質をよく表すように，適切な方法で，かつ適切な標本の大きさで無作為に抽出することが大切である。
3 **標本調査の利用**
  (1) **母集団の平均値の推定** 無作為に抽出した標本の平均値を**標本平均**という。標本が大きいとき，標本平均は，母集団の平均値とほぼ等しいと考えられる。
  (2) **母集団の比率の推定** 標本が大きいとき，標本を構成する要素の比率は，母集団を構成する要素の比率とほぼ等しいと考えられる。

例 次の調査をするには，全数調査と標本調査のどちらが適切か考えてみよう。
 (1) 学校での歯科検診   (2) 缶ジュースの品質検査
 (3) 河川の水質検査

 ▶(1) 学校での歯科検診は，生徒1人ひとりの健康管理のために必要なことであるから，費用や時間がかかっても全数調査が適切である。
  (2) 缶ジュースの品質検査は，すべての製品の品質検査を行うと販売する製品がなくなってしまうから，標本調査が適切である。
  (3) 河川の水質検査は，河川を流れる水をすべて調査することは不可能であるから，標本調査が適切である。

母集団と標本

例 A中学校の生徒数は，中1，中2，中3の各学年が200人ずつである。この中学校で好きな教科について調査するとき，くじ引きで各学年から40人ずつ選んでアンケートを行った。この標本調査における母集団は何か考えてみよう。また，標本とその大きさを考えてみよう。

 ▶A中学校の全生徒数は 200×3＝600（人）であるから，母集団はA中学校の全生徒600人である。
 また，標本はくじ引きで選んだ生徒であるから，その大きさは
 40×3＝120 である。

≡≡ **基本問題** ≡≡

1 次の調査をするには，全数調査と標本調査のどちらが適切か。
 (1) 空港の手荷物検査   (2) 新聞社が行う世論調査
 (3) 高校の入学試験（学力調査） (4) 製造工場で行う電球の耐久調査

2 A中学校2年生の男女220人の1日の読書時間を調べるために，標本調査を行うことにした。標本の選び方として適切なものを，次の(ア)〜(エ)からすべて選べ。
 (ア) くじ引きをして40人を選ぶ。
 (イ) 男子だけを選ぶ。
 (ウ) 生徒会の役員と，その仲のよい生徒を選ぶ。
 (エ) 220人に通し番号をつけ，乱数表を使って40人を選ぶ。

例題 **1** 右の表は，あるみかん農園で 1 日に収穫したみかん 1500 個について，標本として 30 個のみかんを無作為に抽出し，糖度を調べてまとめたものである。

(1) 母集団のみかんの糖度の平均値を推定せよ。

(2) 母集団のみかんのうち，糖度が 12.5 度以上のみかんの個数は，およそ何個と推定できるか。

糖度(度)		度数(個)
以上	未満	
9.5 ～	10.5	2
10.5 ～	11.5	5
11.5 ～	12.5	8
12.5 ～	13.5	12
13.5 ～	14.5	3
計		30

解説 (1) 標本の平均値は，母集団の平均値とほぼ等しい。

(2) 標本の比率は，母集団の比率とほぼ等しい。

解答 (1) 標本のみかんの糖度の平均値は，

$$(10 \times 2 + 11 \times 5 + 12 \times 8 + 13 \times 12 + 14 \times 3) \div 30 = 12.3$$

ゆえに，母集団のみかんの糖度の平均値は 12.3 度と推定できる。

（答） 12.3 度

(2) 標本のみかんにおいて，糖度が 12.5 度以上のみかんの比率は，

（12.5 度以上のみかんの数）：（すべてのみかんの数）＝（12＋3）：30

$$= 1 : 2$$

母集団のみかんのうち，糖度が 12.5 度以上のみかんの個数を x 個とすると，

$$x : 1500 = 1 : 2 \qquad x = 750$$

ゆえに，およそ 750 個と推定できる。

（答） およそ 750 個

▨▨▨ 演習問題 ▨▨▨

3 アルミ缶とスチール缶の空き缶を合わせて 960 個回収した。これらの中から 48 個を無作為に抽出したところ，スチール缶が 22 個ふくまれていた。回収した空き缶のうち，スチール缶の個数は，およそ何個と推定できるか。

4 ある島に生息するカメの総数を調べるために，島のあちこちで合計 150 匹のカメを捕獲し，そのすべてに目印をつけてもとにもどした。数日後，同じようにして 60 匹のカメを捕獲したところ，目印のついたカメは 3 匹であった。この島に生息しているカメの総数は，およそ何匹と推定できるか。

5 袋の中に白玉と赤玉が 2：3 の割合で入っている。そこに青玉を 50 個混ぜ，よく混ぜてから 45 個の玉を無作為に抽出したところ，青玉が 5 個ふくまれていた。はじめに入っていた白玉の個数は，およそ何個と推定できるか。

6 箱の中に白玉と赤玉が合わせて 10000 個入っている。
A さんは，この箱の中に入っている赤玉の個数を調
べるために，次の実験を何回かくり返した。

赤玉の 個数(個)	度数 (回)
7	7
8	10
9	(ア)
10	8
11	4
12	2

> ［実験］　箱の中の玉をよくかき混ぜて，この箱か
> ら 30 個の玉を無作為に抽出し，その中にふく
> まれる赤玉の個数を数える。その後，抽出した
> 玉をすべて箱にもどす。

　右の表は，A さんが行った実験結果をまとめたも
のであり，赤玉の個数が 10 個の階級の相対度数は 0.16 であった。

(1)　表の中の(ア)にあてはまる数を求めよ。

(2)　箱の中に入っている赤玉の個数は，およそ何個と推定できるか。十の位を
四捨五入して，百の位までの概数で答えよ。

1 次の標本調査について，標本の選び方は適切といえるか。適切といえないものは，その理由をいえ。

(1) 全国の中学生の学習時間を調べるために，近所の中学校を3校選んでアンケートを行った。

(2) プロサッカーチームの人気を調べるために，自分のWebページを使って回答を呼びかけた。

(3) 自分の住む市内で売られている小松菜にふくまれている鉄分の量を調べるために，実際に自分で小松菜を栽培し，それを標本とした。

2 ある商店街では地域振興のために，1点と2点の2種類のポイント券を購入額に応じて配布している。A中学校では全生徒に呼びかけて，10000点を目標にポイント券を集めた。ポイント券が7200枚集まったところで，400枚のポイント券を無作為に抽出して点数を調べたところ，2点のポイント券は135枚であった。

(1) この調査において，母集団の大きさと標本の大きさをそれぞれ答えよ。

(2) ポイントの合計点は，目標をこえているか推定せよ。

3 箱の中に，同じ大きさの白色とオレンジ色の卓球の球が合わせて500個入っている。この箱から20個の球を無作為に抽出

回数	1回目	2回目	3回目	4回目
白色の球の個数（個）	9	(ア)	7	5

し，白色の球の個数を調べてから，もとの箱にもどす。上の表は，この実験を4回行った結果である。

この標本調査の結果から，箱の中に入っている白色の球の個数が175個以上195個未満と推定されたとき，表の中の(ア)にあてはまる数として，考えられる値をすべて求めよ。

Ａ級中学数学問題集 3年（8訂版）

2021 年 2 月　初版発行

著　者	飯田昌樹	印出隆志
	櫻井善登	佐々木紀幸
	野村仁紀	矢島　弘
発行者	斎藤　亮	
組版所	錦美堂整版	
印刷所	光陽メディア	
製本所	井上製本所	

発行所　昇龍堂出版株式会社

〒101-0062　東京都千代田区神田駿河台 2-9
TEL 03-3292-8211　　FAX 03-3292-8214
ホームページ http://www.shoryudo.co.jp/

ISBN978-4-399-01603-3 C6341 ¥1400E　　　Printed in Japan

A級中学 数学問題集 3

8訂版

解答編

昇龍堂出版

この解答編は薄くのりづけされています。軽く引けば簡単に取りはずすことができます。

1章 ● 多項式 ////////////////////////////////////

p.3

1 答 (1) 降べきの順 $-x^5+4x^3+2x+1$，昇べきの順 $1+2x+4x^3-x^5$
(2) 降べきの順 $-a^3+8a^2b+6ab^2+b^3$，昇べきの順 $b^3+6ab^2+8a^2b-a^3$

2 答 (1) $3a^2+2ab$ (2) $4a^2-12ab$ (3) $-ab-b^2$ (4) $-10a^2b+2ab^2$
(5) $-2a^2+4ab+3a$ (6) $3x^2-2xy+x$

3 答 (1) $-\dfrac{1}{2}x-\dfrac{1}{3}$ (2) $3ab-4b^2$ (3) $3x-y$ (4) $12x^2+18$ (5) $6a^2-9a+3$

(6) $-5x^2+\dfrac{15}{2}xy-10y^2$

4 答 (1) $xy+5x+2y+10$ (2) $ac+ad-bc-bd$ (3) $x^2-5x-14$
(4) $2x^2-3x-2$ (5) $x^3-9x^2+17x-6$ (6) a^3-5a^2+5a+2

p.4

5 答 (1) x^5-7x^2 (2) $-2a^4-3a^3+a^2$ (3) $-8a^4+16a^3$ (4) $9x^6-18x^5-27x^4$

(5) $\dfrac{a^3}{3}-a^2b+\dfrac{a^2}{9}$ (6) $16x^5y^4-32x^4y^5-112x^4y^2$

解説 (3) $(-2a)^3=-8a^3$ (4) $(3x^2)^2=9x^4$ (5) $\left(-\dfrac{a}{3}\right)^2=\dfrac{a^2}{9}$

(6) $(2xy)^4=16x^4y^4$

6 答 (1) $18x-10$ (2) $y-\dfrac{x}{4}$

解説 (2) $(-2xy)^2=4x^2y^2$

7 答 (1) $5x^2-3x$ (2) $-a^3+2a^2$ (3) $-2x^2y+5xy^2$ (4) $-12a^2b^2+23ab^2$
(5) $8a-8$ (6) $-4b$

p.5

8 答 (1) $35a^2-ab-6b^2$ (2) x^2-4y^2 (3) $21a^2b^2-8ab-5$ (4) $-2x^4+5x^2-2$
(5) $-x^4+4x^3-2x^2-5x+2$ (6) $-a^5-a^4+5a^3+3a^2-5a-3$
解説 2つの多項式を降べき（または昇べき）の順に整理し，分配法則を使って計算する。
(4) $(x^2-2)(-2x^2+1)$
(5) $(x^2-3x+1)(-x^2+x+2)$
(6) $(a^2+a-3)(-a^3+2a+1)$

9 答 (1) $-x+2$ (2) $2x^3-8x^2+9x-2$
解説 (1) $(2x-3)(x-1)-(2x^2-4x+1)=2x^2-5x+3-2x^2+4x-1$
(2) $(2x-3)(2x^2-4x+1)-(2x^2-4x+1)(x-1)$
$=(4x^3-14x^2+14x-3)-(2x^3-6x^2+5x-1)$
参考 (2) $AB-BC=(A-C)B=\{(2x-3)-(x-1)\}(2x^2-4x+1)$ と計算してもよい。

10 答 (1) $5x^2+14x-6$ (2) $6x^2-30xy+45y^2$ (3) $-2y-3$ (4) $34x+41$
(5) $-a^2-3a-6$ (6) $22x^2+2$

p.6

11 答 (1) x^2+4x+3 (2) y^2-y-20 (3) $a^2-7a+10$ (4) $x^2+16x+64$

(5) y^2-6y+9 (6) x^2-4 (7) $49-p^2$ (8) $x^2-x+\dfrac{1}{4}$ (9) $\dfrac{1}{16}-y^2$

12 答 (1) $x^2+7xy+10y^2$ (2) $a^2+ab-12b^2$ (3) $4x^2-14xy+12y^2$

(4) $16x^2-xy-\dfrac{3}{8}y^2$ (5) x^2y^2-xy-6 (6) x^4-9x^2+18

13 **答** (1) $9x^2+12x+4$ (2) $4x^2+20x+25$ (3) $16x^2+56xy+49y^2$

(4) $a^2-4ab+4b^2$ (5) $x^2-xy+\dfrac{1}{4}y^2$ (6) $\dfrac{1}{9}a^2+4ab+36b^2$

解説 (2) $(-2x-5)^2=(2x+5)^2$

(4) $(-a+2b)^2=(a-2b)^2$

14 **答** (1) $16x^2-9y^2$ (2) $25a^2-9b^2$ (3) $\dfrac{1}{9}a^2-\dfrac{1}{4}b^2$ (4) $-4x^2+y^2$ (5) x^4-9

(6) $-4x^2y^2+z^2$

解説 (4) $-(2x-y)(2x+y)$

(5) $\{(-x^2)+3\}\{(-x^2)-3\}$

15 **答** (1) $6x^2+11x+3$ (2) $12x^2+7x-10$ (3) $18x^2-53xy+20y^2$

(4) $40x^2+13xy-42y^2$ (5) $-6x^2y^2-13xyz-5z^2$ (6) $\dfrac{1}{6}a^2-54b^2$

解説 (6) $\dfrac{a-18b}{3}\times\dfrac{a+18b}{2}$

16 **答** (1) $x^2+2xy+y^2+2x+2y+1$ (2) $a^2+b^2+c^2+2ab-2bc-2ca$

(3) $x^2+4y^2+16z^2+4xy-16yz-8zx$ (4) $4x^2+y^2+\dfrac{1}{4}z^2-4xy-yz+2zx$

(5) $x^4-2x^3-3x^2+4x+4$ (6) $x^4-6x^3+11x^2y^2-6xy^3+y^4$

解説 (5) $(x^2)^2+(-x)^2+(-2)^2+2\times x^2\times(-x)+2\times(-x)\times(-2)$

$+2\times(-2)\times x^2$

(6) $(x^2)^2+(-3xy)^2+(y^2)^2+2\times x^2\times(-3xy)+2\times(-3xy)\times y^2+2\times y^2\times x^2$

17 **答** (1) $4x^2-4xy+y^2-8x+4y-21$ (2) x^4+4x^3-8x+3

(3) $x^4+2x^3+x^2+4x+4$ (4) $a^2+2b^2+c^2+3ab-3bc-2ca$

解説 (1) $2x-y=A$ とおくと，

$(A-7)(A+3)=A^2-4A-21=(2x-y)^2-4(2x-y)-21$

(2) $x^2+2x=A$ とおくと，

$(A-3)(A-1)=A^2-4A+3=(x^2+2x)^2-4(x^2+2x)+3$

(3) $x^2+2=A$ とおくと，

$(A-x)(A+3x)=A^2+2xA-3x^2=(x^2+2)^2+2x(x^2+2)-3x^2$

(4) $a-c=A$ とおくと，

$(A+b)(A+2b)=A^2+3bA+2b^2=(a-c)^2+3b(a-c)+2b^2$

18 **答** (1) $x^2-2xy+y^2-25$ (2) $4x^2-9y^2+24y-16$ (3) $4a^2-9b^2+c^2-4ac$

(4) x^4-4x^2+4x-1 (5) x^4-3x^2+1 (6) $-x^2+4xy-4y^2+49$

解説 (1) $x-y=A$ とおくと，

$(A+5)(A-5)=A^2-25=(x-y)^2-25$

(2) $3y-4=A$ とおくと，

$(2x+A)(2x-A)=4x^2-A^2=4x^2-(3y-4)^2$

(3) $2a-c=A$ とおくと，

$(A-3b)(A+3b)=A^2-9b^2=(2a-c)^2-9b^2$

(4) $2x-1=A$ とおくと，

$(x^2+A)(x^2-A)=x^4-A^2=x^4-(2x-1)^2$

(5) $1-x^2=A$ とおくと，

$(A-x)(A+x)=A^2-x^2=(1-x^2)^2-x^2$

(6) $x-2y=A$ とおくと，

$(-A+7)(A+7)=-A^2+49=-(x-2y)^2+49$

19 答 (1) x^2+3x-5 (2) $6a^2-8ab+19b^2$ (3) $-\dfrac{3}{4}a^2+\dfrac{7}{6}ab+\dfrac{7}{6}b^2$

(4) $\dfrac{-8x^2-20x+1}{12}$ (5) $\dfrac{x^2-6xy-11y^2}{2}$

解説 (4) $\dfrac{4(x-1)^2-3(2x+1)^2}{12}=\dfrac{4(x^2-2x+1)-3(4x^2+4x+1)}{12}$

(5) $\dfrac{2(x+2y)(x-5y)-(x+3y)(x-3y)}{2}=\dfrac{2(x^2-3xy-10y^2)-(x^2-9y^2)}{2}$

p.10 **20** 答 (1) $2bc-c^2$ (2) $16y^2-11z^2+xz+yz$ (3) $4xy+4xz$ (4) $4ac$

解説 (1) $\{a+(b-c)\}\{a-(b-c)\}-(a+b)(a-b)$

$=\{a^2-(b-c)^2\}-(a^2-b^2)$

(2) $\{(x+y)-2z\}\{(x+y)+5z\}-\{(x+z)-3y\}\{(x+z)+5y\}$

$=\{(x+y)^2+3(x+y)z-10z^2\}-\{(x+z)^2+2(x+z)y-15y^2\}$

(3) $y+z=A$ とおくと，$(x+A)^2-(x-A)^2$

(4) $\{b+(a-c)\}\{b-(a-c)\}+\{(a+c)+b\}\{(a+c)-b\}$

$=b^2-(a-c)^2+(a+c)^2-b^2$

21 答 (1) 10404 (2) 638401 (3) 3596 (4) 8.9999 (5) 200.0008 (6) 1

解説 (1) $(100+2)^2$ (2) $(800-1)^2$ (3) $(60+2)\times(60-2)$

(4) $(3+0.01)\times(3-0.01)$ (5) $(10+0.02)^2+(10-0.02)^2$

(6) $(5000-2)^2-(5000-3)\times(5000-1)$

または $4998^2-(4998-1)\times(4998+1)$

22 答 (1) $a^4-2a^2b^2+b^4$ (2) x^8-1 (3) x^8+x^4+1

(4) $a^2-b^2+c^2-d^2-2ac+2bd$

解答例 (1) $(a+b)^2(a-b)^2=\{(a+b)(a-b)\}^2=(a^2-b^2)^2$

$=a^4-2a^2b^2+b^4$ ……(答)

(2) $(x-1)(x+1)(x^2+1)(x^4+1)=\{(x-1)(x+1)\}(x^2+1)(x^4+1)$

$=(x^2-1)(x^2+1)(x^4+1)=\{(x^2-1)(x^2+1)\}(x^4+1)=(x^4-1)(x^4+1)$

$=x^8-1$ ……(答)

(3) $(x^2-x+1)(x^2+x+1)(x^4-x^2+1)$

$=\{(x^2+1-x)(x^2+1+x)\}(x^4-x^2+1)=\{(x^2+1)^2-x^2\}(x^4-x^2+1)$

$=(x^4+x^2+1)(x^4-x^2+1)=(x^4+1+x^2)(x^4+1-x^2)=(x^4+1)^2-x^4$

$=x^8+x^4+1$ ……(答)

(4) $(a+b-c-d)(a-b-c+d)=\{(a-c)+(b-d)\}\{(a-c)-(b-d)\}$

$=(a-c)^2-(b-d)^2=(a^2-2ac+c^2)-(b^2-2bd+d^2)$

$=a^2-b^2+c^2-d^2-2ac+2bd$ ……(答)

p.12 **23** 答 (1) $a(x+2y)$ (2) $y(x+y)$ (3) $6y(2x^2-1)$ (4) $3abc(b-2c)$

(5) $3x(x^2-x+5)$ (6) $2x(3x+4y-2z)$

24 答 (1) $(x+2)(x+5)$ (2) $(x-4)(x+3)$ (3) $(x-3)(x-2)$

(4) $(x-6)(x-2)$ (5) $(x-1)(x+2)$ (6) $(x-1)(x+6)$ (7) $(x-4)(x+1)$

(8) $(x-8)(x+2)$ (9) $(x-12)(x-2)$

p.13 **25** 答 (1) $(x+2)^2$ (2) $(x+5)^2$ (3) $(a-4)^2$ (4) $(xy-3)^2$ (5) $(p+11)^2$

(6) $(2x-1)^2$ (7) $(5a+3)^2$ (8) $(9y-10)^2$

26 答 (1) $(x+2)(x-2)$ (2) $(3x+7)(3x-7)$ (3) $(11p+9)(11p-9)$

(4) $(1+4x)(1-4x)$ (5) $(14+13a)(14-13a)$ (6) $(12x+5)(12x-5)$

27 答 (1) $(x+2y)^2$ (2) $(2a-9b)^2$ (3) $(8pq+r)^2$ (4) $(9p-7q)^2$

28 答 (1) $(5a+b)(5a-b)$ (2) $(8x+7y)(8x-7y)$ (3) $(2x+11y)(2x-11y)$
(4) $(13pq+2r)(13pq-2r)$

29 答 (1) $(x-5y)(x-2y)$ (2) $(x-y)(x+5y)$ (3) $(a-2b)(a+b)$
(4) $(p-5q)(p+8q)$

30 答 順に (1) 4, 16 (2) 12, 6 (3) 3, 4, 12 (4) 64, 8, 3

31 答 (1) $7(x+1)(x-1)$ (2) $3(x-3)(x-1)$ (3) $2(4a+3b)(4a-3b)$
(4) $-3(xy-6)(xy-4)$ (5) $5(x-3)^2$ (6) $-2(x-7y)(x+10y)$
解説 共通因数をくくり出してから公式を使う。
(1) $7(x^2-1)$ (2) $3(x^2-4x+3)$ (3) $2(16a^2-9b^2)$
(4) $-3(x^2y^2-10xy+24)$ (5) $5(x^2-6x+9)$ (6) $-2(x^2+3xy-70y^2)$

32 答 (1) $\dfrac{3}{4}(4x+y)(4x-y)$ (2) $\dfrac{1}{3}(x-6)(x+3)$ (3) $-\dfrac{1}{6}(x-6y)(x-2y)$
(4) $-\dfrac{1}{27}(3x-y)^2$ (5) $0.1(x-8)(x+5)$ (6) $0.1(5x+7y)^2$
解説 かっこの中のすべての係数が整数になるように，分数や小数をくくり出してから公式を使う。
(1) $\dfrac{3}{4}(16x^2-y^2)$ (2) $\dfrac{1}{3}(x^2-3x-18)$ (3) $-\dfrac{1}{6}(x^2-8xy+12y^2)$
(4) $-\dfrac{1}{27}(9x^2-6xy+y^2)$ (5) $0.1(x^2-3x-40)$
(6) $0.1(25x^2+70xy+49y^2)$

33 答 (1) $3y(x-6)(x+4)$ (2) $-2a(x-8)(x+2)$ (3) $4y^2(x+3)(x-3)$
(4) $-6xy(2x+5y)(2x-5y)$ (5) $y(x-4y)^2$ (6) $ab(2a+3b)^2$
解説 共通因数をくくり出してから公式を使う。
(1) $3y(x^2-2x-24)$ (2) $-2a(x^2-6x-16)$ (3) $4y^2(x^2-9)$
(4) $-6xy(4x^2-25y^2)$ (5) $y(x^2-8xy+16y^2)$ (6) $ab(4a^2+12ab+9b^2)$

34 答 (1) $(x-7)(x+3)$ (2) $(x-3)^2$ (3) $(x-1)(x+16)$
(4) $(3x+7y)(3x-7y)$ (5) $3(x+1)^2$ (6) $(x-2y)(x+9y)$
解説 展開して整理する。
(1) $x^2-4x-21$ (2) x^2-6x+9 (3) $x^2+15x-16$ (4) $9x^2-49y^2$
(5) $3x^2+6x+3$ (6) $x^2+7xy-18y^2$

35 答 (1) $(m+n)(x-y)$ (2) $2(a+2b)(x^2+2)$ (3) $(a+b)(x+y-1)$
(4) $-(p-2q)(p+5q)$ (5) $2(2a-b)(a+b)$ (6) $a(a+2)(x-2y)$
解説 (1) $m+n=A$ とおくと，$Ax-Ay=A(x-y)$
(2) $a+2b=A$ とおくと，$2Ax^2+4A=2A(x^2+2)$
(3) $a+b=A$ とおくと，$A(x+y)-A=A(x+y-1)$
(4) $p-2q=A$ とおくと，$A^2-A(2p+3q)=A\{A-(2p+3q)\}$
(5) $2a-b=A$ とおくと，$A(3a-b)-A(a-3b)=A\{(3a-b)-(a-3b)\}$
(6) $x-2y=A$ とおくと，$Aa^2+2Aa=a(a+2)A$

36 答 (1) $(x+y+3)^2$ (2) $(x-2y-3)(x-2y+7)$ (3) $(3a+3b-1)^2$
(4) $2(x-5)(2x-1)$ (5) $(x-y-5)(x-y+2)$ (6) $(x+2y-4)(x+2y+1)$
解説 (1) $x+y=A$ とおくと，$A^2+6A+9=(A+3)^2$
(2) $x-2y=A$ とおくと，$A^2+4A-21=(A-3)(A+7)$
(3) $a+b=A$ とおくと，$9A^2-6A+1=(3A-1)^2$
(4) $2x-3=A$ とおくと，$A^2-5A-14=(A-7)(A+2)$
(5) $(x-y)^2-3(x-y)-10$ より，
$x-y=A$ とおくと，$A^2-3A-10=(A-5)(A+2)$

(6) $(x+2y)^2-3(x+2y)-4$ より,

$x+2y=A$ とおくと, $A^2-3A-4=(A-4)(A+1)$

37 答 (1) $(x+y+1)(x+y-1)$　(2) $(3x+3y+2)(3x+3y-2)$

(3) $(a+2b+4c)(a+2b-4c)$　(4) $(3x-1)(x+3)$　(5) $8(3x+y)(x+12y)$

(6) $\dfrac{1}{3}(4x-5)(2x-7)$

解説 (1) $x+y=A$ とおくと, $A^2-1=(A+1)(A-1)$

(2) $x+y=A$ とおくと, $9A^2-4=(3A+2)(3A-2)$

(3) $a+2b=A$ とおくと, $A^2-16c^2=(A+4c)(A-4c)$

(4) $2x+1=A$, $x-2=B$ とおくと, $A^2-B^2=(A+B)(A-B)$

(5) $x+2y=A$, $x-2y=B$ とおくと, $49A^2-25B^2=(7A+5B)(7A-5B)$

(6) $x-2=A$, $x+1=B$ とおくと, $3A^2-\dfrac{1}{3}B^2=\dfrac{1}{3}(9A^2-B^2)$

$ =\dfrac{1}{3}(3A+B)(3A-B)$

38 答 (1) $(x^2+2)(x^2-2)$　(2) $(x^2+4y^2)(x+2y)(x-2y)$

(3) $(x^4+1)(x^2+1)(x+1)(x-1)$　(4) $(x+2)^2(x-2)^2$

(5) $(x^2+1)(x+3)(x-3)$　(6) $(3x+2)^2(3x-2)^2$

解説 (1) $x^2=A$ とおくと, $A^2-4=(A+2)(A-2)$

(2) $x^2=A$, $y^2=B$ とおくと, $A^2-16B^2=(A+4B)(A-4B)$

(3) $x^4=A$ とおくと, $A^2-1=(A+1)(A-1)$

(4) $x^2=A$ とおくと, $A^2-8A+16=(A-4)^2$

(5) $x^2=A$ とおくと, $A^2-8A-9=(A+1)(A-9)$

(6) $x^2=A$ とおくと, $81A^2-72A+16=(9A-4)^2$

`p.18` **39** 答 (1) $(x+1)(x+3)(x-1)(x-3)$　(2) $(a-b)(x+1)(x-1)$

(3) $(x-y)(x-y+3)(x-y-3)$　(4) $(a+2)^2(a-2)(a+6)$

(5) $(x+1)^2(x-3)^2$　(6) $(x^2-3x+1)(x-1)(x-2)$

解説 (1) $x^2+3=A$ とおくと, $A^2-(4x)^2=(A+4x)(A-4x)$

(2) $a-b=A$ とおくと, $Ax^2-A=A(x^2-1)$

(3) $(x-y)^3-9(x-y)$ より,

$x-y=A$ とおくと, $A^3-9A=A(A^2-9)=A(A+3)(A-3)$

(4) $a^2+4a=A$ とおくと, $A^2-8A-48=(A+4)(A-12)$

(5) $x^2-2x=A$ とおくと, $A^2-6A+9=(A-3)^2$

(6) $x^2-3x=A$ とおくと, $A^2+3A+2=(A+1)(A+2)$

40 答 (1) $(a+1)(b+1)$　(2) $(x-2)(y+3)$　(3) $(x+y)(x-z)$

(4) $(b-c)(a-b+c)$　(5) $(a-b)(ab-bc-ca)$

解説 1つの文字に着目する。

(1) a について整理すると, $(b+1)a+b+1$

(2) x について整理すると, $(y+3)x-2y-6=(y+3)x-2(y+3)$

(3) y について整理すると, $(x-z)y+x^2-xz=(x-z)y+x(x-z)$

(4) a について整理すると, $(b-c)a-(b^2-2bc+c^2)=(b-c)a-(b-c)^2$

(5) c について整理すると, $(-a^2+b^2)c+a^2b-ab^2=-(a^2-b^2)c+ab(a-b)$

$=-(a+b)(a-b)c+ab(a-b)$

41 答 (1) $(x-y+2)(x-y-2)$　(2) $(x+2y-3)(x-2y+3)$

(3) $(x+y-z)(x-y+z)$　(4) $-(2a-2b+c)(2a-2b-c)$

(5) $(a+b-c-d)(a-b-c+d)$

解説 (1) $(x-y)^2-2^2$

(2) $x^2-(4y^2-12y+9)=x^2-(2y-3)^2$

(3) $x^2-(y^2-2yz+z^2)=x^2-(y-z)^2$

(4) $-4(a^2-2ab+b^2)+c^2=-4(a-b)^2+c^2=-\{4(a-b)^2-c^2\}$

(5) $(a^2-2ac+c^2)-(b^2-2bd+d^2)=(a-c)^2-(b-d)^2$

p.20 **42** **答** (1) $(x+2)(2x+1)$ (2) $(2x+3)(5x-2)$ (3) $(a-3)(4a-1)$

(4) $(x-3)(2x-7)$ (5) $(2x+3)(6x-5)$ (6) $(x-7)(6x+1)$

(7) $(6x+1)(7x-1)$ (8) $(2x-3)(3x-5)$ (9) $(3y-7)(4y+5)$

43 **答** (1) $(3x+2y)(4x-y)$ (2) $(2a-3b)(3a-4b)$ (3) $(2a+5b)(3a-b)$

(4) $(x+2y)(4x-3y)$ (5) $(x-4y)(3x+y)$ (6) $(3x+2y)(5x+4y)$

(7) $\dfrac{1}{4}(x+2y)(4x-y)$ (8) $\dfrac{1}{2}(x-2y)(6x-7y)$

解説 (7) $\dfrac{1}{4}(4x^2+7xy-2y^2)$ (8) $\dfrac{1}{2}(6x^2-19xy+14y^2)$

44 **答** (1) $(x+2)(2x-9)$ (2) $(x+1)(x-1)(3x+2)(3x-2)$

(3) $(2xy-z)(4xy-5z)$ (4) $(x-1)(x+3)(2x-1)(2x+5)$

解説 (1) $x-3=A$ とおくと, $2A^2+7A-15=(A+5)(2A-3)$

(2) $x^2=A$ とおくと, $9A^2-13A+4=(A-1)(9A-4)$

(3) $xy=A$ とおくと, $8A^2-14Az+5z^2=(2A-z)(4A-5z)$

(4) $x^2+2x=A$ とおくと, $4A^2-17A+15=(A-3)(4A-5)$

p.21 **45** **答** (1) $(x+y+2)(x+3y-2)$ (2) $(x+y+2)(2x+y+1)$

(3) $(a+b+3)(a-2b-1)$ (4) $(x-2y-3)(2x-3y-4)$

(5) $(2x-y+1)(3x+2y-1)$ (6) $(x-3y+7)(2x+y-1)$

解説 (1) $x^2+4xy+3y^2+4y-4$

$=x^2+4yx+(3y^2+4y-4)$

$=x^2+4yx+(y+2)(3y-2)$

(2) $2x^2+3xy+y^2+5x+3y+2$

$=2x^2+(3y+5)x+(y^2+3y+2)$

$=2x^2+(3y+5)x+(y+1)(y+2)$

(3) $a^2-ab-2b^2+2a-7b-3$

$=a^2+(-b+2)a-(2b^2+7b+3)$

$=a^2+(-b+2)a-(b+3)(2b+1)$

(4) $2x^2-7xy+6y^2-10x+17y+12$

$=2x^2+(-7y-10)x+(6y^2+17y+12)$

$=2x^2+(-7y-10)x+(2y+3)(3y+4)$

(5) $6x^2+xy-2y^2+x+3y-1$

$=6x^2+(y+1)x-(2y^2-3y+1)$

$=6x^2+(y+1)x-(y-1)(2y-1)$

(6) $2x^2-5xy-3y^2+13x+10y-7$

$=2x^2+(-5y+13)x-(3y^2-10y+7)$

$=2x^2+(-5y+13)x-(y-1)(3y-7)$

6   1章 ● 多項式

参考 (2) y^2 の係数が 1 であるから, y について整理して因数分解してもよい。
$2x^2+3xy+y^2+5x+3y+2$
$=y^2+(3x+3)y+(2x^2+5x+2)$
$=y^2+(3x+3)y+(x+2)(2x+1)$
$=(y+x+2)(y+2x+1)$

p.22 **46** **答** (1) 366000 (2) 15.7 (3) 160000 (4) 4 (5) 9100 (6) 19999
解説 (1) $(683+317)\times(683-317)$
(2) $3.14\times(5.25^2-4.75^2)=3.14\times(5.25+4.75)\times(5.25-4.75)$
(3) $(398+2)^2$ (4) $(87-85)^2$ (5) $(98-7)\times(98+2)$
(6) $(1005-1)\times(1005+1)-995^2=1005^2-1^2-995^2$
$=(1005+995)\times(1005-995)-1=2000\times10-1$

p.23 **47** **答** 連続する 2 つの整数は, n を整数として n, $n+1$ と表すことができる。
よって, その平方の差は,
$(n+1)^2-n^2=(n^2+2n+1)-n^2=2n+1=n+(n+1)$
ゆえに, 連続する 2 つの整数の大きいほうの数の平方から小さいほうの数の平方をひいた差は, もとの 2 つの整数の和になる。

48 **答** 偶数は n を整数として $2n$ と表すことができるから, その偶数の前後の 2 つの奇数は $2n-1$, $2n+1$ となる。
よって, 偶数の平方より 1 小さい数は,
$(2n)^2-1=(2n)^2-1^2=(2n-1)(2n+1)$
ゆえに, 偶数の平方より 1 小さい数は, その偶数の前後の 2 つの奇数の積に等しい。

49 **答** 自然数 M の十の位の数を a $(a\neq0)$, 一の位の数を b とすると,
$M=10a+b$, $N=a+b$
このとき, $M^2-N^2=(M+N)(M-N)$
$=\{(10a+b)+(a+b)\}\{(10a+b)-(a+b)\}=(11a+2b)\times9a=9(11a^2+2ab)$
a, b は整数であるから, $11a^2+2ab$ も整数である。
よって, $9(11a^2+2ab)$ は 9 の倍数である。
ゆえに, M^2-N^2 は 9 の倍数である。

50 **答** (1) $4\pi b(a+b)$ cm^2
(2) AB$=2b$, $\ell=2\pi(a+b)$ であるから, AB$\times\ell=2b\times2\pi(a+b)=4\pi b(a+b)$
(1)より, $S=4\pi b(a+b)$ であるから, $S=$AB$\times\ell$
解説 (1) $\pi(a+2b)^2-\pi a^2$

51 **答** $n^3-n=n(n^2-1)=(n-1)n(n+1)$
$n-1$, n, $n+1$ は連続する 3 つの整数であるから, いずれか 1 つは 3 の倍数であり, また, 少なくとも 1 つは偶数である。
よって, その積 $(n-1)n(n+1)$ は 6 の倍数である。
ゆえに, n^3-n は 6 の倍数である。

52 **答** (1) $V=\pi a^2(a+2b)$
(2) $S=a^2$, $L=2\pi\left(b+\dfrac{a}{2}\right)=\pi(a+2b)$ であるから,
$SL=a^2\times\pi(a+2b)=\pi a^2(a+2b)$　　これと(1)より, $V=SL$
解答例 (1) V は, 底面の半径 $(a+b)$ cm, 高さ a cm の円柱の体積から底面の半径 b cm, 高さ a cm の円柱の体積をひいたものであるから,
$V=\pi(a+b)^2\times a-\pi b^2\times a=\pi a\{(a+b)^2-b^2\}=\pi a^2(a+2b)$
$\hfill$（答）$V=\pi a^2(a+2b)$

p.24 **1** 答 (1) $2m^2-3mn$ (2) $4\ \ 3b^2$ (3) $2a^5+4a^4$ (4) $4a^3+20a^3b$
(5) $-3ab+2b$ (6) $-6a+4b-2$

2 答 (1) x^2+9x+8 (2) $x^2-5x-36$ (3) $a^2-12a+20$ (4) $x^2-10x+25$
(5) x^2-9 (6) $10x^2-x-3$ (7) $49y^2-14y-8$ (8) $x^2+2xy-35y^2$
(9) $4x^2-4x+1$ (10) $\dfrac{9}{4}p^2-3pq+q^2$ (11) a^2-4b^2 (12) $15a^2-23ab+6b^2$
(13) $4x^2+4xy+y^2+4x+2y+1$ (14) $x^2+4y^2+z^2-4xy+4yz-2zx$
(15) $4p^2-4pq+q^2-25$ (16) $x^2-y^2-9z^2+6yz$

3 答 (1) $2x^3(x^2+5)$ (2) $(x+3)(x-3)$ (3) $(x+4)(x+9)$ (4) $(x+6)^2$
(5) $(x-7)(x-3)$ (6) $2a(2a-x-y)$ (7) $(x-3)(x+6)$ (8) $(x-2)(x+5)$
(9) $(9p+11)(9p-11)$ (10) $(7p-1)^2$ (11) $(5a+2b)^2$ (12) $(a-3)(7b-5)$
(13) $2(4x+5y)(4x-5y)$ (14) $-3a(2x-1)^2$ (15) $\dfrac{1}{5}(a-15)(a+4)$
(16) $\dfrac{1}{6}(x+6)(x-2)$ (17) $0.3(t+2)(t+3)$ (18) $(x-1)(2x-5)$
(19) $(2x+3)(3x-1)$ (20) $(2x-3y)(2x+5y)$ (21) $(2x-3y)(3x+4y)$
(22) $\dfrac{1}{6}(x+3y)(3x+4y)$

p.25 **1** 答 (1) $-23a-8b$ (2) $20x$ (3) $\dfrac{y^2}{6}$ (4) $\dfrac{-x^2+6y^2}{6}$ (5) 4 (6) y^2

解説 (5) $\left\{\left(a+\dfrac{1}{a}\right)+\left(a-\dfrac{1}{a}\right)\right\}\left\{\left(a+\dfrac{1}{a}\right)-\left(a-\dfrac{1}{a}\right)\right\}=2a\times\dfrac{2}{a}$
(6) $\{(x-2y)-(x-3y)\}^2$

2 答 (1) $x^4+6x^3+11x^2+6x$ (2) $x^4-4x^3-17x^2+24x+36$ (3) x^8-2x^4+1
解説 (1) $\{x(x+3)\}\{(x+1)(x+2)\}=(x^2+3x)(x^2+3x+2)$
$x^2+3x=A$ とおくと, $A(A+2)=A^2+2A$
(2) $\{(x+1)(x-6)\}\{(x-2)(x+3)\}=(x^2-5x-6)(x^2+x-6)$
$x^2-6=A$ とおくと, $(A-5x)(A+x)=A^2-4xA-5x^2$
(3) $\{(x+1)(x-1)\}^2(x^2+1)^2=(x^2-1)^2(x^2+1)^2=\{(x^2-1)(x^2+1)\}^2$
$=(x^4-1)^2$

3 答 (1) $(ab+4c)^2$ (2) $4y(x-2y)(3x-4y)$ (3) $(a-b)(a+3b-2c)$
(4) $(x+y+z-3)(x+y-z+3)$ (5) $(2x+z)(2x+2y-3z)$
解説 (1) $ab=A$ とおくと, $A^2+8Ac+16c^2=(A+4c)^2$
(2) $4y(3x^2-10xy+8y^2)$
(3) c について整理すると,
$(-2a+2b)c+a^2+2ab-3b^2=-2(a-b)c+(a-b)(a+3b)$
(4) $x^2+2xy+y^2-z^2+6z-9=(x+y)^2-(z^2-6z+9)=(x+y)^2-(z-3)^2$
$x+y=X,\ z-3=Y$ とおくと, $X^2-Y^2=(X+Y)(X-Y)$
(5) y について整理すると,
$(4x+2z)y+4x^2-4xz-3z^2=2(2x+z)y+(2x+z)(2x-3z)$

別解 (5) x について整理すると,
$4x^2+(4y-4z)x+z(2y-3z)$
$=(2x+z)(2x+2y-3z)$

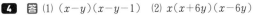

4 答 (1) $(x-y)(x-y-1)$　(2) $x(x+6y)(x-6y)$
(3) $(x+2)(x+16)$　(4) $(x+y-3)(x+y-1)$
(5) $(x+3y)^2$　(6) $(x-2)(3x+1)(9x^2-15x-2)$　(7) $(x+1)(a^2x-a+1)$

解説 (1) $x(x-y-1)-y(x-y-1)$
(2) $x^3-4x^2y+4x^2y-36xy^2=x^3-36xy^2=x(x^2-36y^2)$
(3) $\{(2x+11)+(x+9)\}\{(2x+11)-(x+9)\}-2(x+2)^2$
$=(3x+20)(x+2)-2(x+2)^2=(x+2)\{3x+20-2(x+2)\}$
(4) $x^2-2xy+y^2+4xy-4x-4y+3=x^2+2xy+y^2-4(x+y)+3$
$=(x+y)^2-4(x+y)+3$
$x+y=A$ とおくと, $A^2-4A+3=(A-3)(A-1)$
(5) $x+y=A$, $x-y=B$ とおくと, $4A^2-4AB+B^2=(2A-B)^2$
(6) $3x^2-5x=A$ とおくと,
$3A^2-8A+4=(A-2)(3A-2)=(3x^2-5x-2)\{3(3x^2-5x)-2\}$
(7) x についての整式とみると, 係数と定数項
は数ではなく文字式 a^2, a^2-a+1, $-a+1$
である。
係数と定数項が整数である式と同様にたすき
がけする。

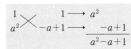

5 答 16

解説 因数分解してから $x=\dfrac{28}{13}$, $y=\dfrac{16}{13}$ を代入する。

$$x^2-10xy+25y^2=(x-5y)^2=\left(\dfrac{28}{13}-5\times\dfrac{16}{13}\right)^2$$

p.26 **6** 答 x^2 の係数 5, x^4 の係数 7
解説 展開したときに, 積が x^2, x^4 をふくむ項の係数に着目して, x^2 の係数
は $2\times3+(-1)\times1$, x^4 の係数は $5\times4+(-3)\times3+2\times(-2)$ と求める。

7 答 (1) $X=(a+b)^2-(a-b)^2=\{(a+b)+(a-b)\}\{(a+b)-(a-b)\}$
$=2a\times2b=4ab$
a, b は自然数であるから, ab も自然数である。
よって, $4ab$ は 4 の倍数である。
ゆえに, X は 4 の倍数である。
(2) $a=26$, $b=24$

解説 (2) (1)より, $X=4ab$ であるから, $4ab=2496$
よって, $ab=624=2^4\times3\times13$
$a-b=0$ となるときはない。
$a-b=1$ となるとき, a, b の一方が偶数で, 他方が奇数となる。奇数として考
えられる数は, 1, 3, 13, 39だけである。このとき, $a-b=1$ とはならない。
よって, $a-b=2$ となるときを考える。

8 答 連続する 3 つの奇数は, n を整数として $2n-1$, $2n+1$, $2n+3$ と表すこと
ができる。
$(2n-1)^2+(2n+1)^2+(2n+3)^2+1=12n^2+12n+12=12(n^2+n+1)$
n は整数であるから, n^2+n+1 も整数であるので, $12(n^2+n+1)$ は 12 の倍
数である。
ゆえに, 連続する 3 つの奇数の平方の和に 1 を加えた数は, 12 の倍数である。

9 答 (1) $b=a+1$, $c=a+7$, $d=a+8$

(2) $bc-ad=(a+1)(a+7)-a(a+8)=(a^2+8a+7)-(a^2+8a)=7$

ゆえに, $bc-ad$ の値は一定で, 7 となる。

(3) $bd-ac=(a+1)(a+8)-a(a+7)=(a^2+9a+8)-(a^2+7a)=2a+8$

$=(a+1)+(a+7)=b+c$

ゆえに, $bd-ac$ の値は $b+c$ の値と等しくなる。

10 答 (1) $(a+b)(b+c)(c+a)$　(2) $x(x+5)(x^2+5x+10)$

(3) $(a+b+c)(ab+bc+ca)$　(4) $(x^2+x+1)(x^2-x+1)$

[解答例] (1) a について整理すると,

$a^2(b+c)+b^2(a+c)+c^2(a+b)+2abc$

$=(b+c)a^2+(b^2+2bc+c^2)a+b^2c+c^2b=(b+c)a^2+(b+c)^2a+bc(b+c)$

$=(b+c)\{a^2+(b+c)a+bc\}=(b+c)(a+b)(a+c)$

$=(a+b)(b+c)(c+a)$ ……(答)

(2) $(x+1)(x+2)(x+3)(x+4)-24=\{(x+1)(x+4)\}\{(x+2)(x+3)\}-24$

$=(x^2+5x+4)(x^2+5x+6)-24$

$x^2+5x=A$ とおくと, $(A+4)(A+6)-24=A^2+10A+24-24=A^2+10A$

$=A(A+10)=(x^2+5x)(x^2+5x+10)=x(x+5)(x^2+5x+10)$ ……(答)

(3) a について整理すると,

$(a+b)(b+c)(c+a)+abc$

$=(b+c)\{(a+b)(a+c)\}+abc=(b+c)\{a^2+(b+c)a+bc\}+abc$

$=(b+c)a^2+(b+c)^2a+bc(b+c)+abc$

$=(b+c)a^2+\{(b+c)^2+bc\}a+bc(b+c)$

$=(a+b+c)\{(b+c)a+bc\}$

$=(a+b+c)(ab+bc+ca)$ ……(答)

$$
\begin{array}{ccc}
1 & b+c & \longrightarrow (b+c)^2 \\
b+c & bc & \longrightarrow \dfrac{bc}{(b+c)^2+bc}
\end{array}
$$

(4) $x^4+x^2+1=x^4+2x^2+1-x^2$

$=(x^2+1)^2-x^2=\{(x^2+1)+x\}\{(x^2+1)-x\}$

$=(x^2+x+1)(x^2-x+1)$ ……(答)

p.29 **1** 答 (1) ± 9 (2) ± 14 (3) ± 60 (4) ± 0.2 (5) $\pm\dfrac{5}{8}$ (6) $\pm\dfrac{11}{12}$

2 答 (1) 6 (2) -15 (3) 40 (4) 0.5 (5) 1.5 (6) $-\dfrac{7}{13}$

3 答 (1) 11 (2) 7 (3) 6 (4) 8 (5) -5 (6) -25

4 答 (ア), (ウ), (エ), (オ), (カ)

5 答 (1) $\sqrt{5}>\sqrt{3}$ (2) $-\sqrt{6}<-\sqrt{2}$ (3) $\sqrt{26}>5$ (4) $-\sqrt{7}>-3$

(5) $0.2<\sqrt{0.05}$ (6) $-\sqrt{\dfrac{3}{8}}<-\dfrac{1}{2}$

p.30 **6** 答 有理数 -2, $\dfrac{3}{8}$, $-\sqrt{36}$, $\sqrt{\dfrac{49}{81}}$ 無理数 $-\sqrt{2}$, π, $\sqrt{3}$

7 答 (1) ① 8m ② 0.2cm ③ -1.2kg
(2) ① $n=3$ ② $n=2$ ③ $n=3$

p.31 **8** 答 (1) ⑦ $2\,\text{cm}^2$ ⑦ $5\,\text{cm}^2$
(2) ⑦ $\sqrt{2}$ cm ⑦ $\sqrt{5}$ cm, $\sqrt{2}<\sqrt{5}$
解説 (1) ⑦ 1辺が1cmの正方形2つ分と
考える。
⑦ 1辺が1cmの正方形5つ分と考える。

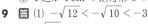

9 答 (1) $-\sqrt{12}<-\sqrt{10}<-3$

(2) $\sqrt{\dfrac{1}{5}}<\dfrac{1}{2}<\sqrt{0.5}$

(3) $-\sqrt{\dfrac{1}{8}}<-\dfrac{1}{3}<-\sqrt{0.1}$

10 答 (1) 2と3 (2) 7と8 (3) 14と15

11 答 (1) 2.4 (2) 5.4 (3) 11.4
解説 (1) $2.4^2=5.76$, $2.5^2=6.25$, $2.45^2=6.0025$
(2) $5.3^2=28.09$, $5.4^2=29.16$, $5.35^2=28.6225$
(3) $11.4^2=129.96$, $11.5^2=132.25$, $11.45^2=131.1025$

12 答 18, 19, 20, 21, 22, 23, 24
解説 $17<a<25$

13 答 38個
解説 $18^2\leqq a\leqq 19^2$ より, 19^2-18^2+1

14 答 6, 8, 10
解説 $100-n^2$ が整数の2乗となるのは, $100-n^2=64$, 36, 0 のときである。

15 答 (1) ① $72.55\leqq a<72.65$ ② $1.405\leqq a<1.415$

(2) ① 8.2×10^3 ② 3.30×10^4 ③ $3.1\times\dfrac{1}{10^2}$ ④ $5.20\times\dfrac{1}{10^2}$

(3) ① 9×10^3 ② 3.80×10^4 ③ $5.8\times\dfrac{1}{10}$ ④ $2.0\times\dfrac{1}{10^2}$

p.33 **16** 答 (1) $0.\dot{5}$ (2) $0.\dot{0}\dot{9}$ (3) $0.1\dot{4}\dot{8}$ (4) $0.41\dot{6}$

17 答 (1) $\dfrac{7}{9}$　(2) $\dfrac{23}{33}$　(3) $\dfrac{8}{37}$　(4) $\dfrac{23}{15}$　(5) $\dfrac{51}{110}$

解説 (1) $0.\dot{7}=A$ とおく。
$10A=7.77\cdots$ から $A=0.77\cdots$ をひいて，$9A=7$
(2) $0.\dot{6}\dot{9}=A$ とおく。
$100A=69.6969\cdots$ から $A=0.6969\cdots$ をひいて，$99A=69$
(3) $0.\dot{2}1\dot{6}=A$ とおく。
$1000A=216.216216\cdots$ から $A=0.216216\cdots$ をひいて，$999A=216$
(4) $1.5\dot{3}=A$ とおく。
$100A=153.33\cdots$ から $10A=15.33\cdots$ をひいて，$90A=138$
(5) $0.4\dot{6}\dot{3}=A$ とおく。
$1000A=463.6363\cdots$ から $10A=4.6363\cdots$ をひいて，$990A=459$

p.34 **18** 答 $a+b\sqrt{2}=c+d\sqrt{2}$ より，$(b-d)\sqrt{2}=c-a$ ……①
$b\neq d$ であると仮定すると，$b-d\neq0$ より，①の両辺を $b-d$ で割ると，
　$\sqrt{2}=\dfrac{c-a}{b-d}$ ……②
a, b, c, d は有理数であるから，②の右辺は有理数である。
これは，$\sqrt{2}$ が無理数であることに矛盾する。
このことは，$b\neq d$ であると仮定したことによる。
よって，$b=d$ であることから，$b-d=0$ であり，①より，$c-a=0$ であることから，$a=c$ かつ $b=d$ である。
ゆえに，a, b, c, d が有理数で，$a+b\sqrt{2}=c+d\sqrt{2}$ ならば，
$a=c$ かつ $b=d$ である。

解説 $b\neq d$ であると仮定して，背理法を利用して証明する。

p.36 **19** 答 (1) 35　(2) 3　(3) 15　(4) 7　(5) 70　(6) 48　(7) 2　(8) 70　(9) 360　(10) 5

20 答 (1) $3\sqrt{2}$　(2) $3\sqrt{6}$　(3) $11\sqrt{2}$　(4) $6\sqrt{10}$　(5) $5\sqrt{5}$　(6) $9\sqrt{3}$

21 答 (1) $\dfrac{\sqrt{5}}{5}$　(2) $2\sqrt{6}$　(3) $\dfrac{\sqrt{6}}{3}$　(4) $\dfrac{7\sqrt{5}}{15}$　(5) $\dfrac{\sqrt{14}}{4}$　(6) $2\sqrt{21}$

p.37 **22** 答 (1) $6\sqrt{3}$　(2) $-2\sqrt{6}$　(3) 0　(4) $-2\sqrt{3}+\sqrt{5}$　(5) $\dfrac{\sqrt{7}}{6}$　(6) $-\dfrac{3\sqrt{11}}{4}$

23 答 (1) 15.297　(2) 48.374　(3) 1529.7　(4) 0.48374　(5) 0.15297　(6) 0.0048374

p.38 **24** 答 (1) 15　(2) $14\sqrt{3}$　(3) -12　(4) $48\sqrt{6}$　(5) $42\sqrt{6}$　(6) $-12\sqrt{10}$　(7) -70
(8) 630

解説 (1) $3\sqrt{5}\times\sqrt{5}$　(2) $\sqrt{3\times7}\times2\sqrt{7}$　(3) $2\sqrt{2}\times(-3\sqrt{2})$
(4) $2\times2\sqrt{3}\times3\times4\sqrt{2}$　(5) $\sqrt{2\times7}\times3\sqrt{3}\times2\sqrt{7}$
(6) $2\sqrt{3}\times(-\sqrt{3\times5})\times2\sqrt{2}$　(7) $\sqrt{2\times3\times7}\times\dfrac{5\sqrt{7}}{3}\times(-\sqrt{2\times3})$
(8) $\sqrt{5\times7}\times\left(-\dfrac{3\sqrt{2\times5}}{2}\right)\times(-6\sqrt{2\times7})$

p.39 **25** 答 (1) $\dfrac{3}{4}$　(2) $\dfrac{\sqrt{3}}{2}$　(3) $-\dfrac{7}{3}$　(4) 4　(5) $\dfrac{\sqrt{5}}{6}$　(6) 3

解説 (1) $3\sqrt{5}\div4\sqrt{5}$　(2) $\sqrt{2\times3\times7}\div2\sqrt{2\times7}$
(3) $\sqrt{3\times7}\times(-\sqrt{5\times7})\div3\sqrt{3\times5}$　(4) $8\sqrt{2\times3\times13}\div\sqrt{2\times13}\div2\sqrt{3}$
(5) $2\sqrt{3\times5\times5}\div4\sqrt{3}\div3\sqrt{5}$　(6) $-3\sqrt{3}\div2\sqrt{3\times5}\times(-2\sqrt{5})$

26 答 (1) $5\sqrt{5}$　(2) $5\sqrt{3}$　(3) $\sqrt{2}$　(4) $3\sqrt{3}$　(5) $-2\sqrt{6}$　(6) $-13\sqrt{7}$

(7) $\dfrac{7\sqrt{3}}{4}$　(8) $\dfrac{\sqrt{5}}{12}$　(9) $\dfrac{\sqrt{6}}{2}$　(10) $-\dfrac{15\sqrt{2}}{8}$

解説 (1) $2\sqrt{5}+3\sqrt{5}$　(2) $3\sqrt{3}+2\sqrt{3}$　(3) $3\sqrt{2}-2\sqrt{2}$

(4) $-\sqrt{3}+4\sqrt{3}$　(5) $2\sqrt{6}-2\times2\sqrt{6}$　(6) $-5\times2\sqrt{7}-3\sqrt{7}$

(7) $\dfrac{\sqrt{3}}{2}+\dfrac{5\sqrt{3}}{4}$　(8) $\dfrac{4\sqrt{5}}{3}-\dfrac{5\sqrt{5}}{4}$　(9) $\dfrac{4\sqrt{6}}{3}-\dfrac{5\sqrt{6}}{6}$

(10) $\dfrac{7\sqrt{2}}{8}-\dfrac{11\sqrt{2}}{4}$

27 答 (1) $\sqrt{2}$　(2) $5\sqrt{2}$　(3) $6\sqrt{3}-\sqrt{5}$　(4) $4\sqrt{7}$　(5) $2\sqrt{5}-\dfrac{5\sqrt{6}}{4}$

(6) $\dfrac{4\sqrt{2}}{15}+\dfrac{9\sqrt{3}}{2}$　(7) $\sqrt{2}$　(8) $\dfrac{53\sqrt{2}}{10}$

解説 (1) $2\sqrt{2}+3\sqrt{2}-4\sqrt{2}$　(2) $2\times2\sqrt{2}-5\sqrt{2}+6\sqrt{2}$

(3) $2\sqrt{3}+2\sqrt{5}-3\sqrt{5}+4\sqrt{3}$　(4) $2\times2\sqrt{7}-3\sqrt{7}-5\sqrt{7}+2\times4\sqrt{7}$

(5) $3\sqrt{5}-2\sqrt{6}-\dfrac{2\sqrt{5}}{2}+\dfrac{3\sqrt{6}}{4}$　(6) $\dfrac{2\sqrt{2}}{3}-\dfrac{\sqrt{3}}{2}+5\sqrt{3}-\dfrac{2\sqrt{2}}{5}$

(7) $15\times\dfrac{3\sqrt{2}}{5}+6\times\dfrac{\sqrt{2}}{3}-5\times2\sqrt{2}$　(8) $6\sqrt{2}+\dfrac{7\sqrt{2}}{2}-\dfrac{\sqrt{2}}{5}-4\sqrt{2}$

28 答 (1) 1　(2) 4　(3) $\dfrac{7}{2}$　(4) 0　(5) $\sqrt{6}$　(6) $\dfrac{9\sqrt{14}}{14}$　(7) $\dfrac{4\sqrt{3}}{9}$　(8) $\sqrt{15}$

解説 (1) $(6\sqrt{2}-4\sqrt{2})\div2\sqrt{2}$　(2) $(8\sqrt{2}+7\sqrt{2}-3\sqrt{2})\div3\sqrt{2}$

(3) $\dfrac{6\sqrt{3}+4\sqrt{3}-3\sqrt{3}}{2\sqrt{3}}$　(4) $2\sqrt{3}-\dfrac{6\sqrt{3}}{3}$　(5) $3\sqrt{6}-4\sqrt{6}+\dfrac{12\sqrt{6}}{6}$

(6) $\dfrac{\sqrt{14}}{7}+\dfrac{\sqrt{14}}{2}$　(7) $\dfrac{\sqrt{3}}{3}+\dfrac{\sqrt{3}}{9}$　(8) $\dfrac{4\sqrt{15}}{3}-\dfrac{8\sqrt{15}}{15}+\dfrac{\sqrt{15}}{5}$

29 答 (1) $\sqrt{6}-\sqrt{5}$　(2) $2-\sqrt{3}$　(3) $\sqrt{2}+\dfrac{\sqrt{6}}{3}$　(4) $\dfrac{\sqrt{10}-\sqrt{6}}{2}$

解説 (3) $\dfrac{\sqrt{6}}{\sqrt{3}}+\dfrac{\sqrt{2}}{\sqrt{3}}=\sqrt{2}+\dfrac{\sqrt{2}\times\sqrt{3}}{\sqrt{3}\times\sqrt{3}}$　(4) $\dfrac{(\sqrt{5}-\sqrt{3})\times\sqrt{2}}{\sqrt{2}\times\sqrt{2}}$

参考 (3) $\dfrac{\sqrt{6}+\sqrt{2}}{\sqrt{3}}=\dfrac{(\sqrt{6}+\sqrt{2})\times\sqrt{3}}{\sqrt{3}\times\sqrt{3}}=\dfrac{3\sqrt{2}+\sqrt{6}}{3}$　と計算してもよい。

p.40 **30** 答 (1) $5\sqrt{2}$　(2) $13\sqrt{7}$　(3) 30　(4) $4\sqrt{5}$　(5) $-2\sqrt{3}$　(6) $\dfrac{10\sqrt{6}}{3}$

解説 (1) $3\sqrt{2}+2\sqrt{2}$　(2) $15\sqrt{7}-2\sqrt{7}$　(3) $\sqrt{6}\times4\sqrt{6}+\sqrt{2}\times3\sqrt{2}$

(4) $3\sqrt{5}+\sqrt{5}$　(5) $\sqrt{27}-\sqrt{75}=3\sqrt{3}-5\sqrt{3}$

(6) $\dfrac{6\sqrt{2}}{2}\times\sqrt{3}+4\sqrt{3}\div3\sqrt{2}-\dfrac{\sqrt{6}}{3}=3\sqrt{6}+\dfrac{4\sqrt{3}\times\sqrt{2}}{3\sqrt{2}\times\sqrt{2}}-\dfrac{\sqrt{6}}{3}$

31 答 (1) $6\sqrt{2}-6\sqrt{3}$　(2) $4\sqrt{7}+4\sqrt{5}$　(3) $3\sqrt{10}+\sqrt{2}$　(4) $-8\sqrt{5}+11\sqrt{2}$

解説 分配法則を使って展開する。

(1) $\sqrt{2\times3}(2\sqrt{3}-3\sqrt{2})$　(2) $2\sqrt{2}(\sqrt{2\times7}+\sqrt{2\times5})$

(3) $\sqrt{3}(\sqrt{3\times10}-\sqrt{3\times2})+4\sqrt{2}$

(4) $\sqrt{3}(2\sqrt{3\times5}-\sqrt{3\times2})-\sqrt{7}(2\sqrt{5\times7}-2\sqrt{2\times7})$

32 答 (1) $24+7\sqrt{14}$ (2) $4+2\sqrt{15}$ (3) $41-4\sqrt{11}$ (4) $7+2\sqrt{10}$ (5) $42-24\sqrt{3}$
(6) 32 (7) -19 (8) $10+2\sqrt{6}-2\sqrt{15}-2\sqrt{10}$

解説 (3) 公式 $(x+a)(x+b)=x^2+(a+b)x+ab$ を使って,
$(2\sqrt{11})^2+(1-3)\times2\sqrt{11}+1\times(-3)$
(8) 公式 $(a+b+c)^2=a^2+b^2+c^2+2ab+2bc+2ca$ を使って,
$(\sqrt{2})^2+(\sqrt{3})^2+(-\sqrt{5})^2+2\times\sqrt{2}\times\sqrt{3}+2\times\sqrt{3}\times(-\sqrt{5})+2\times(-\sqrt{5})\times\sqrt{2}$

p.41 **33** 答 (1) 1 (2) $-4\sqrt{3}$ (3) 9 (4) $2\sqrt{6}$ (5) 30 (6) $8\sqrt{3}+12\sqrt{2}$ (7) $\dfrac{1}{4}$

解説 (1) $(2\sqrt{2}+\sqrt{3}-\sqrt{2})(\sqrt{3}-\sqrt{2})=(\sqrt{3}+\sqrt{2})(\sqrt{3}-\sqrt{2})$
(2) $(8-4\sqrt{3})-(16-8)$
(3) $(13-2\sqrt{42})-4+2\sqrt{42}$
(4) $\{\sqrt{5}+(\sqrt{3}-\sqrt{2})\}\{\sqrt{5}-(\sqrt{3}-\sqrt{2})\}=(\sqrt{5})^2-(\sqrt{3}-\sqrt{2})^2$
$=5-(5-2\sqrt{6})$
(5) $(30-12\sqrt{6})+6\{(\sqrt{2}+\sqrt{3})^2-(\sqrt{5})^2\}=(30-12\sqrt{6})+6\{(5+2\sqrt{6})-5\}$
(6) $\{(\sqrt{2}+\sqrt{3}+\sqrt{6})+(\sqrt{2}+\sqrt{3}-\sqrt{6})\}\{(\sqrt{2}+\sqrt{3}+\sqrt{6})-(\sqrt{2}+\sqrt{3}-\sqrt{6})\}$
$=(2\sqrt{2}+2\sqrt{3})\times2\sqrt{6}$
(7) $\left\{\left(\dfrac{\sqrt{5}+\sqrt{3}}{2}\right)\left(\dfrac{\sqrt{5}-\sqrt{3}}{2}\right)\right\}^2=\left(\dfrac{5-3}{4}\right)^2$

34 答 (1) $\sqrt{7}-1$ (2) $\dfrac{\sqrt{15}+\sqrt{6}}{3}$ (3) $4-\sqrt{10}$ (4) $3+2\sqrt{2}$

(5) $\dfrac{-3+3\sqrt{2}+2\sqrt{3}-\sqrt{6}}{3}$ (6) $5+2\sqrt{5}-2\sqrt{6}-\sqrt{30}$

解説 (1) $\dfrac{6(\sqrt{7}-1)}{(\sqrt{7}+1)(\sqrt{7}-1)}$ (2) $\dfrac{\sqrt{3}(\sqrt{5}+\sqrt{2})}{(\sqrt{5}-\sqrt{2})(\sqrt{5}+\sqrt{2})}$

(3) $\dfrac{3\sqrt{2}(2\sqrt{2}-\sqrt{5})}{(2\sqrt{2}+\sqrt{5})(2\sqrt{2}-\sqrt{5})}$ (4) $\dfrac{(\sqrt{2}+1)^2}{(\sqrt{2}-1)(\sqrt{2}+1)}$

(5) $\dfrac{(\sqrt{2}+\sqrt{3})(\sqrt{6}-\sqrt{3})}{(\sqrt{6}+\sqrt{3})(\sqrt{6}-\sqrt{3})}$ (6) $\dfrac{(\sqrt{10}-2\sqrt{3})(\sqrt{10}+2\sqrt{2})}{(\sqrt{10}-2\sqrt{2})(\sqrt{10}+2\sqrt{2})}$

p.42 **35** 答 (1) $\dfrac{2\sqrt{3}+\sqrt{2}}{3}$ (2) 6 (3) 8 (4) 0

解説 (1) $\dfrac{2\sqrt{3}+3\sqrt{2}}{6}+\dfrac{2\sqrt{3}-\sqrt{2}}{6}$

(2) $\dfrac{\sqrt{7}(\sqrt{7}+\sqrt{5})}{(\sqrt{7}-\sqrt{5})(\sqrt{7}+\sqrt{5})}-\dfrac{\sqrt{5}(\sqrt{7}-\sqrt{5})}{(\sqrt{7}+\sqrt{5})(\sqrt{7}-\sqrt{5})}$

(3) $\dfrac{(\sqrt{5}-\sqrt{3})^2}{(\sqrt{5}+\sqrt{3})(\sqrt{5}-\sqrt{3})}+\dfrac{(\sqrt{5}+\sqrt{3})^2}{(\sqrt{5}-\sqrt{3})(\sqrt{5}+\sqrt{3})}$

(4) $\dfrac{2(\sqrt{5}-\sqrt{3})}{(\sqrt{5}+\sqrt{3})(\sqrt{5}-\sqrt{3})}-\dfrac{3(\sqrt{5}+\sqrt{2})}{(\sqrt{5}-\sqrt{2})(\sqrt{5}+\sqrt{2})}+\dfrac{\sqrt{3}+\sqrt{2}}{(\sqrt{3}-\sqrt{2})(\sqrt{3}+\sqrt{2})}$

p.43 **36** 答 (1) 3.464　(2) −0.142　(3) 4.242　(4) 1.414

解説 式を整理すると，それぞれ次のようになる。

(1) $2\sqrt{3}$　(2) $4\sqrt{3}-5\sqrt{2}$　(3) $3\sqrt{2}$　(4) $\sqrt{2}$

参考 (4) $\dfrac{(\sqrt{6}+2)(\sqrt{3}-\sqrt{2})}{(\sqrt{3}+\sqrt{2})(\sqrt{3}-\sqrt{2})}$ と有理化してもよいが，$\dfrac{\sqrt{2}(\sqrt{3}+\sqrt{2})}{\sqrt{3}+\sqrt{2}}$ と計算すると速い。

p.44 **37** 答 (1) $4\sqrt{2}$　(2) 1　(3) $4\sqrt{2}$　(4) 30　(5) $120\sqrt{2}$　(6) $116\sqrt{2}$

解説 (3) $xy(x+y)$，(4) $(x+y)^2-2xy$ と変形して，(1)，(2)を利用する。

(5) $x(x^2+y^2)+y(x^2+y^2)=(x+y)(x^2+y^2)$ と変形して，(1)，(4)を利用する。

(6) $(x^3+x^2y+xy^2+y^3)-(x^2y+xy^2)$ と変形して，(3)，(5)を利用する。

38 答 (1) $\dfrac{9}{2}$　(2) $\sqrt{15}$

解説 $x=\dfrac{\sqrt{5}+\sqrt{3}}{2}$，$y=\dfrac{\sqrt{5}-\sqrt{3}}{2}$ より，$x+y=\sqrt{5}$，$x-y=\sqrt{3}$，$xy=\dfrac{1}{2}$

(1) $(x+y)^2-xy=(\sqrt{5})^2-\dfrac{1}{2}$　(2) $(x+y)(x-y)=\sqrt{5}\times\sqrt{3}$

39 答 (1) $2\sqrt{2}$　(2) $\dfrac{3}{2}$

解説 (1) $\{(1+\sqrt{2})-\sqrt{3}\}\{(1+\sqrt{2})+\sqrt{3}\}=(1+\sqrt{2})^2-(\sqrt{3})^2$

(2) $\left(\dfrac{y-x}{xy}\right)^2$ と変形して，(1)を利用する。

40 答 (1) −10　(2) 7

解説 $3<\sqrt{15}<4$ より，$\sqrt{15}$ の整数部分は3である。

よって，$a=\sqrt{15}-3$

(2) $a(a+6)+1$ または $(a+3)^2-8$ に，$a=\sqrt{15}-3$ を代入する。

p.45 **41** 答 (1) 6　(2) 3

解説 $1<\sqrt{2}<2$ より，$3<5-\sqrt{2}<4$　よって，$a=3$，$b=2-\sqrt{2}$

(2) $\dfrac{2}{2-\sqrt{2}}-\dfrac{1}{3-(2-\sqrt{2})}=\dfrac{2(2+\sqrt{2})}{(2-\sqrt{2})(2+\sqrt{2})}-\dfrac{\sqrt{2}-1}{(\sqrt{2}+1)(\sqrt{2}-1)}$

$=2+\sqrt{2}-(\sqrt{2}-1)$

42 答 (1) 15　(2) 14，56

解答例 (1) $\sqrt{60}=\sqrt{2^2\times3\times5}=2\sqrt{3\times5}$

ゆえに，$<60>=3\times5=15$　　　　　　　　　　　　　　　　　（答）15

(2) $\sqrt{70x}=\sqrt{2\times5\times7\times x}$ より，$<70x>=5$ となる x は，$x=14k^2$（k は正の整数）と表すことができる。

x は1以上100以下の整数であるから，$k=1$，2

ゆえに，$x=14$，56　　　　　　　　　　　　　　　　　　　（答）14，56

43 答 (1) 9　(2) 23　(3) $3\sqrt{2}$

解答例 (1) $x^2-6x=(x-3)^2-9=\{(3+3\sqrt{2})-3\}^2-9=(3\sqrt{2})^2-9=18-9$

$=9$ ……（答）

(2) (1)より，$2x^2-12x+5=2(x^2-6x)+5=2\times9+5=23$ ……（答）

(3) (1)より，$x^3-6x^2-8x-3=x(x^2-6x)-8x-3=x\times9-8x-3=x-3$

$=(3+3\sqrt{2})-3=3\sqrt{2}$ ……（答）

参考 (1) $x^2-6x=x(x-6)=(3+3\sqrt{2})\{(3+3\sqrt{2})-6\}$ と計算してもよい。

p.46 **44** 答 (1) 27 (2) 79 (3) 5.7 (4) 2.9 (5) ±30.8 (6) ±65.8

解説

(1)
```
      2:7
  2 √7:29
  2   4:
 47   3:29
  7   3:29
        0
```

(2)
```
        7:9
  7 √62:41
  7   49:
149   13:41
  9   13:41
        0
```

(3)
```
       5::7
  5 √32:49
  5   25:
107    7:49
  7    7:49
        0
```

(4)
```
       2:9:4
  2 √8:65:00
  2   4:
 49   4:65
  9   4:41
584     24:00
  4     23:36
           64
```

(5)
```
       3:0::8
  3 √9:48:64
  3   9:
 60     48:
  0      0:
608     48:64
  8     48:64
            0
```

(6)
```
                 8
       6:5::7:5
  6 √43:24:00:00
  6   36:
125    7:24
  5    6:25
1307     99:00
   7     91:49
13145      7:51:00
    5      6:57:25
             93 75
```

2章の計算

p.47 **1** 答 (1) $3\sqrt{5}$ (2) 12 (3) $6\sqrt{10}$ (4) $-7\sqrt{6}$ (5) $2\sqrt{2}$ (6) $\sqrt{5}$ (7) $\dfrac{3\sqrt{5}}{10}$

(8) $-\dfrac{2\sqrt{3}}{3}$ (9) $\dfrac{5\sqrt{14}}{7}$ (10) 6 (11) $-2\sqrt{5}$ (12) $5\sqrt{5}$ (13) $-3\sqrt{2}$ (14) $-\sqrt{3}$

(15) 0 (16) $5\sqrt{2}$ (17) $\dfrac{\sqrt{7}}{14}$ (18) $\dfrac{7\sqrt{6}}{9}$ (19) $\dfrac{\sqrt{10}}{2}$ (20) $\dfrac{4\sqrt{3}}{15}+\dfrac{9\sqrt{2}}{2}$ (21) $-\sqrt{2}$

(22) $\dfrac{13\sqrt{6}}{12}$ (23) $\sqrt{21}+3\sqrt{7}$ (24) $5\sqrt{3}-3\sqrt{5}$ (25) $6\sqrt{13}-13\sqrt{2}$ (26) $\dfrac{\sqrt{7}-3}{2}$

(27) $5\sqrt{10}-4$ (28) $31-10\sqrt{10}$ (29) $8+4\sqrt{3}$ (30) $37-20\sqrt{3}$ (31) 4 (32) 5

(33) $2\sqrt{7}-5$ (34) $2\sqrt{7}-2\sqrt{3}$ (35) $8+2\sqrt{21}$ (36) $-5+2\sqrt{21}$ (37) $\dfrac{5\sqrt{6}}{6}$

(38) $\dfrac{2\sqrt{30}-4\sqrt{3}}{3}$

2章の問題

p.48 **1** 答 (1) $6\sqrt{2}<5\sqrt{3}$ (2) $2+\sqrt{7}<5$ (3) $\sqrt{38}>3+\sqrt{10}$ (4) $\dfrac{\sqrt{3}}{5}<\dfrac{3}{5}<\sqrt{\dfrac{3}{5}}$

(5) $-\dfrac{1}{\sqrt{2}}<-\sqrt{0.4}<-\dfrac{\sqrt{3}}{3}<-\dfrac{\sqrt{5}}{5}$

解説 (1) $(6\sqrt{2})^2=72$, $(5\sqrt{3})^2=75$

(2) $2<\sqrt{7}<3$

(3) $(3+\sqrt{10})^2=19+6\sqrt{10}$ $(6\sqrt{10})^2=360$, $19^2=361$ より, $6\sqrt{10}<19$
よって, $19+6\sqrt{10}<19+19$

(4) $\left(\sqrt{\dfrac{3}{5}}\right)^2=\dfrac{3}{5}$, $\left(\dfrac{\sqrt{3}}{5}\right)^2=\dfrac{3}{25}$, $\left(\dfrac{3}{5}\right)^2=\dfrac{9}{25}$

(5) それぞれ 2 乗して比べる。

または，$\dfrac{1}{\sqrt{2}}=\sqrt{\dfrac{1}{2}}$，$\sqrt{0.4}=\sqrt{\dfrac{2}{5}}$，$\dfrac{\sqrt{5}}{5}=\sqrt{\dfrac{1}{5}}$，$\dfrac{\sqrt{3}}{3}=\sqrt{\dfrac{1}{3}}$ と変形して比べる。

2 答 (1) 251.9　(2) 4.87

解説 (1) $\sqrt{63472}=251.93\cdots$ より，小数第 2 位を四捨五入する。

(2) $\sqrt{23.7}=4.868\cdots$ より，小数第 3 位を四捨五入する。

(1)		2 5 1. 9 3		(2)		4. 8 6 8
2	$\sqrt{6}$	34 72. 00 00		4	$\sqrt{23.}$ 70 00 00	
2		4		4		16
45		2 34		88		7 70
5		2 25		8		7 04
501		9 72		966		66 00
1		5 01		6		57 96
5029		4 71 00		9728		8 04 00
9		4 52 61		8		7 78 24
50383		18 39 00				25 76
3		15 11 49				
		3 27 51				

3 答 (1) 13　(2) 2　(3) 3　(4) 2

解説 (1) $5\sqrt{7}=\sqrt{175}$ より，$13^2<175<14^2$

(2) $2\sqrt{13}=\sqrt{52}$ より，$7<\sqrt{52}<8$ となるから，$2<10-2\sqrt{13}<3$

(3) $\dfrac{10}{\sqrt{11}}=\sqrt{\dfrac{100}{11}}=\sqrt{9.09\cdots}$ より，$3^2<9.09\cdots<4^2$

(4) $\dfrac{1}{\sqrt{0.24}}=\sqrt{\dfrac{1}{0.24}}=\sqrt{\dfrac{100}{24}}=\sqrt{\dfrac{25}{6}}$ より，$2^2<\dfrac{25}{6}<3^2$

4 答 (1) $\dfrac{\sqrt{6}}{2}$　(2) $\dfrac{3\sqrt{6}}{2}$　(3) $5+5\sqrt{2}$　(4) -1

解説 (1) $6\sqrt{6}-2\sqrt{6}-3\sqrt{6}-\dfrac{\sqrt{6}}{2}$

(2) $\dfrac{(3\sqrt{2})^2-2^2}{\sqrt{6}}-\left(\dfrac{\sqrt{6}}{2}+\dfrac{\sqrt{6}}{3}\right)=\dfrac{7\sqrt{6}}{3}-\dfrac{5\sqrt{6}}{6}$

(3) $(3+2\sqrt{2})-(3\sqrt{6}+2\sqrt{3}-3\sqrt{2}-2)+2\sqrt{3}+3\sqrt{6}$

(4) $(\sqrt{5}+2)\{(\sqrt{5}+2)(\sqrt{5}-2)\}-\dfrac{5\sqrt{5}+15}{5}$

$=(\sqrt{5}+2)\{(\sqrt{5})^2-2^2\}-(\sqrt{5}+3)$

5 答 (1) $6+2\sqrt{5}$　(2) 1　(3) $4\sqrt{35}$　(4) $4\sqrt{30}$

解説 (1) $(9+4\sqrt{5})-\{(1+\sqrt{5})^2-(\sqrt{3})^2\}$

(2) $\{(1+\sqrt{3})-(2+\sqrt{3})\}^2$

(3) $\{(3+\sqrt{5}+\sqrt{7})+(3+\sqrt{5}-\sqrt{7})\}\{(3+\sqrt{5}+\sqrt{7})-(3+\sqrt{5}-\sqrt{7})\}-12\sqrt{7}$

(4) $(\sqrt{6}-\sqrt{5})^7(\sqrt{6}+\sqrt{5})^7\{(\sqrt{6}+\sqrt{5})^2-(\sqrt{6}-\sqrt{5})^2\}$

$=\{(\sqrt{6}-\sqrt{5})(\sqrt{6}+\sqrt{5})\}^7\{(\sqrt{6}+\sqrt{5})+(\sqrt{6}-\sqrt{5})\}\{(\sqrt{6}+\sqrt{5})-(\sqrt{6}-\sqrt{5})\}$

6 答 (1) $9-\sqrt{2}+3\sqrt{3}$　(2) $24\sqrt{2}$　(3) $-1+\sqrt{5}$

解説 (1) $\dfrac{2\sqrt{3}\,(2+\sqrt{3}\,)}{(2-\sqrt{3}\,)(2+\sqrt{3}\,)}+\dfrac{(2-\sqrt{2}\,)^2}{(2+\sqrt{2}\,)(2-\sqrt{2}\,)}-\dfrac{\sqrt{2}\,(2-\sqrt{6}\,)}{(2+\sqrt{6}\,)(2-\sqrt{6}\,)}$

(2) $\dfrac{(3+2\sqrt{2}\,)^2}{(3-2\sqrt{2}\,)^2(3+2\sqrt{2}\,)^2}-\dfrac{(3-2\sqrt{2}\,)^2}{(3+2\sqrt{2}\,)^2(3-2\sqrt{2}\,)^2}$

(3) $\dfrac{\sqrt{2}-1}{(\sqrt{2}+1)(\sqrt{2}-1)}+\dfrac{\sqrt{3}-\sqrt{2}}{(\sqrt{3}+\sqrt{2}\,)(\sqrt{3}-\sqrt{2}\,)}+\dfrac{2-\sqrt{3}}{(2+\sqrt{3}\,)(2-\sqrt{3}\,)}$

$\qquad+\dfrac{\sqrt{5}-2}{(\sqrt{5}+2)(\sqrt{5}-2)}$

p.49 **7** 答 (1) 2　(2) 64　(3) 9

解説 (1) $x^2-2x=x(x-2)$ と変形して，代入する。

(2) $x^2-xy+y^2=(x-y)^2+xy$ と変形して，$x-y=4\sqrt{5}$，$xy=-16$ を代入する。

(3) $x=\dfrac{\sqrt{11}+\sqrt{7}}{2}$，$y=\dfrac{\sqrt{11}-\sqrt{7}}{2}$ を x^2+y^2 に代入する。

参考 (1) $x^2-2x=(x-1)^2-1$ と変形して，代入してもよい。

(3) $x^2+y^2=\dfrac{1}{2}\{(x+y)^2+(x-y)^2\}$ と変形して，$x+y=\sqrt{11}$，$x-y=\sqrt{7}$ を

代入してもよい。

8 答 (1) 14　(2) 52, 468

解説 (1) $504=2^3\times3^2\times7$

(2) $468=2^2\times3^2\times13$ より，$x=2^2\times13$ または $x=2^2\times3^2\times13$

9 答 $n=15$

解説 $n^2<x<(n+1)^2$ より，$(n+1)^2-n^2-1=30$

10 答 $n=15$

解説 $p(n+1)=p(n)$ または $p(n+1)=p(n)+1$ の場合がある。

$p(n+1)=p(n)$ のとき，$p(n)$，$p(n+1)$ は整数とならないから適さない。

$p(n+1)=p(n)+1$ のとき，$p(n)=3$，$p(n+1)=4$

$3\leqq\sqrt{n}<4$ より $9\leqq n<16$，$4\leqq\sqrt{n+1}<5$ より $16\leqq n+1<25$

11 答 $a=-2+\sqrt{6}$，$b=\dfrac{-2+\sqrt{6}}{2}$，$c=\dfrac{-3+2\sqrt{6}}{2}$

解説 $\sqrt{6}$ の整数部分は 2 である。　ゆえに，$a=\sqrt{6}-2$

$\dfrac{1}{a}=\dfrac{1}{\sqrt{6}-2}=\dfrac{\sqrt{6}+2}{2}=\dfrac{\sqrt{6}}{2}+1$　　$1<\dfrac{\sqrt{6}}{2}<\dfrac{3}{2}$　　$2<\dfrac{1}{a}<\dfrac{5}{2}$

よって，$\dfrac{1}{a}$ の整数部分は 2 である。

ゆえに，$b=\left(\dfrac{\sqrt{6}}{2}+1\right)-2=\dfrac{\sqrt{6}}{2}-1$

$(b+2)^2=\left\{\left(\dfrac{\sqrt{6}}{2}-1\right)+2\right\}^2=\dfrac{5+2\sqrt{6}}{2}=\dfrac{5}{2}+\sqrt{6}$

$2^2<6<\left(\dfrac{5}{2}\right)^2$ より，$2<\sqrt{6}<\dfrac{5}{2}$　　$\dfrac{9}{2}<\dfrac{5}{2}+\sqrt{6}<5$

よって，$\dfrac{5}{2}+\sqrt{6}$ の整数部分は 4 である。　ゆえに，$c=\left(\dfrac{5}{2}+\sqrt{6}\right)-4$

12 答 $(a, b)=(3, 6), (4, 4)$

解答例 $3<\sqrt{a+2b}<4$ より，$9<a+2b<16$

$a+2b$ に $b=12-2a$ を代入すると，$9<a+2(12-2a)<16$　　$9<24-3a<16$

各辺から 24 をひくと，$-15<-3a<-8$

各辺を -3 で割ると，$\dfrac{8}{3}<a<5$

a は整数であるから，$a=3, 4$

$b=12-2a$ より，$a=3$ のとき $b=12-2\times3=6$，$a=4$ のとき $b=12-2\times4=4$

(答) $(a, b)=(3, 6), (4, 4)$

13 答 (1) 11　(2) 2

解答例 (1) $11^2<123<12^2$ より，$11<\sqrt{123}<12$

ゆえに，整数部分は 11　　　　　　　　　　　　　　　　　　　　　　　(答) 11

(2) (1)より，整数部分は 11 であるから，小数部分は $\sqrt{123}-11$

よって，$x=\sqrt{123}-11$

$x^3+23x^2+20x=x(x^2+23x+20)$ として，

$x^2+23x+20=x(x+23)+20=(\sqrt{123}-11)(\sqrt{123}+12)+20$

$=(\sqrt{123})^2+\sqrt{123}-132+20=\sqrt{123}+11$ となるから，

$x^3+23x^2+20x=(\sqrt{123}-11)(\sqrt{123}+11)=(\sqrt{123})^2-11^2=2$　　(答) 2

参考 (2) $x=\sqrt{123}-11$ で，11 を移項して両辺を 2 乗すると，

$(x+11)^2=(\sqrt{123})^2$　　$x^2+22x+121=123$

よって，$x^2+22x=2$ となるから，

$x^3+23x^2+20x=x(\boxed{x^2+22x})+x^2+20x=x\times2+x^2+20x$

$=x^2+22x$ としてもよい。

14 答 (1) $2\sqrt{5}$　(2) 18　(3) $-144\sqrt{5}$

解答例 (1) $\dfrac{1}{x}=\dfrac{1}{\sqrt{5}-2}=\dfrac{\sqrt{5}+2}{(\sqrt{5}-2)(\sqrt{5}+2)}=\dfrac{\sqrt{5}+2}{5-4}=\sqrt{5}+2$

ゆえに，$x+\dfrac{1}{x}=(\sqrt{5}-2)+(\sqrt{5}+2)=2\sqrt{5}$ ……(答)

(2) $x^2+\dfrac{1}{x^2}=\left(x+\dfrac{1}{x}\right)^2-2=(2\sqrt{5})^2-2=18$ ……(答)

(3) $x-\dfrac{1}{x}=(\sqrt{5}-2)-(\sqrt{5}+2)=-4$

これと(1), (2)より，

$x^4-\dfrac{1}{x^4}=\left(x^2+\dfrac{1}{x^2}\right)\left(x+\dfrac{1}{x}\right)\left(x-\dfrac{1}{x}\right)=18\times2\sqrt{5}\times(-4)$

$=-144\sqrt{5}$ ……(答)

p.51 **1** 答 (ア), (ウ), (エ)

p.52 **2** 答 (1) $x=2$, 4　(2) $x=0$, 7　(3) $a=-3$, -5　(4) $y=3$, $\dfrac{1}{2}$

(5) $x=-\dfrac{7}{3}$, $\dfrac{9}{4}$　(6) $x=-\dfrac{3}{5}$, $-\dfrac{2}{3}$

3 答 (1) $x=\pm 3$　(2) $y=\pm\sqrt{10}$　(3) $p=\pm\dfrac{\sqrt{3}}{4}$　(4) $x=\pm 2\sqrt{5}$

4 答 (1) $x=0$, -5　(2) $p=0$, $\dfrac{1}{4}$　(3) $y=-2$, 3　(4) $p=-7$, -1

(5) $x=-4$, 1　(6) $y=4$, 5

解説 (1) $x(x+5)=0$　　(2) $p(4p-1)=0$　　(3) $(y+2)(y-3)=0$
(4) $(p+7)(p+1)=0$　　(5) $(x+4)(x-1)=0$　　(6) $(y-4)(y-5)=0$

p.53 **5** 答 (1) $x=3$　(2) $x=-5$　(3) $x=-\dfrac{1}{2}$　(4) $x=\dfrac{2}{3}$　(5) $x=\pm\dfrac{7}{2}$　(6) $x=\pm 4$

解説 (1) $(x-3)^2=0$　　(2) $(x+5)^2=0$　　(3) $(2x+1)^2=0$
(4) $(3x-2)^2=0$　　(5) $(2x+7)(2x-7)=0$　　(6) $2(x+4)(x-4)=0$

6 答 (1) $a=\pm 3$　(2) $x=0$, 7　(3) $x=-2$, 12　(4) $y=3$, 6　(5) $x=6$　(6) $x=\dfrac{1}{4}$

解説 (1) $(a+3)(a-3)=0$　　(2) $x(x-7)=0$　　(3) $(x+2)(x-12)=0$
(4) $(y-3)(y-6)=0$　　(5) $(x-6)^2=0$　　(6) $(4x-1)^2=0$

p.54 **7** 答 (1) $x=9$, -5　(2) $x=8$, -14　(3) $x=5$, -3　(4) $y=-5\pm\sqrt{7}$

(5) $x=2\pm 2\sqrt{3}$　(6) $x=10$, 4　(7) $x=2$, $-\dfrac{4}{3}$　(8) $y=\dfrac{-3\pm\sqrt{5}}{2}$

(9) $x=\dfrac{1\pm 2\sqrt{2}}{2}$　(10) $x=2\pm 3\sqrt{2}$

解説 (1) $x-2=\pm 7$　　(2) $x+3=\pm 11$　　(3) $x-1=\pm 4$　　(4) $y+5=\pm\sqrt{7}$
(5) $x-2=\pm 2\sqrt{3}$　　(6) $x-7=\pm 3$　　(7) $3x-1=\pm 5$　　(8) $2y+3=\pm\sqrt{5}$
(9) $(1-2x)^2=(2x-1)^2$ であるから, $2x-1=\pm 2\sqrt{2}$
(10) $(2-x)^2=(x-2)^2$ であるから, $x-2=\pm 3\sqrt{2}$

8 答 順に (1) 16, 4　(2) $\dfrac{9}{4}$, $\dfrac{3}{2}$　(3) $\dfrac{1}{64}$, $\dfrac{1}{8}$

9 答 (1) $x=5$, -1　(2) $y=-1\pm\sqrt{5}$　(3) $x=3\pm 3\sqrt{2}$　(4) $x=-4\pm 2\sqrt{6}$

(5) $a=\dfrac{1\pm\sqrt{5}}{2}$　(6) $x=\dfrac{-7\pm\sqrt{21}}{2}$　(7) $x=\dfrac{1\pm\sqrt{17}}{4}$　(8) $y=\dfrac{2\pm\sqrt{22}}{3}$

(9) $x=2$, $-\dfrac{2}{5}$　(10) $x=\dfrac{5}{2}$, -1

解説 (1) $(x-2)^2=9$　　(2) $(y+1)^2=5$　　(3) $(x-3)^2=18$
(4) $(x+4)^2=24$　　(5) $\left(a-\dfrac{1}{2}\right)^2=\dfrac{5}{4}$　　(6) $\left(x+\dfrac{7}{2}\right)^2=\dfrac{21}{4}$

(7) $\left(x-\dfrac{1}{4}\right)^2=\dfrac{17}{16}$　　(8) 両辺を 3 で割って, $\left(y-\dfrac{2}{3}\right)^2=\dfrac{22}{9}$

(9) 両辺を 2 倍して, $\left(x-\dfrac{4}{5}\right)^2=\dfrac{36}{25}$　　(10) 両辺を 3 倍して, $\left(x-\dfrac{3}{4}\right)^2=\dfrac{49}{16}$

p.55 **10** 答 (1) $x=\dfrac{-5\pm\sqrt{13}}{6}$ (2) $x=\dfrac{3\pm\sqrt{41}}{4}$ (3) $x=\dfrac{1}{2},\ \dfrac{1}{3}$ (4) $y=1,\ -\dfrac{2}{7}$

(5) $p=\dfrac{-\sqrt{7}\pm\sqrt{3}}{2}$ (6) $t=\dfrac{3\pm\sqrt{13}}{6}$

解説 (5) $p=\dfrac{-\sqrt{7}\pm\sqrt{(\sqrt{7})^2-4\times1\times1}}{2\times1}$

(6) $t=\dfrac{-(-9)\pm\sqrt{(-9)^2-4\times9\times(-1)}}{2\times9}=\dfrac{9\pm\sqrt{117}}{18}=\dfrac{9\pm3\sqrt{13}}{18}$

11 答 (1) $x=1\pm\sqrt{3}$ (2) $x=-2\pm\sqrt{7}$ (3) $x=\dfrac{1\pm\sqrt{7}}{2}$ (4) $x=\dfrac{-3\pm\sqrt{6}}{3}$

(5) $x=\dfrac{2\pm\sqrt{5}}{2}$ (6) $x=\dfrac{3}{2},\ -\dfrac{5}{2}$

解説 (5) $x=\dfrac{-(-4)\pm\sqrt{(-4)^2-4\times(-1)}}{4}=\dfrac{4\pm\sqrt{20}}{4}=\dfrac{4\pm2\sqrt{5}}{4}$

p.56 **12** 答 (1) $x=\pm\dfrac{9}{2}$ (2) $x=-1\pm2\sqrt{2}$ (3) $x=0,\ \dfrac{5}{6}$ (4) $x=3,\ 4$ (5) $x=\dfrac{7}{3}$

(6) $p=\dfrac{2}{5},\ -\dfrac{1}{2}$ (7) $t=\dfrac{-2\pm3\sqrt{2}}{7}$ (8) $y=4\pm\sqrt{17}$ (9) $t=\dfrac{4\pm\sqrt{7}}{2}$

(10) $x=\dfrac{\sqrt{7}}{3},\ -\sqrt{7}$

解説 (1), (2)は平方根による解法，(3)～(5)は因数分解による解法で解く。
(6)は解の公式でも，$(5p-2)(2p+1)=0$ と因数分解しても解くことができる。
(7)～(10)は解の公式による解法で解く。

13 答 (1) $x=1\pm\sqrt{3}$ (2) $x=1$ (3) $x=\dfrac{-11\pm\sqrt{13}}{6}$ (4) $y=-1,\ \dfrac{3}{2}$

(5) $x=\dfrac{2\pm\sqrt{7}}{3}$ (6) $t=\dfrac{1}{3}$ (7) $x=-2,\ 4$ (8) $y=\dfrac{3\pm\sqrt{57}}{8}$

(9) $x=-4,\ \dfrac{7}{2}$ (10) $x=\dfrac{6\pm3\sqrt{2}}{2}$

解説 各項の係数に公約数があれば，その公約数で割っておく。また，係数が
すべて整数となるように，両辺を何倍かする。このとき，x^2 の係数は正になる
ようにする。
(1) $x^2-2x-2=0$ (2) $x^2-2x+1=0$ (3) $3x^2+11x+9=0$
(4) $2y^2-y-3=0$ (5) $3x^2-4x-1=0$ (6) $9t^2-6t+1=0$
(7) $x^2-2x-8=0$ (8) $4y^2-3y-3=0$ (9) $2x^2+x-28=0$
(10) $2x^2-12x+9=0$
参考 (4), (6)は両辺を 5 倍，(5)は両辺を -2 倍すると速い。

p.58 **14** 答 (1) $x=3\pm\sqrt{2}$ (2) $x=-1\pm\sqrt{6}$ (3) $x=2,\ 5$ (4) $x=-\dfrac{3}{2}$

(5) $x=-2,\ -\dfrac{1}{2}$ (6) $x=\dfrac{2}{3},\ -2$ (7) $t=\dfrac{1}{3},\ 3$ (8) $y=-1,\ -3$

(9) $x=-\dfrac{3}{5},\ 5$ (10) $x=\dfrac{11}{7},\ 17$

解説 (1) $x^2-6x+7=0$ (2) $x^2+2x-5=0$ (3) $x^2-7x+10=0$
(4) $4x^2+12x+9=0$

(5) $(x+2)$ が共通因数であるから，$(x+2)\{3(x+2)-(x+5)\}=0$

(6) $2-3x=-(3x-2)$ より，$(3x-2)$ が共通因数であるから，
$(3x-2)\{5x-(x-8)\}=0$

(7) $9t-3=3(3t-1)$ より，$(3t-1)$ が共通因数であるから，
$(3t-1)(t-3)=0$

(8) $(3y+2)^2$ を移項して因数分解すると，
$\{(4y+5)+(3y+2)\}\{(4y+5)-(3y+2)\}=0$

(9) $4(x+2)^2$ を移項して因数分解すると，
$\{(3x-1)+2(x+2)\}\{(3x-1)-2(x+2)\}=0$

(10) $9(x+1)^2$ を移項して因数分解すると，
$\{2(2x-7)+3(x+1)\}\{2(2x-7)-3(x+1)\}=0$

15 答 (1) $t=4,\ 9$　(2) $x=-2,\ 4$　(3) $x=\dfrac{-9\pm\sqrt{13}}{2}$　(4) $x=-\dfrac{5}{14}$　(5) $x=-\dfrac{1}{2}$

(6) $x=-\dfrac{3}{100},\ \dfrac{7}{100}$

解説 (1) $t-4=X$ とおくと，$5X=X^2$

(2) $x-2=X$ とおくと，$X^2+2X-8=0$

(3) $x+7=X$ とおくと，$X^2=5X-3$　　$X^2-5X+3=0$

(4) $7x+3=X$ とおくと，$X=X^2+\dfrac{1}{4}$　　$4X^2-4X+1=0$

(5) $(1-x)^2=(x-1)^2$ より，$x-1=X$ とおくと，$\dfrac{1}{6}X^2+\dfrac{1}{2}X+\dfrac{3}{8}=0$

両辺を 24 倍すると，$4X^2+12X+9=0$

(6) $100x=X$ とおくと，$X^2-4X-21=0$

p.59

16 答 (1) $a=-\dfrac{25}{2}$　他の解 $x=\dfrac{5}{6}$

(2) $a=-1,\ 3$　他の解 $a=-1$ のとき $x=3$，$a=3$ のとき $x=-1$

(3) $a=-1$　他の解 $x=-2-\sqrt{5}$

(4) $a=-1,\ 4$　他の解 $a=-1$ のとき $x=-4$，$a=4$ のとき $x=-19$

(5) $a=-3,\ -\dfrac{1}{2}$

他の解 $a=-3$ のとき $x=1$，　$a=-\dfrac{1}{2}$ のとき $x=-\dfrac{2}{3}$

解説 (1) $3\times(-5)^2-a\times(-5)+a=0$

(2) $(-2)^2+a\times(-2)+a^2-7=0$

(3) $(-2+\sqrt{5}\ )^2+4(-2+\sqrt{5}\ )+a=0$

(4) $1^2+(a^2+2)\times1-3a-7=0$

(5) $3(a+1)^2-a(a+1)+2a=0$

参考 (3) $x^2+4x=x(x+4)$ または $x^2+4x=(x+2)^2-4$ と変形してから，
$x=-2+\sqrt{5}$ を代入してもよい。

17 答 $a=1,\ b=-30$

解説 $x=5$ を代入すると，$5^2+a\times5+b=0$
$x=-6$ を代入すると，$(-6)^2+a\times(-6)+b=0$

参考 $(x-5)(x+6)=0$ より，$x^2+x-30=0$
これと $x^2+ax+b=0$ を比べると，$a=1,\ b=-30$ となる。

18 答 $-2+3\sqrt{2}$

解説 解の公式より, $x=1\pm\sqrt{2}$　　$a<0$ より, $a=1-\sqrt{2}$
代入して, $(1-\sqrt{2})^2-5(1-\sqrt{2})$

別解 $a^2-2a-1=0$ より, $a^2=2a+1$
よって, $a^2-5a=(2a+1)-5a=-3a+1=-3(1-\sqrt{2})+1$

19 答 (1) $a=3$　(2) $x=\dfrac{9\pm\sqrt{57}}{2}$

解説 (1) $3^2-2a\times3+3a=0$　　(2) 正しい2次方程式は, $x^2-9x+6=0$

20 答 $x=-3,\ -2,\ 1,\ 2$

解答例 $(x^2+x)^2-8(x^2+x)+12=0$ ……①
$x^2+x=X$ とおくと, ①は, $X^2-8X+12=0$　　$(X-2)(X-6)=0$
よって, $X=2,\ 6$
$X=2$ のとき, $x^2+x=2$　　$x^2+x-2=0$　　$(x-1)(x+2)=0$
ゆえに, $x=1,\ -2$
$X=6$ のとき, $x^2+x=6$　　$x^2+x-6=0$　　$(x-2)(x+3)=0$
ゆえに, $x=2,\ -3$　　　　　　　　　　　　　　　（答）$x=-3,\ -2,\ 1,\ 2$

21 答 $m=4,\ n=3$

解答例 ①より, $(x+2)(x+3)=0$　　よって, $x=-2,\ -3$
$x=-2$ が共通解のとき, ②に代入すると $-2m+n+4=0$ ……④,
③に代入すると $2m-4n-3=0$ ……⑤
④, ⑤を連立させて解くと, $m=\dfrac{13}{6},\ n=\dfrac{1}{3}$
これらの値は $m,\ n$ が整数という条件に適さない。
$x=-3$ が共通解のとき, ②に代入すると $-3m+n+9=0$ ……⑥,
③に代入すると $3m-4n=0$ ……⑦
⑥, ⑦を連立させて解くと, $m=4,\ n=3$
これらの値は $m,\ n$ が整数という条件に適する。　　　　　（答）$m=4,\ n=3$

p.61 **22** 答 (1) 2個　(2) 0個　(3) 2個　(4) 1個　(5) 0個　(6) 2個

解説 (1) $D=7^2-4\times1\times8=17$　　(2) $D=(-1)^2-4\times1\times2=-7$
(3) $D=(-5)^2-4\times1\times1=21$　　(4) $D=(-6)^2-4\times9\times1=0$
(5) $D=2^2-4\times2\times1=-4$　　(6) $D=(-2)^2-4\times3\times(-1)=16$

参考 次のように解いてもよい。
(4) $\dfrac{D}{4}=(-3)^2-9\times1=0$　　(5) $\dfrac{D}{4}=1^2-2\times1=-1$

(6) $\dfrac{D}{4}=(-1)^2-3\times(-1)=4$

23 答 (1) $a<9$　(2) $a=\dfrac{3}{2}$　(3) $a<-\dfrac{3}{2}$　(4) $a\leqq\dfrac{5}{8}$

解説 (1) $D>0$ より, $(-6)^2-4\times1\times a>0$
(2) $D=0$ より, $2^2-4\times2\times(a-1)=0$
(3) $D<0$ より, $(-6)^2-4\times3\times(-2a)<0$
(4) $D\geqq0$ より, $(-5)^2-4\times10\times a\geqq0$

参考 次のように解いてもよい。
(1) $\dfrac{D}{4}>0$ より, $(-3)^2-1\times a>0$　　(2) $\dfrac{D}{4}=0$ より, $1^2-2\times(a-1)=0$

(3) $\dfrac{D}{4}<0$ より, $(-3)^2-3\times(-2a)<0$

24 **答** $a=2$, -6 **解** $a=2$ のとき $x=1$, $a=-6$ のとき $x=-3$

解説 $D=0$ より, $(-a)^2-4\times1\times(3-a)=0$

25 **答** $\dfrac{4}{5}<a\leqq1$

解説 判別式を考えると,

$$\begin{cases} 2^2-4\times1\times(4a-3)\geqq0 & \cdots\cdots① \\ (-4)^2-4\times5\times a<0 & \cdots\cdots② \end{cases} \text{ または } \begin{cases} 2^2-4\times1\times(4a-3)<0 & \cdots\cdots③ \\ (-4)^2-4\times5\times a\geqq0 & \cdots\cdots④ \end{cases}$$

①, ②より, $\dfrac{4}{5}<a\leqq1$　　③, ④より, 解なし。　ゆえに, $\dfrac{4}{5}<a\leqq1$

参考 x の係数が偶数であるから,

$$\begin{cases} 1^2-1\times(4a-3)\geqq0 \\ (-2)^2-5\times a<0 \end{cases} \text{ または } \begin{cases} 1^2-1\times(4a-3)<0 \\ (-2)^2-5\times a\geqq0 \end{cases} \text{ としてもよい。}$$

p.62 **26** **答** -4, 7

解説 もとの数を x とすると, $x^2-28=3x$

27 **答** 大きい数 12, 小さい数 8

解説 小さい数を x とすると, 大きい数は $x+4$ となるから,
$x(x+4)=5\{x+(x+4)\}-4$　　x は自然数

28 **答** 5cm

解説 もとの正方形の 1 辺の長さを $x$cm とすると, $(x+5)(x+10)=6x^2$
$x>0$

p.63 **29** **答** 13

解説 一の位の数を x とすると, 十の位の数は $x-2$ であるから,
$x(x-2)=\{10(x-2)+x\}-10$
x は $1\leqq x-2\leqq9$, $0\leqq x\leqq9$ より, $3\leqq x\leqq9$ を満たす整数

30 **答** 99 と 101

解説 連続する 2 つの正の奇数を, n を正の整数として $2n-1$, $2n+1$ と表すと, $(2n-1)(2n+1)=9999$

31 **答** 11

解説 連続する 3 つの自然数を, x, $x+1$, $x+2$ と表すと,
$2(x+2)=x(x+1)-68$

32 **答** 9 個

解説 小さい箱に詰める品物の個数を x 個とすると, 大きい箱に詰める品物の個数は x^2 個となるから, $2x^2+4x+2=200$　　x は自然数

33 **答** 1 時間

解説 2 人がすれちがうまでにかかった時間を x 時間とする。
A さんは時速 4km で歩いているから, PR 間の道のりは $4x$km となる。

B さんの速さは, $4x\div\dfrac{80}{60}=3x$ より, 時速 $3x$km となるから, RQ 間の道のりは $3x\times x=3x^2$(km)　　よって, $4x+3x^2=7$　　$x>0$

p.64 **34** **答** 6m

解説 道の幅を xm とすると, $(40-x)(78-3x)=255\times8$
$40-x>0$, $78-3x>0$ より, $0<x<26$

35 **答** 2cm

解説 AB を直径とする半円の半径を $x$cm とすると, BC を直径とする半円の半径は $(6-x)$cm である。

よって, $\pi x^2\times\dfrac{1}{2}+\pi(6-x)^2\times\dfrac{1}{2}=\pi\times6^2\times\dfrac{1}{2}-\pi(6-x)^2\times\dfrac{1}{2}$　　$0<x<6$

36 **答** $96\,\mathrm{cm}^2$

解説 長方形の縦の長さを $x\,\mathrm{cm}$ とすると，横の長さは $(20-x)\,\mathrm{cm}$ である。
よって，$x^2+(20-x)^2=2x(20-x)+16$　　$0<x<20$

p.65 **37** **答** $(4+5\sqrt{2})\,\mathrm{cm}$

解説 もとの正方形の 1 辺の長さを $x\,\mathrm{cm}$ とすると，箱の底面は正方形で，その 1 辺の長さは $(x-4)\,\mathrm{cm}$ である。　　よって，$(x-4)^2\times2=100$　　$x>4$

38 **答** $6\,\mathrm{cm}$

解説 辺 AD の長さを $x\,\mathrm{cm}$ とすると，直線 AB を軸として 1 回転させてできる立体の表面積は $(2\times\pi\times x^2+2\pi\times x\times4)\,\mathrm{cm}^2$ で，直線 AD を軸として 1 回転させてできる立体の表面積は $(2\times\pi\times4^2+2\pi\times4\times x)\,\mathrm{cm}^2$ となる。
よって，$2\pi x^2+8\pi x=(32\pi+8\pi x)\times1.5$　　$x>0$

p.66 **39** **答** (1) $\mathrm{C}(-a+3,\ -2a+9)$　(2) $a=3-\sqrt{2}$

解説 (1) $y=2x+3$，$y=3x+a$ より，$2x+3=3x+a$　これを x について解く。

(2) $\triangle\mathrm{ABC}=\dfrac{1}{2}\times\mathrm{AB}\times(-a+3)$ より，$\dfrac{(3-a)^2}{2}=1$　　$a<3$

40 **答** $a=\dfrac{1}{2}$

解説 点 B の x 座標が 4 であるから，$\mathrm{A}(4,\ 4a+4)$
$\mathrm{BC}=\mathrm{AB}=4a+4$ より，点 C の x 座標は $4+(4a+4)=4a+8$ である。
点 E の x 座標は点 C の x 座標と等しく，y 座標は $y=ax+4$ より，
$a(4a+8)+4=4a^2+8a+4$ である。　　よって，$\mathrm{E}(4a+8,\ 4a^2+8a+4)$
$\mathrm{CG}=\mathrm{EC}=4a^2+8a+4$ より，点 G の x 座標は $(4a+8)+(4a^2+8a+4)$
$=4a^2+12a+12$ である。　　よって，$4a^2+12a+12=19$　　$a>0$

41 **答** (1) $(-x^2+9x)\,\mathrm{cm}^2$　(2) $x=2,\ \dfrac{11}{3}$

解説 (1) 点 Q が辺 AD 上にあるとき，点 P は辺 AB 上にあり，$0<x\leqq3$
$\mathrm{AP}=x$，$\mathrm{AQ}=2x$ であるから，
$\triangle\mathrm{PCQ}=(\text{正方形 ABCD})-\triangle\mathrm{APQ}-\triangle\mathrm{PBC}-\triangle\mathrm{CDQ}$

$=6^2-\dfrac{1}{2}\times x\times2x-\dfrac{1}{2}\times(6-x)\times6-\dfrac{1}{2}\times6\times(6-2x)$

(2) $0<x\leqq3$ のとき，(1)より，$\triangle\mathrm{PCQ}=-x^2+9x$　　$-x^2+9x=14$

$3\leqq x<6$ のとき，$\triangle\mathrm{PCQ}=\dfrac{1}{2}\times(12-2x)\times6=-6x+36$　　$-6x+36=14$

p.68 **42** **答** $x=20$

解答例 容器の中の食塩水にふくまれる食塩の重さは，1 回目の操作で
$\{(100-x)\times0.2\}\,\mathrm{g}$ になり，2 回目の操作で $(100-2x)\times\dfrac{(100-x)\times0.2}{100}$

$=\dfrac{(100-2x)(100-x)}{500}\,(\mathrm{g})$ となる。

食塩水の重さは 2 回目の操作後は $(100+x)\,\mathrm{g}$ で，濃度が $8\,\%$ になったから，

$\dfrac{(100-2x)(100-x)}{500}=(100+x)\times0.08$

整理すると，$x^2-170x+3000=0$　　$(x-20)(x-150)=0$
よって，$x=20,\ 150$　　$0<2x<100$ より $0<x<50$ であるから，$x=20$
この値は問題に適する。　　　　　　　　　　　　　　　　　　　(答) $x=20$

別解 濃度 20％ の食塩水 x g を取り出したとき，その中にふくまれる食塩の重さは，$x \times 0.2 = 0.2x$（g）

x g の水を加えた後，食塩水の重さは $100 - x + x = 100$（g）で，その中にふくまれる食塩の重さは，$100 \times 0.2 - 0.2x = 20 - 0.2x$（g）

$2x$ g の食塩水を取り出したとき，その中にふくまれる食塩の重さは，

$$(20 - 0.2x) \times \frac{2x}{100} = \frac{40x - 0.4x^2}{100} = \frac{100x - x^2}{250}\text{（g）}$$

$3x$ g の水を加えた後，食塩水の重さは $100 - 2x + 3x = 100 + x$（g）で，その中にふくまれる食塩の重さは $(20 - 0.2x) - \dfrac{100x - x^2}{250} = \dfrac{5000 - 150x + x^2}{250}$（g）で，

濃度が 8％ になったから，$\dfrac{5000 - 150x + x^2}{250} = (100 + x) \times 0.08$

整理すると，$x^2 - 170x + 3000 = 0$　　$(x - 20)(x - 150) = 0$
よって，$x = 20,\ 150$
$0 < 2x < 100$ より $0 < x < 50$ であるから，$x = 20$
この値は問題に適する。　　　　　　　　　　　　　　（答）$x = 20$

43 答 8％，12％

解答例 値上げする前の入場料を x 円，入場者数を y 人とすると，

$$\left(1 + \frac{a}{100}\right)x \times \left(1 - \frac{5}{6} \times \frac{a}{100}\right)y = \left(1 + \frac{0.8}{100}\right)xy$$

$$\left(1 + \frac{a}{100}\right)\left(1 - \frac{a}{120}\right)xy = \frac{100.8}{100}xy$$

$xy \neq 0$ より，xy で両辺を割って，$\left(1 + \dfrac{a}{100}\right)\left(1 - \dfrac{a}{120}\right) = \dfrac{100.8}{100}$

両辺を 12000 倍して整理すると，$(100 + a)(120 - a) = 12096$ より，
$a^2 - 20a + 96 = 0$　　$(a - 8)(a - 12) = 0$　　よって，$a = 8,\ 12$
$a > 0$ より，これらの値は問題に適する。　　　　　　（答）8％，12％

44 答 (1) $x = 3,\ \dfrac{10}{3}$　(2) $x = -\dfrac{1}{2},\ \dfrac{8}{3}$

解説 (1) 両辺に 3 をかけ，$t = 3x$ とおくと，$t^2 - 19t + 90 = 0$
$(t - 9)(t - 10) = 0$　　よって，$t = 9,\ 10$
(2) 両辺に 6 をかけ，$t = 6x$ とおくと，$t^2 - 13t - 48 = 0$
$(t + 3)(t - 16) = 0$　　よって，$t = -3,\ 16$

3章の計算

p.69 **1** 答 (1) $x = \pm 7$　(2) $x = \pm 2\sqrt{3}$　(3) $x = 0,\ -\dfrac{2}{5}$　(4) $x = -7,\ 3$

(5) $x = -\dfrac{1}{2},\ 4$　(6) $t = -\dfrac{15}{2}$　(7) $x = 11,\ -9$　(8) $x = 2 \pm 2\sqrt{2}$

(9) $y = 6 \pm 6\sqrt{2}$　(10) $x = 0,\ 9$　(11) $x = 0,\ \dfrac{21}{4}$　(12) $x = -1,\ 6$　(13) $x = 3,\ 5$

(14) $x = 5$　(15) $x = -\dfrac{3}{4}$　(16) $x = 1 \pm \sqrt{6}$　(17) $x = \dfrac{-5 \pm \sqrt{13}}{2}$　(18) $x = \dfrac{-3 \pm \sqrt{17}}{4}$

(19) $x = \dfrac{4 \pm \sqrt{21}}{5}$　(20) $x = 1,\ \dfrac{2}{3}$　(21) $x = -3,\ \dfrac{2}{3}$　(22) $x = \dfrac{3 \pm \sqrt{13}}{2}$

(23) $x=\dfrac{3\pm\sqrt{3}}{2}$　(24) $y=-4$, 2　(25) $x=\dfrac{1}{5}$　(26) $y=\dfrac{-2\pm2\sqrt{7}}{3}$

(27) $x=-2$, $\dfrac{7}{3}$　(28) $x=\dfrac{-2\pm\sqrt{7}}{2}$　(29) $x=\dfrac{5\pm\sqrt{37}}{2}$　(30) $x=-\dfrac{5}{2}$, 4

(31) $x=-\dfrac{2}{3}$, 3　(32) $x=\dfrac{-2\pm\sqrt{5}}{2}$　(33) $x=-1$, 2　(34) $x=2$, 9

(35) $x=-\dfrac{1}{2}$, 6　(36) $x=-3$, $\dfrac{4}{3}$　(37) $x=-\dfrac{1}{4}$, $\dfrac{3}{2}$　(38) $x=-\dfrac{1}{5}$, 3

(39) $x=-1$, $\dfrac{4}{3}$　(40) $x=-4\pm\sqrt{2}$

解説 (7) $x-1=\pm10$　(8) $(x-2)^2=8$　(9) $\dfrac{1}{3}y-2=\pm2\sqrt{2}$

(10) $x(x-9)=0$　(11) $x(4x-21)=0$　(12) $(x+1)(x-6)=0$

(13) $(x-3)(x-5)=0$　(14) $(x-5)^2=0$　(15) $(4x+3)^2=0$

(16) $x=\dfrac{-(-1)\pm\sqrt{(-1)^2-1\times(-5)}}{1}$　(17) $x=\dfrac{-5\pm\sqrt{5^2-4\times1\times3}}{2\times1}$

(18) $x=\dfrac{-3\pm\sqrt{3^2-4\times2\times(-1)}}{2\times2}$　(19) $x=\dfrac{-(-4)\pm\sqrt{(-4)^2-5\times(-1)}}{5}$

(20) $(x-1)(3x-2)=0$

(21) 両辺を -1 倍して，$3x^2+7x-6=0$　$(x+3)(3x-2)=0$

(22) 両辺を -2 で割って，$x^2-3x-1=0$

$x=\dfrac{-(-3)\pm\sqrt{(-3)^2-4\times1\times(-1)}}{2\times1}$

(23) 整理して，$2x^2-6x+3=0$　$x=\dfrac{-(-3)\pm\sqrt{(-3)^2-2\times3}}{2}$

(24) $y^2+2y-8=0$ より，$(y+4)(y-2)=0$

(25) $25x^2-10x+1=0$ より，$(5x-1)^2=0$

(26) 両辺を 2 倍して，$3y^2+4y-8=0$　$y=\dfrac{-2\pm\sqrt{2^2-3\times(-8)}}{3}$

(27) 両辺を 10 倍してから 3 で割って，$3x^2-x-14=0$　$(x+2)(3x-7)=0$

(28) 両辺を 6 倍して整理すると，$4x^2+8x-3=0$　$x=\dfrac{-4\pm\sqrt{4^2-4\times(-3)}}{4}$

(29) 両辺を 6 倍して整理すると，$x^2-5x-3=0$

$x=\dfrac{-(-5)\pm\sqrt{(-5)^2-4\times1\times(-3)}}{2\times1}$

(30) 両辺を 6 倍して整理すると，$2x^2-3x-20=0$　$(2x+5)(x-4)=0$

(31) 両辺を 3 倍して整理すると，$3x^2-7x-6=0$　$(3x+2)(x-3)=0$

(32) 整理して，$4x^2+8x-1=0$　$x=\dfrac{-4\pm\sqrt{4^2-4\times(-1)}}{4}$

(33) $2x(x+1)-(x+2)(x+1)=0$　$(x+1)\{2x-(x+2)\}=0$

(34) $3(x-2)^2-(x-2)(2x+3)=0$　$(x-2)\{3(x-2)-(2x+3)\}=0$

(35) $(2x+1)(2x-1)-(2x+1)(x+5)=0$

$(2x+1)\{(2x-1)-(x+5)\}=0$

(36) 両辺を3倍して，$x^2-9+(2x-1)(x+3)=0$
$(x+3)(x-3)+(2x-1)(x+3)=0$　　$(x+3)\{(x-3)+(2x-1)\}=0$
(37) $(x+2)^2-(3x-1)^2=0$　　$\{(x+2)+(3x-1)\}\{(x+2)-(3x-1)\}=0$
(38) 両辺を4倍して移項すると，$4(x+1)^2-(3x-1)^2=0$
$\{2(x+1)+(3x-1)\}\{2(x+1)-(3x-1)\}=0$
(39) $2-3x=X$ とおくと，$X^2-3X-10=0$　　$(X-5)(X+2)=0$
(40) $x+3=X$ とおくと，$X^2+2X-1=0$　　$X=\dfrac{-1\pm\sqrt{1^2-1\times(-1)}}{1}$

3章の問題

p.70 **1** **答** (1) $x=\dfrac{6\pm\sqrt{10}}{2}$　(2) $x=3\sqrt{3}$，$2\sqrt{3}$　(3) $x=200$，$\dfrac{100}{3}$

(4) $x=-\dfrac{26}{3}$，$\dfrac{4}{3}$　(5) $x=2$，$\dfrac{5}{2}$　(6) $x=-10\pm2\sqrt{41}$　(7) $x=-1$，7

(8) $x=2$，-12

解説 (2) 解の公式より，$x=\dfrac{-(-5\sqrt{3})\pm\sqrt{(-5\sqrt{3})^2-4\times1\times18}}{2\times1}$

(3) $\dfrac{x}{100}=X$ とおいて因数分解すると，$(X-2)(3X-1)=0$

(4) $3x+13=X$ とおいて因数分解すると，$(X+13)(X-17)=0$

(5) 両辺を10倍して $2x-1=X$ とおいて整理すると，$X^2-7X+12=0$

(6) 両辺を2倍して整理すると，$x^2+20x-64=0$

(7) 両辺を7倍して整理すると，$x^2-6x-7=0$

(8) 両辺を6倍して整理すると，$x^2+10x-24=0$

2 **答** $a=4$，$b=8$

解説 $x=2$ を代入すると，$2^2-a\times2+3a-b=0$ より，$b=a+4$ ……①
また，2次方程式 $x^2-ax+3a-b=0$ が重解をもつから，判別式を D とすると，
$D=0$
よって，$D=(-a)^2-4\times1\times(3a-b)=0$ より，$a^2-12a+4b=0$
これに①を代入する。

参考 $(x-2)^2=0$ より，$x^2-4x+4=0$　　これと $x^2-ax+3a-b=0$ を比べると，$a=4$，$b=8$ となる。

3 **答** (1) $(n+1)^2$　(2) 11番目

解説 (2) n 番目の正方形の左下すみにある自然数は n^2+1 と表されるから，
$(n+1)^2+(n^2+1)=266$　　整理すると，$n^2+n-132=0$　　n は自然数

4 **答** 180円

解説 品物1個の値段を $(300-10x)$ 円とすると，1日に $(150+6x)$ 個売れるから，$(300-10x)(150+6x)=39960$　　x は $0<x<30$ を満たす整数

5 **答** $x=2$

解説 定価は $700\left(1+\dfrac{x}{10}\right)$ 円であるから，定価の x 割引きは，

$700\left(1+\dfrac{x}{10}\right)\left(1-\dfrac{x}{10}\right)$ 円となる。

よって，$700-700\left(1+\dfrac{x}{10}\right)\left(1-\dfrac{x}{10}\right)=28$　　$0<x<10$

6 **答** 24 cm

解説 2本に切り分けた針金のうち，長いほうの長さを x cm とすると，短いほうの長さは $(32-x)$ cm となる。

よって，$\left(\dfrac{x}{4}\right)^2+\left(\dfrac{32-x}{4}\right)^2=40$　　$16<x<32$

$\dfrac{x}{4}=X$ とおいて整理すると，$X^2-8X+12=0$

よって，$X=2,\ 6$

参考 長いほうの針金でできる正方形の1辺の長さを x cm とすると，短いほうの針金でできる正方形の1辺の長さは $(32-4x)\div4=(8-x)$ cm となる。

よって，$x^2+(8-x)^2=40$　　$4<x<8$

としてもよい。

p.71 **7** **答** $P(5-\sqrt{5},\ 10-2\sqrt{5}\,)$

解説 点 P の x 座標を a とすると，直線 OA，AB の式はそれぞれ $y=2x$，$y=-x+15$ であるから，$P(a,\ 2a)$，$Q(15-2a,\ 2a)$ となる。

$(\text{台形 POBQ})=\dfrac{1}{2}\times\{(15-2a-a)+15\}\times2a$

よって，$a(30-3a)=60$　　$0<a<5$

8 **答** $\dfrac{4}{3}$ cm

解説 $OP=x$ cm，重なった部分の面積を S cm^2 とすると，$0<x\leqq1$ ……① のとき，

図1より，$S=\dfrac{1}{2}x^2$

$1<x<2$ ……② のとき，図2のように，点 O′，R，T とおくと，$PR=AP=2-x$ より，$O'R=x-(2-x)=2x-2$

よって，

$S=\dfrac{1}{2}x^2-\dfrac{1}{2}(2x-2)^2=-\dfrac{3}{2}x^2+4x-2$

①のとき，$\dfrac{1}{2}x^2=\dfrac{2}{3}$ より，$x=\pm\dfrac{2\sqrt{3}}{3}$

これは①を満たさない。

②のとき，$-\dfrac{3}{2}x^2+4x-2=\dfrac{2}{3}$

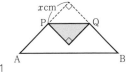

図1

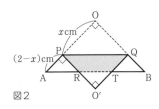

図2

9 **答** (1) 時速 $\dfrac{x}{2}$ km　(2) $x=12$

解説 (1) B さんの速さを時速 y km とすると，2人がすれちがうまでの x 分間に A さんが進んだ道のりと，2人がすれちがった後の24分間に B さんが進んだ道のりは等しいから，$12\times\dfrac{x}{60}=y\times\dfrac{24}{60}$

(2) B さんが池を1周するのにかかった時間は，$(x+24)$ 分であるから，

$\dfrac{x}{2}\times\dfrac{x+24}{60}=3.6$

両辺を120倍して整理すると，$x^2+24x-432=0$　　$x>0$

10 〔答〕42 冊

〔解答例〕1 人分のノートを x 冊とすると，2 人がまとめて買ったノートは $2x$ 冊である。このノートは $(2x-2)$ ％引きで買えるから，

$$100\times\left(1-\frac{2x-2}{100}\right)\times 2x=2520 \qquad \text{整理すると，} x^2-51x+630=0$$

$(x-21)(x-30)=0$ よって，$x=21$, 30

52 冊以上買うときは 50 ％引きであり，$50\times52=2600$（円）以上必要である。したがって，買ったノートは合わせて 50 冊以下である。 よって，$2x\leqq 50$

$0<x\leqq 25$ より，$x=21$ この値は問題に適する。

ゆえに，2 人がまとめて買ったノートは全部で，$21\times2=42$ （答）42 冊

11 〔答〕(1) $(2+0.1x)$ g (2) $x=\dfrac{100}{3}$

〔解答例〕(1) はじめの容器 B の食塩水にふくまれる食塩の重さは，

$100\times0.02=2$（g）

容器 A から取り出した食塩水 x g にふくまれる食塩の重さは，

$x\times0.1=0.1x$（g）

ゆえに，A から B に食塩水 x g を移した後の B の食塩水にふくまれる食塩の重さは，$(2+0.1x)$ g （答）$(2+0.1x)$ g

(2) 容器 A から容器 B へ $0.1x$ g，B から A へ $\left(2x\times\dfrac{2+0.1x}{100+x}\right)$ g の食塩が移動するから，操作終了後の A の食塩水にふくまれる食塩の重さについて，

$$(100-x)\times0.1+2x\times\frac{2+0.1x}{100+x}=(100-x+2x)\times0.07$$

$$\frac{4x+0.2x^2}{100+x}=0.17x-3$$

両辺に $100(100+x)$ をかけると，$400x+20x^2=(17x-300)(100+x)$

$3x^2-1000x+30000=0$ $(x-300)(3x-100)=0$ よって，$x=300$, $\dfrac{100}{3}$

1 回目の操作より $0<x<100$，2 回目の操作より $2x<100+x$ であるから，

$0<x<100$ ゆえに，$x=\dfrac{100}{3}$ この値は問題に適する。 （答）$x=\dfrac{100}{3}$

4章 ● 関数 $y=ax^2$

p.73

1 答 (イ) 比例定数 2, (オ) 比例定数 1, (カ) 比例定数 $\dfrac{7}{5}$, (ク) 比例定数 $-\dfrac{1}{3}$

2 答 (1) $y=6x^2$ (2) $y=2\pi x$ (3) $y=8\pi x^2$ (4) $y=30x^2$ (5) $y=\dfrac{120}{x^2}$

y が x の2乗に比例するもの
(1) 比例定数 6, (3) 比例定数 8π, (4) 比例定数 30

3 答 (1) $y=\dfrac{1}{8}x^2$ (2) $y=\dfrac{9}{2}$ (3) $x=\pm 4\sqrt{2}$

p.74

4 答 (1)

x	$\cdots$	-6	-3	-1	0	1	2	3	$\cdots$
y	$\cdots$	12	3	$\dfrac{1}{3}$	0	$\dfrac{1}{3}$	$\dfrac{4}{3}$	3	$\cdots$

(2)

x	$\cdots$	-2	-1	$-\dfrac{1}{2}$	0	1	3	$2\sqrt{3}$	$\cdots$
y	$\cdots$	-16	-4	-1	0	-4	-36	-48	$\cdots$

5 答 (1) $y=\dfrac{1}{2}$ (2) $y=-10$ (3) $x=\pm 2$ (4) $x=\pm\dfrac{5}{2}$

6 答 (1) $y=\dfrac{5}{4}x^2$ (2) $y=45$ (3) $x=\pm 4$

解説 (1) $y=ax^2$ に $x=2$, $y=5$ を代入する。

p.75

7 答 (1) $y=x^2+2x$ (2) $y=15$ (3) $x=-1\pm\sqrt{2}$

解説 (1) $y=ax^2+bx$ に, $x=3$, $y=15$ と $x=-3$, $y=3$ をそれぞれ代入する。
(3) $1=x^2+2x$, すなわち $x^2+2x-1=0$ を解く。

8 答 (1) $y=4x^2-\dfrac{2}{x}$ (2) $y=5$

解説 (1) $y=ax^2+\dfrac{b}{x}$ に, $x=1$, $y=2$ と $x=2$, $y=15$ をそれぞれ代入する。

p.76

9 答 (1) ⑦ (2) ⑦ (3) ⑤ (4) ⑦

10 答 (1)

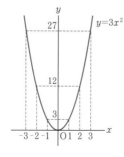

(2)

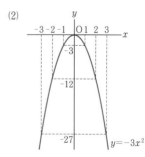

(3)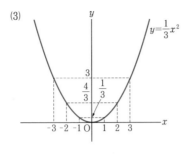

(4)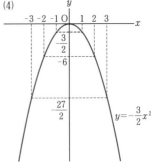

11 答 (1) (ア), (ウ), (エ), (ク)　(2) (イ), (オ), (カ), (キ)　(3) (ア)と(オ), (エ)と(キ)
(4) 最も大きいもの (ク), 最も小さいもの (イ)　(5) (ウ), (カ), (ク)

12 答 (1) $y=6x^2$　(2) $\dfrac{1}{6}$ 倍

13 答 (1) $a=-\dfrac{1}{4}$　(2) B, C, F

p.78 **14** 答 (1) (イ), (ウ)　(2) (ア), (エ)　(3) (イ), (エ)　(4) (ア), (ウ)

15 答 (1) 0（$x=0$ のとき）　(2) 0（$x=0$ のとき）

16 答 (1) ① 5　② 5　(2) ① -48　② 24　(3) ① 2　② -1
解説 (1) 1次関数では, 変化の割合はそのグラフの傾きに等しい。

(2) ①

x	$2 \rightarrow 4$
y	$-32 \rightarrow -128$

②

x	$-2 \rightarrow -1$
y	$-32 \rightarrow -8$

(3) ①

x	$2 \rightarrow 4$
y	$\dfrac{4}{3} \rightarrow \dfrac{16}{3}$

②

x	$-2 \rightarrow -1$
y	$\dfrac{4}{3} \rightarrow \dfrac{1}{3}$

p.79 **17** 答 (1) $y \geqq 8$　(2) $y \leqq 0$　(3) $7 \leqq y < 28$　(4) $-3 \leqq y \leqq -\dfrac{3}{4}$　(5) $0 \leqq y < 15$

(6) $-27 \leqq y \leqq 0$
解説 グラフをかいて調べる。

18 答 (1) 最大値 54（$x=-3$ のとき）, 最小値 6（$x=-1$ のとき）
(2) 最大値 -3（$x=3$ のとき）, 最小値 -12（$x=6$ のとき）
(3) 最大値 8（$x=-4$ のとき）, 最小値 0（$x=0$ のとき）
(4) 最大値 0（$x=0$ のとき）, 最小値 -49（$x=7$ のとき）
(5) 最大値 $\dfrac{45}{4}$（$x=\dfrac{3}{2}$ のとき）, 最小値 0（$x=0$ のとき）
(6) 最大値 0（$x=0$ のとき）, 最小値 -36（$x=-3\sqrt{5}$ のとき）
解説 グラフをかいて調べる。
(5) 比例定数が正の値であるから, 放物線は下に凸である。
$\left|-\dfrac{7}{5}\right| < \left|\dfrac{3}{2}\right|$ より, $x=\dfrac{3}{2}$ のとき最大値となる。
(6) 比例定数が負の値であるから, 放物線は上に凸である。
$|-3\sqrt{5}| > |6|$ より, $x=-3\sqrt{5}$ のとき最小値となる。

p.80 **19** 答 $a=-3$, $b=25$

解説 y の変域が $9 \leqq y \leqq b$ であり，$a \geqq 0$ とすると
最小値が 0 になるから，$a<0$
$x=-5$ のとき，$y=25$
よって，$9 \leqq y \leqq 25$ であるから，$a^2=9$

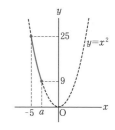

20 答 $a=-2\sqrt{3}$, $b=0$

解説 $x=2$ のとき $y=-6$ である。
y の変域が $-18 \leqq y \leqq b$ であるから，
$a \leqq -2$ であり，
$x=a$ のとき，$y=-\dfrac{3}{2}a^2$ $-\dfrac{3}{2}a^2=-18$

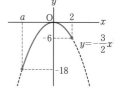

21 答 $a=\dfrac{1}{3}$

解説 y の変域が $0 \leqq y \leqq 12$ であるから，
$x=6$ のとき $y=12$ となる。

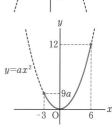

p.81 **22** 答 $a=\dfrac{3}{2}$, $b=2$

解説 x の変域が $0 \leqq x \leqq b$ であるから，
$y=-3x+6$ の最大値は $x=0$ のときで 6 で
ある。
よって，$a>0$ で，y の変域は $0 \leqq y \leqq 6$ とな
る。
$y=-3x+6$ の最小値が 0 であるから，
$-3b+6=0$ $b=2$
よって，関数 $y=ax^2$ のグラフは点 $(2, 6)$
を通る。

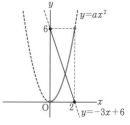

23 答 $a=\dfrac{6}{5}$, $b=\dfrac{12}{5}$ または，$a=-\dfrac{6}{5}$, $b=\dfrac{18}{5}$

解説 y の変域は $0 \leqq y \leqq 6$ であるから，1 次関数のグラフが 2 点 $(-2, 0)$，
$(3, 6)$ を通る場合と 2 点 $(-2, 6)$，$(3, 0)$ を通る場合が考えられる。

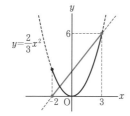
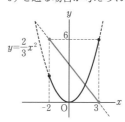

24 答 $a=-\dfrac{7}{3}$

解説 x の値が 1 から 5 まで増加するときの $y=ax^2$ の変化の割合は，

$\dfrac{a\times 5^2-a\times 1^2}{5-1}=6a$ である。

25 答 $a=1$

解説 x の値が a から $a+2$ まで増加するときの $y=-2x^2$ の変化の割合は，

$\dfrac{-2(a+2)^2-(-2a^2)}{a+2-a}=\dfrac{-8a-8}{2}=-4a-4$ である。

$y=-8x+5$ の変化の割合は，つねに -8 である。

よって，$-4a-4=-8$

26 答 $a=\dfrac{2}{5}$

解説 x の値が 1 から 3 まで増加するときの $y=\dfrac{1}{2}x^2$ の変化の割合は，

$\dfrac{\dfrac{1}{2}\times 3^2-\dfrac{1}{2}\times 1^2}{3-1}=\dfrac{4}{2}=2$ である。

x の値が 2 から 3 まで増加するときの $y=ax^2$ の変化の割合は，

$\dfrac{a\times 3^2-a\times 2^2}{3-2}=5a$ である。

よって，$5a=2$

27 答 (1) $y=ax^2$ において，

$x=p$ から $x=q$ までの x の増加量は，$q-p$

y の増加量は，$aq^2-ap^2=a(q^2-p^2)=a(q+p)(q-p)$

よって，変化の割合は，$\dfrac{a(q+p)(q-p)}{q-p}=a(q+p)$

ゆえに，$x=p$ から $x=q$ までの変化の割合は，$a(p+q)$ である。

(2) $p=7$

解答例 (2) (1)より，$a(-2+p)=a(1+4)$

$a\neq 0$ であるから，$p-2=5$　　ゆえに，$p=7$ 　　　　　　　　　　　（答）$p=7$

p.82 **28** 答 (1) $y=\dfrac{1}{4}x^2$ (2) 0.6 秒

解説 (1) y は x の 2 乗に比例するから，比例定数を a とすると，$y=ax^2$ と表される。

これに $x=4$，$y=4$ を代入する。

(2) $0.09=\dfrac{1}{4}x^2$ より，$x^2=0.36$　　$x=\pm 0.6$　　$x>0$

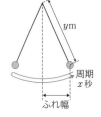

p.83 **29** 答 (1) $y=4x^2$ (2) 秒速 36 m (3) 21 秒後

解説 (1) $y=ax^2$ に $x=2$，$y=16$ を代入する。

(2) $x=3.6$ から $x=5.4$ までの平均の速さは，

$\dfrac{4\times 5.4^2-4\times 3.6^2}{5.4-3.6}=\dfrac{4\times(5.4+3.6)(5.4-3.6)}{5.4-3.6}=4\times(5.4+3.6)$

(3) 求める時刻を t 秒後（$t>4$）とすると，$x=4$ から $x=t$ までの平均の速さは，$\dfrac{4t^2-4\times 4^2}{t-4}=4(t+4)$　　よって，$4(t+4)=100$

30 答 (1) $y=\dfrac{1}{120}x^2$ (2) 67.5 m (3) 時速 30 km 以下

解説 (1) $y=ax^2$ に $x=60$, $y=30$ を代入する。

(3) $y=\dfrac{1}{120}x^2$ に $y=7.5$ を代入すると，

$7.5=\dfrac{1}{120}x^2$　　$x^2=900$

$x>0$ より，$x=30$

よって，制動距離が 7.5 m 以下のグラフは，
右の図のようになる。

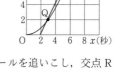

31 答 (1) $y=\dfrac{2}{9}x^2$ (2) $\dfrac{8}{9}$ m (3) 右の図

(4) 6 秒後 (5) $\dfrac{25}{9}$ 倍

解説 (1) グラフは点 $(6,\ 8)$ を通る。

(2) $y=\dfrac{2}{9}x^2$ に $x=2$ を代入する。

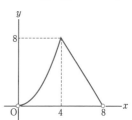

(3) A さんは秒速 2 m で坂をおりるから，x と y
の関係を表すグラフは，傾きが 2 の直線である。
また，$x=2$ のとき $y=0$ である。

(4) A さんは，放物線と直線との交点 Q でいったんボールを追いこし，交点 R
でボールに追いこされる。

(5) 12 秒後から 13 秒後までのボールの平均の速さは，$\dfrac{\dfrac{2}{9}\times13^2-\dfrac{2}{9}\times12^2}{13-12}=\dfrac{50}{9}$

p.85 **32** 答 (1) $0<x\leqq4$ のとき $y=\dfrac{1}{2}x^2$

$4<x<8$ のとき $y=-2x+16$
グラフは右の図
(2) $x=2\sqrt{2}$, 6

解説 (1) (i) $0<x\leqq4$ のとき，

$AP=x$, $BQ=x$ より，$y=\dfrac{1}{2}\times x\times x=\dfrac{1}{2}x^2$

(ii) $4<x<8$ のとき，
点 P は辺 BC 上にあり，点 Q は頂点 C にある。

$PQ=4\times2-x=8-x$ より，$y=\dfrac{1}{2}\times4\times(8-x)=-2x+16$

(2) $0<x\leqq4$ のとき，$4=\dfrac{1}{2}x^2$　　$4<x<8$ のとき，$4=-2x+16$

p.86 **33** 答 (1) $\dfrac{5}{2}$ 秒後

(2) $0<x\leqq\dfrac{5}{4}$ のとき $y=-4x^2+20x$，　$\dfrac{5}{4}<x\leqq\dfrac{5}{2}$ のとき $y=5x+\dfrac{25}{2}$，

$\dfrac{5}{2}<x\leqq\dfrac{15}{4}$ のとき $y=-5x+\dfrac{75}{2}$

解説 (1) 点 Q が頂点 C を通った後に $AP=QC$ が成り立つとき，線分 PQ が
長方形の面積を 2 等分する。このとき，$AP=2x$, $QC=4x-5$

(2) (i) $0<x\leqq\dfrac{5}{4}$ のとき, $y=\triangle$PBQ   PB$=10-2x$, BQ$=4x$

(ii) $\dfrac{5}{4}<x\leqq\dfrac{5}{2}$ のとき, $y=$(台形 PBCQ)   PB$=10-2x$, QC$=4x-5$

(iii) $\dfrac{5}{2}<x\leqq\dfrac{15}{4}$ のとき, $y=$(台形 APQD)   AP$=2x$, DQ$=15-4x$

34 答 (1) $x=3$ のとき $y=\dfrac{9}{4}$, $x=6$ のとき $y=\dfrac{9}{2}$

(2) $t=8$

(3) $0<x\leqq3$ のとき $y=\dfrac{1}{4}x^2$

$3<x\leqq6$ のとき $y=\dfrac{3}{4}x$

$6<x<8$ のとき $y=-\dfrac{9}{4}x+18$

グラフは右の図

(4) $x=2,\ \dfrac{68}{9}$

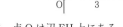

解説 (1) $x=3$ のとき, 点 P は頂点 F に, 点 Q は辺 EH 上にある。

PE$=3$, QE$=\dfrac{3}{2}$

$x=6$ のとき, 点 P は頂点 G に, 点 Q は頂点 H にある。

(2) 点 P と Q が t 秒後に出会うとき, P の道のりと Q の道のりの合計は正方形の周の長さと等しくなる。 $t+\dfrac{1}{2}t=3\times4$

(3) (i) $0<x\leqq3$ のとき, 点 P は辺 EF 上, 点 Q は辺 EH 上にあるから,
$y=\dfrac{1}{3}\times\left(\dfrac{1}{2}\times x\times\dfrac{x}{2}\right)\times3=\dfrac{1}{4}x^2$

(ii) $3<x\leqq6$ のとき, 点 P は辺 FG 上, 点 Q は辺 EH 上にあるから,
$y=\dfrac{1}{3}\times\left(\dfrac{1}{2}\times\dfrac{x}{2}\times3\right)\times3=\dfrac{3}{4}x$

(iii) $6<x<8$ のとき, 2点 P, Q はともに辺 GH 上にあるから,
PQ$=3\times4-\left(x+\dfrac{1}{2}x\right)=12-\dfrac{3}{2}x$

よって, $y=\dfrac{1}{3}\times\left\{\dfrac{1}{2}\times\left(12-\dfrac{3}{2}x\right)\times3\right\}\times3=-\dfrac{9}{4}x+18$

(4) グラフより, $y=1$ となるのは, $0<x\leqq3$ のときと $6<x<8$ のときである。

p.88 **35** 答 (1) $a=\dfrac{1}{2}$ (2) B$(-2,\ 2)$

解説 (1) 放物線 $y=ax^2$ は点 A$(4,\ 8)$ を通るから, $8=a\times4^2$

(2) $\triangle$OAC : $\triangle$OBC$=$AC : BC$=2:1$ より, 点 B の x 座標を t とすると,
$(-t):4=1:2$

36 答 (1) 2 (2) $a=\dfrac{1}{2}$

解説 (1) 点 A は $y=\dfrac{1}{4}x^2$ のグラフ上にあるから, その x 座標は, $1=\dfrac{1}{4}x^2$

$x\leqq0$ より, $x=-2$

点 C の x 座標を t とすると, 点 B の x 座標は $-\dfrac{3}{2}$ であるから,

$$\left\{t-\left(-\dfrac{3}{2}\right)\right\}:\left\{-\dfrac{3}{2}-(-2)\right\}=7:1$$

(2) 点 B は $y=ax^2$ のグラフ上にあるから, その y 座標は,

$$y=a\times\left(-\dfrac{3}{2}\right)^2=\dfrac{9}{4}a$$

点 C も $y=ax^2$ のグラフ上にあるから, その y 座標は,

$$y=a\times2^2=4a \qquad \left(4a-\dfrac{9}{4}a\right):\left(\dfrac{9}{4}a-1\right)=7:1$$

37 答 (1) $a=1$ (2) $\dfrac{45}{2}$ (3) $b=\dfrac{1}{4}$

解説 (2) C$(3,\ 9)$ であるから, $\triangle\mathrm{ABC}=\dfrac{1}{2}\times9\times\{3-(-2)\}$

(3) $\triangle\mathrm{ADC}=3\triangle\mathrm{ABD}$ より BD : DC$=1:3$ であるから,

BD$+$DC$=$BD$+3$BD$=9$　　よって, D$\left(3,\ \dfrac{9}{4}\right)$

38 答 (1) $a=\dfrac{1}{4}$, $b=6$ (2) $\left(1,\ \dfrac{13}{2}\right)$ (3) 12 (4) $y=-\dfrac{13}{4}x+\dfrac{39}{4}$

解説 (1) 2 点 A, B は放物線上にあるから, $4=a\times(-4)^2$, $9=a\times b^2$　　$b>0$
(2) □APBQ の対角線の交点は, 対角線 AB の中点になる。
(3) 対角線 AB と PQ の中点は一致する。点 Q の x 座標は 0 より, 点 P の x 座標は 2 である。
(4) 平行四辺形の面積を 2 等分する直線は, その対角線の交点を通るから, 対角線の交点と点 $(3,\ 0)$ を通る直線の式を求める。

39 答 (1) $a=4$, $b=-\dfrac{16}{3}$ (2) C$\left(2,\ -\dfrac{64}{3}\right)$

(3) $y=-\dfrac{20}{3}x-8$ (4) P$\left(0,\ \dfrac{64}{3}\right)$

解説 (1) A$(2,\ 8)$, B$\left(-\dfrac{3}{4},\ -3\right)$ である。

(2) 点 C の x 座標は 2 であり, C は放物線 $y=-\dfrac{16}{3}x^2$ 上にある。

(4) $\triangle\mathrm{PBC}=\triangle\mathrm{ABC}$ より PA∥BC であるから, P は点 A を通り直線 BC に平行な直線と, y 軸との交点である。

40 答 (1) $a=-\dfrac{1}{4}$ (2) 6

解説 (1) 四角形 ABCD は平行四辺形であるから, AB$=$DC, AB∥DC
A$(1,\ 1)$, B$(-1,\ 1)$, D$(-2,\ -4)$ より, 点 C の x 座標は, $-2-2=-4$
AB∥DC より, 点 C の y 座標は点 D の y 座標と等しい。

(2) 直線 AD の式は, $y=\dfrac{5}{3}x-\dfrac{2}{3}$

辺 AD と y 軸との交点を E とすると, E$\left(0,\ -\dfrac{2}{3}\right)$

P$(0,\ p)$ とすると, $\triangle\mathrm{PDA}=\dfrac{1}{2}\times\left\{p-\left(-\dfrac{2}{3}\right)\right\}\times\{1-(-2)\}=\dfrac{3}{2}\left(p+\dfrac{2}{3}\right)$

p.89

また，□ABCD＝{1−(−1)}×{1−(−4)}＝10

よって，$\dfrac{3}{2}\left(p+\dfrac{2}{3}\right)=10$

【別解】(2) 直線 AD の式は，$y=\dfrac{5}{3}x-\dfrac{2}{3}$　　直線 BC の式は，$y=\dfrac{5}{3}x+\dfrac{8}{3}$

図1で，直線 AD と y 軸との交点を E，直線 BC と y 軸との交点を F とすると，

△PDA＝2△ABD＝2△FDA より，PE＝2FE

よって，P$(0,\ p)$ とすると，$p-\left(-\dfrac{2}{3}\right)=2\left\{\dfrac{8}{3}-\left(-\dfrac{2}{3}\right)\right\}$

【参考】(2) 図2で，AB＝2 より，G$(-3,\ 1)$ とすると，AG＝2AB であるから，

△AGD＝□ABCD である。

よって，点 G を通り直線 AD と平行な直線と，y 軸との交点が P となる。

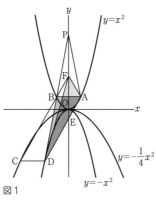
図1

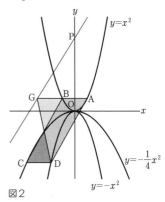
図2

41 【答】(1) 72　(2) P$(2,\ 0)$，P$(-14,\ 0)$　(3) $y=\dfrac{22}{7}x+\dfrac{36}{7}$

【解説】(1) A$(-3,\ 6)$，B$(3,\ 6)$，C$(6,\ 24)$

（四角形 AOBC）＝△AOB＋△ABC

(2) 直線 AC と x 軸との交点を Q とすると，直線 AC の式は $y=2x+12$ であるから，Q$(-6,\ 0)$

△APC＝△QPC−△APQ より，P$(p,\ 0)$ とすると，

$p>-6$ のとき，$\dfrac{1}{2}\times\{p-(-6)\}\times(24-6)=72$

$p<-6$ のとき，$\dfrac{1}{2}\times(-6-p)\times(24-6)=72$

(3) 直線 OC の傾きは 4 であるから，点 B を通り
直線 OC と平行な直線の式は，$y=4x-6$ ……①
直線 OA の式は，$y=-2x$ ……② であるから，
①と②の交点を D とすると，D$(1,\ -2)$
△ODC＝△OBC であるから，
△ADC＝（四角形 AOBC）
辺 AD の中点を E とすると E$(-1,\ 2)$ となり，
△AEC＝$\dfrac{1}{2}$△ADC より，直線 CE が求める直線
である。

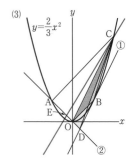
(3)

参考 (3) 直線 OB の傾きは 2，直線 AC の傾きは
2 であるから，OB // AC
よって，△COB＝△AOB＝18
求める直線と辺 AO との交点を E とすると，
△CAE＝36
△CEO＝（四角形 AOBC）－△CAE－△COB
＝72－36－18＝18 であるから，
AE：EO＝△CAE：△CEO＝2：1
よって，E(－1，2) である。

参考 (3) R(0，6) とする。点 R を通り直線 OC に
平行な直線と，辺 AO との交点を E とすると，△CEO＝△CRO である。
△OAR＝△OBR，△CAR＝△CBR より，
$$\frac{1}{2}×（四角形 AOBC）＝△OBR＋△CBR＝△OCR＋△COB＝△OCE＋△COB$$
よって，直線 CE が求める直線である。

---

p.90 **42** **答** (1) P(－1，1)，Q$\left(-\dfrac{1}{2},\ \dfrac{1}{4}\right)$ (2) $-2<t<1$ (3) $t=\dfrac{-2\pm\sqrt{2}}{4}$

解説 (1) 点 P の y 座標は 1，点 Q の x 座標は $-\dfrac{3}{2}+1=-\dfrac{1}{2}$

(2) 長方形 ABCD の周が放物線 $y=x^2$ と共有点をもつのは，点 D の座標が
$(-1，1)$ となるときから，点 A の座標が $(1，1)$ となるときまでである。

(3) 線分 PQ が長方形 ABCD の面積を 2 等分するのは，線分 PQ が長方形
ABCD の対角線の交点 R を通るときであるから，点 P が辺 AB 上にあり，点
Q が辺 DC 上にあるときを考えればよい。

点 R の y 座標は $\dfrac{1+\left(-\dfrac{1}{4}\right)}{2}=\dfrac{3}{8}$ で，点 P，Q の x 座標はそれぞれ t，$t+1$

であるから，線分 PQ の中点の y 座標は，$\dfrac{t^2+(t+1)^2}{2}$ である。

よって，$\dfrac{t^2+(t+1)^2}{2}=\dfrac{3}{8}$　　$-1<t<0$

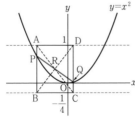 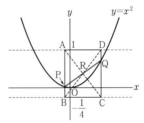

---

43 **答** (1) $S=-\dfrac{1}{2}t^2+4t+8$ (2) $S=-4t+32$

(3) $t=4-2\sqrt{3}$，$\dfrac{11}{2}$

解答例 (1) 右の図のように，求める面積 S
は，1 辺が 4cm の正方形の面積から，三角形の
外にある等辺が $(4-t)$cm の直角二等辺三角
形の面積をひいたものである。

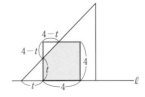

よって，$S = 4^2 - \dfrac{1}{2} \times (4-t) \times (4-t)$　　$S = 16 - \dfrac{1}{2}(4-t)^2$

ゆえに，$S = -\dfrac{1}{2}t^2 + 4t + 8$ ……(答)

(2) 右の図のように，求める面積 S は，縦が
4cm，横が $(8-t)$ cm の長方形の面積になる。
よって，$S = 4 \times (8-t)$
ゆえに，$S = -4t + 32$ ……(答)

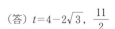

(3) $0 \leqq t \leqq 4$ のとき，$10 = 16 - \dfrac{1}{2}(4-t)^2$

$(t-4)^2 = 12$　　$t = 4 \pm 2\sqrt{3}$　　$0 \leqq t \leqq 4$ より，$t = 4 - 2\sqrt{3}$

$4 < t \leqq 8$ のとき，$10 = -4t + 32$　　$t = \dfrac{11}{2}$

この値は $4 < t \leqq 8$ に適する。　　　　　　　　　　(答) $t = 4 - 2\sqrt{3}$，$\dfrac{11}{2}$

44 答 (1) $y = x^2$ より，P$(p,\ p^2)$，Q$(q,\ q^2)$
直線 PQ の式を $y = bx + c$ とする。
直線 PQ は点 P$(p,\ p^2)$ を通るから，$p^2 = bp + c$ ……①
直線 PQ は点 Q$(q,\ q^2)$ を通るから，$q^2 = bq + c$ ……②
①－② より，$p^2 - q^2 = bp - bq$　　$(p+q)(p-q) = b(p-q)$
$p - q \neq 0$ より，$b = p + q$　　これを①に代入すると，$p^2 = (p+q)p + c$
$c = p^2 - p^2 - pq$　　よって，$c = -pq$
ゆえに，直線 PQ の式は，$y = (p+q)x - pq$

(2) $p = 2 - a$，$q = 2 + a$　(3) 2　(4) $a = \dfrac{5}{2}$

解答例 (2) 直線 $y = (p+q)x - pq$ が
点 A$(1,\ a^2)$ を通るから，$a^2 = p + q - pq$ ……③
P$(p,\ p^2)$，C$(a,\ a^2)$ より，直線 PC の傾きは，
$\dfrac{a^2 - p^2}{a - p} = \dfrac{(a+p)(a-p)}{a-p} = a + p$
B$(-a,\ a^2)$，Q$(q,\ q^2)$ より，直線 BQ の傾き
は，$\dfrac{q^2 - a^2}{q - (-a)} = \dfrac{(q+a)(q-a)}{q+a} = q - a$
PC ∥ BQ より，$a + p = q - a$
ゆえに，$q = 2a + p$ ……④
④を③に代入すると，
$a^2 = p + (2a+p) - p(2a+p)$　　$p^2 + 2ap + a^2 - 2p - 2a = 0$
$(p+a)^2 - 2(p+a) = 0$　　$(p+a)(p+a-2) = 0$
よって，$p + a = 0$ または $p + a - 2 = 0$
$p + a = 0$ のとき，$p = -a$ となり，2点 P，B の x 座標が一致するから，問題に
適さない。
$p + a - 2 = 0$ のとき，$p = 2 - a$
これを④に代入すると，$q = 2a + (2-a) = 2 + a$
これらは $a > 1$ より，問題に適する。　　　　　　(答) $p = 2 - a$，$q = 2 + a$

(3) (2)より，直線 PC の傾きは $a + p$ である。
$p = 2 - a$ より，$a + p = a + (2-a) = 2$　　　　　　　　　　　　(答) 2

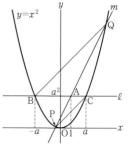

(4) BQ：PC＝7：3, BQ∥PC より, $\{q-(-a)\}:(a-p)=7:3$

$7(a-p)=3(q+a)$

$p=2-a$, $q=2+a$ であるから, $7\{a-(2-a)\}=3\{(2+a)+a\}$

これを解くと, $a=\dfrac{5}{2}$　　　　　　　　　　　　　　　　　　　（答）$a=\dfrac{5}{2}$

別解 (1) $y=x^2$ より, P$(p,\ p^2)$, Q$(q,\ q^2)$

$y=(p+q)x-pq$ に $x=p$ を代入すると,

$y=(p+q)p-pq=p^2+pq-pq=p^2$

よって, 点 P は $y=(p+q)x-pq$ 上にある。

同様に, $y=(p+q)x-pq$ に $x=q$ を代入すると,

$y=(p+q)q-pq=pq+q^2-pq=q^2$

よって, 点 Q は $y=(p+q)x-pq$ 上にある。

ゆえに, 直線 PQ の式は, $y=(p+q)x-pq$ と表される。

参考 (4) BQ∥PC であるから, BQ：PC＝BA：AC より,

$7:3=\{1-(-a)\}:(a-1)$ として a を求めてもよい。

⚠ 平行線と比については, 「5章 平行線と比」でくわしく学習する（→本文 p.96）。

p.92 **45** 答 $a=\dfrac{1}{5}$, $b=\dfrac{14}{5}$

解説 連立方程式 $\begin{cases} y=ax^2 \\ y=x+b \end{cases}$ より, $ax^2=x+b$ ……①

$x=-2$, 7 をそれぞれ①に代入する。

参考 A$(-2,\ 4a)$, B$(7,\ 49a)$ とすると, 直線 AB と $y=x+b$ の傾きは等しいから, $\dfrac{49a-4a}{7-(-2)}=1$ として a を求めてもよい。

46 答 (1) $(2,\ 4)$, $(3,\ 9)$　(2) $\left(\dfrac{3}{2},\ 9\right)$

(3) $(1-\sqrt{2},\ 3-2\sqrt{2})$, $(1+\sqrt{2},\ 3+2\sqrt{2})$　(4) $\left(\dfrac{1}{2},\ \dfrac{1}{2}\right)$, $(2,\ 8)$

解説 (1) $x^2=5x-6$　　(2) $4x^2=12x-9$　　(3) $x^2=2x+1$　　(4) $2x^2=5x-2$

47 答 (1) $a=\dfrac{1}{3}$, B$(3,\ 3)$　(2) P$(9,\ 27)$

解説 (1) 直線 ℓ の式は, $y=-x+6$

連立方程式 $\begin{cases} y=\dfrac{1}{3}x^2 \\ y=-x+6 \end{cases}$ より, $\dfrac{1}{3}x^2=-x+6$　$x^2+3x-18=0$

(2) 直線 ℓ と y 軸との交点を D, 点 P を通り直線 ℓ に平行な直線と, y 軸との交点を Q とする。

△AOC：△ACP＝△AOC：△ACQ＝1：5 より,

OD：DQ＝1：5　　　よって, Q$(0,\ 36)$

QP∥AC より, 直線 PQ の式は $y=-x+36$ であるから,

連立方程式 $\begin{cases} y=\dfrac{1}{3}x^2 \\ y=-x+36 \end{cases}$ より, $\dfrac{1}{3}x^2=-x+36$

$x^2+3x-108=0$　　$x>0$

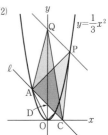

(2)

48 **答** (1) A(3, 18), B(−2, 8) (2) 36π

解説 (1) 連立方程式 $\begin{cases} y=2x^2 \\ y=2x+12 \end{cases}$ より，$2x^2-2x+12$　　$x^2-x-6=0$

(2) 求める立体は，底面の半径が3，高さが18の円錐から，底面の半径が3，高さが 18−12=6 の円錐を取り除いた立体になる。

4章の問題

p.93 **1** **答** $x=-5$, 1

解説 a を比例定数とすると，$y-4=a(x+2)^2$ と表すことができる。
これに $x=-1$, $y=6$ を代入すると，$a=2$

2 **答** $a=\dfrac{3}{2}$, $b=4$ または，$a=3$, $b=-8$

解説 $-4\leqq x\leqq 2$ のとき，$y=ax^2$ の y の変域は，$a>0$ であるから $0\leqq y\leqq 16a$
となる。$y=bx+16$ のグラフは2点 $(-4, 0)$, $(2, 16a)$ を通る場合と2点
$(-4, 16a)$, $(2, 0)$ を通る場合が考えられる。

3 **答** $a=-\dfrac{2}{5}$

解説 x の値が1から4まで増加するときの $y=ax^2$ の変化の割合は，
$\dfrac{a\times 4^2-a\times 1^2}{4-1}=5a$，$y=\dfrac{8}{x}$ の変化の割合は，$\dfrac{2-8}{4-1}=-2$

4 **答** $a=-1$, -2

解説 y の変域が $0\leqq y\leqq 8$ であるから，$a\leqq 0$ かつ $a+3\geqq 0$ より，$-3\leqq a\leqq 0$

(i) $-3\leqq a\leqq -\dfrac{3}{2}$ のとき，

$x=a$ で最大値をとるから，$2a^2=8$　　$a^2=4$

(ii) $-\dfrac{3}{2}<a\leqq 0$ のとき，

$x=a+3$ で最大値をとるから，$2(a+3)^2=8$　　$(a+3)^2=4$

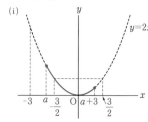 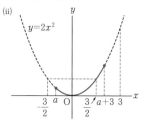

5 **答** (1) $a=\dfrac{1}{2}$ (2) $y=10x-50$ (3) ① $b=8$ ② 55 cm

解説 (2) 点Bを通過した後の点Pの速さは，$\dfrac{100-50}{15-10}=10$ より，秒速 10 cm
であるから，$y=50+10(x-10)$

(3) ① 4秒間に点Pが進んだ距離は8cmであり，この距離を点Qは1秒間で
進んだ。

② 点 Q が 点 A から 点 B まで進むのにかかる時間は，$\dfrac{50}{8}=\dfrac{25}{4}$（秒）である。

よって，点 P が点 A を出発してから，$3+\dfrac{25}{4}=\dfrac{37}{4}$（秒）後に，点 Q は点 B を通過する。

点 Q は点 B から先は秒速 4 cm で動くから，点 P が点 A を出発してから x 秒後の AQ 間の距離を y cm とすると，$y=50+4\left(x-\dfrac{37}{4}\right)$ と表すことができる。

点 Q が 点 P に追い着かれたときは，$10x-50=50+4\left(x-\dfrac{37}{4}\right)$ が成り立つ。

p.94 **6** **答** (1) $3t^2+4t$　(2) $\dfrac{140}{3}$

解説 (1) 4 点 A，B，C，D の座標を，t（$t>0$）を使って表すと，

A$\left(t,\ \dfrac{1}{2}t^2\right)$，B$\left(-t,\ \dfrac{1}{2}t^2\right)$，C$(-t,\ -t^2)$，D$(t,\ -t^2)$ と表される。

AB=CD=$t-(-t)=2t$，AD=BC=$\dfrac{1}{2}t^2-(-t^2)=\dfrac{3}{2}t^2$

よって，周の長さは，$2t\times 2+\dfrac{3}{2}t^2\times 2$

(2) 点 E，F の座標は，それぞれ E$\left(\dfrac{1}{4}t^2,\ \dfrac{1}{2}t^2\right)$，F$(-t,\ -2t)$ となる。

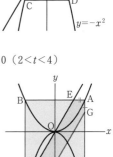

△EBF と五角形 FCDAE の周は，辺 EF を共有しているから，その差は，

$\left(t-\dfrac{1}{4}t^2\right)+\left\{\dfrac{1}{2}t^2-(-t^2)\right\}+\{t-(-t)\}$

$\quad+\{-2t-(-t^2)\}$ から

$\left\{\dfrac{1}{4}t^2-(-t)\right\}+\left\{\dfrac{1}{2}t^2-(-2t)\right\}$ をひいたものである。

よって，$\left(\dfrac{9}{4}t^2+t\right)-\left(\dfrac{3}{4}t^2+3t\right)=\dfrac{3}{2}t^2-2t$

これが 10 であるから，$\dfrac{3}{2}t^2-2t=10$　　$3t^2-4t-20=0$（$2<t<4$）

参考 右の図で，辺 AD 上に点 G を，AG＝FC となるようにとり，辺 CD 上に点 H を，CH＝AE となるようにとると，△EBF と五角形 FCDAE の周の長さの差は，AE＋AG＋FC＋CH となる。
AE＝CH，AG＝FC より，AE＋FC＝5 となればよい。

よって，$\left(t-\dfrac{1}{4}t^2\right)+\{-2t-(-t^2)\}=\dfrac{3}{4}t^2-t=5$

$3t^2-4t-20=0$

7 **答** (1) $k=\dfrac{1}{2}$　(2) $k=\dfrac{1}{2}$

解説 (1) 頂点 A の x 座標を t とすると，AC=BD=3 であるから，A$(t,\ 2t^2)$，

B$\left(t+\dfrac{3}{2},\ 2t^2-\dfrac{3}{2}\right)$，C$(t+3,\ 2t^2)$ と表され，頂点 B は $y=2x^2$ のグラフ上

にあるから，$2t^2-\dfrac{3}{2}=2\left(t+\dfrac{3}{2}\right)^2$

よって，$t=-1$ より，C$(2,\ 2)$

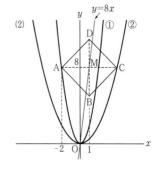

頂点 C は $y=kx^2$ のグラフ上にあるから，

$2=k\times 2^2$

(2) 直線 $y=8x$ が正方形 ABCD の面積を

2 等分するとき，対角線 AC の中点 M が直線

$y=8x$ 上にあるから，A$(-2,\ 8)$ より，

M$(1,\ 8)$ となる。

AM$=1-(-2)=3$ より，頂点 C の x 座標は，

$1+3=4$

よって，C$(4,\ 8)$ が $y=kx^2$ 上にあるから，

$8=k\times 4^2$

8 **答** (1) A$\left(-\dfrac{1}{3},\ \dfrac{1}{9}\right)$，B$\left(\dfrac{4}{3},\ \dfrac{16}{9}\right)$，C$\left(-\dfrac{5}{3},\ \dfrac{25}{9}\right)$

(2) $1:9$　(3) $y=\dfrac{19}{3}x+\dfrac{20}{9}$

解説 (1) A$(a,\ a^2)$，B$(b,\ b^2)$，C$(c,\ c^2)$ とする。

(直線 OA の傾き)$=\dfrac{a^2-0}{a-0}=a$　　よって，$a=-\dfrac{1}{3}$

(直線 AB の傾き)$=\dfrac{b^2-\left(-\dfrac{1}{3}\right)^2}{b-\left(-\dfrac{1}{3}\right)}=b-\dfrac{1}{3}$　　よって，$b-\dfrac{1}{3}=1$

(直線 BC の傾き)$=\dfrac{c^2-\left(\dfrac{4}{3}\right)^2}{c-\dfrac{4}{3}}=c+\dfrac{4}{3}$　　よって，$c+\dfrac{4}{3}=-\dfrac{1}{3}$

(2) OA // BC より，△OAB と △ABC は底辺をそれぞれ OA，BC とすると高さが等しいから，△OAB：△ABC=OA：BC=$(0-a)$：$(b-c)$

(3) (1)より，OA：BD：DC$=\dfrac{1}{3}:\dfrac{4}{3}:\dfrac{5}{3}=1:4:5$

△ADC と台形 AOBD は高さが等しく，(OA+BD)：DC=5：5 より，OA+BD=DC であるから，△ADC=(台形 AOBD) となる。

よって，求める直線は直線 AD となる。

直線 BC の式は，$y=-\dfrac{1}{3}x+\dfrac{20}{9}$ であるから，D$\left(0,\ \dfrac{20}{9}\right)$

ゆえに，直線 AD の傾きは，$\dfrac{\dfrac{20}{9}-\dfrac{1}{9}}{0-\left(-\dfrac{1}{3}\right)}=\dfrac{19}{3}$

p.95 **9** **答** (1) $a=\dfrac{1}{2}$, $b=8$, $m=1$, $n=4$

(2) 2, $1\pm\sqrt{17}$

解説 (2) 直線 AB と y 軸との交点を C と
する。

OC$=4$ より, y 軸上に点 D(0, 8) をとる
と, $\triangle$DAB$=\triangle$OAB である。

$\triangle$PAB$=\triangle$OAB とすると, 点 P が直線
AB について点 D と同じ側にあるとき,
DP∥AB, 点 P が直線 AB について点 D と
反対側にあるとき, OP∥AB

直線 AB の傾きが 1 であるから,
直線 $y=x+8$ または直線 $y=x$ と, 放物
線との交点が P である。

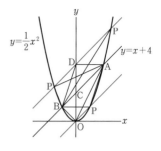

10 **答** (1) $x=3$ のとき $y=108$

$x=4$ のとき $y=144$

(2) $0\leqq x\leqq3$ のとき $y=12x^2$

$3<x\leqq4$ のとき $y=36x$

$4<x\leqq7$ のとき $y=144$

$7<x\leqq10$ のとき $y=-48x+480$

グラフは右の図

(3) $x=\dfrac{3}{2}$, $\dfrac{151}{16}$

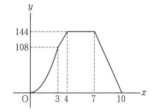

解説 (1) $x=3$ のとき, 点 P は頂点 B に,
点 Q は辺 AD 上にある。

AP$=9$, AQ$=6$

$x=4$ のとき, 点 P は辺 BF 上に, 点 Q は頂点 D にある。

y は底面が $\triangle$APE で高さが AQ の三角錐の体積である。

(2) (i) $0\leqq x\leqq3$ のとき,
点 P は辺 AB 上, 点 Q は辺 AD 上にあるから,

$y=\dfrac{1}{3}\times\left(\dfrac{1}{2}\times12\times3x\right)\times2x=12x^2$

(ii) $3<x\leqq4$ のとき,
点 P は辺 BF 上, 点 Q は辺 AD 上にあるから,

$y=\dfrac{1}{3}\times\left(\dfrac{1}{2}\times12\times9\right)\times2x=36x$

(iii) $4<x\leqq7$ のとき,
点 P は辺 BF 上, 点 Q は辺 DH 上にあるから,

$y=\dfrac{1}{3}\times\left(\dfrac{1}{2}\times12\times9\right)\times8=144$

(iv) $7<x\leqq10$ のとき,
点 P は辺 EF 上, 点 Q は辺 DH 上にあるから,

$y=\dfrac{1}{3}\times\left\{\dfrac{1}{2}\times12\times(30-3x)\right\}\times8=-48x+480$

(3) グラフより, $y=27$ となるのは, $0\leqq x\leqq3$ のときと, $7<x\leqq10$ のときである。

11 答 (1) $0 \leq x \leq 4$ のとき $y = \dfrac{1}{2}x^2$, $4 < x \leq 12$ のとき $y = 8$,

$12 < x \leq 16$ のとき $y = \dfrac{1}{2}(16-x)^2$ (2) $x = \sqrt{10}$, $16 - \sqrt{10}$

解答例 (1) (i) $0 \leq x \leq 4$ のとき,
点 R は辺 BC 上にあるから, 2 つの図形の重なった部分は等辺が $x\,\mathrm{cm}$ の直角二等辺三角形になる。

ゆえに, $y = \dfrac{1}{2} \times x \times x = \dfrac{1}{2}x^2$

(ii) $4 < x \leq 8$ のとき,
点 R は辺 CD 上にあるから, 図 1 のように F, G, H を定めると,
CR $= x-4$, BH $=$ QB $= 8-x$,
AH $= 4-(8-x) = x-4$
AH $=$ CR より, △GAH ≡ △FCR
となるから, 2 つの図形の重なった
部分の面積は, △ABC の面積に等しい。

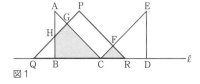

図1

ゆえに, $y = \dfrac{1}{2} \times 4 \times 4 = 8$

(iii) $8 < x \leq 12$ のとき,
点 Q は辺 BC 上にあるから, 図 2
のように I, J, K を定めると,
BQ $= x-8$ より,
QC $= 4-(x-8) = 12-x$
DI $=$ DR $= x-8$ より,
EI $= 4-(x-8) = 12-x$
よって, EI $=$ QC より, △JIE ≡ △KQC となるから, (ii)と同様に, $y = 8$

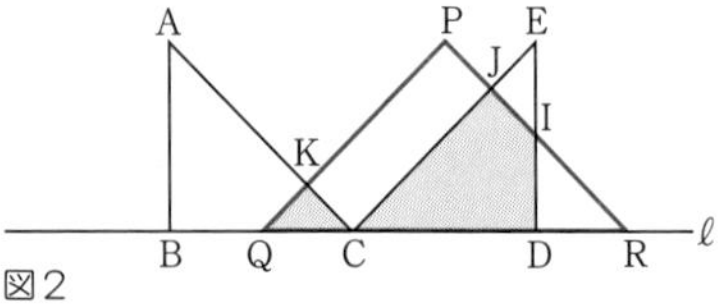

図2

(iv) $12 < x \leq 16$ のとき,
点 Q は辺 CD 上にあるから, 2 つの図形の重なった部分は等辺が $(16-x)\,\mathrm{cm}$ の直角二等辺三角形になる。

ゆえに, $y = \dfrac{1}{2} \times (16-x) \times (16-x) = \dfrac{1}{2}(16-x)^2$

（答) $0 \leq x \leq 4$ のとき $y = \dfrac{1}{2}x^2$, $4 < x \leq 12$ のとき $y = 8$,

$12 < x \leq 16$ のとき $y = \dfrac{1}{2}(16-x)^2$

(2) $0 \leq x \leq 4$ のとき, $5 = \dfrac{1}{2}x^2$ $x = \pm\sqrt{10}$

$0 \leq x \leq 4$ より, $x = \sqrt{10}$

$4 < x \leq 12$ のとき, $y = 5$ を満たす x は存在しない。

$12 < x \leq 16$ のとき, $5 = \dfrac{1}{2}(16-x)^2$ $x = 16 \pm \sqrt{10}$

$12 < x \leq 16$ より, $x = 16 - \sqrt{10}$ （答) $x = \sqrt{10}$, $16 - \sqrt{10}$

p.98 **1** 答 (1) $x=5$ (2) $x=2.5$ (3) $x=9$

2 答 (1) $x=4.5$ (2) $x=8$

p.99 **3** 答 △ABC で，AD＝DB，AE＝EC（ともに仮定）から，中点連結定理より，DE∥BC　△ABP で，AD＝DB，DQ∥BP から，中点連結定理の逆より，AQ＝QP　ゆえに，Q は線分 AP の中点である。

4 答 いえない

解説 右の図のような △ABC では，線分 DE と DE′ はともに $\dfrac{1}{2}$BC に等しいが，E′ は辺 AC の中点ではない。

p.100 **5** 答 F，G はそれぞれ □ABCD，□DBCE の対角線の交点であるから，DF＝FB，DG＝GC　ゆえに，△DBC で，DF＝FB，DG＝GC から，中点連結定理より，BC∥FG

6 答 (1) △BCA で，BP＝PA，BQ＝QC（ともに仮定）から，中点連結定理より，PQ∥AC，PQ＝$\dfrac{1}{2}$AC　同様に，△DAC で，SR∥AC，SR＝$\dfrac{1}{2}$AC

よって，PQ∥SR，PQ＝SR

ゆえに，四角形 PQRS は 1 組の対辺が平行で，かつ等しいから，平行四辺形である。

(2) △ABD で，AP＝PB，AS＝SD（ともに仮定）から，中点連結定理より，PS＝$\dfrac{1}{2}$BD　同様に，△CDB で，QR＝$\dfrac{1}{2}$BD

よって，PS＝QR＝$\dfrac{1}{2}$BD であるから，PS＋QR＝BD

また，(1)より，PQ＝SR＝$\dfrac{1}{2}$AC であるから，PQ＋SR＝AC

よって，PQ＋QR＋RS＋SP＝AC＋BD

ゆえに，四角形 PQRS の 4 つの辺の長さの和は，四角形 ABCD の対角線の長さの和に等しい。

7 答 (1) △AFD と △GFC において，

DF＝CF（仮定）　∠AFD＝∠GFC（対頂角）

AD∥BG（仮定）より，∠ADF＝∠GCF（錯角）

ゆえに，△AFD≡△GFC（2 角夾辺）

(2) (1)より，AF＝GF ……①，AD＝GC ……②

△ABG で，AE＝EB（仮定）と①から，中点連結定理より，EF∥BG，

EF＝$\dfrac{1}{2}$BG　　②より，BG＝BC＋CG＝BC＋AD

ゆえに，EF∥BC，EF＝$\dfrac{1}{2}$（AD＋BC）

8 答 (1) △ABC で，AE＝EB，EG∥BC（ともに仮定）から，中点連結定理の逆より，AG＝GC　ゆえに，G は線分 AC の中点である。

(2) △CDA で，CG＝GA，AD∥GF（仮定）から，中点連結定理の逆より，CF＝FD　ゆえに，F は辺 DC の中点である。

p.101 **9** 答 3：7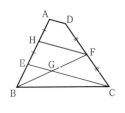

解説 線分 AE の中点を H とし，点 H と F を結ぶ。

AE：EB＝2：1 より，AH＝HE＝EB

台形 AECD で，AH＝HE，DF＝FC より，

$HF＝\dfrac{1}{2}(AD＋EC)＝\dfrac{3}{5}EC$，AD∥HF∥EC

△BFH で，BE＝EH，EG∥HF から，中点連結定理の逆より，BG＝GF

△BFH で，BG＝GF，BE＝EH から，中点連結定理より，

$GE＝\dfrac{1}{2}FH＝\dfrac{3}{10}EC$

10 答 辺 AC の中点を N とする。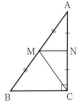

△ABC で，AM＝MB（仮定），AN＝NC から，中点連結定理より，MN∥BC

よって，∠C＝90° より，∠MNA＝90°（同位角）

N は辺 AC の中点であるから，MN は辺 AC の垂直二等分線である。

よって，MA＝MC

これと AM＝MB より，AM＝BM＝CM

参考 次のように示してもよい。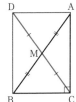

右の図のように，線分 CM の延長上に点 D を，MD＝CM となるようにとると，四角形 ADBC は平行四辺形で，∠C＝90° であるから，長方形である。

よって，DC＝AB

ゆえに，AM＝BM＝CM

p.102 **11** 答 2：1：2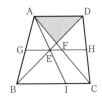

解説 直線 AE と辺 BC との交点を I とする。

△AED と △IEB において，ED＝EB（仮定）

∠AED＝∠IEB（対頂角）

AD∥BC より，∠EDA＝∠EBI（錯角）

ゆえに，△AED≡△IEB（2角夾辺）であるから，

AE＝IE

△AIC で，AF＝FC（仮定），AE＝EI から，

中点連結定理より，EF∥IC

ゆえに，GH∥BC

 ⎫
 ⎬（＊）
 ⎭

△ABC で，AF＝FC，GF∥BC から，中点連結定理の逆より，AG＝GB

同様に，△DBC で，DH＝HC

ゆえに，$GH＝\dfrac{1}{2}(AD＋BC)$　　また，$GE＝\dfrac{1}{2}AD$，$FH＝\dfrac{1}{2}AD$

$EF＝GH－(GE＋FH)＝\dfrac{1}{2}(AD＋BC)－AD＝\dfrac{1}{2}\left(AD＋\dfrac{3}{2}AD\right)－AD＝\dfrac{1}{4}AD$

別解 （＊）部分は次のように示してもよい。

△ABC で，点 F を通り辺 BC に平行な直線は，辺 AB の中点を通る。

また，△ABD で，点 E を通り辺 AD に平行な直線も，辺 AB の中点を通る。

よって，辺 AB の中点を通り辺 BC に平行な直線上に 2 点 E，F があるから，直線 EF は辺 BC と平行である。

ゆえに，GH∥BC

12 答 □ABCD の対角線の交点を O とし，O を通り線分 AA′ に平行な直線と，直線 ℓ との交点を O′ とする。
台形 AA′C′C で，AA′ ∥ OO′ ∥ CC′
□ABCD より，AO＝OC

よって，A′O′＝O′C′ より，$OO′＝\dfrac{1}{2}(AA′＋CC′)$ …①

同様に，台形 BB′D′D で，$OO′＝\dfrac{1}{2}(BB′＋DD′)$ …②

①，②より，AA′＋CC′＝BB′＋DD′

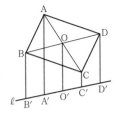

13 答 4点 M，Q，N，P を順に結ぶ。
△DAB で，DM＝MA，DQ＝QB（ともに仮定）から，

中点連結定理より，$MQ＝\dfrac{1}{2}AB$

同様に，$MP＝\dfrac{1}{2}CD$，$NP＝\dfrac{1}{2}AB$，$NQ＝\dfrac{1}{2}CD$

AB＝CD（仮定）より，MQ＝MP＝NP＝NQ
ゆえに，四角形 MQNP はひし形であるから，PQ は
線分 MN の垂直二等分線である。

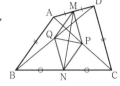

14 答 点 B を通り線分 CE に平行な直線と，辺 DC の
延長との交点を F とする。
△ABC と △FBC において，
BF ∥ EC より，∠ECD＝∠BFC（同位角）
また，∠ECD＝∠BAC（仮定）より，
∠BAC＝∠BFC ……①
△CDA で，CD＝CA（仮定）より，∠CDA＝∠CAD
AD ∥ BC（仮定）より，
∠CAD＝∠ACB（錯角），∠CDA＝∠FCB（同位角）
よって，∠ACB＝∠FCB ……②
①，②と BC 共通より，△ABC≡△FBC（2角1対辺）
ゆえに，CA＝CF
これと CD＝CA より，CD＝CF ……③
△DBF で，③と BF ∥ EC から，中点連結定理の逆より，DE＝EB
ゆえに，E は線分 BD の中点である。

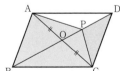

p.104 **15** 答 (1) 30cm² (2) 6cm²

p.105 **16** 答 (1) △ABD，△ABE，△ACD，△DBC
(2) △ACE，△BED，△BCE，△OAB，△OBC，△OCD，△ODA

17 答 4cm²
解説 □ABCD の対角線の交点を O とすると，
AO＝OC より，△PBC＝△ABP＝9

$△DBC＝\dfrac{1}{2}□ABCD＝13$

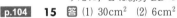

p.106 **18** 答 12cm²
解説 △ACD＝△AED，△ACF＝△BCF より，
△AFD＝△ACD－△ACF＝△AED－△BCF

19 答 9cm²
解説 △ABD＝△DBC，△PBQ＝△DQC，△ABD＝△ABP＋△PBQ＋△PQD，
△DBC＝△QBC＋△DQC より，△ABP＋△PQD＝△QBC

20 📝 点BとEを結ぶ。
　　△APEと△BPEは，辺EPを共有し，
　　AB∥EP（仮定）であるから，△APE＝△BPE ……①
　　点DとFを結ぶ。
　　同様に，△CPF＝△DPF ……②
　　△EBF＝△DBF ……③
　　③より，△BPE＝△EBF－△PBF＝△DBF－△PBF＝△DPF
　　これと①，②より，△APE＝△CPF

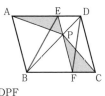

21 📝 線分AEの延長と辺BCの延長との交点を
　　Fとする。
　　△AEDと△FECにおいて，ED＝EC（仮定）
　　∠AED＝∠FEC（対頂角）
　　AD∥BF（仮定）より，
　　∠EDA＝∠ECF（錯角）
　　よって，△AED≡△FEC（2角夾辺）……①
　　ゆえに，AE＝FE ……②
　　①より，（台形ABCD）＝△ABF
　　また，②より，△ABE＝△EBF
　　よって，△ABF＝△ABE＋△EBF＝2△ABE
　　ゆえに，（台形ABCD）＝2△ABE

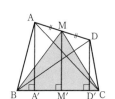

22 📝 右の図のように，3点A，M，Dから辺BCにそれ
　　ぞれ垂線AA′，MM′，DD′をひく。
　　AA′∥MM′∥DD′，AM＝MD（仮定）より，
　　A′M′＝M′D′

　　よって，MM′＝$\dfrac{1}{2}$(AA′＋DD′) ……①

　　また，△ABC，△MBC，△DBCは辺BCを共有
　　するから，
　　△ABC：△MBC：△DBC＝AA′：MM′：DD′
　　よって，

　　△ABC＝$\dfrac{\text{AA}′}{\text{MM}′}$△MBC，△DBC＝$\dfrac{\text{DD}′}{\text{MM}′}$△MBC

　　ゆえに，

　　△ABC＋△DBC＝$\dfrac{\text{AA}′＋\text{DD}′}{\text{MM}′}$△MBC ……②

　　①，②より，△MBC＝$\dfrac{1}{2}$(△ABC＋△DBC)

　　（＊）部分は次のように示してもよい。

　　△MBC＝$\dfrac{1}{2}$×BC×MM′，△ABC＝$\dfrac{1}{2}$×BC×AA′，△DBC＝$\dfrac{1}{2}$×BC×DD′

　　これらと①より，△MBC＝$\dfrac{1}{2}$×BC×MM′＝$\dfrac{1}{2}$×BC×$\dfrac{1}{2}$(AA′＋DD′)

　　＝$\dfrac{1}{2}$(△ABC＋△DBC)

p.108 **23** 答 (1) ① 頂点 A を通り線分 EB に平行な直
線と，直線 BC との交点を F とする。
② 頂点 D を通り線分 EC に平行な直線と，
直線 BC との交点を G とする。
③ 点 E と F，E と G を結ぶ。
これが求める △EFG である。

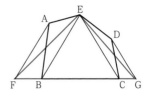

解説 △ABE＝△FBE，△DEC＝△GEC
より，（五角形 ABCDE）＝△EFG

答 (2) ① 頂点 A を通り線分 PB に平
行な直線と，直線 BC との交点を E と
する。
② 頂点 D を通り線分 PC に平行な直
線と，直線 BC との交点を F とする。
③ 線分 EF の中点を Q とする。
④ 点 P と Q を結ぶ。
これが求める線分 PQ である。

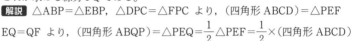

解説 △ABP＝△EBP，△DPC＝△FPC より，（四角形 ABCD）＝△PEF

EQ＝QF より，（四角形 ABQP）＝△PEQ＝$\frac{1}{2}$△PEF＝$\frac{1}{2}$×（四角形 ABCD）

24 答 ① 頂点 A を通り線分 PM に平行な直線と，辺
BC との交点を Q とする。
② 点 P と Q を結ぶ。
これが求める線分 PQ である。

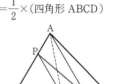

解説 △ABM＝$\frac{1}{2}$△ABC，△APM＝△QPM

より，△ABM＝△PBQ　ゆえに，△PBQ＝$\frac{1}{2}$△ABC

25 答 (1) ① 点 D を通り線分 AP に平行な直線と，辺
AC との交点を Q とする。
② 線分 CQ の中点を R とする。
③ 点 P と Q，P と R を結ぶ。
これが求める線分 PQ，PR である。

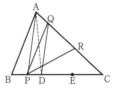

解説 △APQ＝△APD より，

（四角形 ABPQ）＝△ABD＝$\frac{1}{3}$△ABC

また，△QPR＝△RPC＝$\frac{1}{2}$△QPC＝$\frac{1}{2}${△ABC−（四角形 ABPQ）}＝$\frac{1}{3}$△ABC

答 (2) ① 点 D を通り線分 AP に平行な直線と，辺
AB との交点を Q とする。
② 点 E を通り線分 AP に平行な直線と，辺 AC と
の交点を R とする。
③ 点 P と Q，P と R を結ぶ。
これが求める線分 PQ，PR である。

解説 △AQD＝△PQD より，

△QBP＝△ABD＝$\frac{1}{3}$△ABC

また，△AER＝△PER より，△RPC＝△AEC＝$\frac{1}{3}$△ABC

26 答 (1) ① 点 G を通り線分 EF に平行な直線と，辺 BC との交点を P とする。
② 点 E と P を結ぶ。
これが求める線分 EP である。

解説 △FGP＝△EGP より，
（五角形 ABFGE）＝（四角形 ABPE）

答 (2) ① 点 H を通り線分 GF に平行な直線と，辺 BC との交点を I とする。
② 点 G を通り線分 EI に平行な直線と，辺 BC との交点を P とする。
③ 点 E と P を結ぶ。
これが求める線分 EP である。

解説 △HGF＝△IGF より，
（六角形 ABFHGE）＝（五角形 ABIGE）
△IGP＝△EGP より，（五角形 ABIGE）＝（四角形 ABPE）

p.110 **27** 答 (1) $\dfrac{9}{35}$ (2) $\dfrac{5}{6}$ (3) $\dfrac{4}{9}$ (4) $\dfrac{5}{7}$

解説 $\dfrac{\triangle ADE}{\triangle ABC}＝\dfrac{AD\cdot AE}{AB\cdot AC}$

28 答 3.5cm

解説 $\dfrac{\triangle BDE}{\triangle BCA}＝\dfrac{BD\cdot BE}{BC\cdot BA}＝\dfrac{BD\times 2}{5\times 1}$

29 答 (1) $\dfrac{32}{135}$ 倍 (2) 7 倍

解説 (1) $\dfrac{\triangle AFE}{\triangle ABC}＝\dfrac{AF\cdot AE}{AB\cdot AC}＝\dfrac{2\times 4}{3\times 9}＝\dfrac{8}{27}$ より，$\triangle AFE＝\dfrac{8}{27}\triangle ABC$

同様に，$\triangle BDF＝\dfrac{2}{15}\triangle ABC$，$\triangle CED＝\dfrac{1}{3}\triangle ABC$

$\triangle DEF＝\triangle ABC－\triangle AFE－\triangle BDF－\triangle CED$

(2) $\dfrac{\triangle ADF}{\triangle ABC}＝\dfrac{AD\cdot AF}{AB\cdot AC}＝\dfrac{2\times 1}{1\times 1}＝2$ より，$\triangle ADF＝2\triangle ABC$

同様に，$\triangle BDE＝2\triangle ABC$，$\triangle CEF＝2\triangle ABC$
$\triangle DEF＝\triangle ABC＋\triangle ADF＋\triangle BDE＋\triangle CEF$

30 答 2.5cm

解答例 点 A と D を結ぶ。点 E を通り線分 AD に平行な直線をひき，辺 BC との交点を F とする。
△EDA と △FDA は，辺 AD を共有し，EF∥AD であるから，△EDA＝△FDA
よって，△AFC＝（四角形 AEDC），

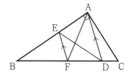

（四角形 AEDC）＝$\dfrac{1}{2}\triangle ABC$ より，$\triangle AFC＝\dfrac{1}{2}\triangle ABC$　　ゆえに，BF＝FC

よって，F は直角三角形 ABC の斜辺 BC の中点であるから，
AF＝BF＝CF ……①　　△BDA で，BA＝BD（仮定）より，∠BAD＝∠BDA
これと EF∥AD より，四角形 EFDA は等脚台形である。

よって，DE＝AF　　これと①より，DE＝BF＝$\dfrac{1}{2}$BC

ゆえに，BC＝5 より，DE＝2.5　　　　　　　　　　　　（答）2.5cm

p.113 **31** 答 (ア) 3 (イ) 1 (ウ) 内 (エ) 3 (オ) 1 (カ) 内 (キ) 1 (ク) 5 (ケ) 外 (コ) 2 (サ) 1
(シ) 外 (ス) O (セ) M (ソ) S (タ) NL (チ) OQ (ツ) PS　(タ〜ツ)順不同)

32 答 (1) $x=0.6$ (2) $x=2.6$ (3) $x=\dfrac{8}{3}$

33 答 (1) $x=12$ (2) $x=2.8$

34 答 (1) $1:3$ (2) $2:5$ (3) $5:6$
解説 (1) △ABD で，AP：PB＝AS：SD より，PS∥BD であるから，
PS：BD＝AP：AB

p.114 **35** 答 △ABC で，DE∥BC（仮定）より，AD：AB＝AE：AC ……①
△ABE で，DF∥BE（仮定）より，AD：AB＝AF：AE ……②
①，②より，AE：AC＝AF：AE
ゆえに，$AE^2=AF\cdot AC$

36 答 △DAB で，PQ∥AB（仮定）より，DP：DA＝DQ：DB ……①
△DAC で，PR∥AC（仮定）より，DP：DA＝DR：DC ……②
①，②より，DQ：DB＝DR：DC
ゆえに，$DB\cdot DR=DC\cdot DQ$

37 答 □ABCD で，AE∥CG より，
PE：PG＝PA：PC ……①
AH∥CF より，PH：PF＝PA：PC ……②
①，②より，PE：PG＝PH：PF
ゆえに，EH∥FG

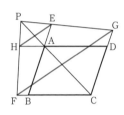

⚠ 右の図のように，点 E，F，G，H がそれぞれ
□ABCD の各辺の延長上にあるときも EH∥FG
である。

p.115 **38** 答 18cm
解説 AB∥EF より，BC：FC＝AB：EF＝3：2
よって，BF：BC＝1：3
EF∥DC より，EF：DC＝BF：BC＝1：3

39 答 $2:1:2$
解説 DF∥AC より，BF：FC＝BD：DA＝3：2
DE∥BC より，AE：EC＝AD：DB＝2：3
EG∥AB より，BG：GC＝AE：EC＝2：3

40 答 $8:3$
解説 点 D を通り辺 AC に平行な直線と，辺 BC
との交点を G とすると，
BG：GC＝BD：DA＝1：3
また，BC：CE＝1：2 であるから，
GC：CE＝3：8

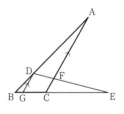

p.116 **41** 答 (1) $1:4$ (2) $3:5$ (3) $3:10$
解説 (1) AD∥BE より，BF：FD＝BE：DA
(2) □ABCD より，BO＝OD　(1)より，BF：FO：OD＝2：3：5
(3) AD∥BE より，DF：FB＝AF：FE
FG∥EC より，AF：FE＝AG：GC
よって，AG：GC＝4：1

$$\triangle AEG=\frac{AG}{AC}\triangle AEC=\frac{AG}{AC}\left(\frac{EC}{BC}\triangle ABC\right)=\frac{AG}{AC}\left(\frac{EC}{BC}\times\frac{1}{2}\square ABCD\right)$$

$$=\frac{4}{5}\times\left(\frac{3}{4}\times\frac{1}{2}\square ABCD\right)$$

42 答 (1) $x=5.5$, $y=5.5$ (2) $x=3.6$, $y=5.5$ (3) $x=4.2$

解説 (1) $y=\dfrac{3\times8+5\times4}{5+3}$ (2) $y=\dfrac{4\times4.9+3\times6.3}{3+4}$

(3) 対角線 AC と BD との交点を O とすると，AD∥EF∥BC より，

AE：EB＝DO：OB＝DA：BC＝3：7 $x=\dfrac{7\times3+3\times7}{3+7}$

43 答 (1) 4cm (2) $\dfrac{8}{5}$ cm

解説 (1) EF＝EH＋HF＝$2\times\dfrac{3}{5}+7\times\dfrac{2}{5}$

(2) △CDA で，GF：AD＝CF：CD＝3：5 より，GF＝$2\times\dfrac{3}{5}$

44 答 (1) $\dfrac{4}{27}$ 倍 (2) $\dfrac{1}{9}$ 倍

解説 (1) AD∥BC，FE∥BC より，AD：BC＝AE：EC＝AF：FB＝1：2

$\triangle CEF=\dfrac{EC}{AC}\triangle AFC=\dfrac{EC}{AC}\left(\dfrac{AF}{AB}\triangle ABC\right)$

$=\dfrac{EC}{AC}\times\dfrac{AF}{AB}\left\{\dfrac{BC}{AD+BC}\times(\text{台形 ABCD})\right\}$

(2) FE∥BC より，AF：AB＝FE：BC＝1：3 よって，EG：GB＝1：3

すなわち，BE：BG＝4：3

$\triangle BGF=\dfrac{BG}{BE}\triangle BEF=\dfrac{BG}{BE}\triangle CEF=\dfrac{BG}{BE}\left\{\dfrac{4}{27}\times(\text{台形 ABCD})\right\}$

$=\dfrac{3}{4}\times\left\{\dfrac{4}{27}\times(\text{台形 ABCD})\right\}$

45 答 BM＝CM（仮定）より，△ABM＝△ACM ……①

DP＝EP（仮定）より，△ADP＝△AEP ……②

①，②より，$\dfrac{\triangle ADP}{\triangle ABM}=\dfrac{\triangle AEP}{\triangle ACM}$ ……③

また，$\dfrac{\triangle ADP}{\triangle ABM}=\dfrac{AD\cdot AP}{AB\cdot AM}$ ……④

同様に，$\dfrac{\triangle AEP}{\triangle ACM}=\dfrac{AE\cdot AP}{AC\cdot AM}$ ……⑤

③，④，⑤より，$\dfrac{AD\cdot AP}{AB\cdot AM}=\dfrac{AE\cdot AP}{AC\cdot AM}$

よって，$\dfrac{AD}{AB}=\dfrac{AE}{AC}$ すなわち，AD：AB＝AE：AC ……⑥

ゆえに，△ABC で，⑥より，BC∥DE

5章の問題

1 答 (1) $x=28$ (2) $x=2$，$y=2.4$ (3) $x=2.4$

解説 (1) △ABC で，AD＝DB，AE＝EC から，中点連結定理より，DE∥BC

(2) $m\parallel n$ より，$x:(x+1.2)=1:1.6$

$\ell\parallel n$ より，$x:(x+2.8)=1:y$

(3) AB∥EF，AB：EF＝2：3 であるから，BC：CE＝2：3

CD∥EF，BC：BE＝2：5 であるから，CD：EF＝2：5

2 答 点 B と D を結ぶ。

△ABD で，AP＝PB，AS＝SD（ともに仮定）から，中点連結定理より，

PS∥BD ……①，PS＝$\frac{1}{2}$BD ……②

△CDB で，CR＝RD，CQ＝QB（ともに仮定）から，中点連結定理より，

QR∥BD，QR＝$\frac{1}{2}$BD　　よって，PS∥QR，PS＝QR

ゆえに，四角形 PQRS は 1 組の対辺が平行で，かつ等しいから，平行四辺形である。

点 A と C を結ぶ。

△DAC で，DS＝SA，DR＝RC（ともに仮定）から，中点連結定理より，

SR∥AC ……③，SR＝$\frac{1}{2}$AC ……④

(1) 四角形 ABCD はひし形であるから，AC⊥BD

これと①，③より，PS⊥SR　　すなわち，∠PSR＝90°

ゆえに，四角形 PQRS は平行四辺形で，1 つの角が直角であるから，長方形である。

(2) 四角形 ABCD は長方形であるから，AC＝BD

これと②，④より，PS＝SR

ゆえに，四角形 PQRS は平行四辺形で，隣り合う辺が等しいから，ひし形である。

3 答 △BCA で，BP＝PA，BQ＝QC（ともに仮定）から，中点連結定理より，

PQ∥AC ……①，PQ＝$\frac{1}{2}$AC ……②

同様に，△CAB で，RQ∥AB ……③，RQ＝$\frac{1}{2}$AB ……④

△ADB は DA＝DB の直角二等辺三角形で，AP＝PB より，

∠DPB＝90° ……⑤　　AP＝PB＝PD ……⑥

同様に，△CEA で，AR＝RC より，

∠ERC＝90° ……⑦　　AR＝RC＝RE ……⑧

△DQP と △QER において，

②，⑧より，PQ＝RE　　④，⑥より，PD＝RQ

①より ∠QPB＝∠CAB（同位角），③より ∠CRQ＝∠CAB（同位角）であるから，⑤，⑦より，∠QPD＝∠ERQ（＝90°＋∠CAB）

ゆえに，△DQP≡△QER（2 辺夾角）

4 答 (1) △BAF と △BGF において，

BF は共通　　∠BFA＝∠BFG（＝90°），∠ABF＝∠GBF（ともに仮定）

よって，△BAF≡△BGF（2 角夾辺）

ゆえに，AF＝GF

△AGC で，AE＝EC（仮定），AF＝FG から，中点連結定理より，FE∥BC

(2) 3 : 2

解説 (2) △BEF＝△FGE より，△AGC＝2△AGE＝2×2△FGE＝4△BEF

p.119 **5** 答 (1) ① 点 A を通る直線 AX をひき，図のように，その直線上に点 P′，B′ を，
AP′：P′B′=3：1 となるように，点 A について同じ側にとる。
② 点 P′ を通り線分 BB′ に平行な直線と，線分 AB との交点を P とする。
P が線分 AB を 3：1 に内分する点である。
(2) ① 点 A を通る直線 AX をひき，図のように，その直線上に点 B′，P′ を，
AB′：B′P′=2：1 となるように，点 A について同じ側にとる。
② 点 P′ を通り線分 BB′ に平行な直線と，線分 AB の延長との交点を P とする。
P が線分 AB を 3：1 に外分する点である。
(3) ① 点 A を通る直線 AX をひき，図のように，その直線上に点 P′，B′ を，
点 A について反対側に AP′：AB′=1：2 となるようにとる。
② 点 P′ を通り線分 BB′ に平行な直線と，線分 BA の延長との交点を P とする。
P が線分 AB を 1：3 に外分する点である。

解説 (1) 点 P が線分 AB を 3：1 に内分するとき，AP：PB=3：1
(2) 点 P が線分 AB を 3：1 に外分するとき，AB：BP=2：1
(3) 点 P が線分 AB を 1：3 に外分するとき，PA：AB=1：2

6 答 DE∥AB より，$\dfrac{\text{DE}}{\text{AB}}=\dfrac{\text{CD}}{\text{CA}}$　　FG∥BC より，$\dfrac{\text{FG}}{\text{BC}}=\dfrac{\text{AG}}{\text{AC}}$

AD∥IO，AI∥DO より，四角形 AIOD は平行四辺形であるから，AD=IO
GC∥OH，GO∥CH より，四角形 GOHC は平行四辺形であるから，GC=OH
よって，$\dfrac{\text{DE}}{\text{AB}}+\dfrac{\text{FG}}{\text{BC}}+\dfrac{\text{HI}}{\text{CA}}=\dfrac{\text{CD}}{\text{CA}}+\dfrac{\text{AG}}{\text{AC}}+\dfrac{\text{IO+OH}}{\text{CA}}=\dfrac{\text{DC+AG+AD+GC}}{\text{AC}}$

ゆえに，AC=AD+DC=AG+GC であるから，$\dfrac{\text{DE}}{\text{AB}}+\dfrac{\text{FG}}{\text{BC}}+\dfrac{\text{HI}}{\text{CA}}=\dfrac{2\text{AC}}{\text{AC}}=2$

7 答 (1) 1：1　(2) $\dfrac{1}{12}$ 倍

解説 線分 BF の延長と辺 CD の延長との交点を
H とする。

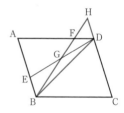

(1) AB∥HD より，AB：HD=AF：FD=3：1
AB：EB=3：1 より，EB：HD=1：1
EB∥HD より，EG：GD=EB：HD
(2) 対角線 BD をひく。
EG：ED=1：2，EB：AB=1：3 より，
$$\triangle\text{GEB}=\dfrac{\text{EG}}{\text{ED}}\triangle\text{DEB}=\dfrac{\text{EG}}{\text{ED}}\left(\dfrac{\text{EB}}{\text{AB}}\triangle\text{DAB}\right)$$
$$=\dfrac{\text{EG}}{\text{ED}}\left(\dfrac{\text{EB}}{\text{AB}}\times\dfrac{1}{2}\square\text{ABCD}\right)=\dfrac{1}{2}\times\left(\dfrac{1}{3}\times\dfrac{1}{2}\square\text{ABCD}\right)$$

別解 (1) 線分 DE の延長と辺 CB の延長との交
点を I とする。

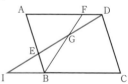

AD∥IB より，
AD：IB=DE：EI=AE：EB=2：1 ……①

①より，$\text{IB}=\dfrac{1}{2}\text{AD}$

また，AF：FD=3：1 より，$\text{FD}=\dfrac{1}{4}\text{AD}$

FD∥IB より，DG：GI=DF：IB=1：2 ……②
①，②より，DG：GE：EI=1：1：1

8 〔答〕点 E を通り線分 DC に平行な直線と，辺 AB との交点を G とする。

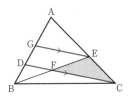

GE∥DC，AE：EC＝3：2 であるから，

AG：GD＝3：2 ……①

①と AD：DB＝5：2 より，

AG：GD：DB＝3：2：2

よって，BD：DG＝1：1 ……②

FD∥EG と②より，BF：FE＝1：1

よって，$\triangle CEF=\dfrac{EF}{EB}\triangle EBC=\dfrac{1}{2}\times\dfrac{CE}{CA}\triangle ABC=\dfrac{1}{2}\times\dfrac{2}{5}\triangle ABC=\dfrac{1}{5}\triangle ABC$

ゆえに，$\triangle ABC:\triangle CEF=5:1$

9 〔答〕$\dfrac{3}{4}$ 倍

〔解答例〕点 B と D を結ぶ。

$\dfrac{\triangle APW}{\triangle ABD}=\dfrac{AP\cdot AW}{AB\cdot AD}=\dfrac{1\times2}{3\times4}=\dfrac{1}{6}$ より，

$\triangle APW=\dfrac{1}{6}\triangle ABD$

$\dfrac{\triangle CTS}{\triangle CDB}=\dfrac{CT\cdot CS}{CD\cdot CB}=\dfrac{1\times2}{3\times4}=\dfrac{1}{6}$ より，

$\triangle CTS=\dfrac{1}{6}\triangle CDB$

$\triangle APW+\triangle CTS=\dfrac{1}{6}\triangle ABD+\dfrac{1}{6}\triangle CDB=\dfrac{1}{6}(\triangle ABD+\triangle CDB)$

$=\dfrac{1}{6}\times(四角形\,ABCD)$ ……①

点 A と C を結ぶ。

同様に，$\triangle BRQ=\dfrac{1}{12}\triangle BCA$，$\triangle DVU=\dfrac{1}{12}\triangle DAC$ であるから，

$\triangle BRQ+\triangle DVU=\dfrac{1}{12}\triangle BCA+\dfrac{1}{12}\triangle DAC=\dfrac{1}{12}(\triangle BCA+\triangle DAC)$

$=\dfrac{1}{12}\times(四角形\,ABCD)$ ……②

①，②より，

（八角形 PQRSTUVW）

$=(四角形\,ABCD)-\dfrac{1}{6}\times(四角形\,ABCD)-\dfrac{1}{12}\times(四角形\,ABCD)$

$=\dfrac{3}{4}\times(四角形\,ABCD)$

ゆえに，八角形 PQRSTUVW の面積は，四角形 ABCD の面積の $\dfrac{3}{4}$ 倍である。

（答）$\dfrac{3}{4}$ 倍

p.121
1 答 (1) O を相似の中心として，相似の位置にある　(2) 4 cm　(3) 20 cm
2 答 (1) 相似の中心 G，△ABC∽△DEF
(2) 相似の中心 C，四角形 ABCD∽四角形 GECF

p.122
3 答

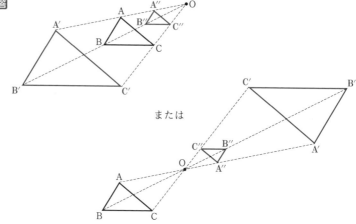

または

4 答

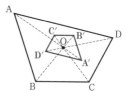

または

5 答 (1) 2：1　(2) 97°　(3) 辺 GH，3.5cm
6 答 (1) 2：1　(2) △OEG　(3) 2cm
　解説 (2) OB：OE＝OC：OF より，BC∥EF であるから，
OB：OE＝OD：OG
7 答 (ア)，(エ)，(オ)，(カ)

p.124
8 答 (1)　　　　　　　　　　　　(2)

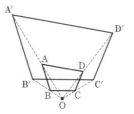
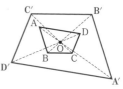

　解説 ① 直線 BB′ と CC′ との交点を O とする。
② 点 B′ を通り辺 AB に平行な直線と，直線 AO との交点を A′ とする。
③ 点 C′ を通り辺 DC に平行な直線と，直線 DO との交点を D′ とする。
④ 点 A′ と B′，点 C′ と D′，点 D′ と A′ を結ぶ。
これが求める四角形 A′B′C′D′ である。

9 答 ① 辺 BC 上に点 D′ をとり，D′ を通り辺 AC に平行な直線と，辺 AB との交点を F′ とする。
② 線分 F′D′ を1辺とする正三角形 D′E′F′ を，直線 F′D′ について頂点 A と同じ側につくる。
③ 直線 BE′ と辺 AC との交点を E とする。
④ 点 E を通り辺 E′D′ に平行な直線と，辺 BC との交点を D とする。
⑤ 点 E を通り辺 F′E′ に平行な直線と，辺 AB との交点を F とする。
⑥ 点 D と E，点 E と F，点 F と D を結ぶ。
これが求める正三角形 DEF である。

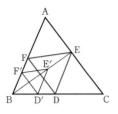

10 答 ① 直径上に2点 A′，B′ を，A′O＝OB′ となるようにとる。
② 線分 A′B′ を1辺とする正方形 A′B′C′D′ を，直径について弧と同じ側につくる。
③ 直線 OC′，OD′ と弧との交点をそれぞれ C，D とする。
④ 点 C，D から直径にそれぞれ垂線 CB，DA をひく。
⑤ 点 C と D を結ぶ。
これが求める正方形 ABCD である。

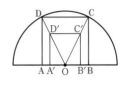

11 答 △ABC で，QP∥BC（仮定）より，AB：AQ＝AC：AP ……①
△ACD で，PR∥CD（仮定）より，AC：AP＝AD：AR ……②
①，②より，AB：AQ＝AC：AP＝AD：AR
ゆえに，四角形 ABCD と四角形 AQPR は，A を相似の中心として，相似の位置にある。

12 答 △ABC で，AP＝PB，AQ＝QC（ともに仮定）から，中点連結定理より，
PQ∥BC ……①　　　よって，△OBC で，OB：OQ＝OC：OP ……②
また，AB＝AC（仮定）より，PB＝QC
これと①より，四角形 PBCQ は等脚台形であるから，BQ＝CP ……③
②，③より，OB＝OC
これと AB＝AC より，直線 AR は辺 BC の垂直二等分線であるから，
BR＝RC ……④
△BCA で，④と BP＝PA から，中点連結定理より，PR∥AC
よって，△OCA で，OA：OR＝OC：OP ……⑤
②，⑤より，OA：OR＝OB：OQ＝OC：OP
ゆえに，△ABC と △RQP は，O を相似の中心として，相似の位置にある。

別解 BR＝RC は次のように示してもよい。
線分 AR の延長上に点 D を，OD＝AO となるようにとり，点 D と B，D と C を結ぶ。
△ABD で，AP＝PB（仮定），AO＝OD から，中点連結定理より，PO∥BD　すなわち，OC∥BD
同様に，OB∥CD
ゆえに，四角形 OBDC は平行四辺形であり，平行四辺形の対角線はたがいに他を2等分するから，BR＝RC

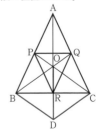

⚠ 相似比は，中点連結定理より，PQ＝$\dfrac{1}{2}$BC であるから，2：1 である。

p.125 **13** 答 △ABC∽△XWV（2辺の比と夾角），△DEF∽△OMN（2角），
△JKL∽△TSU（3辺の比）

14 答 (1) $x=55$，$y=\dfrac{24}{5}$　(2) $x=120$，$y=35$　(3) $x=\dfrac{7}{3}$，$y=\dfrac{8}{3}$

p.127 **15** 答 (1) $x=30$，$y=6$　(2) $x=5$　(3) $x=\dfrac{45}{4}$

解説 (1) △ABC∽△ADE（2角）より，AC：AE＝BC：DE
(2) △ABC∽△DBE（2角）より，AB：DB＝BC：BE
(3) △ABC∽△DBA（2辺の比と夾角）より，AB：DB＝AC：DA

16 答 (1) △ABD と △CED において，∠BDA＝∠EDC（対頂角）……①
BD は ∠B の二等分線であるから，∠ABD＝∠DBC
△CEB で，BC＝CE（仮定）より，∠CBE＝∠CEB
よって，∠ABD＝∠CED ……②　①，②より，△ABD∽△CED（2角）
(2) 3.6 cm

解説 (2) AD＝x cm とすると，AB：CE＝AD：CD より，6：4＝x：$(6-x)$

17 答 (1) △ABC と △ACD において，
AB＝2AC　　　AD：DB＝1：3 より，AB＝4AD
よって，AB：AC＝AC：AD＝2：1　　∠CAB＝∠DAC（共通）
ゆえに，△ABC∽△ACD（2辺の比と夾角）
(2) 39°

解説 (2) ∠ACD＝∠B＝28°　　∠BCA＝180°－∠A－∠B＝67°

18 答 (1) △BCD と △CAE において，
∠BCA＝90°，AE∥BC（ともに仮定）より，∠CAE＝90°
よって，∠BCD＝∠CAE（＝90°）……①
線分 BD と CE との交点を F とすると，
△BCD で，∠DBC＝180°－（∠BCD＋∠FDC）＝90°－∠FDC
△CFD で，∠DFC＝90°（仮定）より，
∠ECA＝180°－（∠DFC＋∠FDC）＝90°－∠FDC
よって，∠DBC＝∠ECA ……②　①，②より，△BCD∽△CAE（2角）
(2) $\dfrac{2}{3}$ cm

解説 (2) △BCD と △CAE の相似比は BC：CA＝3：2 であるから，
CD：AE＝3：2

19 答 (1) △ABD で，AE＝EB，AF＝FD（ともに仮定）から，
中点連結定理より，EF∥BD ……①
△EQF と △DQP において，①より，∠QFE＝∠QPD（錯角）
また，∠EQF＝∠DQP（対頂角）　　ゆえに，△EQF∽△DQP（2角）
(2) $\dfrac{6}{5}$ cm

解説 (2) △ABD で中点連結定理より，EF：BD＝1：2
BC∥FD より，BP：DP＝BC：DF＝2：1　　よって，EF：DP＝3：2
(1)より，△EQF∽△DQP であるから，FQ：PQ＝3：2

p.128 **20** 答 (1) △APC と △PQB において，正三角形 ABC より，∠ACP＝∠PBQ（＝60°）
∠CPA＋∠CAP＝120°，∠CPA＋∠BPQ＝120° であるから，∠CAP＝∠BPQ
ゆえに，△APC∽△PQB（2角）
(2) 2.4 cm

解説 (2) AC：PB＝CP：BQ より，10：4＝6：BQ

21 答 (1) △OAC と △OBD において，
△OAB と △OCD はともに直角二等辺三角形であるから，△OAB∽△OCD
よって，OA：OC＝OB：OD　すなわち，OA：OB＝OC：OD
また，∠AOC＝∠BOD（＝45°＋∠BOC）
ゆえに，△OAC∽△OBD（2辺の比と夾角）
(2) (1)より，∠OCA＝∠ODB ……①
(1)と同様に，△OCE∽△ODF（2辺の比と夾角）であるから，
∠OCE＝∠ODF ……②
①，②より，∠ODB＋∠ODF＝∠OCA＋∠OCE＝180°
ゆえに，3点 B，D，F は一直線上にある。

p.129 **22** 答 6m
解説 △XBP∽△DBQ より，
XB：DB＝BP：BQ＝8：(8−1)＝8：7
よって，XD：XB＝1：8
△XCD∽△XAB より，
CD：AB＝XD：XB＝1：8

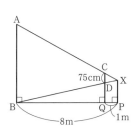

23 答 (1) △APQ と △A′P′Q′ において，
∠APQ＝∠A′P′Q′，∠AQP＝∠A′Q′P′（ともに
仮定）より，△APQ∽△A′P′Q′（2角）
よって，AP：A′P′＝PQ：P′Q′ ……①
同様に，△BPQ∽△B′P′Q′（2角）より，BP：B′P′＝PQ：P′Q′ ……②
△APB と △A′P′B′ において，
①，②より，AP：A′P′＝BP：B′P′
∠APQ＝∠A′P′Q′，∠BPQ＝∠B′P′Q′（ともに仮定）より，
∠APQ−∠BPQ＝∠A′P′Q′−∠B′P′Q′
よって，∠APB＝∠A′P′B′
ゆえに，△APB∽△A′P′B′（2辺の比と夾角）
よって，AB：A′B′＝AP：A′P′ ……③
①，③より，AB：A′B′＝PQ：P′Q′
(2) 13.4m
解説 (2) P′Q′＝0.06m より，AB：A′B′＝PQ：P′Q′＝30：0.06＝500：1
よって，AB＝500A′B′＝500×0.0268

24 答 ∠CEB＝a° とする。
△ABE で，AB＝AC，正方形 ACDE（ともに仮定）より，AB＝AC＝AE で
あるから，∠ABE＝∠AEB　よって，∠BAE＝180°−2∠AEB
∠AEB＝∠AEC−∠CEB＝45°−a° より，
∠BAE＝180°−2(45°−a°)＝90°＋2a°
よって，∠BAC＝∠BAE−∠CAE＝(90°＋2a°)−90°＝2a°
△ABC で，AB＝AC より，
∠ACB＝$\frac{1}{2}$(180°−∠BAC)＝$\frac{1}{2}$(180°−2a°)＝90°−a°
よって，△EBC で，
∠EBC＝180°−(∠CEB＋∠BCE)＝180°−(∠CEB＋∠ACB＋∠ECA)
＝180°−{a°＋(90°−a°)＋45°}＝45°
ゆえに，△EBC と △ECF において，∠EBC＝∠ECF（＝45°）
また，∠CEB＝∠FEC（共通）　ゆえに，△EBC∽△ECF（2角）

p.131 **25** 答 周の比 4：3，面積の比 16：9

26 答 (1) $49:25$ (2) $48\,\text{cm}^2$

27 答 $10\,\text{cm}$

p.132 **28** 答 (1) $\dfrac{5}{18}S$ (2) $\dfrac{5}{18}S$

解説 (1) $\triangle\text{ABE}=\triangle\text{AFD}=\dfrac{2}{3}\times\dfrac{1}{2}\square\text{ABCD}$

$\triangle\text{ECF}\backsim\triangle\text{BCD}$（2辺の比と夾角）より，

$\triangle\text{ECF}=\dfrac{1^2}{3^2}\triangle\text{BCD}=\dfrac{1}{9}\times\dfrac{1}{2}\square\text{ABCD}$

$\triangle\text{AEF}=\square\text{ABCD}-\triangle\text{ABE}-\triangle\text{AFD}-\triangle\text{ECF}$

(2) $\triangle\text{FEC}\backsim\triangle\text{FDA}$（2角）より，

$\triangle\text{FEC}=\dfrac{5^2}{4^2}\triangle\text{FDA}$

$\text{AF}:\text{FC}=4:5$ より，$\triangle\text{FDA}=\dfrac{4}{4+5}\triangle\text{ACD}$

$\triangle\text{ABC}:\triangle\text{ACD}=\text{BC}:\text{DA}=3:2$

29 答 $\triangle\text{OAD}$ と $\triangle\text{OCB}$ において，$\angle\text{AOD}=\angle\text{COB}$（対頂角）
$\text{AD}\,/\!/\,\text{BC}$（仮定）より，$\angle\text{OAD}=\angle\text{OCB}$（錯角）
よって，$\triangle\text{OAD}\backsim\triangle\text{OCB}$（2角）
ゆえに，$\triangle\text{OAD}:\triangle\text{OCB}=\text{AD}^2:\text{CB}^2=a^2:b^2$ であるから，

$\triangle\text{OAD}=\dfrac{a^2}{b^2}\triangle\text{OCB}$

30 答 $\triangle\text{QPC}=18\,\text{cm}^2$, $\square\text{RBPQ}=60\,\text{cm}^2$

解説 $\triangle\text{QPC}\backsim\triangle\text{ABC}$（2角）より，$\triangle\text{QPC}=\dfrac{3^2}{8^2}\triangle\text{ABC}$

$\triangle\text{ARQ}\backsim\triangle\text{ABC}$（2角）より，$\triangle\text{ARQ}=\dfrac{5^2}{8^2}\triangle\text{ABC}$

$\square\text{RBPQ}=\triangle\text{ABC}-\triangle\text{QPC}-\triangle\text{ARQ}$

31 答 (1) $1:9$ (2) $4:9$ (3) $\dfrac{4}{45}$ 倍

解説 (2) $\triangle\text{DGF}\backsim\triangle\text{CGE}$（2角）で，$\text{AD}:\text{AB}=\text{DF}:\text{BC}=1:3$ より，

$\text{DF}=\dfrac{1}{3}\text{BC}$　　また，$\text{EC}=\dfrac{1}{2}\text{BC}$ より，$\text{DF}:\text{EC}=2:3$

(3) $\text{DG}:\text{DC}=2:5$ より，$\triangle\text{DGF}:\triangle\text{DCF}=2:5$
また，$\triangle\text{ADF}:\triangle\text{DCF}=1:2$　　よって，$\triangle\text{DGF}:\triangle\text{ADF}=4:5$

$\triangle\text{DGF}=\dfrac{4}{5}\times\dfrac{1}{9}\triangle\text{ABC}$

32 答 (1) $\dfrac{4}{9}$ 倍 (2) $\dfrac{49}{150}$ 倍

解説 (1) $\triangle\text{BFD}$ と $\triangle\text{CEF}$ において，$\angle\text{DBF}=\angle\text{FCE}\ (=60°)$
$\triangle\text{BFD}$ で，$\angle\text{FDB}+60°=\angle\text{DFC}=\angle\text{EFC}+60°$ より，$\angle\text{FDB}=\angle\text{EFC}$
よって，$\triangle\text{BFD}\backsim\triangle\text{CEF}$（2角）
ゆえに，$\triangle\text{BFD}:\triangle\text{CEF}=\text{DB}^2:\text{FC}^2$
$\text{DB}:\text{FC}=8:(8+7-3)$

(2) $\text{DB}:\text{FC}=\text{BF}:\text{CE}$ より，$8:12=3:\text{CE}$

また，$\triangle\text{DFE}=\triangle\text{ADE}=\dfrac{\text{AD}\cdot\text{AE}}{\text{AB}\cdot\text{AC}}\triangle\text{ABC}$

62　6章 ● 相似

p.133 **33** 答 (1) 線分 AD と EF との交点を O とする。
　△AEO と △AFO において，∠EAO＝∠FAO（仮定）
　∠AOE＝∠AOF（＝90°）　　AO は共通
　よって，△AEO≡△AFO（2角夾辺）　　ゆえに，EO＝FO
　また，AO＝DO，AD⊥EF（ともに仮定）より，四角形 AEDF は対角線がたが
　いに他を垂直に2等分するから，ひし形である。
　よって，AE∥FD ……①　　AF∥ED ……②
　△EBD と △FDC において，①より，∠EBD＝∠FDC（同位角）
　②より，∠EDB＝∠FCD（同位角）　　ゆえに，△EBD∽△FDC（2角）
　(2) 1：4
　解説 (2) (1)より，四角形 AEDF はひし形であるから，ED＝DF
　△EBD と △FDC の相似比は，BE：DF

34 答 (1) △CAD で，CA＝CD（仮定）より，∠CAD＝∠CDA
　また，△CAD で，∠BDA＝∠BCA＋∠CAD
　△ABD≡△AED（仮定）より，∠BDA＝∠EDA
　ゆえに，∠EDF＝∠EDA－∠CDA＝∠BDA－∠CAD＝∠BCA
　(2) △ABC と △FED において，(1)より，∠BCA＝∠EDF ……①
　△ABD≡△AED より，∠ABD＝∠AED　すなわち，∠ABC＝∠FED ……②
　①，②より，△ABC∽△FED（2角）
　(3) 49：9
　解説 (3) CD＝AC＝4 より，DE＝DB＝7－4＝3
　△ABC と △FED の相似比は，CB：DE＝7：3

35 答 (1) △BCF と △DEH において，
　BC∥DE（仮定）より，∠FBC＝∠HDE（同位角）
　また，AC：AE＝BC：DE
　これと AC：AE＝BF：DH（仮定）より，BC：DE＝BF：DH
　ゆえに，△BCF∽△DEH（2辺の比と夾角）
　(2) (i) 3：2　(ii) 9：10
　解説 (2) (i) △BCF と △DEH の相似比を k：1 とすると，
　BF＝kDH＝2k ……①　　BC∥DE より，AB：AD＝BC：DE＝k：1
　よって，AB＝kAD＝5k　　これと①より，AF＝3k
　(ii) AF：AB＝3：5 より，△AFG＝$\dfrac{3^2}{5^2}$△ABC＝$\dfrac{9}{25}$△ABC

　また，AF：FB＝3：2 より，△BCF＝$\dfrac{2}{5}$△ABC

36 答 (1) 1：2　(2) 16倍
　解答例 (1) EB∥DC（仮定）より，∠FEB＝∠DFE（錯角）
　∠DFE＝∠EFB（仮定）より，∠FEB＝∠EFB
　よって，△BFE で，BE＝BF ……①
　また，∠EA′B＝∠A′BH＝∠BHE＝90°（仮定）より，四角形 A′BHE は長方形
　であるから，A′E＝BH ……②
　AE＝A′E，AE：EB＝1：3 と①，②より，BH：BF＝1：3
　ゆえに，BH：HF＝1：2　　　　　　　　　　　　　　　　　　　（答）1：2
　(2) △IBH と △BDC において，BF＝DF（仮定）より，∠IBH＝∠BDC
　∠BHI＝∠DCB（＝90°）
　よって，△IBH∽△BDC（2角）
　ゆえに，△IBH：△BDC＝BH²：DC² ……③

また，①と AB＝DC（仮定）より，BF：DC＝3：4
(1)より，BH：BF＝1：3 であるから，BH：DC＝1：4 ……④
③，④より，△IBH：△BDC＝1^2：4^2＝1：16
ゆえに，△BDC の面積は △IBH の面積の 16 倍である。 （答）16 倍

p.135 **37** **答** (1) 表面積の比 4：9，体積の比 8：27
(2) 表面積の比 1：4，体積の比 1：8

38 **答** $4\pi\text{cm}^3$

39 **答** 1：26
解説 △ADE を1回転させてできる円錐と，△ABC を1回転させてできる円
錐は相似であり，相似比は DE：BC＝1：3 であるから，体積の比は
1^3：3^3＝1：27 である。

40 **答** 1：8：48
解説 四面体 BLMN∽四面体 BAFC より，
（四面体 BLMN の体積）：（四面体 BAFC の体積）＝1^3：2^3
また，（四面体 BAFC の体積）＝$\dfrac{1}{3}\cdot$△ABC・BF
（立方体 ABCD-EFGH の体積）＝2△ABC・BF

p.136 **41** **答** $\dfrac{7}{41}$ 倍

解説 右の図のように，切り口と辺 BC との交点を
R，直線 GC，HP，QR の交点を S とする。
△SHG で，CP∥GH であるから，
SC：SG＝CP：GH＝1：2
三角錐 S-CPR と三角錐 S-GHQ は相似であり，相
似比は 1：2 であるから，体積の比は，
1^3：2^3＝1：8
また，（正方形 EFGH）：△GHQ＝4：1 であるから，
立方体 ABCD-EFGH と三角錐 S-GHQ の体積の比
は，

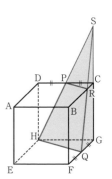

$\{(\text{正方形 EFGH})\cdot\text{CG}\}$：$\left(\dfrac{1}{3}\cdot\text{△GHQ}\cdot\text{SG}\right)$

＝$(4\text{△GHQ}\cdot\text{CG})$：$\left(\dfrac{1}{3}\cdot\text{△GHQ}\cdot2\text{CG}\right)$＝6：1

よって，立方体 ABCD-EFGH の体積を V とすると，

頂点 C をふくむほうの立体の体積は，$\left(1-\dfrac{1}{8}\right)\times\dfrac{1}{6}V=\dfrac{7}{48}V$

ゆえに，頂点 A をふくむほうの立体の体積は，$\left(1-\dfrac{7}{48}\right)V=\dfrac{41}{48}V$

p.137 **42** **答** (1) 64 倍 (2) $\dfrac{77}{5}$ 倍

解説 (1) 正四角錐 O-ABCD∽四角錐 O-EFGH で，相似比は 4：1
(2) △OAB と正方形 ABCD の面積が等しいから，△OEF と正方形 EFGH の面
積も等しい。
よって，△OEF の面積を S とすると，四角錐 O-EFGH の表面積は $5S$ となる。

また，△OAB＝$\dfrac{4^2}{1^2}$△OEF＝16S

立体 EFGH-ABCD の表面積は，
（正方形 EFGH）＋（正方形 ABCD）＋4×（台形 EABF）＝S＋16S＋4×（16−1）S

43 答 (1) $5:12$　(2) $5:18$

解説 (1) $\dfrac{\triangle APR}{\triangle ABD}=\dfrac{AP \cdot AR}{AB \cdot AD}$

(2) 頂点 Q, C から平面 ABD にそれぞれ垂線 QH, CH′ をひくと, 点 A, Q, C, H, H′ は同一平面上にあり, $QH:CH'=AQ:AC$

（四面体 APQR の体積）$=\dfrac{1}{3}\cdot\triangle APR \cdot QH$

（正四面体 ABCD の体積）$=\dfrac{1}{3}\cdot\triangle ABD \cdot CH'$

(1)より, $\dfrac{\triangle APR}{\triangle ABD}=\dfrac{5}{12}$

別解 (2) $\dfrac{（四面体 APQR の体積）}{（正四面体 ABCD の体積）}=\dfrac{AP \cdot AQ \cdot AR}{AB \cdot AC \cdot AD}$

44 答 (1) $\dfrac{23}{27}$ 倍　(2) $\dfrac{7}{9}$ 倍

解説 (1) 右の図のように, 取り除く 1 つの正四面体を正四面体 AGHI とする。
正四面体 AGHI ∽ 正四面体 ABCD より,
（正四面体 AGHI の体積）：（正四面体 ABCD の体積）
$=AG^3:AB^3=\left(\dfrac{1}{3}a\right)^3:a^3=1:27$

(2) $\triangle ABC$ の面積を S とすると, $\triangle AGH$ の面積は $\dfrac{1}{9}S$ である。F の表面積は, 正四面体 ABCD の表面積から $\triangle AGH$ の 12 個分が減り, 4 個分が増える。

（立体 F の表面積）$=4S-12\times\dfrac{1}{9}S+4\times\dfrac{1}{9}S$

⚠ 立体 F を切頂（せっちょう）四面体という。

45 答 (1) $\dfrac{380}{3}$ 秒後　(2) $\dfrac{455}{6}$ 秒後

解答例 (1) 上の円錐の空の部分と下の円錐の水の部分は合同である。よって, 水の深さの比が $2:1$ であることから, 上の円錐の水の深さは, 上の円錐全体の深さの $\dfrac{2}{3}$ である。

よって, 上に残っている水の体積は, 上の円錐全体の体積の $\dfrac{2^3}{3^3}=\dfrac{8}{27}$ である。

ゆえに, $180\times\left(1-\dfrac{8}{27}\right)=\dfrac{380}{3}$　　　　　（答）$\dfrac{380}{3}$ 秒後

(2) 上下の水面の面積はつねに等しいから, 下の円錐の水面の面積が $50\ cm^2$ のとき, 上の円錐の水面の面積も $50\ cm^2$ である。上の円錐の水の部分と上の円錐全体は相似で, 底面積の比が $50:72=25:36=5^2:6^2$ であるから, 相似比は $5:6$ である。

よって, 上に残っている水の体積は, 上の円錐全体の体積の $\dfrac{5^3}{6^3}=\dfrac{125}{216}$ である。

ゆえに, $180\times\left(1-\dfrac{125}{216}\right)=\dfrac{455}{6}$　　　　　（答）$\dfrac{455}{6}$ 秒後

p.138 **6章の問題**

p.138 **1** **答** (1) $x=\dfrac{16}{3}$, $y=\dfrac{15}{2}$　(2) $x=15$, $y=\dfrac{55}{4}$　(3) $x=3$, $y=\dfrac{7}{2}$

解説 (1) $\triangle ABC \backsim \triangle DAC$（2角）より，$AB:DA=AC:DC$

(2) $\triangle ABE \backsim \triangle DCE$（2角）より，$AB:DC=AE:DE$

(3) $\triangle ABC \backsim \triangle AED$（2角）で，$\triangle ABC:\triangle AED=4:1$ より，相似比は $2:1$

2 **答** $72°$

解説 $\angle C$ の大きさを $x°$ とすると，$\triangle ABC \backsim \triangle BCD$（仮定）より，

$\angle ABC=\angle BCD=x°$

$\angle CAB=\angle DBC=\dfrac{1}{2}x°$ であるから，$\triangle ABC$ で，$x+x+\dfrac{1}{2}x=180$

3 **答** ① 辺 BA 上に点 P′ をとり，P′ から辺 BC に
垂線をひき，その交点を Q′ とする。
② P′Q′ を1辺とする正三角形 P′Q′X を，直線
P′Q′ について頂点 A と同じ側につくる。
③ 辺 P′X の中点を R′ とする。
④ 直線 BR′ と辺 AC との交点を R とする。
⑤ 点 R を通り辺 P′R′ に平行な直線と，辺 AB との交点を P とし，R を通り辺
Q′R′ に平行な直線と，辺 BC との交点を Q とする。
⑥ 点 P と Q を結ぶ。
これが求める △PQR である。

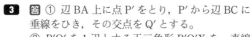

4 **答** (1) $\triangle ABC$ と $\triangle DBA$ において，$\angle BAC=\angle BDA$（$=90°$）
$\angle ABC=\angle DBA$（共通）　　よって，$\triangle ABC \backsim \triangle DBA$（2角）……①
ゆえに，$AB:DB=BC:BA$ であるから，$AB^2=BD \cdot BC$
同様に，$\triangle ABC \backsim \triangle DAC$（2角）……② より，$AC:DC=BC:AC$
ゆえに，$AC^2=CD \cdot CB$

(2) ①，②より，$\triangle DBA \backsim \triangle DAC$ であるから，$AD:CD=BD:AD$
ゆえに，$AD^2=BD \cdot CD$

⚠ (1)より，$AB^2+AC^2=BD \cdot BC+CD \cdot CB=(BD+CD) \cdot BC=BC^2$
ゆえに，$AB^2+AC^2=BC^2$
$\angle A=90°$ の $\triangle ABC$ において，$AB^2+AC^2=BC^2$ が成り立つ。
これを，三平方の定理という（→本文 p.167，8章）。

5 **答** $\triangle PAD$ と $\triangle PCB$ において，
$\angle DPA=\angle BPC$（共通）
$PA \cdot PB=PC \cdot PD$（仮定）より，$PA:PC=PD:PB$
よって，$\triangle PAD \backsim \triangle PCB$（2辺の比と夾角）
ゆえに，$\angle PAD=\angle PCB$ ……①
$\triangle AQB$ と $\triangle CQD$ において，$\angle AQB=\angle CQD$（対頂角）
①より，$\angle BAQ=\angle DCQ$　　ゆえに，$\triangle AQB \backsim \triangle CQD$（2角）
よって，$QA:QC=QB:QD$　　ゆえに，$QA \cdot QD=QB \cdot QC$

p.139 **6** **答** (1) $\dfrac{5}{9}$ 倍　(2) $3:5$

解説 (1) $\triangle AFQ \backsim \triangle ABR$（2角）より，$\triangle AFQ:\triangle ABR=AF^2:AB^2=4:9$
（四角形 FBRQ）$=\triangle ABR-\triangle AFQ$

(2) $\triangle AQG \backsim \triangle ARC$（2角）より，$\triangle AQG=\dfrac{2^2}{3^2}\triangle ARC$

$\triangle APE \infty \triangle ARC$（2角）より，$\triangle APE = \dfrac{1^2}{3^2}\triangle ARC$

よって，（四角形 PQGE）$= \triangle AQG - \triangle APE = \dfrac{1}{3}\triangle ARC$

また，(1)より，（四角形 FBRQ）$= \dfrac{5}{9}\triangle ABR$

（四角形 FBRQ）$=$（四角形 PQGE）（仮定）より，$\dfrac{5}{9}\triangle ABR = \dfrac{1}{3}\triangle ARC$

よって，$\triangle ABR : \triangle ARC = 3 : 5$　　また，$\triangle ABR : \triangle ARC = BR : RC$

7 **答** $125 : 218 : 386$

解説 もとの円錐の体積を $V\,cm^3$ とすると，（A の体積）$= \dfrac{5^3}{9^3}V$，

（C の体積）$= \left(1 - \dfrac{7^3}{9^3}\right)V$，（B の体積）$= \left(\dfrac{7^3}{9^3} - \dfrac{5^3}{9^3}\right)V$

8 **答** (1) $2 : 1$　(2) $\dfrac{8}{3}\,cm$　(3) $\dfrac{74}{3}\pi\,cm^3$

解説 右の図のように，コップの断面図をかいて考える。

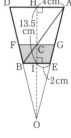

(1) $\triangle CAH \infty \triangle CBI$（2角）より，$AC : BC = AH : BI$
(2) $\triangle ABE \infty \triangle ACG$（2角）　(1)より，$AC : CB = 2 : 1$
(3) $\triangle OEI \infty \triangle OAH$（2角），$IE : HA = 1 : 2$ より，

$OI = IH = 13.5$　　また，(1)より，$CI = \dfrac{1}{3}HI = 4.5$

$\triangle OEI \infty \triangle OGC$（2角）より，
$OI : OC = 13.5 : (13.5 + 4.5) = 3 : 4$

求める水の体積は，$\left(1 - \dfrac{3^3}{4^3}\right) \times \left\{\dfrac{1}{3} \times \pi \times \left(\dfrac{8}{3}\right)^2 \times 18\right\}$

9 **答** (1) $4\,cm^3$　(2) $3\,cm^3$

解答例 (1) 直線 PQ，TU，AB の交点を V，直線 PQ，RS，BF の交点を W，
直線 RS，TU，BC の交点を X とすると，正三角錐 B-VWX ∞ 正三角錐 A-VPU
また，$PA = PE = 1$ であるから，
$VA = 1$，$VB = VA + AB = 3$
正三角錐 F-WRQ，正三角錐 C-XTS は，正
三角錐 A-VPU と合同であるから，求める体
積は，正三角錐 B-VWX の体積から正三角錐
A-VPU の体積の 3 倍をひけばよい。

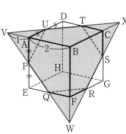

$\left(1 - \dfrac{1^3}{3^3} \times 3\right) \times$（三角錐 B-VWX の体積）

$= \left(1 - \dfrac{1^3}{3^3} \times 3\right) \times \left\{\dfrac{1}{3} \times \left(\dfrac{1}{2} \times 3 \times 3\right) \times 3\right\} = 4$

（答）$4\,cm^3$

(2) 三角錐 B-FRQ，三角錐 B-CTS は，三角錐 B-APU
と合同であるから，(1)の立体の体積から三角錐 B-APU
の体積の 3 倍をひけばよい。

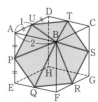

$4 - \left\{\dfrac{1}{3} \times \left(\dfrac{1}{2} \times 1 \times 1\right) \times 2\right\} \times 3 = 3$　　　（答）$3\,cm^3$

⚠ (1) 2つに分かれた立体は合同であるから，求める立
体の体積は，立方体 ABCD-EFGH の体積の $\dfrac{1}{2}$ である。

7章 ● 三角形の応用

p.142

1 答 (ア) c (イ) a (ウ) b (エ) a (オ) c (カ) b

解説 (4) $\angle A > 60°$, $\angle B < 60°$ である。

2 答 (イ)

解説 (ア)は $2+7=9$, (ウ)は $5+7<13$ となり，2辺の長さの和が他の1辺の長さより大きくない。

3 答 (1) $5<x<13$ (2) $3<x<8$

解説 (1) $9+4>x>9-4$ (2) $11+5>2x>11-5$

⚠ 不等式 $b+c>a>|b-c|$ を利用する。

p.143

4 答 △ABC で，AB>AC より，∠BCA>∠ABC

$\angle BCI = \dfrac{1}{2}\angle BCA$，$\angle IBC = \dfrac{1}{2}\angle ABC$ であるから，$\angle BCI > \angle IBC$

△IBC で，∠BCI>∠IBC であるから，IB>IC

5 答 AB=AC より，∠B=∠C

△APC で，∠BPA=∠C+∠CAP　よって，∠BPA>∠B

△ABP で，∠BPA>∠B であるから，AB>AP

6 答 (1) $3<x<9$ (2) $2<x<\dfrac{12}{5}$

解説 (1) $x>0$ より，$2x>x$ であるから，$2x+x>9>2x-x$

(2) $5+(5-2x)>3x-2$，$(5-2x)+(3x-2)>5$，$(3x-2)+5>5-2x$

参考 (2) $5-2x>0$，$3x-2>0$

また，$5>5-2x$ より，$5+(5-2x)>3x-2>5-(5-2x)$ として考えてもよい。

⚠ $b+c>a$，$c+a>b$，$a+b>c$ を a についてまとめると，$b+c>a>|b-c|$ であるから，$a>0$　同様に，$b>0$，$c>0$　よって，$b+c>a$，$c+a>b$，$a+b>c$ が成り立つとき，$a>0$，$b>0$，$c>0$ も成り立つ。

p.144

7 答 △AFE で，FA+AE>FE ……① △FBD で，FB+BD>FD ……②
△EDC で，DC+CE>DE ……③ ①，②，③の両辺をそれぞれ加えると，
FA+AE+FB+BD+DC+CE>FE+FD+DE
AB=AF+FB，BC=BD+DC，CA=CE+EA であるから，
AB+BC+CA>DE+EF+FD

8 答 $\dfrac{56}{121}$ 倍

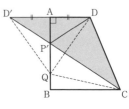

解説 直線 AB について頂点 D と対称な点 D′ をとる。

直線 AB と CD′ との交点を P′ とすると，点 P が P′ にあるとき，CP+DP が最小となる。

（台形 ABCD）$=\dfrac{1}{2}\times(4+7)\times AB = \dfrac{11}{2}AB$

△P′A′D′∽△P′BC（2角）であるから，P′A：P′B=4：7

よって，$\triangle P'DA = \dfrac{1}{2}\times 4\times \dfrac{4}{11}AB$　$\triangle P'BC = \dfrac{1}{2}\times 7\times \dfrac{7}{11}AB$

$\triangle P'CD = （台形\ ABCD）-\triangle P'DA-\triangle P'BC$

$=\dfrac{11}{2}AB - \dfrac{8}{11}AB - \dfrac{49}{22}AB = \dfrac{28}{11}AB$

$\triangle P'CD：（台形\ ABCD）=\dfrac{28}{11}AB：\dfrac{11}{2}AB$

参考 △P′CD＝△D′CD－△D′P′D から求めてもよい。

⚠ 点 P′ 以外の辺 AB 上の点を Q とすると，△QCD′ で，D′Q＋QC＞D′C となる。

点 P′，Q は線分 DD′ の垂直二等分線上にあるから，P′D＝P′D′，QD＝QD′
よって，D′Q＋QC＝DQ＋QC
CP′＋P′D＝CP′＋P′D′＝CD′ より，CQ＋QD＞CP′＋P′D
ゆえに，点 P′ のとき，CP＋PD は最小となる。

9 **答** (1) △OAC で，AO＋OC＞AC
△OBD で，BO＋OD＞BD
よって，AO＋OC＋BO＋OD＞AC＋BD
AB＝AO＋OB，CD＝CO＋OD であるから，
AB＋CD＞AC＋BD

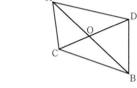

(2) △ODA と △OCB において，
(1)と同様に考えると，AB＋CD＞BC＋AD
これと(1)より，2(AB＋CD)＞AC＋BC＋BD＋AD ……①
また，△CBA で，BC＋CA＞BA
△DAB で，AD＋DB＞AB　　△ACD で，CA＋AD＞CD
△BDC で，DB＋BC＞DC　　よって，2(AC＋BC＋BD＋AD)＞2(AB＋CD)
ゆえに，AC＋BC＋BD＋AD＞AB＋CD ……②
①，②より，2(AB＋CD)＞AC＋BC＋BD＋AD＞AB＋CD

10 **答** 線分 BP の延長と辺 AC との交点を D とする。
(1) △ABD で，∠CDB＝∠ABD＋∠CAB
△PCD で，∠CPB＝∠CDB＋∠PCD
よって，∠CPB＝∠ABD＋∠CAB＋∠PCD
ゆえに，∠CPB＞∠CAB

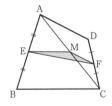

(2) △ABD で，BA＋AD＞BD であるから，
BA＋AD＋DC＞BD＋DC
AC＝AD＋DC であるから，AB＋AC＞BD＋DC ……①
また，△DPC で，PD＋DC＞PC であるから，PD＋DC＋BP＞PC＋BP
BD＝BP＋PD より，BD＋DC＞PB＋PC ……②
①，②より，AB＋AC＞PB＋PC

11 **答** 対角線 AC の中点を M とする。
△ABC で，AE＝EB（仮定），AM＝MC から，
中点連結定理より，EM＝$\dfrac{1}{2}$BC

△CDA で，CF＝FD（仮定），CM＝MA から，
中点連結定理より，FM＝$\dfrac{1}{2}$DA

よって，$\dfrac{1}{2}$(AD＋BC)＝FM＋EM ……①

また，点 M が線分 EF 上にあるときは，EM＋MF＝EF
点 M が線分 EF 上にないときは，△MEF で，EM＋MF＞EF
よって，FM＋EM≧EF ……②

①，②より，$\dfrac{1}{2}$(AD＋BC)≧EF

ゆえに，AD＋BC≧2EF

⚠ AD＋BC＝2EF であるとき，四角形 ABCD は AD∥BC の台形である。

p.149 **12** 答 (1) △IAE≡△IAF, △IBD≡△IBF, △ICD≡△ICE

(2) △I_BAE≡△I_BAF, △I_BBD≡△I_BBF, △I_BCD≡△I_BCE

(3) △OAF≡△OBF, △OBD≡△OCD, △OCE≡△OAE

13 答 △ADB, △CDH, △CFB

14 答 △BFG, △BDG, △CDG, △CEG, △AEG   △AFG：△AGC＝1：2

解説 △AFG＝$\frac{1}{3}$△AFC＝$\frac{1}{3}$×$\frac{1}{2}$△ABC＝$\frac{1}{6}$△ABC であるから，△ABC の

$\frac{1}{6}$ 倍の面積の三角形を考える。

15 答 (1) $x＝70$ (2) $x＝58$ (3) $x＝4$

解説 (1) O は △ABC の外心であるから，OA＝OB＝OC

よって，∠OBC＝∠OCB，∠OCA＝∠OAC，∠OAB＝∠OBA

∠BAC＝∠OAB＋∠OAC＝$\frac{1}{2}$(180°－2×20°)

(2) H は △ABC の垂心であるから，∠HDC＝∠HEA＝90°

よって，△AEC∽△HDC より，∠CAE＝∠CHD

(3) G は △ABC の重心であるから，AG：GM＝2：1

また，DE∥BC より，AD：DB＝AG：GM

16 答 ∠$I_C I_A I_B$＝59°，∠$I_A I_B B$＝31°

解説 △ABC で，∠ABC＝180°－∠CAB－∠BCA＝180°－62°－62°＝56°

△I_ACB で，∠$I_C I_A I_B$＝180°－(∠I_ABC＋∠I_ACB)

＝180°－$\left\{\frac{1}{2}(180°－∠ABC)＋\frac{1}{2}(180°－∠ACB)\right\}$＝$\frac{1}{2}$(∠ABC＋∠ACB)

また，△$I_A I_B$B で，辺 AB の延長上に点 D をとると，

∠ABI_B＝∠I_BBC，∠CBI_A＝∠I_ABD   よって，∠I_BBI_A＝$\frac{1}{2}$×180°＝90°

⚠ $I_A I_B$⊥I_CC，$I_B I_C$⊥I_AA，$I_C I_A$⊥I_BB である。

p.151 **17** 答 (1) $x＝34$，$y＝44$ (2) $x＝27$，$y＝126$ (3) $x＝\frac{5}{4}$，$y＝\frac{13}{5}$ (4) $x＝60$，$y＝4$

(5) $x＝90$，$y＝90$ (6) $x＝\frac{4}{3}$，$y＝\frac{11}{12}$

解説 (1) I_B は △ABC の傍心であるから，

∠I_BBA＝∠I_BBC＝x°，∠I_BCA＝∠I_BCD＝78°

よって，△ABC で，∠ACD＝∠A＋∠ABC であるから，2×78＝88＋2x

また，△I_BBC で，∠I_BCD＝∠BI_BC＋∠I_BBC であるから，78＝x＋y

(2) O は △ABC の外心であるから，OA＝OB＝OC

よって，∠OBC＝∠OCB＝x°，∠OBA＝∠OAB＝x°＋35°，

∠OAC＝∠OCA＝x°＋28°

△ABC で，(x＋35)＋(x＋28)＋35＋28＝180   △OBC で，2x＋y＝180

(3) H は △ABC の垂心であるから，∠ADC＝∠CEA＝90°

よって，△BCE∽△BAD∽△HAE

BC：HA＝CE：AE より，5：x＝4：1

BC：BA＝BE：BD より，5：4＝3：(5－y)

(4) O は △ABC の外心であるから，OA＝OB＝OC

△OBA で，OA＝OB，AB⊥OD より，AD＝BD

△DBC で，BC：CD＝2：1，∠CDB＝90° より，∠BCD＝60°

よって，△OBC は正三角形である。

(5) I は △ABC の内心であるから，∠IBA＝∠IBC

I_C は △ABC の傍心であるから，$\angle I_C BA = \angle I_C BD = 70°$

よって，$x° = \angle I_C BI = \dfrac{1}{2} \angle DBC = \dfrac{1}{2} \times 180°$

また，$y° = 180° - (\angle ABC + \angle BCA) = 180° - (2\angle IBC + 2\angle ICB)$
$= 180° - 2(\angle IBC + \angle ICB)$

(6) G は △ABC の重心であるから，BM＝CM＝3，AG：GM＝2：1

$GM = AM \times \dfrac{1}{3}$

線分 BH の延長と辺 AC との交点を D とすると，H は △ABC の垂心であるか

ら，∠CDB＝90°　　△ACM∽△BCD であるから，$CD = BC \times \dfrac{3}{5} = 6 \times \dfrac{3}{5} = \dfrac{18}{5}$

$AD = AC - CD = 5 - \dfrac{18}{5} = \dfrac{7}{5}$

△ACM∽△AHD より，$AH = AD \times \dfrac{5}{4} = \dfrac{7}{5} \times \dfrac{5}{4} = \dfrac{7}{4}$

18 〔答〕 外接円の半径 $\dfrac{17}{2}$ cm，内接円の半径 3 cm

〔解説〕直角三角形の外心は斜辺の中点である。
△ABC の内心を I，内接円の半径を r とすると，
△ABC＝△IAB＋△IBC＋△ICA
$\dfrac{1}{2} \times 15 \times 8 = \dfrac{1}{2} \times 8 \times r + \dfrac{1}{2} \times 15 \times r + \dfrac{1}{2} \times 17 \times r$

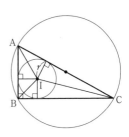

〔参考〕演習問題 22（→本文 p.152）のように，内
接円と辺 BC，CA，AB との接点をそれぞれ D，
E，F とし，AE＝AF，BD＝BF＝r，CD＝CE か
ら求めてもよい。

19 〔答〕 $\angle BIC = \left(90 + \dfrac{1}{2} a\right)°$，$\angle BI_A C = \left(90 - \dfrac{1}{2} a\right)°$

〔解説〕△IBC で，∠BIC＝180°－（∠IBC＋∠ICB）
$= 180° - \left(\dfrac{1}{2} \angle ABC + \dfrac{1}{2} \angle BCA\right) = 180° - \dfrac{1}{2}(\angle ABC + \angle BCA)$

$\triangle I_A CB$ で，$\angle BI_A C = 180° - (\angle I_A BC + \angle I_A CB)$

$= 180° - \left\{\dfrac{1}{2}(180° - \angle ABC) + \dfrac{1}{2}(180° - \angle BCA)\right\}$

$= 180° - \left\{180° - \dfrac{1}{2}(\angle ABC + \angle BCA)\right\}$

〔参考〕四角形 $IBI_A C$ で，$\angle IBI_A = \angle I_A CI = 90°$ より，
$\angle BI_A C = 360° - (90° + 90° + \angle BIC) = 180° - \angle BIC$ としてもよい。

20 〔答〕 (1) $2a°$　(2) $(360 - 2a)°$

〔解説〕(1) ∠OAB＝∠OBA，∠OAC＝∠OCA
また，線分 AO の延長と辺 BC との交点を D とすると，
∠BOC＝∠DOB＋∠DOC＝（∠OAB＋∠OBA）＋（∠OAC＋∠OCA）
＝2（∠OAB＋∠OAC）＝2∠BAC
(2) ∠OAB＝∠OBA，∠OAC＝∠OCA
∠BOC＝∠BOA＋∠AOC
＝（180°－∠OAB－∠OBA）＋（180°－∠OAC－∠OCA）

p.152

21 **答** (1) $(180-a)°$ (2) $a°$

解説 (1) $∠BHC = ∠FHE$

(2) $∠ABE = ∠HBF$, $∠BEA = ∠BFH$ $(=90°)$ より, $∠EAB = ∠FHB$

22 **答** $AE = \dfrac{-a+b+c}{2}$, $BF = \dfrac{a-b+c}{2}$, $CD = \dfrac{a+b-c}{2}$

解説 $△IAF ≡ △IAE$, $△IBF ≡ △IBD$, $△ICD ≡ △ICE$ (ともに斜辺と1鋭角)

であるから, $AF = AE$, $BF = BD$, $CD = CE$

よって, $AE+BF = c$, $BF+CD = a$, $CD+AE = b$

23 **答** $AE = 4cm$, $BF = 15cm$, $CD = 3cm$

解説 $△I_BAF ≡ △I_BAE$, $△I_BBF ≡ △I_BBD$,

$△I_BCD ≡ △I_BCE$ (ともに斜辺と1鋭角) で

あるから, $AF = AE$, $BF = BD$, $CD = CE$

$AE = x cm$, $BF = y cm$, $CD = z cm$ とすると,

$y-z = 12$, $x+z = 7$, $y-x = 11$

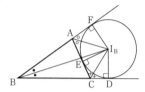

24 **答** (1) $4:3$ (2) $\dfrac{1}{18}$ 倍

解説 (1) $△ABC$ で, $BG:GE = 2:1$

$△AGC$ で, $GG':G'E = 2:1$

よって, $BG:GG':G'E = 6:2:1$

(2) $△FGG' = \dfrac{GF・GG'}{GA・GE} △AGE = \dfrac{1×2}{2×3} △AGE$

$△AGE = \dfrac{1}{3} △ABE = \dfrac{1}{3} × \dfrac{1}{2} △ABC$

参考 (2) 三角形は, 3つの中線により, 6つの等積な三角形に分けられるから, 次のように求めてもよい (→本文 p.149, 基本問題14)。

$△FGG' = \dfrac{1}{6} △GCA$ $△GCA = \dfrac{1}{3} △ABC$

ゆえに, $△FGG' = \dfrac{1}{18} △ABC$

25 **答** (1) $2cm$ (2) $1cm^2$

解説 直線 PQ, PR, PS をひき, 辺 AB, DA, CD との交点をそれぞれ L, M, N とすると, L, M, N はそれぞれ辺 AB, DA, CD の中点である。

(1) $△LPN$ で, $PL:PQ = PN:PS = 3:2$ より,

$QS // LN$, $QS = \dfrac{2}{3} LN$

(2) 右の図で, $△ALM$ と $△DMN$ は, 合同な直角二等辺三角形であるから, $LM = MN$, $∠NML = 90°$

また, $PQ:QL = PR:RM = PS:SN = 2:1$ であるから, $LM // QR$, $MN // RS$

よって, $△QRS$ は $∠SRQ = 90°$ の直角二等辺三角形である。

ゆえに, $△QRS = \dfrac{1}{2}・QS・\dfrac{1}{2} QS$

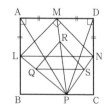

参考 (2) $PL:PQ = PM:PR = PN:PS = 3:2$ より,

$△LMN ∽ △QRS$ であるから, $△QRS = \dfrac{2^2}{3^2} △LMN = \dfrac{4}{9} × \left(\dfrac{1}{2} × 3 × \dfrac{3}{2} \right)$

として求めてもよい。

p.153 **26** 答 △ABC の内心であり，垂心でもある点を P とし，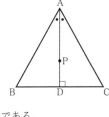
直線 AP と辺 BC との交点を D とする。
△ABD と △ACD において，
P は △ABC の内心であるから，∠BAD＝∠CAD
P は △ABC の垂心でもあるから，
∠ADB＝∠ADC（＝90°）
AD は共通　　よって，△ABD≡△ACD（2角夾辺）
ゆえに，AB＝AC　　同様に，BC＝BA
よって，AB＝BC＝CA　　ゆえに，△ABC は正三角形である。

p.154 **27** 答 (ア) 内心　(イ) 外心　(ウ) 垂心　(エ) 重心（(ア)～(エ)順不同）　(オ) 外心　(カ) 垂心
(キ) 内心　(ク) 重心（(キ)，(ク)順不同）　(ケ) 垂心　(コ) 傍心　(サ) 垂心　(シ) 垂心
解説 (コ) 垂心の証明参照（→本文 p.147）
(シ) 基本問題 16 参照（→本文 p.149）

28 答 △AHE と △BHD において，
∠AHE＝∠BHD（対頂角）　∠AEH＝∠BDH（＝90°）
よって，△AHE∽△BHD（2角）　　ゆえに，AH：BH＝HE：HD
すなわち，AH・HD＝BH・HE ……①
同様に，△AFH∽△CDH（2角）より，AH：CH＝HF：HD
すなわち，AH・HD＝CH・HF ……②
①，②より，AH・HD＝BH・HE＝CH・HF

29 答 (1) 点 B と Q を結ぶ。
AR＝RB，AQ＝QC（ともに仮定）から，
中点連結定理より，
RQ∥BC ……①，RQ＝$\dfrac{1}{2}$BC ……②
①より，QS∥BP
RQ＝QS，BP＝$\dfrac{1}{2}$BC（ともに仮定）と②より，QS＝BP

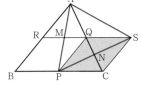

よって，四角形 QBPS は平行四辺形であるから，BQ＝PS ……③
また，点 C と R，C と S を結ぶ。
AQ＝QC，RQ＝QS より，四角形 ARCS は平行四辺形であるから，
RC＝AS ……④
③，④より，△APS の 3 辺 AP，PS，SA と，△ABC の 3 つの中線 AP，BQ，
CR はそれぞれ等しい。
(2) 点 P と Q，点 C と S を結ぶ。
線分 AP と RQ，辺 AC と線分 PS の交点をそ
れぞれ M，N とする。
△ABP で，AR＝RB，RM∥BP から，中点
連結定理の逆より，AM＝MP ……⑤
QS＝RQ，PC＝$\dfrac{1}{2}$BC と②より，QS＝PC
これと QS∥PC より，四角形 QPCS は平行四辺形であるから，
PN＝NS ……⑥
⑤，⑥より，線分 SM，AN は △APS の中線である。
ゆえに，Q は △APS の重心である。

30 答 (1) △HAB で，HP＝PA，HQ＝QB（ともに仮定）より，PQ∥AB
△BCH で，BL＝LC，BQ＝QH（ともに仮定）より，QL∥HC
また，AB⊥CF（仮定）より，PQ⊥QL　　ゆえに，∠PQL＝90°

(2) (1)より，∠PQL＝90° であるから，△PQL の外心は辺 PL の中点で，
△PQL の外接円は PL を直径とする円である。(1)と同様に，∠PRL＝90° であ
るから，△PRL の外接円も PL を直径とする円であり，∠PDL＝90°（仮定）
であるから，△PDL の外接円も PL を直径とする円である。
ゆえに，5 点 P, Q, L, D, R は同一円周上にある。
(3) (2)より，点 D, L は △PQR の外接円の周上にある。
(2)と同様に，5 点 P, Q, R, M, E は QM を直径とする同一円周上にあるから，
点 E, M も △PQR の外接円の周上にある。
同様に，5 点 P, F, N, Q, R は RN を直径とす
る同一円周上にあるから，点 F, N も △PQR の
外接円の周上にある。
ゆえに，6 点 D, E, F, L, M, N は △PQR の外
接円の周上にある。

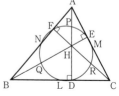

⚠ 9 点 D, E, F, L, M, N, P, Q, R は同一円
周上にある。この円を**九点円**という。

p.160 **31** **答** (1) 4：3 (2) 25：4 (3) 5：3 (4) 10：3 (5) 8：9 (6) 7：4

解説 (1) BP：PC＝△ABQ：△ACQ

(2) △ABC と直線 PQR で，メネラウスの定理より，$\dfrac{BP}{PC}\cdot\dfrac{CQ}{QA}\cdot\dfrac{AR}{RB}=1$

(3) △ABC と直線 PRQ で，メネラウスの定理より，$\dfrac{BP}{PC}\cdot\dfrac{CQ}{QA}\cdot\dfrac{AR}{RB}=1$

(4) △ABC と点 O で，チェバの定理より，$\dfrac{BP}{PC}\cdot\dfrac{CQ}{QA}\cdot\dfrac{AR}{RB}=1$

(5) AP は ∠A の二等分線であるから，BP：PC＝AB：AC

(6) AP は ∠A の外角の二等分線であるから，BP：PC＝AB：AC

32 **答** (1) $x=\dfrac{18}{7}$ (2) $x=\dfrac{60}{11}$

解説 (1) △ABC と直線 PRQ で，メネラウスの定理より，
$\dfrac{BP}{PC}\cdot\dfrac{CQ}{QA}\cdot\dfrac{AR}{RB}=1$ よって，$\dfrac{3}{5}\times\dfrac{6+x}{x}\times\dfrac{3}{6}=1$

(2) △ABC と点 O で，チェバの定理より，
$\dfrac{BP}{PC}\cdot\dfrac{CQ}{QA}\cdot\dfrac{AR}{RB}=1$ よって，$\dfrac{1}{5}\times\dfrac{2}{4}\times\dfrac{x}{6-x}=1$

33 **答** $x=3,\ y=\dfrac{18}{7}$

解説 BQ は ∠B の二等分線であるから，AQ：QC＝BA：BC より，
$x:(7-x)=6:8$ また，△ABC と点 O で，チェバの定理より，
$\dfrac{BP}{PC}\cdot\dfrac{CQ}{QA}\cdot\dfrac{AR}{RB}=1$ よって，$\dfrac{4}{4}\times\dfrac{8}{6}\times\dfrac{y}{6-y}=1$

p.161 **34** **答** (1) 1：4 (2) 8：5 (3) 5：16

解説 (1) △ABQ：△BCQ＝AP：PC

(2) △BCQ：△BSQ＝CR：SR

(3) $\triangle BSQ=\dfrac{SR}{CR}\triangle BCQ=\dfrac{SR}{CR}\cdot\dfrac{BQ}{BP}\triangle BCP=\dfrac{SR}{CR}\cdot\dfrac{BQ}{BP}\cdot\dfrac{PC}{AC}\triangle ABC$

35 **答** (1) 2：1 (2) $\dfrac{4}{15}$ 倍

解説 (2) $\triangle OBC=\dfrac{2}{2+2+1}\triangle ABC$

p.162 **36** **答** (1) 63 : 80　(2) 9 : 4

解説 (1) △ABC と点 O で，チェバの定理より，

$$\frac{BP}{PC}\cdot\frac{CQ}{QA}\cdot\frac{AR}{RB}=1 \quad よって，\frac{BP}{PC}\times\frac{10}{21}\times\frac{8}{3}=1$$

(2) PA は ∠A の外角の二等分線であるから，BP : PC = AB : AC

37 **答** 8cm

解説 BP : PC = AB : AC より，

$$PC=\frac{4}{8+4}BC=2$$

BQ : QC = AB : AC より，CQ = BC = 6

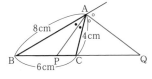

38 **答** (1) 3 : 5　(2) $\dfrac{5}{8}$ 倍

解説 (1) △ABC と点 O で，チェバの定理より，

$$\frac{BP}{PC}\cdot\frac{CQ}{QA}\cdot\frac{AR}{RB}=1 \quad よって，\frac{5}{3}\times\frac{1}{1}\times\frac{AR}{RB}=1$$

(2) (1)より，BP : PC = BR : RA であるから，
△BPR ∽ △BCA（2辺の比と夾角）

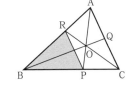

39 **答** (1) 15 : 2　(2) $\dfrac{69}{340}$ 倍

解説 (1) △ADC と直線 BPE で，メネラウスの定理より，

$$\frac{DB}{BC}\cdot\frac{CE}{EA}\cdot\frac{AP}{PD}=1 \quad よって，\frac{2}{5}\times\frac{1}{3}\times\frac{AP}{PD}=1$$

(2) $\triangle APE=\dfrac{AP\cdot AE}{AD\cdot AC}\triangle ADC$

（四角形 PDCE）＝△ADC－△APE

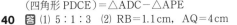

40 **答** (1) 5 : 1 : 3　(2) RB = 1.1cm，AQ = 4cm

解説 (1) △ABO と △ACO は辺 AO を共有するから，
△ABO : △ACO = BP : PC = 5 : 3

$\triangle OBC=\dfrac{1}{9}\triangle ABC$ より，$\triangle ABO+\triangle ACO=\dfrac{8}{9}\triangle ABC$

(2) △CAO と △CBO は辺 CO を共有するから，△CAO : △CBO = AR : RB
△BAO と △BCO は辺 BO を共有するから，△BAO : △BCO = AQ : QC

41 **答** (1) $\dfrac{6}{7}$ 倍　(2) $\dfrac{9}{4}$ cm

解説 (1) $\triangle ASC=\dfrac{CA}{CQ}\triangle CQS=\dfrac{CA}{CQ}\cdot\dfrac{QS}{QP}\triangle CQP=\dfrac{9}{7}\times\dfrac{2}{3}\triangle CQP$

(2) 点 B と S を結ぶ。

$\triangle CSB=\dfrac{CB}{CP}\triangle CSP=\dfrac{CB}{CP}\cdot\dfrac{SP}{QP}\triangle CQP$

$=\dfrac{8}{5}\times\dfrac{1}{3}\triangle CQP$

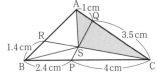

△ASC と △CSB は辺 CS を共有するから，

$AR:RB=\triangle ASC:\triangle CSB=\dfrac{6}{7}\triangle CQP:\dfrac{8}{15}\triangle CQP=45:28$

別解 (2) 点 A を通り線分 QP に平行な直線と，辺 CB との交点を T，線分 AT と CR との交点を U とする。
QP∥AT より，AU : UT = QS : SP = 2 : 1

$CP : PT = CQ : QA = 7 : 2$,　$CP : PB = 5 : 3$
より，$CP : PT : TB = 35 : 10 : 11$
よって，$CB : CT = 56 : 45$
△ABT と直線 CUR で，メネラウスの定理
より，$\dfrac{BC}{CT} \cdot \dfrac{TU}{UA} \cdot \dfrac{AR}{RB} = 1$

ゆえに，$\dfrac{56}{45} \times \dfrac{1}{2} \times \dfrac{AR}{RB} = 1$

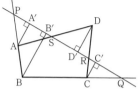

p.163 **42** 答 △OAB で，OP は ∠AOB の二等分線であるから，$\dfrac{AP}{PB} = \dfrac{OA}{OB}$

同様に，△OBC，△OCD，△ODA で，$\dfrac{BQ}{QC} = \dfrac{OB}{OC}$，$\dfrac{CR}{RD} = \dfrac{OC}{OD}$，$\dfrac{DS}{SA} = \dfrac{OD}{OA}$

よって，$\dfrac{AP}{PB} \cdot \dfrac{BQ}{QC} \cdot \dfrac{CR}{RD} \cdot \dfrac{DS}{SA} = \dfrac{OA}{OB} \cdot \dfrac{OB}{OC} \cdot \dfrac{OC}{OD} \cdot \dfrac{OD}{OA} = 1$

ゆえに，$\dfrac{AP}{PB} \cdot \dfrac{BQ}{QC} \cdot \dfrac{CR}{RD} \cdot \dfrac{DS}{SA} = 1$

p.164 **43** 答 △ABC と点 G で，チェバの定理より，$\dfrac{BR}{RC} \cdot \dfrac{CP}{PA} \cdot \dfrac{AQ}{QB} = 1$

AQ＝QB，AP＝PC（ともに仮定）より，$\dfrac{BR}{RC} \times \dfrac{1}{1} \times \dfrac{1}{1} = 1$

よって，BR＝RC　　ゆえに，AR は △ABC の中線である。

⚠ この証明は，三角形の 3 つの中線は 1 点 G（重心）で交わることを，チェバの定理を利用して示したものである。

44 答 $\dfrac{PD}{AD} = \dfrac{\triangle PBC}{\triangle ABC}$，$\dfrac{PE}{BE} = \dfrac{\triangle PCA}{\triangle BCA}$，$\dfrac{PF}{CF} = \dfrac{\triangle PAB}{\triangle CAB}$　より，

$\dfrac{PD}{AD} + \dfrac{PE}{BE} + \dfrac{PF}{CF} = \dfrac{\triangle PBC}{\triangle ABC} + \dfrac{\triangle PCA}{\triangle BCA} + \dfrac{\triangle PAB}{\triangle CAB} = \dfrac{\triangle PBC + \triangle PCA + \triangle PAB}{\triangle ABC}$

△PBC＋△PCA＋△PAB＝△ABC より，$\dfrac{PD}{AD} + \dfrac{PE}{BE} + \dfrac{PF}{CF} = 1$

45 答 AB∥ED より，CE : EA＝CD : DB＝$a : 1$
AC∥FD より，BF : FA＝BD : DC＝$1 : a$
△AFE と点 P で，チェバの定理より，

$\dfrac{FQ}{QE} \cdot \dfrac{EC}{CA} \cdot \dfrac{AB}{BF} = 1$　　よって，$\dfrac{FQ}{QE} \times \dfrac{a}{a+1} \times \dfrac{a+1}{1} = 1$　　FQ : QE＝$1 : a$

ゆえに，点 Q は FE を $1 : a$ に内分する。

46 答 頂点 A，B，C，D から直線 PQ に垂線
AA′，BB′，CC′，DD′ をひく。

AA′∥BB′ より，$\dfrac{AP}{PB} = \dfrac{AA'}{BB'}$

同様に，

$\dfrac{BQ}{QC} = \dfrac{BB'}{CC'}$，$\dfrac{CR}{RD} = \dfrac{CC'}{DD'}$，$\dfrac{DS}{SA} = \dfrac{DD'}{AA'}$

よって，$\dfrac{AP}{PB} \cdot \dfrac{BQ}{QC} \cdot \dfrac{CR}{RD} \cdot \dfrac{DS}{SA} = \dfrac{AA'}{BB'} \cdot \dfrac{BB'}{CC'} \cdot \dfrac{CC'}{DD'} \cdot \dfrac{DD'}{AA'} = 1$

すなわち，$\dfrac{AP}{PB} \cdot \dfrac{BQ}{QC} \cdot \dfrac{CR}{RD} \cdot \dfrac{DS}{SA} = 1$

⚠ 四角形 ABCD と直線 PQ で，メネラウスの定理と同様な等式が成り立つ。

別解 直線 PQ と線分 BD との交点を T とする。

△ABD と直線 PST で，メネラウスの定理より，

$\dfrac{\text{AP}}{\text{PB}} \cdot \dfrac{\text{BT}}{\text{TD}} \cdot \dfrac{\text{DS}}{\text{SA}} = 1 \quad \cdots\cdots①$

同様に，△BCD と直線 QRT で，

$\dfrac{\text{BQ}}{\text{QC}} \cdot \dfrac{\text{CR}}{\text{RD}} \cdot \dfrac{\text{DT}}{\text{TB}} = 1 \quad \cdots\cdots②$

①，②の等式の両辺をそれぞれかけると，

$\dfrac{\text{AP}}{\text{PB}} \cdot \dfrac{\text{BT}}{\text{TD}} \cdot \dfrac{\text{DS}}{\text{SA}} \cdot \dfrac{\text{BQ}}{\text{QC}} \cdot \dfrac{\text{CR}}{\text{RD}} \cdot \dfrac{\text{DT}}{\text{TB}} = 1$

ゆえに，$\dfrac{\text{AP}}{\text{PB}} \cdot \dfrac{\text{BQ}}{\text{QC}} \cdot \dfrac{\text{CR}}{\text{RD}} \cdot \dfrac{\text{DS}}{\text{SA}} = 1$

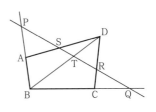

47 答 (1) AD $= 2$ cm，DE $= \dfrac{6}{5}$ cm　(2) $5:3$　(3) $\dfrac{4\sqrt{6}}{3}$ cm

解答例 (1) ∠B $= a°$ とすると，∠A $= 3a°$

線分 AD，AE は ∠A を 3 等分するから，∠DAB $= a°$，∠CAD $= 2a°$

△ABD で，∠ADE $=$ ∠DAB $+$ ∠B $= 2a°$

△CAD で，∠CAD $=$ ∠ADC より，CA $=$ CD　　DC $= 3$

よって，BD $=$ BC $-$ DC $= 5 - 3 = 2$

△DAB で，∠DAB $=$ ∠DBA より，DA $=$ DB であるから，AD $= 2$

△ADC で，AE は ∠CAD の二等分線であるから，DE : EC $=$ AD : AC $= 2 : 3$

ゆえに，DE $= \dfrac{2}{5}$ DC $= \dfrac{2}{5} \times 3 = \dfrac{6}{5}$　　　　　　　（答）AD $= 2$ cm，DE $= \dfrac{6}{5}$ cm

(2) △ABE で，AD は ∠EAB の二等分線であるから，

AB : AE $=$ BD : DE $= 2 : \dfrac{6}{5} = 5 : 3$　　　　　　　　　　　（答）$5 : 3$

(3) △ABE と △DAE において，

∠BEA $=$ ∠AED（共通）　　∠EAB $=$ ∠EDA（$= 2a°$）

よって，△ABE ∽ △DAE（2角）　ゆえに，AB : DA $=$ BE : AE

DA $= 2$，BE $=$ BD $+$ DE $= \dfrac{16}{5}$，AE $= \dfrac{3}{5}$ AB より，AB : $2 = \dfrac{16}{5} : \dfrac{3}{5}$ AB

AB $\times \dfrac{3}{5}$ AB $= 2 \times \dfrac{16}{5}$　　AB$^2 = \dfrac{32}{3}$

AB > 0 より，AB $= \dfrac{4\sqrt{6}}{3}$　　　　　　　　　　　　　　　（答）$\dfrac{4\sqrt{6}}{3}$ cm

別解 (3) 頂点 B，C から線分 AE，AD にそれぞれ垂線 BF，CG をひく。

(2)より，AB $= 5x$ cm，AE $= 3x$ cm とおくと，

△ABF ∽ △ACG（2角）より，

BF : CG $=$ BA : CA $= 5x : 3$

△ABE $= \dfrac{1}{2} \cdot$ AE $\cdot$ BF，△ADC $= \dfrac{1}{2} \cdot$ AD $\cdot$ CG

より，△ABE : △ADC $= 5x^2 : 2$

また，△ABE : △ADC $=$ BE : DC $= 16 : 15$

よって，$5x^2 : 2 = 16 : 15$　　$x^2 = \dfrac{32}{75}$　　$x > 0$ より，$x = \dfrac{4\sqrt{6}}{15}$

ゆえに，AB $= 5x = 5 \times \dfrac{4\sqrt{6}}{15} = \dfrac{4\sqrt{6}}{3}$　　　　　　　（答）$\dfrac{4\sqrt{6}}{3}$ cm

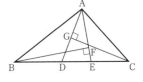

p.165 **1** 答 $AC = \dfrac{28}{5}$ cm, $BD = 6$ cm

解説 AP は ∠BAC の二等分線であるから, $AB:AC = BP:PC = 5:7$
DQ は ∠BDC の二等分線であるから, $DB:DC = BQ:QC = 2:1$

2 答 (1) $1:2$ (2) $\dfrac{8}{3}$ cm

解説 (1) △ABC と直線 PQR で, メネラウスの定理より,
$\dfrac{BP}{PC} \cdot \dfrac{CQ}{QA} \cdot \dfrac{AR}{RB} = 1$ よって, $\dfrac{10}{5} \times \dfrac{5}{5} \times \dfrac{AR}{RB} = 1$

(2) △PRB と直線 AQC で, メネラウスの定理より,
$\dfrac{RA}{AB} \cdot \dfrac{BC}{CP} \cdot \dfrac{PQ}{QR} = 1$ よって, $\dfrac{1}{3} \times \dfrac{5}{5} \times \dfrac{8}{QR} = 1$

別解 (2) △PQC と直線 ARB で, メネラウスの定理より,
$\dfrac{QA}{AC} \cdot \dfrac{CB}{BP} \cdot \dfrac{PR}{RQ} = 1$ よって, $\dfrac{PR}{RQ} = 4$ また, $PR = RQ + 8$

3 答 4 通り
解説 最大辺が 12 cm, 9 cm, 6 cm のときを調べればよい。
$(6, 9, 12)$, $(4, 9, 12)$, $(4, 6, 9)$, $(3, 4, 6)$ の場合がある。

4 答 (1) $6:5$ (2) $3:2$
解説 (1) △ABC と点 O で, チェバの定理より,
$\dfrac{BR}{RC} \cdot \dfrac{CQ}{QA} \cdot \dfrac{AP}{PB} = 1$ よって, $\dfrac{BR}{RC} \times \dfrac{1}{2} \times \dfrac{5}{3} = 1$
また, △ABO:△ACO = BR:CR
(2) △APQ と点 O で, チェバの定理より,
$\dfrac{PS}{SQ} \cdot \dfrac{QC}{CA} \cdot \dfrac{AB}{BP} = 1$ よって, $\dfrac{PS}{SQ} \times \dfrac{1}{1} \times \dfrac{2}{3} = 1$
また, △APO:△AQO = PS:QS

5 答 (1) $\left(45 + \dfrac{a}{4} \right)^\circ$

(2) △ABC∽△A″B″C″ より, ∠CAB = ∠C″A″B″

(1)より, $a = 45 + \dfrac{a}{4}$ であるから, $a = 60$ よって, ∠CAB = 60°

同様に, ∠ABC = ∠A″B″C″ より, ∠ABC = 60°
ゆえに, ∠CAB = ∠ABC = ∠BCA = 60° より, △ABC は正三角形である。
解説 (1) △A′CB で,
∠BA′C = 180° − (∠CBA′ + ∠A′CB)
$= 180° - \left\{ \dfrac{1}{2}(180° - ∠ABC) + \dfrac{1}{2}(180° - ∠BCA) \right\}$

$= \dfrac{1}{2}(∠ABC + ∠BCA) = \dfrac{1}{2}(180° - ∠CAB)$

ゆえに, $∠C′A′B′ = 90° - \dfrac{1}{2}∠CAB$

同様に, $∠C″A″B″ = 90° - \dfrac{1}{2}∠C′A′B′$

6 答 1:2:3

解説 正三角形の内心，外心，垂心，重心は一致する。右の図で，正三角形 ABC の内心を I，傍心の 1 つを I_B とすると，$IM=r_1$，$IB=r_2$，$I_BM=r_3$
I は △ABC の重心でもあるから，$BI:IM=2:1$
よって，$r_2:r_1=2:1$
△BHI_B で，∠$BHI_B=90°$，∠$I_BBH=30°$ であるから，$BI_B:I_BH=2:1$
よって，$(r_1+r_2+r_3):r_3=2:1$
⚠ M は △I_BBH の外心である。

p.166 **7** 答 (1) 8cm (2) 2:1 (3) $\dfrac{80}{513}$ 倍

解説 (1) AD は ∠A の二等分線であるから，$BD:DC=AB:AC=16:20$ より，$BD=\dfrac{4}{9}BC$

(2) BI は ∠ABD の二等分線であるから，$AI:ID=BA:BD$

(3) CF は ∠C の二等分線であるから，$AF:FB=CA:CB$ より，
$AF:FB=10:9$
$$\triangle AFI=\dfrac{AF\cdot AI}{AB\cdot AD}\triangle ABD=\dfrac{AF\cdot AI}{AB\cdot AD}\cdot\dfrac{BD}{BC}\triangle ABC=\dfrac{10\times2}{19\times3}\times\dfrac{4}{9}\triangle ABC$$

8 答 (1) 13:14 (2) $\dfrac{45}{224}$ 倍

解説 $AD=x$ とすると，$AB=\dfrac{5}{4}x$，$BD=\dfrac{3}{4}x$，$DC=\dfrac{5}{12}x$，$CA=\dfrac{13}{12}x$，
$BC=BD+DC=\dfrac{3}{4}x+\dfrac{5}{12}x=\dfrac{14}{12}x$

(1) △ADC∽△BEC（2 角）より，$AD:BE=AC:BC$　　よって，$BE=\dfrac{14}{13}x$

(2) △ADC∽△BEC（2 角）より，$AC:BC=DC:EC$　　よって，$EC=\dfrac{35}{78}x$

$AC:EC=\dfrac{13}{12}x:\dfrac{35}{78}x=169:70$ より，$\triangle BEC=\dfrac{EC}{AC}\triangle ABC=\dfrac{70}{169}\triangle ABC$

△BDH∽△BEC（2 角）より，$BD:BE=\dfrac{3}{4}x:\dfrac{14}{13}x=39:56$

ゆえに，$\triangle BDH=\dfrac{BD^2}{BE^2}\triangle BEC=\dfrac{39^2}{56^2}\triangle BEC$

参考 (1) $\triangle ABC=\dfrac{1}{2}\cdot BC\cdot AD=\dfrac{1}{2}\cdot CA\cdot BE$ より，

$AD:BE=CA:BC=\dfrac{13}{12}x:\dfrac{14}{12}x$ として求めてもよい。

(2) $AC:EC=\dfrac{13}{12}x:\dfrac{35}{78}x=169:70$ より，$AE:EC=99:70$

また，$BD:BC=\dfrac{3}{4}x:\dfrac{14}{12}x=9:14$

△ADC と直線 BHE で，メネラウスの定理より，
$\dfrac{DB}{BC}\cdot\dfrac{CE}{EA}\cdot\dfrac{AH}{HD}=1$　　よって，$\dfrac{9}{14}\times\dfrac{70}{99}\times\dfrac{AH}{HD}=1$

ゆえに，$\dfrac{\text{AH}}{\text{HD}}=\dfrac{11}{5}$

よって，$\triangle\text{BDH}=\dfrac{5}{16}\triangle\text{ABD}=\dfrac{5}{16}\times\dfrac{9}{14}\triangle\text{ABC}$

として求めてもよい。

9 答 (1) $\dfrac{\text{BC}}{\text{CP}}\cdot\dfrac{\text{PO}}{\text{OA}}\cdot\dfrac{\text{AR}}{\text{RB}}=1$　(2) $\dfrac{\text{PB}}{\text{BC}}\cdot\dfrac{\text{CQ}}{\text{QA}}\cdot\dfrac{\text{AO}}{\text{OP}}=1$

(3) (1)，(2)の等式の両辺をそれぞれかけると，

$\dfrac{\text{BC}}{\text{CP}}\cdot\dfrac{\text{PO}}{\text{OA}}\cdot\dfrac{\text{AR}}{\text{RB}}\cdot\dfrac{\text{PB}}{\text{BC}}\cdot\dfrac{\text{CQ}}{\text{QA}}\cdot\dfrac{\text{AO}}{\text{OP}}=1$

ゆえに，$\dfrac{\text{BP}}{\text{PC}}\cdot\dfrac{\text{CQ}}{\text{QA}}\cdot\dfrac{\text{AR}}{\text{RB}}=1$

10 答 右の図のように，線分 AG の延長上に点 D
を，GD＝AG となるようにとる。
線分 GD と辺 BC との交点を M とするとき，G
は △ABC の重心であるから，

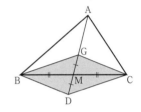

BM＝MC，GM＝MD＝$\dfrac{1}{2}$AG

よって，四角形 GBDC は平行四辺形であるから，
BD＝GC
△GBD で，GB＋BD＞GD
BD＝GC，GD＝AG より，AG＜BG＋CG

11 答 △ABC の頂点 A から中線 AM をひき，M
から直線 ℓ に垂線 MT をひく。
G は △ABC の重心であるから，3 点 A，G，
M は一直線上にあり，AG：GM＝2：1
台形 CBQR で，CM＝MB，CR // MT // BQ
であるから，

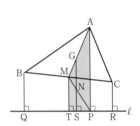

$\text{MT}=\dfrac{1}{2}(\text{BQ}+\text{CR})$ ……①

点 M と P を結び，線分 MP と GS との交点を N とする。

△AMP で，GN // AP，MG：GA＝1：2 であるから，$\text{GN}=\dfrac{1}{3}\text{AP}$

△PMT で，NS // MT，PN：NM＝AG：GM＝2：1 であるから，$\text{NS}=\dfrac{2}{3}\text{MT}$

よって，$\text{GS}=\text{GN}+\text{NS}=\dfrac{1}{3}(\text{AP}+2\text{MT})$ ……②

①，②より，$3\text{GS}=\text{AP}+2\text{MT}=\text{AP}+2\times\dfrac{1}{2}(\text{BQ}+\text{CR})$

ゆえに，AP＋BQ＋CR＝3GS

[参考] ②の等式については，MT // GS // AP，MG：GA＝1：2 より，

$\text{GS}=\dfrac{2\text{MT}+\text{AP}}{1+2}=\dfrac{1}{3}(\text{AP}+2\text{MT})$

として求めてもよい（→本文 p.116，5 章 例題 8 ▲）。

8章 ● 三平方の定理

1 答

a	1	$\sqrt{3}$	3	5	$\sqrt{13}$	15
b	1	1	4	12	6	8
c	$\sqrt{2}$	2	5	13	7	17

p.169

2 答 (イ), (ウ)

3 答 AB=10cm, BC=8cm, CA=6cm

解説 辺 CA の長さを x cm とすると，BC=$x+2$，AB=$x+4$ であるから，AB が斜辺である。

$AB^2 = BC^2 + CA^2$ より，$(x+4)^2 = (x+2)^2 + x^2$

p.170

4 答 (ア) HA (イ) CA (ウ) AB (エ) AE (オ) ∠HAB (カ) ∠CAE (キ) 2辺夾角
(ク) △CHA (ケ) △ECA (コ) AENM (サ) MNDB (シ) AEDB

5 答 (1) （正方形 ABCD）$=c^2$

$\triangle ABE = \triangle BCF = \triangle CDG = \triangle DAH = \dfrac{1}{2}ab$

（正方形 EFGH）$=(a-b)^2$

また，（正方形 ABCD）＝（正方形 EFGH）$+4\triangle ABE$

よって，$c^2 = (a-b)^2 + 4 \times \dfrac{1}{2}ab$　　$c^2 = a^2 - 2ab + b^2 + 2ab$　　$c^2 = a^2 + b^2$

すなわち，$a^2 + b^2 = c^2$

(2) $\triangle ABE \equiv \triangle ECD$ より，$\angle EAB = \angle DEC$，AE＝ED

$\angle AED = 180° - (\angle BEA + \angle DEC) = 180° - (\angle BEA + \angle EAB) = 90°$

よって，$\triangle AED = \dfrac{1}{2} \cdot AE \cdot ED = \dfrac{1}{2}c^2$

また，（台形 ABCD）$= \dfrac{1}{2} \cdot (AB + DC) \cdot BC = \dfrac{1}{2}(a+b)^2$

$\triangle ABE = \triangle ECD = \dfrac{1}{2}ab$

（台形 ABCD）$= 2\triangle ABE + \triangle AED$

よって，$\dfrac{1}{2}(a+b)^2 = 2 \times \dfrac{1}{2}ab + \dfrac{1}{2}c^2$

$a^2 + 2ab + b^2 = 2ab + c^2$　　ゆえに，$a^2 + b^2 = c^2$

p.171

6 答 (1) $(a^2-b^2)^2 + (2ab)^2 = a^4 - 2a^2b^2 + b^4 + 4a^2b^2 = a^4 + 2a^2b^2 + b^4 = (a^2+b^2)^2$

ゆえに，a^2-b^2，$2ab$，a^2+b^2 を3辺の長さとする三角形は，a^2+b^2 を斜辺の長さとする直角三角形である。

(2) （証明）(1)において，$a=2n$，$b=1$ とすると，$a^2-b^2 = 4n^2-1$，$2ab=4n$，$a^2+b^2 = 4n^2+1$ であるから，$4n^2-1$，$4n$，$4n^2+1$ を3辺の長さとする三角形は，$4n^2+1$ を斜辺の長さとする直角三角形である。

（自然数の組）(3, 4, 5)，(15, 8, 17)，(35, 12, 37) など

解説 (2) $4n^2-1$，$4n$，$4n^2+1$ に $n=1$, 2, 3 などを代入する。

⚠ (1)で，$a^2+b^2-2ab = (a-b)^2 > 0$ より，$a^2+b^2 > 2ab$ であるから，a^2+b^2 が最大辺である。

7 答 和 図1，差 図2

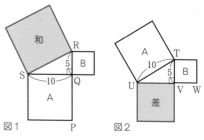

図1　図2

解説 面積の和に等しい正方形は，図1のように，正方形Aの1辺PQの延長上に正方形Bの1辺RQが重なるように，正方形A，Bをおいたときの辺RSを1辺とする正方形である。

面積の差に等しい正方形は，図2のように，正方形Aの1辺TUの頂点Tが正方形Bの1辺TVの頂点Tに，正方形Aの頂点Uが正方形Bの1辺WVの延長上に重なるように，正方形A，Bをおいたときの辺UVを1辺とする正方形である。

8 答 右の図

解説 正方形ABCDの対角線ACを1辺とする正方形である。

参考 対角線BDを1辺とする正方形でもよい。

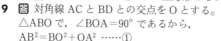

9 答 対角線ACとBDとの交点をOとする。

△ABOで，∠BOA＝90°であるから，

$AB^2＝BO^2＋OA^2$ ……①

同様に，△BCO，△CDO，△DAOで，

$BC^2＝CO^2＋OB^2$ ……②　　$CD^2＝DO^2＋OC^2$ ……③

$DA^2＝AO^2＋OD^2$ ……④

①，③より，$AB^2＋CD^2＝OA^2＋OB^2＋OC^2＋OD^2$

②，④より，$AD^2＋BC^2＝OA^2＋OB^2＋OC^2＋OD^2$

ゆえに，$AB^2＋CD^2＝AD^2＋BC^2$

10 答 $x＝\dfrac{5}{3}$，$\dfrac{5}{2}$

解答例 3辺の長さは正の数であるから，$x>0$，$2x+1>0$，$3x-1>0$ より，

$x>\dfrac{1}{3}$ ……①

$x<2x+1$ より，x は斜辺の長さとならないから，斜辺の長さは $2x+1$ か $3x-1$ のどちらかである。

(i) $2x+1$ が斜辺の長さであるとき

$(2x+1)^2＝(3x-1)^2＋x^2$　　$2x(3x-5)＝0$　　①より，$x＝\dfrac{5}{3}$

(ii) $3x-1$ が斜辺の長さであるとき

$(3x-1)^2＝(2x+1)^2＋x^2$　　$2x(2x-5)＝0$　　①より，$x＝\dfrac{5}{2}$

(i)，(ii)より，$x＝\dfrac{5}{3}$，$\dfrac{5}{2}$ ……(答)

11 答 (1) △ABHで，∠BHA＝90°であるから，$AB^2＝BH^2＋HA^2$

$BC＝BH＋HC$ であるから，$BH^2＝(BC-HC)^2＝BC^2-2BC \cdot HC＋HC^2$

よって，$AB^2＝(BC^2-2BC \cdot HC＋HC^2)＋HA^2$ ……①

また，△AHCで，∠AHC＝90°であるから，$AC^2＝CH^2＋HA^2$ ……②

①，②より，$AB^2＝BC^2-2BC \cdot HC＋(HC^2＋HA^2)＝BC^2-2BC \cdot HC＋AC^2$

すなわち，$AB^2＝BC^2＋CA^2-2BC \cdot CH$

(2) (1)より，$AC^2-AB^2=2BC \cdot CH-BC^2$ であるから，
$AC^2-AB^2=BC(2CH-BC)$ ……③
等脚台形 ABCD で，頂点 D から辺 BC に垂線 DH′ をひく。
△ABH と △DCH′ において，
$\angle AHB = \angle DH'C = 90°$，$AB=DC$，$\angle ABH = \angle DCH'$
よって，$\triangle ABH \equiv \triangle DCH'$（斜辺と1鋭角）　ゆえに，$BH=CH'$
また，$AD=HH'$ であるから，$2CH=2(CH'+H'H)=(2CH'+H'H)+H'H$
$=(BH+CH'+H'H)+H'H=BC+AD$ ……④
③，④より，$AC^2-AB^2=BC\{(BC+AD)-BC\}=BC \cdot AD$
すなわち，$AC^2-AB^2=AD \cdot BC$

 12 答 (1) $x=6$　(2) $x=12\sqrt{2}$　(3) $x=2\sqrt{3}$

13 答 (1) $4\sqrt{2}$ cm　(2) $3\sqrt{5}$ cm

(3) 高さ $\dfrac{\sqrt{3}}{2}$ cm，面積 $\dfrac{\sqrt{3}}{4}$ cm²

⚠ 1辺の長さが a の正三角形の高さと面積は，次のようになる。

(高さ)$=\dfrac{\sqrt{3}}{2}a$　　(面積)$=\dfrac{\sqrt{3}}{4}a^2$

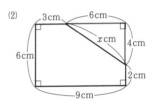

14 答 (1) $x=25$　(2) $x=\sqrt{145}$　(3) $x=8\sqrt{3}$

15 答 (1) $x=\sqrt{37}$　(2) $x=2\sqrt{13}$

解説 (1) $x^2=6^2+1^2$　　(2) $x^2=6^2+4^2$

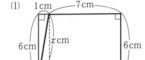

16 答 (1) 4　(2) $7\sqrt{2}$　(3) $4\sqrt{5}$　(4) 6

17 答 $P(2\sqrt{10}，0)$ または，$P(-2\sqrt{10}，0)$

解説 $P(x，0)$ とすると，$(x-0)^2+(0-3)^2=7^2$

 18 答 (1) $x=3+\sqrt{3}$，$y=2\sqrt{3}$　(2) $x=3\sqrt{3}-3$，$y=3\sqrt{6}$

(3) $x=4\sqrt{2}$，$y=2\sqrt{6}-2\sqrt{2}$　(4) $x=\dfrac{24}{5}$，$y=\dfrac{18}{5}$　(5) $x=\dfrac{4\sqrt{5}}{5}$，$y=\dfrac{8\sqrt{5}}{5}$

解説 (1) 頂点 A から辺 BC に垂線 AD をひくと，$AD=BD=3$
また，$\angle CAD=30°$ であるから，$DC:CA:AD=1:2:\sqrt{3}$
(2) $\angle BCD=30°$ であるから，$BD:DC:CB=1:2:\sqrt{3}$
(3) $\angle ADC=45°$ であるから，$DC:CA:AD=1:1:\sqrt{2}$
(4) $CA=\sqrt{8^2+6^2}=10$　　また，$\triangle ABC=\dfrac{1}{2} \cdot BC \cdot AB=\dfrac{1}{2} \cdot CA \cdot BD$
(5) $AD=\sqrt{(2\sqrt{5})^2-2^2}=4$　　また，$\triangle ABC=\dfrac{1}{2} \cdot BC \cdot AD=\dfrac{1}{2} \cdot CA \cdot BE$

参考 (4)は △ABC∽△BDC（2角）より，$10:6=8:x$，
(5)は △ADC∽△BEC（2角）より，$2\sqrt{5}:4=2:x$
として x を求めてもよい。

p.175 **19** 答 (1) $24\,\mathrm{cm}^2$ (2) $96\,\mathrm{cm}^2$ (3) $26\sqrt{7}\,\mathrm{cm}^2$

解説 (1) $\angle\mathrm{ABC}=30°$ であるから，高さは，$\dfrac{1}{2}\times6=3$

(2) ひし形 ABCD の対角線の交点を O とすると，$\mathrm{BO}=\sqrt{10^2-6^2}=8$

(3) 頂点 A から辺 BC に垂線 AE をひくと，$\mathrm{BE}=\dfrac{1}{2}(19-7)=6$

$\mathrm{AE}=\sqrt{8^2-6^2}=2\sqrt{7}$

20 答 (1) $\dfrac{\sqrt{3}}{4}\,\mathrm{cm}^2$ (2) $\dfrac{1}{2}\,\mathrm{cm}^2$

解説 (1) 右の図のように，△BCD の高さを DH
とすると，△CHD で，$\angle\mathrm{CHD}=90°$，$\angle\mathrm{DCH}=45°$，

$\mathrm{CD}=\dfrac{\sqrt{6}}{2}$ より，$\mathrm{DH}=\dfrac{\mathrm{CD}}{\sqrt{2}}=\dfrac{\sqrt{3}}{2}$

(2) (1)と同様に，△BCD の高さを DH とすると，

△CHD で，$\angle\mathrm{CHD}=90°$，$\angle\mathrm{DCH}=30°$，$\mathrm{CD}=2$ より，$\mathrm{DH}=\dfrac{\mathrm{CD}}{2}=1$

参考 (1) 頂点 D から辺 AC に垂線 DE をひくと，$\mathrm{EC}=\dfrac{1}{2}\mathrm{AC}=\dfrac{\sqrt{3}}{2}$

これを △BCD の高さとして面積を求めてもよい。

21 答 (1) $12\sqrt{5}\,\mathrm{cm}^2$ (2) $10\sqrt{2}\,\mathrm{cm}^2$

解説 (1) 頂点 A から辺 BC に垂線 AH をひき，$\mathrm{BH}=x\,\mathrm{cm}$ とする。
△ABH で，$\mathrm{AH}^2=\mathrm{AB}^2-\mathrm{BH}^2=9^2-x^2$
△AHC で，$\mathrm{AH}^2=\mathrm{AC}^2-\mathrm{CH}^2=7^2-(8-x)^2$
よって，$81-x^2=49-(64-16x+x^2)$　　$x=6$

(2) 頂点 B から辺 CA に垂線 BH をひき，$\mathrm{CH}=x\,\mathrm{cm}$ とする。
△BCH で，$\mathrm{BH}^2=\mathrm{BC}^2-\mathrm{CH}^2=6^2-x^2$
△BHA で，$\mathrm{BH}^2=\mathrm{BA}^2-\mathrm{AH}^2=5^2-(9-x)^2$

よって，$36-x^2=25-(81-18x+x^2)$　　$x=\dfrac{46}{9}$

参考 (2) 頂点 A から辺 CB の延長に垂線 AH′ を
ひき，$\mathrm{BH}'=y\,\mathrm{cm}$ とする。
△AH′B で，$\mathrm{AH}'^2=\mathrm{AB}^2-\mathrm{BH}'^2=5^2-y^2$
△AH′C で，$\mathrm{AH}'^2=\mathrm{AC}^2-\mathrm{CH}^2=9^2-(6+y)^2$
として y を求めてもよい。

22 答 (1) $6\sqrt{3}\,\mathrm{cm}^2$

(2) $\mathrm{MN}=\sqrt{3}\,\mathrm{cm}$，$\mathrm{NE}=\sqrt{7}\,\mathrm{cm}$，$\mathrm{EM}=\sqrt{13}\,\mathrm{cm}$

解説 (1) 対角線 AD と BE との交点を O とすると，
（正六角形 ABCDEF）＝（正三角形 OAB）$\times6$

(2) 右の図の △MPN で，

$\mathrm{MN}^2=\mathrm{NP}^2+\mathrm{PM}^2=\left(1+\dfrac{1}{2}\right)^2+\left(\dfrac{\sqrt{3}}{2}\right)^2$

△ENQ で，$\mathrm{EN}^2=\mathrm{NQ}^2+\mathrm{QE}^2=(1+1)^2+(\sqrt{3}\,)^2$

△EMR で，$\mathrm{EM}^2=\mathrm{MR}^2+\mathrm{RE}^2$

$=\left(\dfrac{1}{2}+2+1\right)^2+\left(\sqrt{3}-\dfrac{\sqrt{3}}{2}\right)^2$

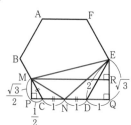

23 答 (1) $\dfrac{3\sqrt{2}}{2}$ cm (2) $\left(\dfrac{9}{2}-\sqrt{3}\right)$ cm²

解説 (1) 頂点 D から線分 AH に垂線
DE をひくと，
$\angle\text{DAE}=\angle\text{DAB}-\angle\text{HAB}$
$=75°-(180°-90°-75°)=60°$
よって，$\text{AE}=\dfrac{\text{DA}}{2}=\dfrac{\sqrt{2}}{2}$
また，四角形 EHCD は長方形であるから，
$\text{EH}=\text{DC}=\sqrt{2}$

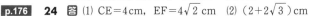

(2) 辺 AD の延長と辺 BC の延長との交点を F とする。
$\text{AH}\,/\!/\,\text{DC}$ より，$\angle\text{CDF}=60°$
よって，$\text{CD}:\text{DF}:\text{FC}=1:2:\sqrt{3}$
ゆえに，$\text{DF}=2\sqrt{2}$，$\text{FC}=\sqrt{6}$
ここで，$\angle\text{FBA}=\angle\text{BAF}=75°$ より，$\text{FB}=\text{FA}=\text{DF}+\text{DA}=3\sqrt{2}$
また，$(\text{四角形 ABCD})=\triangle\text{ABF}-\triangle\text{DCF}$

p.176

24 答 (1) $\text{CE}=4$cm，$\text{EF}=4\sqrt{2}$ cm (2) $(2+2\sqrt{3})$ cm

解説 (1) $\triangle\text{ABE}\equiv\triangle\text{ADF}$（斜辺と 1 辺）より，$\text{BE}=\text{DF}$ であるから，
$\triangle\text{ECF}$ は $\text{EC}=\text{FC}$ の直角二等辺三角形である。
(2) 正方形 ABCD の 1 辺の長さを $x$cm とする。
$\triangle\text{ABE}$ で，$\angle\text{ABE}=90°$ であるから，$\text{AB}^2+\text{BE}^2=\text{EA}^2$
よって，$x^2+(x-4)^2=(4\sqrt{2})^2$　　すなわち，$x^2-4x-8=0$

p.177

25 答 (1) $\text{CE}=2\sqrt{5}$ cm，$\text{CF}=\sqrt{10}$ cm (2) $\dfrac{2}{3}$cm

解説 (1) $\triangle\text{EBC}$ で，$\angle\text{EBC}=90°$ であるから，$\text{CE}^2=\text{EB}^2+\text{BC}^2$
また，$\triangle\text{EFC}$ は $\angle\text{EFC}=90°$ の直角二等辺三角形であるから，
$\text{FC}:\text{CE}=1:\sqrt{2}$
(2) $\text{BP}=x$cm とすると，$\triangle\text{EBP}\backsim\triangle\text{CFP}$（2 角）より，
$\text{BP}:\text{FP}=\text{EB}:\text{CF}$ であるから，$\text{FP}=\dfrac{\sqrt{10}}{2}x$
また，$\triangle\text{CPF}$ で，$\angle\text{PFC}=90°$ であるから，$\text{CP}^2=\text{PF}^2+\text{FC}^2$
$(4-x)^2=\left(\dfrac{\sqrt{10}}{2}x\right)^2+(\sqrt{10})^2$ より，$3x^2+16x-12=0$

⚠ (2) $0<x<4$ に注意する。

26 答 (1) $\triangle\text{AFE}$ と $\triangle\text{BCE}$ において，
$\text{FA}\,/\!/\,\text{BC}$（仮定）より，$\angle\text{EAF}=\angle\text{EBC}$（錯角）
$\text{EA}=\text{EB}$（仮定）　$\angle\text{FEA}=\angle\text{CEB}$（対頂角）
ゆえに，$\triangle\text{AFE}\equiv\triangle\text{BCE}$（2 角夾辺）

(2) $\dfrac{1+\sqrt{3}}{2}$cm²

解説 (2) $\triangle\text{DFG}$ で，$\angle\text{FGD}=90°$，$\text{DG}=1$，
$\text{DF}=\text{DA}+\text{AF}=\text{DA}+\text{BC}=2$
よって，$\text{FG}=\sqrt{2^2-1^2}=\sqrt{3}$　　また，$\square\text{ABCD}=\triangle\text{DFC}$

27 【答】AM＝$4\sqrt{2}$ cm，BN＝$\sqrt{17}$ cm

【解説】△ABM で，∠BMA＝90° であるから，
AM＝$\sqrt{AB^2-BM^2}=\sqrt{6^2-2^2}$
また，点 N から辺 BC に垂線 NH をひくと，
AM∥NH より，NH＝$\dfrac{1}{2}$AM，MH＝$\dfrac{1}{2}$MC
BH＝BM＋MH＝BM＋$\dfrac{1}{2}$MC＝2＋$\dfrac{1}{2}$×2＝3
△NBH で，∠BHN＝90° であるから，
BN＝$\sqrt{NH^2+HB^2}=\sqrt{(2\sqrt{2})^2+3^2}$

【参考】中線定理（→本文 p.179，例題5）より，BC²＋BA²＝2(BN²＋CN²)
として線分 BN の長さを求めてもよい。

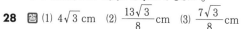

28 【答】(1) $4\sqrt{3}$ cm　(2) $\dfrac{13\sqrt{3}}{8}$ cm　(3) $\dfrac{7\sqrt{3}}{8}$ cm

【解説】(1) △AEF で，∠FAE＝90°，AE＝2，EF＝EB＝4 であるから，
∠AEF＝60°　　よって，∠FEC＝∠BEC＝60°，∠CFE＝90°
△CFE で，FC＝$\sqrt{3}$ EF　また，AD＝BC＝FC
(2) BQ＝x cm とする。
△MBQ で，(1)より，MQ＝QC＝AD－BQ＝$4\sqrt{3}-x$　　$(4\sqrt{3}-x)^2=3^2+x^2$
(3) 辺 AD と線分 MN との交点を R とすると，△MBQ∽△RAM（2角）より，
BQ：QM：MB＝AM：MR：RA
BQ：QM：MB＝$\dfrac{13\sqrt{3}}{8}$：$\left(4\sqrt{3}-\dfrac{13\sqrt{3}}{8}\right)$：3＝13：19：$8\sqrt{3}$ より，

13：19：$8\sqrt{3}$＝3：MR：RA　　よって，MR＝$\dfrac{57}{13}$，RA＝$\dfrac{24\sqrt{3}}{13}$

また，△RAM∽△RNP（2角）　　RN＝MN－MR＝6－$\dfrac{57}{13}=\dfrac{21}{13}$

RA：RN＝AM：NP より，$\dfrac{24\sqrt{3}}{13}$：$\dfrac{21}{13}$＝3：NP　　また，PD＝NP

p.178 **29** 【答】(1) AB＝$\sqrt{13}$，BC＝$2\sqrt{13}$，CA＝$\sqrt{65}$
△ABC は ∠B＝90° の直角三角形である。
(2) AB＝5，BC＝$7\sqrt{2}$，CA＝5
△ABC は AB＝AC の二等辺三角形である。
(3) AB＝$2\sqrt{5}$，BC＝$2\sqrt{10}$，CA＝$2\sqrt{5}$
△ABC は ∠A＝90° の直角二等辺三角形である。

【解説】(1) AB²＋BC²＝CA²
(3) AB＝AC かつ BC²＝AB²＋CA²

30 【答】(1) $a=\dfrac{1}{2}$　(2) $a=1$　(3) $a=\sqrt{3}$

【解説】点 P の x 座標を x とすると，P(x, ax^2) である。
(1) ∠OAP＝90° であるから，$x=2$　　また，OA＝AP
(2) ∠APO＝90° であるから，辺 OA の中点を M とすると，OM＝MA＝MP
(3) 辺 OA の中点を M とすると，OM：MP＝1：$\sqrt{3}$

p.179 **31** 答 (1) $x=-\dfrac{4}{5}$ (2) $x=-3\pm\sqrt{30}$ (3) $x=\dfrac{-1\pm\sqrt{33}}{2}$

解説 $AB^2=\{0-(-3)\}^2+\{2-(-3)\}^2=34$
$BC^2=(-1-0)^2+(x-2)^2=x^2-4x+5$
$CA^2=\{-3-(-1)\}^2+(-3-x)^2=(-2)^2+(x+3)^2=x^2+6x+13$
(1) $x^2+6x+13=x^2-4x+5$
(2) $34=x^2+6x+13$
(3) $BC^2+CA^2=AB^2$ より，$(x^2-4x+5)+(x^2+6x+13)=34$

⚠ (2)は，$34=4+(x+3)^2$ より，$(x+3)^2=30$　　$x+3=\pm\sqrt{30}$
と計算するとよい。

p.180 **32** 答 (1) $x=7$ (2) $x=\sqrt{39}$ (3) $x=\sqrt{119}$

解説 (1) $\triangle ABC$ で，$AB^2+AC^2=2(AM^2+BM^2)$ より，$7^2+9^2=2(x^2+4^2)$
(2) $\triangle ABC$ で，$AB^2+AC^2=2(AM^2+BM^2)$ より，$11^2+x^2=2(8^2+4^2)$
(3) $\triangle ABD$ で，$AB^2+AD^2=2(AM^2+BM^2)$ より，$6^2+8^2=2\left\{\left(\dfrac{9}{2}\right)^2+\left(\dfrac{x}{2}\right)^2\right\}$

33 答 長方形 ABCD の対角線の交点を O とすると，
$\triangle PAC$ で，$AO=OC$ であるから，
中線定理より，$PA^2+PC^2=2(PO^2+AO^2)$
$\triangle PBD$ で，$BO=OD$ であるから，
中線定理より，$PB^2+PD^2=2(PO^2+BO^2)$
四角形 ABCD は長方形であるから，$AO=BO$
ゆえに，$PA^2+PC^2=PB^2+PD^2$

⚠ 点 P が長方形の内部にある場合も外部にある場合も成り立つ。

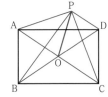

34 答 $x=\dfrac{\sqrt{15}}{5}$，$y=\dfrac{\sqrt{5}}{5}$

解説 $AC=x$ より，$AB=3x$，$AD=\sqrt{3}\,x$
$\triangle ABE$ で，中線定理より，$AE^2=2(AD^2+BD^2)-AB^2=2(3x^2+1)-9x^2$
$\triangle ADC$ で，中線定理より，$AE^2=\dfrac{1}{2}(AD^2+AC^2)-DE^2=\dfrac{1}{2}(3x^2+x^2)-1$

35 答 (1) 頂点 A から辺 BC に垂線 AH をひき，$BD=mx$，$DC=nx$，$DH=y$，
$AH=h$ とする。
$\triangle ABH$ で，$\angle BHA=90°$ であるから，$AB^2=BH^2+HA^2=(mx+y)^2+h^2$
$\triangle AHC$ で，$\angle AHC=90°$ であるから，$AC^2=CH^2+HA^2=(nx-y)^2+h^2$
$\triangle ADH$ で，$\angle DHA=90°$ であるから，$AD^2=DH^2+HA^2=y^2+h^2$
よって，$nAB^2+mAC^2=n\{(mx+y)^2+h^2\}+m\{(nx-y)^2+h^2\}$
$=(m+n)(mnx^2+y^2+h^2)$
また，$nBD^2+mCD^2+(m+n)AD^2=n(mx)^2+m(nx)^2+(m+n)(y^2+h^2)$
$=(m+n)(mnx^2+y^2+h^2)$
ゆえに，$nAB^2+mAC^2=nBD^2+mCD^2+(m+n)AD^2$
(2) 6 cm

解答例 (2) AD は $\angle A$ の二等分線であるから，
$BD:DC=6:8=3:4$
(1)より，$4AB^2+3AC^2=4BD^2+3CD^2+7AD^2$
$AB=6$，$AC=8$，$BD=3$，$CD=4$ より，
$4\times6^2+3\times8^2=4\times3^2+3\times4^2+7AD^2$　　$AD^2=36$
$AD>0$ より，$AD=6$　　　　　　　　　(答) 6 cm

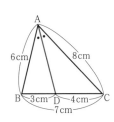

36 答 (1) $(6-4\sqrt{2})\,\text{cm}^2$　(2) $\dfrac{3}{4}\,\text{cm}^2$

解答例 (1) 右の図のように，辺 AD と EH
との交点を P，辺 CD と EF との交点を Q
とする。
$\angle QCF=\angle CFQ=45°$ であるから，
$\triangle QCF$ は QC=QF の直角二等辺三角形で
ある。　よって，QC $=\dfrac{\text{CF}}{\sqrt{2}}=\sqrt{2}$

また，CD=FE，QC=QF であるから，EQ=QD
$\angle PEQ=\angle EQD=\angle QDP=90°$
よって，重なった部分の四角形 PEQD は正方形である。
ゆえに，（四角形 PEQD）$=\text{QD}^2=(\text{CD}-\text{CQ})^2=(2-\sqrt{2})^2=6-4\sqrt{2}$

（答）$(6-4\sqrt{2})\,\text{cm}^2$

(2) 右の図のように，辺 CD と EF との交点
を R，直線 AR と CF との交点を M とする。
$\triangle ACM$ と $\triangle CAD$ において，
AC=CA（共通）
AM⊥CF より，$\angle CMA=\angle ADC=90°$
CM=MF=1 より，CM=AD
よって，$\triangle ACM\equiv\triangle CAD$（斜辺と1辺）
ゆえに，AM=CD=2 ……①
$\angle MAC=\angle DCA$ ……②
また，$\triangle RAC$ で，②より，RC=RA ……③
$\triangle RAD$ で，RD=$x\,\text{cm}$ とすると，①，③より，RA=$2-x$
$\angle RDA=90°$ であるから，$\text{AR}^2=\text{RD}^2+\text{DA}^2$ より，$(2-x)^2=x^2+1^2$
よって，$x=\dfrac{3}{4}$

重なった部分の四角形 AERD の面積は $\triangle RAD$ の面積の2倍であるから，

（四角形 AERD）$=2\triangle RAD=2\left(\dfrac{1}{2}\cdot\text{RD}\cdot\text{DA}\right)=2\times\left(\dfrac{1}{2}\times\dfrac{3}{4}\times1\right)=\dfrac{3}{4}$

（答）$\dfrac{3}{4}\,\text{cm}^2$

p.181 **37** 答 (1) 7 cm　(2) $6\sqrt{3}$ cm

38 答 表面積 $144\pi\,\text{cm}^2$，体積 $288\pi\,\text{cm}^3$
解説 切り口の円の半径は 4 cm である。
球の半径を $r\,\text{cm}$ とすると，$r^2=4^2+(2\sqrt{5})^2=36$

また，半径 r の球で，表面積は $4\pi r^2$，体積は $\dfrac{4}{3}\pi r^3$ である。

39 答 高さ $6\sqrt{2}$ cm，体積 $18\sqrt{2}\,\pi\,\text{cm}^3$

p.183 **40** 答 (1) 表面積 $24\pi\,\text{cm}^2$，体積 $12\pi\,\text{cm}^3$　(2) 表面積 $16\pi\,\text{cm}^2$，体積 $\dfrac{16\sqrt{2}}{3}\pi\,\text{cm}^3$

解説 (1) 展開図のおうぎ形の中心角は 216°，円錐の高さは 4 cm である。
(2) 円錐の底面の半径は 2 cm，高さは $4\sqrt{2}$ cm である。
⚠ 円錐の表面積を S，底面の半径を r，母線の長さを a とするとき，
$S=\pi r^2+\pi ar$ を利用してもよい。

41 答 (1) $\dfrac{32}{3}\,\mathrm{cm}^3$ (2) $32\,\mathrm{cm}^2$

解説 (1) （正方形 ABCD）$=\dfrac{1}{2}\cdot\mathrm{AC}^2=\dfrac{1}{2}\times 4^2=8$

(2) 正方形 ABCD の対角線の交点を H とすると，OH は
正四角錐 O–ABCD の高さとなる。
AH$=2$，OH$=4$
頂点 O から辺 AB に垂線をひき，その交点を M とする。
$\triangle$OMH で，HM$=\sqrt{2}$ より，
OM$=\sqrt{\mathrm{OH}^2+\mathrm{HM}^2}=\sqrt{4^2+(\sqrt{2})^2}=3\sqrt{2}$
また，求める表面積は，

$4\triangle\mathrm{OAB}+$（正方形 ABCD）$=4\times\left(\dfrac{1}{2}\times 2\sqrt{2}\times 3\sqrt{2}\right)+8$

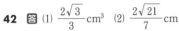

42 答 (1) $\dfrac{2\sqrt{3}}{3}\,\mathrm{cm}^3$ (2) $\dfrac{2\sqrt{21}}{7}\,\mathrm{cm}$

解説 (1) 頂点 O から平面 ABCD に垂線 OH をひくと，AH$=\dfrac{1}{2}$AC$=1$ より，

OH$=\sqrt{\mathrm{OA}^2-\mathrm{AH}^2}=\sqrt{2^2-1^2}=\sqrt{3}$

(2) 三角錐 O–ABC の体積は，

$\dfrac{1}{3}\cdot\triangle\mathrm{ABC}\cdot\mathrm{OH}=\dfrac{1}{3}\times\left(\dfrac{1}{2}\times\sqrt{2}\times\sqrt{2}\right)\times\sqrt{3}=\dfrac{\sqrt{3}}{3}$ であるから，求める高さ

を h とすると，$\dfrac{1}{3}\cdot\triangle\mathrm{OBC}\cdot h=\dfrac{\sqrt{3}}{3}$　$\dfrac{1}{3}\times\left(\dfrac{1}{2}\times\sqrt{2}\times\dfrac{\sqrt{14}}{2}\right)\times h=\dfrac{\sqrt{3}}{3}$

参考 (1) $\triangle$OAC は，1 辺が 2cm の正三角形であるから，OH$=\sqrt{3}$ として求
めてもよい。

p.184 **43** 答 (1) $72\,\mathrm{cm}^3$ (2) $\dfrac{3}{2}\,\mathrm{cm}$

解説 (1) $\triangle$BCD を底面とすると，AD が高さとなる。
求める体積は，$\dfrac{1}{3}\cdot\triangle\mathrm{BCD}\cdot\mathrm{AD}=\dfrac{1}{3}\times\left(\dfrac{1}{2}\times 6\times 6\right)\times 12$

(2) 求める球の中心を O，半径を r とすると，
三角錐 A–BCD の体積は，三角錐 O–ABC，O–BCD，
O–CDA，O–DAB の体積の和である。
また，$\triangle$ABC，$\triangle$BCD，$\triangle$CDA，$\triangle$DAB の面積の和は，
1 辺が 12cm の正方形の面積に等しいから，4 つの三角

錐の体積の和は $\dfrac{1}{3}\times 12^2\times r$ である。

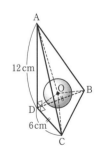

44 答 (1) $9\sqrt{2}\,\mathrm{cm}^3$ (2) $2\sqrt{2}\,\mathrm{cm}^3$
解説 (1) 求める体積を合同な 2 つの正四角錐の体積の和と考える。
正方形 BCDE の対角線の交点を H とすると，AH は正四角錐 A–BCDE の高さ

となる。H は正方形 ABFD の対角線の交点でもあるから，AH$=\dfrac{\mathrm{AB}}{\sqrt{2}}=\dfrac{3\sqrt{2}}{2}$

（正四角錐 A–BCDE の体積）$=\dfrac{1}{3}\cdot$（正方形 BCDE）$\cdot\mathrm{AH}$

(2) 右の図の △ABC，△ADE の重心をそれぞれ G，
G′ とすると，AG：GM＝AG′：G′N＝2：1 より，

$$GG'=\frac{2}{3}MN=2$$

⚠ (1) 正八面体の対角線の長さ $3\sqrt{2}$ の $\frac{1}{2}$ が正四角

錐の高さである。

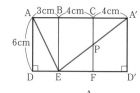

p.185 **45** 答 $(10+3\sqrt{5}\,)$ cm

解説 右の図は，展開図の一部である。
△ADE で，∠ADE＝90° であるから，
$AE=\sqrt{AD^2+DE^2}=\sqrt{6^2+3^2}=3\sqrt{5}$
また，△ED′A′ で，∠ED′A′＝90° であるから，
$EA'=\sqrt{ED'^2+D'A'^2}=\sqrt{8^2+6^2}=10$

46 答 $\sqrt{7}$ cm

解説 右の図は，展開図の一部である。
側面のおうぎ形の中心角は 120° であるから，
∠BAC＝60° となり，△ABC は正三角形である。
点 D から辺 AB に垂線 DH をひくと，
$AH=1$，$DH=\sqrt{3}$
△DHB で，∠DHB＝90° であるから，
$DB=\sqrt{DH^2+HB^2}=\sqrt{(\sqrt{3}\,)^2+2^2}$

47 答 (1) 8 cm (2) $\frac{3}{2}$ cm (3) $(50-20\sqrt{5}\,)$ cm²

解説 右の図は，展開図の一部である。
(1) 求める長さは線分 AQ の 2 倍である。
(2) △OAQ で，OP は ∠QOA の二等分線であるから，
AP：PQ＝OA：OQ
(3) 線分 AC と OB との交点を E とすると，
△ACQ で，∠CQA＝90° であるから，
$AC=\sqrt{CQ^2+QA^2}=\sqrt{2^2+4^2}=2\sqrt{5}$
$AE=\frac{1}{2}AC=\frac{1}{2}\times2\sqrt{5}=\sqrt{5}$
△OAE で，∠AEO＝90° であるから，
$OE=\sqrt{OA^2-AE^2}=\sqrt{5^2-(\sqrt{5}\,)^2}=2\sqrt{5}$
△ABE で，∠BEA＝90° であるから，$AB^2=BE^2+EA^2=(5-2\sqrt{5}\,)^2+(\sqrt{5}\,)^2$

48 答 $2\sqrt{7}$ cm

解説 右の展開図で，求める長さは線分 AB′
である。頂点 A から直線 BB′ に垂線 AH を
ひくと，$AH=\sqrt{3}$，$HB=1$
△AHB′ で，∠AHB′＝90° であるから，
$AB'=\sqrt{AH^2+HB'^2}=\sqrt{(\sqrt{3}\,)^2+(1+2+2)^2}$

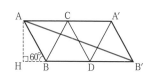

p.188 **49** 答 (1) $\frac{16}{3}$ cm³ (2) $4\sqrt{6}$ cm² (3) $\frac{2\sqrt{6}}{3}$ cm

解説 (1) （三角錐 B–AFM の体積）＝$\frac{1}{3}\cdot\triangle BFM\cdot AB=\frac{1}{3}\times\left(\frac{1}{2}\times4\times2\right)\times4$

(2) $\triangle$ABM で，$\mathrm{AM}=\sqrt{\mathrm{AB}^2+\mathrm{BM}^2}=\sqrt{4^2+2^2}=2\sqrt{5}$

$\triangle$AFM は $\mathrm{MA}=\mathrm{MF}=2\sqrt{5}$，$\mathrm{AF}=4\sqrt{2}$ の二等辺三角形であるから，頂点 M から辺 AF に垂線 MI をひくと，

$\mathrm{MI}=\sqrt{\mathrm{MA}^2-\mathrm{AI}^2}=\sqrt{(2\sqrt{5})^2-(2\sqrt{2})^2}=2\sqrt{3}$

$\triangle\mathrm{AFM}=\dfrac{1}{2}\cdot\mathrm{AF}\cdot\mathrm{MI}$

(3) 求める高さを $h\,\mathrm{cm}$ とすると，$\dfrac{1}{3}\cdot\triangle\mathrm{AFM}\cdot h=\dfrac{16}{3}$

50 答 (1) $4\sqrt{13}$ cm　(2) $\sqrt{133}$ cm^2

解説 (1) AP∥QG，PG∥AQ であるから，切り口の四角形 APGQ は平行四辺形である。

また，$\mathrm{AP}^2=3^2+2^2=13$，$\mathrm{PG}^2=3^2+2^2=13$ より，四角形 APGQ はひし形である。

(2) $\mathrm{AG}=\sqrt{\mathrm{AB}^2+\mathrm{BC}^2+\mathrm{CG}^2}=\sqrt{2^2+3^2+5^2}=\sqrt{38}$

$\mathrm{PQ}=\sqrt{2^2+3^2+1^2}=\sqrt{14}$

（ひし形 APGQ）$=\dfrac{1}{2}\cdot\mathrm{AG}\cdot\mathrm{PQ}$

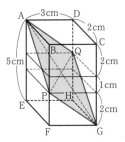

51 答 (1) $(12\sqrt{2}+4\sqrt{13})$ cm　(2) 112 cm^3

解説 (1) 切り口は等脚台形 MEGN である。

$\mathrm{MN}=4\sqrt{2}$，$\mathrm{EG}=8\sqrt{2}$

$\mathrm{ME}=\sqrt{\mathrm{MA}^2+\mathrm{AE}^2}=\sqrt{4^2+6^2}$

(2) 右の図のように，直線 ME と NG との交点を O とすると，求める立体の体積は，

（三角錐 O–EFG の体積）−（三角錐 O–MBN の体積）

$=\dfrac{1}{3}\times\left(\dfrac{1}{2}\times8^2\right)\times12-\dfrac{1}{3}\times\left(\dfrac{1}{2}\times4^2\right)\times6$

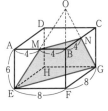

52 答 (1) $\dfrac{3\sqrt{39}}{4}$ cm　(2) $\dfrac{9\sqrt{23}}{2}$ cm^3

解説 (1) $\mathrm{GH}=x\,\mathrm{cm}$ とすると，$\triangle$CHA で，$\angle\mathrm{CHA}=90°$ であるから，$\mathrm{CH}^2=\mathrm{CA}^2-\mathrm{AH}^2=6^2-(2+x)^2$

$\triangle$CHG で，$\angle\mathrm{CHG}=90°$ であるから，

$\mathrm{CH}^2=\mathrm{CG}^2-\mathrm{GH}^2=5^2-x^2$

よって，$6^2-(2+x)^2=5^2-x^2$　　$x=\dfrac{7}{4}$

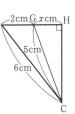

(2) $\triangle$BHA で，$\angle\mathrm{BHA}=90°$ であるから，$\mathrm{BH}^2=\mathrm{AB}^2-\mathrm{AH}^2$

また，$\mathrm{AB}=\mathrm{AC}$ より，$\mathrm{BH}=\mathrm{CH}$

よって，$\triangle$HBC は二等辺三角形であり，頂点 H から辺 BC に垂線 HM をひくと，M は辺 BC の中点であるから，$\mathrm{MC}=3$

$\triangle$HMC で，$\angle\mathrm{HMC}=90°$ であるから，

$\mathrm{HM}^2=\mathrm{CH}^2-\mathrm{MC}^2=\left(\dfrac{3\sqrt{39}}{4}\right)^2-3^2=\dfrac{207}{16}$

$\mathrm{HM}>0$ より，$\mathrm{HM}=\dfrac{3\sqrt{23}}{4}$

よって，$\triangle\mathrm{HBC}=\dfrac{1}{2}\cdot\mathrm{BC}\cdot\mathrm{HM}=\dfrac{1}{2}\times6\times\dfrac{3\sqrt{23}}{4}=\dfrac{9\sqrt{23}}{4}$

AH⊥BH，AH⊥CH より，AH⊥平面 HBC であるから，

（四面体 GBCD の体積）＝（三角錐 G–HBC の体積）＋（三角錐 D–HBC の体積）

$$=\frac{1}{3}\cdot\triangle HBC\cdot GH+\frac{1}{3}\cdot\triangle HBC\cdot HD=\frac{1}{3}\cdot\triangle HBC\cdot(GH+HD)$$

$$=\frac{1}{3}\cdot\triangle HBC\cdot GD=\frac{1}{3}\times\frac{9\sqrt{23}}{4}\times(8-2)$$

p.189 **53** **答** (1) $18\sqrt{2}$ cm　(2) $27\sqrt{3}$ cm²　(3) 81 cm³

解説 (1) 切り口は，MN を 1 辺とする正六角形である。

$$MN=\frac{1}{2}FH=\frac{1}{2}\times 6\sqrt{2}=3\sqrt{2}$$

(2) 1 辺が $3\sqrt{2}$ cm の正三角形の面積の 6 倍と等しい。

(3) 正六角錐の高さは $\frac{1}{2}CE=3\sqrt{3}$ であるから，体積

は，$\frac{1}{3}\times 27\sqrt{3}\times 3\sqrt{3}$

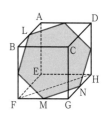

参考 (3) 辺 BF の中点を P とすると，立方体の体積の $\frac{1}{2}$ から三角錐 C–LBP

の体積の 3 倍をひいてもよい（→本文 p.139，6 章の問題［9］(2)）。

54 **答** (1) $\frac{3\sqrt{5}}{5}$ cm　(2) $\frac{54}{125}$ cm²　(3) $\frac{9\sqrt{11}}{125}$ cm³

解説 (1) △OAB で，OD＝x cm とすると，$(\sqrt{5})^2-x^2=2^2-(\sqrt{5}-x)^2$

(2) △OAD∽△ODE（2 角），OA：OD＝$\sqrt{5}：\frac{3\sqrt{5}}{5}=5：3$

$$AD^2=OA^2-OD^2=(\sqrt{5})^2-\left(\frac{3\sqrt{5}}{5}\right)^2=\frac{16}{5}\qquad AD>0 \text{ より，} AD=\frac{4\sqrt{5}}{5}$$

$$\triangle ODE=\frac{3^2}{5^2}\triangle OAD=\frac{9}{25}\left(\frac{1}{2}\cdot AD\cdot OD\right)=\frac{9}{25}\times\left(\frac{1}{2}\times\frac{4\sqrt{5}}{5}\times\frac{3\sqrt{5}}{5}\right)$$

(3) 頂点 O から平面 ABC に垂線 OH をひき，直線 AH と辺 BC との交点を F
とすると，H は △ABC の重心であるから，BF＝CF，AF⊥BC

よって，$AF=\frac{\sqrt{3}}{2}AB=\sqrt{3}$ であるから，$AH=\frac{2}{3}AF=\frac{2\sqrt{3}}{3}$

$$OH^2=OA^2-AH^2=(\sqrt{5})^2-\left(\frac{2\sqrt{3}}{3}\right)^2=\frac{11}{3}\qquad OH>0 \text{ より，} OH=\frac{\sqrt{33}}{3}$$

（三角錐 O–ABC の体積）$=\frac{1}{3}\cdot\triangle ABC\cdot OH=\frac{1}{3}\times\left(\frac{1}{2}\times 2\times\sqrt{3}\right)\times\frac{\sqrt{33}}{3}=\frac{\sqrt{11}}{3}$

また，△OBC は OB＝OC の二等辺三角形で，BF＝CF であるから，

$$OF=\sqrt{OB^2-BF^2}=\sqrt{(\sqrt{5})^2-1^2}=2$$

頂点 A から平面 OBC に垂線 AG をひくと，

$$\frac{1}{3}\cdot\triangle OBC\cdot AG=\frac{\sqrt{11}}{3}\qquad \frac{1}{3}\times\left(\frac{1}{2}\times 2\times 2\right)\times AG=\frac{\sqrt{11}}{3}$$

よって，$AG=\frac{\sqrt{11}}{2}$

（三角錐 O–ADE の体積）$=\frac{1}{3}\cdot\triangle ODE\cdot AG$

参考 (3) (三角錐 O–ADE の体積)＝$\dfrac{OD \cdot OE}{OB \cdot OC}$・(三角錐 O–ABC の体積)

$$=\dfrac{\dfrac{3\sqrt{5}}{5}\times\dfrac{9\sqrt{5}}{25}}{\sqrt{5}\times\sqrt{5}}\times\dfrac{\sqrt{11}}{3}\quad \text{として求めてもよい。}$$

55 答 $\dfrac{81\sqrt{6}}{4}$ cm³

解答例 図1のように，円柱と四角錐を3点 A，O，O′ を通る平面で切って，その切り口の平面と辺 BC，DE との交点をそれぞれ P，P′，円 O，円 O′ との交点をそれぞれ Q，R，Q′，R′ とする。

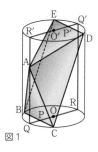
図1

△OBP で，OB＝3，∠OPB＝90°，∠POB＝60° より，
OP：OB：PB＝1：2：$\sqrt{3}$ であるから，

OP＝$\dfrac{3}{2}$，BP＝$\dfrac{3\sqrt{3}}{2}$

ゆえに，BC＝$3\sqrt{3}$ ……①

また，PQ＝$3-\dfrac{3}{2}=\dfrac{3}{2}$，PR＝$2\times3-\dfrac{3}{2}=\dfrac{9}{2}$

DE＝BC であるから，同様に，P′Q′＝$\dfrac{3}{2}$，P′R′＝$\dfrac{9}{2}$

頂点 A から長方形 BCDE に垂線 AH をひくと，P，P′ はそれぞれ辺 BC，DE の中点であるから，H は線分 PP′ の中点である。

また，AP＝AP′ ……②

図2のように，長方形 QRQ′R′ で，点 P′ から辺 QR に垂線 P′S をひくと，

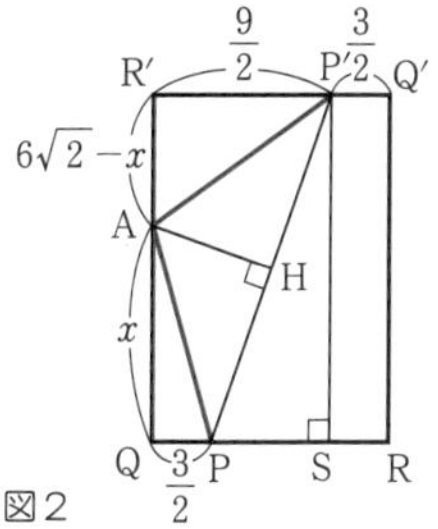

PS＝SQ－PQ＝P′R′－PQ＝$\dfrac{9}{2}-\dfrac{3}{2}=3$

△P′PS で，∠PSP′＝90° であるから，
P′P＝$\sqrt{PS^2+P'S^2}=\sqrt{3^2+(6\sqrt{2})^2}=9$ ……③

また，AQ＝$x$cm とすると，
△AQP で，∠AQP＝90° であるから，
AP²＝$x^2+\left(\dfrac{3}{2}\right)^2$ ……④

図2

△P′R′A で，∠P′R′A＝90° であるから，AP′²＝$\left(\dfrac{9}{2}\right)^2+(6\sqrt{2}-x)^2$ ……⑤

②，④，⑤より，$x^2+\left(\dfrac{3}{2}\right)^2=\left(\dfrac{9}{2}\right)^2+(6\sqrt{2}-x)^2$

よって，$x=\dfrac{15\sqrt{2}}{4}$　ゆえに，AP²＝$\left(\dfrac{15\sqrt{2}}{4}\right)^2+\left(\dfrac{3}{2}\right)^2=\dfrac{243}{8}$

△AHP で，∠AHP＝90° であるから，
AH＝$\sqrt{AP^2-PH^2}=\sqrt{\dfrac{243}{8}-\left(\dfrac{9}{2}\right)^2}=\dfrac{9\sqrt{2}}{4}$ ……⑥

①，③，⑥より，(四角錐 A–BCDE の体積)＝$\dfrac{1}{3}$・(長方形 BCDE)・AH

$=\dfrac{1}{3}\times(3\sqrt{3}\times9)\times\dfrac{9\sqrt{2}}{4}=\dfrac{81\sqrt{6}}{4}$　　　　　　(答) $\dfrac{81\sqrt{6}}{4}$ cm³

56 【答】$108\sqrt{3}$ cm^3

[解答例] 底面の正六角形 GHIJKL の対角線 GJ と線分
MK との交点を N とすると，AD∥NJ より，

$$\triangle AND=\frac{1}{2}\cdot AD\cdot DJ=\frac{1}{2}\times12\times12=72$$

四面体 ADMK を △AND を底面とする 2 つの三角錐
M-AND と K-AND に分けると，GJ∥LK より，2 つ
の三角錐の高さの和は，点 M から辺 LK の延長にひい
た垂線 MP の長さに等しい。……①
辺 LK の延長と辺 IJ の延長との交点を Q とすると，
∠QKJ＝∠KJQ＝60° より，△KJQ は正三角形で
あるから，JQ＝6，∠MQP＝60°

よって，△MQP で，$MP=\dfrac{\sqrt{3}}{2}MQ$

$$=\frac{\sqrt{3}}{2}(MJ+JQ)=\frac{\sqrt{3}}{2}\times(3+6)=\frac{9\sqrt{3}}{2}$$

①より，（四面体 ADMK の体積）$=\dfrac{1}{3}\cdot\triangle AND\cdot MP$

$$=\frac{1}{3}\times72\times\frac{9\sqrt{3}}{2}=108\sqrt{3}$$

（答）$108\sqrt{3}$ cm^3

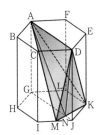

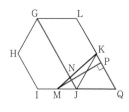

8章の問題

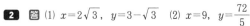

p.190 **1** 【答】$49\,\text{cm}^2$

[解説] 右の図の正方形の面積を A，B，C，D，
E，F，G で表すと，E＝A＋B，F＝C＋D，
G＝E＋F より，A＋B＋C＋D＝G

2 【答】(1) $x=2\sqrt{3}$，$y=3-\sqrt{3}$　(2) $x=9$，$y=\dfrac{72}{5}$

(3) $x=\dfrac{8}{3}$，$y=\dfrac{16}{3}$

[解説] (1) △EBC で，∠EBC＝30°，∠BCE＝90°
(2) $x=\sqrt{15^2-12^2}=9$ より，
△ABC∽△DBA（2辺の比と夾角）
ゆえに，∠BCA＝∠BAD であるから，△DBA∽△DEC（2角）
$y=AC-CE=AC-\dfrac{DC}{DA}\cdot AB$
(3) AD は ∠A の二等分線であるから，$y:4=x:2$　　$y=2x$
頂点 A から辺 BC に垂線 AH をひく。
△AHC で，AD＝AC より，DH＝CH＝1 であるから，AH^2＝4^2－1^2＝15
また，△ABH で，AB^2＝BH^2＋HA^2 より，$y^2=(x+1)^2+15$

3 【答】(1) $\dfrac{42}{5}\,\text{cm}$　(2) $84\,\text{cm}^2$　(3) $3\sqrt{7}\,\text{cm}$

[解説] (1) BD＝$x$cm とすると，$14^2-x^2=13^2-(15-x)^2$

(2) △ABD で，$AB:BD=14:\dfrac{42}{5}=5:3$，∠BDA＝90° より，

$$AD=\frac{4}{5}AB=\frac{4}{5}\times14=\frac{56}{5} \qquad \triangle ABC=\frac{1}{2}\cdot BC\cdot AD$$

(3) 点 P を通り辺 BC に垂直な直線と，辺 AB との交点を Q とする。

$\triangle ABD\backsim\triangle QBP$（2 角）より，BD：BP＝DA：PQ

BD：DA＝3：4 より，3：BP＝4：PQ

$BP=y$ cm とすると，$PQ=\frac{4}{3}y$

$$\triangle QBP=\frac{1}{2}\times y\times\frac{4}{3}y$$

4 **答** (1) C$(2,\ 2\sqrt{3}\ )$　(2) $\dfrac{11\sqrt{3}}{2}$

解説 $\triangle BOA$ で，OA＝3，AB＝$\sqrt{3}$，$\angle OAB=90°$ より，$\angle BOA=30°$

$\angle DOC=90°-\angle COB-\angle BOA=30°$

(1) $BO=2AB=2\sqrt{3}$，$CO=\dfrac{2}{\sqrt{3}}BO=4$

(2) （五角形 OABCD）＝$\triangle OAB+\triangle OBC+\triangle OCD$

p.191 **5** **答** (1) $\dfrac{\sqrt{21}}{2}$cm　(2) $\dfrac{5}{2}$cm　(3) $\dfrac{5\sqrt{7}}{7}$cm　(4) $\dfrac{5\sqrt{3}}{4}$cm²

解説 (1) $BC=\sqrt{2^2+(\sqrt{3}\ )^2}=\sqrt{7}$

また，$\triangle CAB$ で，CM＝MA，MR∥AB であるから，

中点連結定理の逆より，CR＝RB

よって，$\triangle BPR$ で，$PR=\dfrac{\sqrt{3}}{2}PB$

(2) $QM=\dfrac{\sqrt{3}}{2}AC$，$MR=\dfrac{1}{2}AB$　　また，QR＝QM＋MR

(3) $\triangle QRH\backsim\triangle CBA$（2 角）より，QR：CB＝RH：BA であるから，

$\dfrac{5}{2}:\sqrt{7}=RH:2$

(4) $\triangle PQR=\dfrac{1}{2}\cdot PR\cdot RH$

6 **答** $\dfrac{2\sqrt{6}}{3}$cm

解説 切り口の $\triangle BGD$ は，1 辺が $4\sqrt{2}$ cm の正三角形である。

切り口の円の中心を O′ とすると，O′ は $\triangle BGD$ の重心であるから，辺 BD の中点を M とすると，

$$O'M=\frac{1}{3}GM=\frac{1}{3}\times\left(\frac{\sqrt{3}}{2}\times4\sqrt{2}\ \right)$$

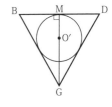

7 **答** $\dfrac{162\sqrt{3}}{5}$cm³

解説 線分 EI と PK は長方形 CIKE 上にあるから，交点 Q も同じ平面上にある。

点 Q から底面にひいた垂線を QR とすると，点 R は線分 IK 上にあり，PI∥QR∥EK ……①

$\triangle HIK$ で，$\angle HIK=90°$，$\angle KHI=60°$ より，

$IK=\sqrt{3}$ HI＝$6\sqrt{3}$

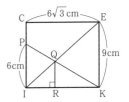

長方形 CIKE で，CI＝EK＝9，CP：PI＝1：2 より，PI＝6
①より，PQ：KQ＝PI：KE＝2：3 であるから，

PI：QR＝KP：KQ＝(2＋3)：3＝5：3　　ゆえに，$QR＝\dfrac{3}{5}PI＝\dfrac{18}{5}$

△HJL は 1 辺の長さが $6\sqrt{3}$ cm の正三角形であるから，

$$△HJL＝\dfrac{1}{2}×6\sqrt{3}×\left(\dfrac{\sqrt{3}}{2}×6\sqrt{3}\right)＝27\sqrt{3}$$

（四面体 QHJL の体積）＝$\dfrac{1}{3}・△HJL・QR$

8 **答** (1) 9cm　(2) $36\pi\,cm^2$　(3) $\dfrac{196\sqrt{2}}{3}\pi\,cm^3$

解説 (1) 母線の長さを a cm とする。
円錐の底面の円周は $(2\pi×3)$ cm であるから，$3×(2\pi×3)＝2a\pi$

(2) $\pi×3^2＋\dfrac{1}{3}×\pi×9^2$

(3) 右の図で，OH＝x cm とすると，
$9^2-x^2＝6^2-(9-x)^2$ より，$x＝7$
求める水の体積は，

$\dfrac{1}{3}・\pi・OH^2・AH＝\dfrac{1}{3}×\pi×49×4\sqrt{2}$

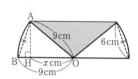

参考 (2) 円錐の表面積を S，底面の半径を r，母線の長さを a とするとき，
$S＝\pi r^2＋\pi ar$ を利用して求めてもよい。
(3) △OAB で，頂点 O から辺 AB に垂線 OH′をひいて，△OBH′∽△ABH を
利用して線分 BH の長さを求めてもよい。

`p.192` **9** **答** (1) $\dfrac{125}{3}\,cm^3$　(2) $\dfrac{25\sqrt{6}}{2}\,cm^2$　(3) $\dfrac{5\sqrt{6}}{3}\,cm$

解説 (1) △ACD を底面とすると，高さは HD に等しい。

（三角錐 M–ACD の体積）＝$\dfrac{1}{3}・△ACD・HD＝\dfrac{1}{3}×\left(\dfrac{1}{2}×10×5\right)×5$

(2) △ACD で，∠CDA＝90° であるから，$AC^2＝10^2＋5^2＝125$
△CGM で，∠CGM＝90° であるから，$CM^2＝5^2＋5^2＝50$
$MA^2＝5^2＋5^2＋5^2＝75$ より，$AC^2＝CM^2＋MA^2$ となるから，△ACM は AC を
斜辺とする直角三角形である。

(3) （三角錐 M–ACD の体積）＝$\dfrac{1}{3}・△ACM・DI$

参考 (2) AD⊥平面 CGHD より，CM⊥AD
右の図で，CM⊥DM
よって，CM⊥平面 ADM であるから，CM⊥AM
ゆえに，△ACM＝$\dfrac{1}{2}・CM・AM$ から求めてもよい。

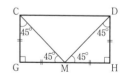

(3) CM⊥平面 ADM であるから，I は直線 AM 上の点である。

10 **答** (1) 6cm　(2) $\dfrac{8}{3}\,cm$　(3) $\dfrac{128}{81}\pi\,cm^2$

解説 立方体 ABCD–EFGH を平面 AEGC で
切ると，切り口は右の図のようになる。
(1) △AMC で，∠MCA＝90° であるから，

$AM＝\sqrt{MC^2＋CA^2}＝\sqrt{2^2＋(4\sqrt{2})^2}$

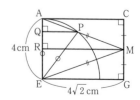

(2) △AME∽△AEP（2角）より，AM：AE＝AE：AP であるから，

6：4＝4：AP

(3) 点P，M から辺 AE にそれぞれ垂線 PQ，MR をひくと，

PQ∥MR より，PQ＝$\dfrac{AP}{AM}\cdot$MR＝$\dfrac{4}{9}\times4\sqrt{2}＝\dfrac{16\sqrt{2}}{9}$

求めるおうぎ形の面積は，$\dfrac{1}{4}\pi\cdot$PQ²

11 答 (1) $\dfrac{2\sqrt{5}}{3}$ cm　(2) $h＝3＋\sqrt{5}$

解答例 (1) 円錐の底面の円の中心を O，直線 AO

と辺 DE との交点を M とし，OM＝x cm とする。

AD＝AE，OD＝OE より，DE＝2DM

また，AM⊥DE

△ODM で，∠OMD＝90° より，DM²＝OD²−OM²

すなわち，DM²＝1−x^2 ……①

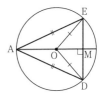

辺 BC の中点を O′ とし，正四角錐 A–BCDE を

3点 O′，A，M を通る平面で切ると，

AO′＝AM＝AO＋OM＝1＋x ……②

O′M＝DE＝2DM ……③

△O′AO で，∠O′OA＝90° であるから，②より，

O′O²＝AO′²−AO²＝(1＋x)²−1²＝2x＋x^2 ……④

また，△O′OM で，∠O′OM＝90° であるから，

①，③より，O′O²＝O′M²−OM²＝(2DM)²−OM²

＝4(1−x^2)−x^2＝4−5x^2 ……⑤

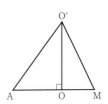

④，⑤より，2x＋x^2＝4−5x^2

よって，3x^2＋x−2＝0　　(x＋1)(3x−2)＝0　　$x>0$ より，$x＝\dfrac{2}{3}$

①に $x＝\dfrac{2}{3}$ を代入して，DM²＝1−$\left(\dfrac{2}{3}\right)^2＝\dfrac{5}{9}$

DM＞0 より，DM＝$\dfrac{\sqrt{5}}{3}$

ゆえに，正方形 BCDE の1辺の長さは，2DM＝$2\times\dfrac{\sqrt{5}}{3}＝\dfrac{2\sqrt{5}}{3}$

(答) $\dfrac{2\sqrt{5}}{3}$ cm

(2) ④より，O′O²＝$2\times\dfrac{2}{3}＋\left(\dfrac{2}{3}\right)^2＝\dfrac{16}{9}$　　O′O＞0 より，O′O＝$\dfrac{4}{3}$

もとの円錐と，頂点 B を通り底面に平行な平面で円錐を切ってできる円錐は相

似であり，相似比は $2：\dfrac{2\sqrt{5}}{3}＝3：\sqrt{5}$ であるから，PO：PO′＝3：$\sqrt{5}$

ゆえに，$h＝$PO＝O′O$\times\dfrac{3}{3−\sqrt{5}}＝\dfrac{4}{3−\sqrt{5}}＝\dfrac{4(3＋\sqrt{5})}{(3−\sqrt{5})(3＋\sqrt{5})}＝3＋\sqrt{5}$

(答) $h＝3＋\sqrt{5}$

p.194

1 答 ∠AOB＝96°，∠BOC＝120°，∠COA＝144°

2 答 (1)

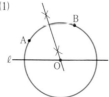

① 線分 AB の垂直二等分線をひき，直線 ℓ との交点を O とする。
② O を中心とし，半径 OA の円をかく。
これが求める円である。
解説 OA＝OB より，中心 O，半径 OA の円は点 B を通る。

(2)

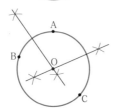

① 線分 AB の垂直二等分線をひく。
② 線分 AC の垂直二等分線をひく。
③ ①，②でひいた直線の交点 O を中心とし，半径 OA の円をかく。
これが求める円である。
解説 OA＝OB＝OC より，中心 O，半径 OA の円は点 B，C を通る。

(3)

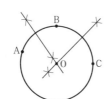

① 円周上に3点 A，B，C をとる。
② 線分 AB の垂直二等分線をひく。
③ 線分 BC の垂直二等分線をひく。
④ ②，③でひいた直線の交点を O とする。
これが求める円の中心 O である。

p.195

3 答 (1) $x＝110$ (2) $x＝70$
解説 (1) 線分 AO の延長上に点 D をとると，二等辺三角形 OAB の外角より，
∠BOD＝60° 二等辺三角形 OCA の外角より，∠DOC＝50°

(2) △OBC で，∠OBC＝∠OCB＝$\dfrac{1}{2}×80°＝40°$ ∠OBD＝∠ODB＝30°

4 答 84°
解説 OB＝OD（半径）より，∠ODB＝∠DBO＝63°
よって，∠DOA＝∠ODB＋∠DBO＝126°
$\overparen{AC}：\overparen{CD}＝1：2$ より，∠COD＝$\dfrac{2}{3}$∠DOA＝$\dfrac{2}{3}×126°$

p.196

5 答 80°
解説 △AOC で，∠AOC＝$\dfrac{5}{9}×180°＝100°$ より，

∠CAO＝$\dfrac{1}{2}(180°－100°)＝40°$

△BOD で，∠DOB＝$\dfrac{3}{9}×180°＝60°$ より，∠DBO＝60°

△ABE で，∠E＝180°－40°－60°

6 答 100°
解説 △AOC で，∠AOC＝180°－50°×2＝80°，∠AOD＝$\dfrac{1}{3}×180°＝60°$ より，
∠COD＝140° △OCD で，OC＝OD より，∠EDO＝20°

7 答 $36°$

解説 $\overset{\frown}{AP}:\overset{\frown}{AB}=\overset{\frown}{AC}:\overset{\frown}{AB}=\dfrac{1}{2}\times6\pi:\dfrac{1}{2}\times10\pi=3:5$ より，

$\angle AOP=\dfrac{3}{5}\times180°=108°$

$\triangle OPA$ で，$OA=OP$ より，$\angle PAO=\dfrac{1}{2}(180°-108°)$

8 答 $\overset{\frown}{PQ}:\overset{\frown}{QB}=6:5$

解説 $\triangle RAO$ で，$\angle ARO=\angle PRQ=85°$

$\angle RAO=\angle POB-\angle ARO=110°-85°=25°$

$\triangle QAO$ で，$\angle QOB=\angle RAO+\angle RQO=50°$　　　$\angle POQ=60°$

9 答 3 倍

解説 $\angle BOD=a°$ とする。

$\triangle BCO$ で，$OB=BC$ より，$\angle C=a°$　　$\angle OBA=\angle BOD+\angle C=2a°$

$\triangle OAB$ で，$OA=OB$ より，$\angle OAB=\angle OBA=2a°$

$\triangle OAC$ で，$\angle EOA=\angle OAB+\angle C=3a°$

$\overset{\frown}{AE}:\overset{\frown}{BD}=\angle EOA:\angle BOD=3a°:a°$

10 答 ⑴ $\dfrac{3}{2}$ 倍　⑵ $80°$

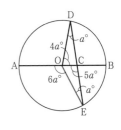

解説 ⑴ $\angle ODC=a°$ とすると，$\angle DOC=4a°$

$\triangle OED$ で，$OD=OE$ より，$\angle OEC=a°$

$\triangle DOC$ で，$\angle OCE=\angle ODC+\angle DOC=5a°$

$\triangle OEC$ で，$\angle AOE=\angle OCE+\angle OEC=6a°$

$\overset{\frown}{AE}:\overset{\frown}{BD}=\angle AOE:\angle DOC=6a°:4a°$

⑵ $\angle AOE=6a°=\dfrac{1}{3}\times360°=120°$ より，$a=20$

p.197 **11** 答 $\triangle OAB$ において，$\overset{\frown}{AM}=\overset{\frown}{MB}$（仮定）より，$\angle AOM=\angle MOB$

また，$OA=OB$（半径）であるから，二等辺三角形 OAB の頂角 $\angle AOB$ の二

等分線 OM は，底辺 AB を垂直に 2 等分する。

12 答 点 O と C を結ぶ。

$AC\parallel OD$（仮定）より，$\angle DOB=\angle CAO$（同位角），$\angle ACO=\angle COD$（錯角）

$\triangle OAC$ で，$AO=CO$（半径）より，$\angle CAO=\angle ACO$

よって，$\angle DOB=\angle COD$ より，$\overset{\frown}{BD}=\overset{\frown}{CD}$　　ゆえに，$BD=CD$

13 答 $102°$

解答例 $\overset{\frown}{CD}:\overset{\frown}{DB}=11:3$ より，$\angle COD=11a°$，$\angle DOB=3a°$ と表せる。

$\triangle DOE$ で，$\angle ODC=\angle DOB+\angle E=3a°+22°$

$\triangle COD$ で，$CO=DO$（半径）より，$\angle OCD=\angle ODC$

$11a+2(3a+22)=180$　　よって，$a=8$

ゆえに，$\angle COD=11\times8°=88°$，$\angle DOB=3\times8°=24°$，

$\angle OCD=\angle ODC=3\times8°+22°=46°$

$\triangle OCA$ で，$AO=CO$（半径）より，

$\angle ACO=\dfrac{1}{2}\angle COB=\dfrac{1}{2}(\angle COD+\angle DOB)=\dfrac{1}{2}\times(88°+24°)=56°$

ゆえに，$\angle ACD=\angle ACO+\angle OCD=56°+46°=102°$ ……（答）

p.199 **14** 答 ⑴ $x=54$　⑵ $x=42$

15 答 ⑴ $x=5$，$y=2$　⑵ $x=3$，$y=8$

p.200 **16** 答 $\overset{\frown}{AD}:\overset{\frown}{DB}=11:19$

　　解説 $\angle CDO=90°$ より，$\angle DOA=66°$，$\angle DOB=114°$

17 答 $59°$

　　解説 $OB=OC$ で，$OE\perp BC$ より，$\angle EOB=\dfrac{1}{2}\angle COB=62°$

　　$\triangle OBE$ で，$OB=OE$ より，$\angle OEB=\dfrac{1}{2}(180°-62°)$

18 答 点 O と A を結ぶ。
　　$\triangle OAB$ で，$AB=OB$（仮定），$OA=OB$（半径）より，$OA=OB=AB$
　　よって，$\angle OAB=\angle OBA=60°$
　　$\triangle BAC$ で，$AB=OB$，$OB=BC$（ともに仮定）より，$BA=BC$
　　よって，$\angle BAC=\angle BCA$　　$\angle OBA=\angle BAC+\angle BCA$
　　よって，$\angle BAC=30°$ となるから，$\angle OAC=\angle OAB+\angle BAC=60°+30°=90°$
　　ゆえに，AC は円 O の接線である。

p.201 **19** 答 (1) 点 O と C を結ぶ。
　　$\triangle OCA$ で，$OA=OC$（半径）より，$\angle OAC=\angle OCA$
　　$\triangle OBC$ で，$OC=OB$（半径）より，$\angle OCB=\angle OBC$　　$\triangle CAB$ の内角の和は，
　　$\angle OAC+\angle OCA+\angle OCB+\angle OBC=2\angle OCA+2\angle OCB=180°$
　　よって，$\angle OCA+\angle OCB=90°$　　ゆえに，$\angle ACB=90°$

(2)

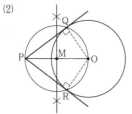

　　① 点 P と O を結ぶ。
　　② 線分 PO の垂直二等分線をひき，PO の中点 M を求める。
　　③ M を中心とし，半径 PM の円をかく。（この円は点 O を通る。）
　　④ ③の円と円 O との交点 Q，R と，点 P をそれぞれ結ぶ。
　　直線 PQ，PR が求める接線である。

p.202 **20** 答 (1) $AF=6\,cm$，$BD=8\,cm$，$CE=7\,cm$　(2) $4\,cm$
　　解説 例題 4（→本文 p.201）を利用する。

　　(1) $s=\dfrac{14+15+13}{2}=21$ より，$AF=s-15$，$BD=s-13$，$CE=s-14$

　　(2) 半径を $r\,cm$ とすると，$21r=84$

21 答 $\overset{\frown}{FD}:\overset{\frown}{DE}:\overset{\frown}{EF}=9:8:7$
　　解説 $AB\perp OF$，$BC\perp OD$，$CA\perp OE$ より，四角形 BDOF，CEOD，AFOE で，
　　$\angle FOD=135°$，$\angle DOE=120°$，$\angle FOE=105°$

22 答 $72\,cm^2$
　　解説 $AB+CD=AD+BC=18$ より，
　　（四角形 ABCD）$=\triangle OAB+\triangle OBC+\triangle OCD+\triangle ODA$
　　$=\dfrac{1}{2}\times4\times AB+\dfrac{1}{2}\times4\times BC+\dfrac{1}{2}\times4\times CD+\dfrac{1}{2}\times4\times AD=2(AB+BC+CD+AD)$

23 答 AF，FC は点 F から円 O にひいた接線であるから，$\angle AFO=\angle CFO$

　　よって，$\angle CFO=\dfrac{1}{2}\angle AFC$　　同様に，$\angle FCO=\dfrac{1}{2}\angle FCB$

　　長方形 ABCD より，$AD\parallel BC$ であるから，$\angle AFC+\angle FCB=180°$（同側内角）
　　よって，$\angle CFO+\angle FCO=90°$
　　$\triangle OCF$ で，$\angle FOC=180°-(\angle CFO+\angle FCO)=90°$
　　ゆえに，$\triangle OCF$ は直角三角形である。

24 **答** $85°$

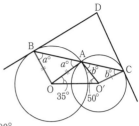

解答例 点 O と B, 点 O′ と C を結ぶ。

△AOO′ で, $∠AOO′=35°$, $∠AO′O=50°$ より,
$∠OAO′=95°$
$∠OAB=a°$, $∠O′AC=b°$ とすると,
△OAB で, OA=OB (半径) より,
$∠OBA=a°$
△O′AC で, O′A=O′C (半径) より,
$∠O′CA=b°$
DB, DC は接線であるから, $∠DBO=∠DCO′=90°$
よって, $∠DBC=∠DBO−∠OBA=90°−a°$,
$∠DCB=∠DCO′−∠O′CA=90°−b°$
△DBC で, $∠BDC=180°−∠DBC−∠DCB=180°−(90°−a°)−(90°−b°)$
$=a°+b°=180°−∠OAO′=180°−95°=85°$ ……(答)

p.204 **25** **答**

2つの円の位置関係	離れている	外接する	交わる	内接する	ふくまれる
共通外接線の数	2	2	2	1	0
共通内接線の数	2	1	0	0	0

p.205 **26** **答** (1) 離れている (2) 外接する (3) 内接する (4) 円 O′ が円 O にふくまれる
(5) 交わる (6) 円 O が円 O′ にふくまれる

27 **答** (1) $d>17$ (2) $3<d<17$

p.206 **28** **答** $6\,\mathrm{cm}$

解説 円 P, Q の半径をそれぞれ $p\,\mathrm{cm}$, $q\,\mathrm{cm}$ とすると, $p+q=11$, $13−p=9$
ゆえに, $p=4$, $q=7$　　QR$=13−q$

29 **答** ① O を中心とし, 半径の和 $r+r′$ を半径とする円をかく。
② OO′ を直径とする円をかき, ①の円との
交点を A, A′ とする。
③ 線分 OA, OA′ と円 O との交点をそれぞ
れ B, B′ とする。
④ 点 O′ を通り, 線分 OA, OA′ に平行な直
線をひき, 円 O′ との交点をそれぞれ C, C′
とする。(点 C, C′ は直線 OO′ について, そ
れぞれ点 A, A′ と反対側にとる。)
⑤ 点 B と C, 点 B′ と C′ を通る直線をひく。
直線 BC, B′C′ が求める共通内接線である。

30 **答** (1) $x−y=3$ (2) $5\,\mathrm{cm}$

解説 (1) AD=AG=AP$=x$ より, BD=BE$=8−x$, CG=CF$=7−x$
EQ=FQ=PQ$=y$ より, $(8−x)+2y+(7−x)=9$
(2) BQ$=8−x+y$

31 **答** (1) 2つの円 O, O′ の共通内接線をひき, 線分 QR との交点を S とする。
直線 QR, SP はそれぞれ円外の点 S から円 O, O′ にひいた接線であるから,
SQ=SP=SR
よって, △SQP で, $∠SQP=∠SPQ$, △SPR で, $∠SPR=∠SRP$
△QPR で, $∠SQP+∠SPQ+∠SPR+∠SRP=2∠SPQ+2∠SPR=2∠QPR$
$=180°$　　ゆえに, $∠QPR=90°$

(2) OQ⊥QR，O′R⊥QR より，
OQ∥O′R，OQ＝O′R（仮定）
よって，四角形 QOO′R は平行四辺形で，1 つの
内角が 90° であるから，長方形である。
また，点 P は線分 OO′ 上にあるから，
∠POQ＝∠PO′R＝90°……①
△POQ と △PO′R において，
OP＝OQ＝O′P＝O′R　　これと①より，△POQ≡△PO′R（2 辺夾角）
ゆえに，PQ＝PR

32 答

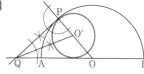

① 半直線 OP をひく。
② 点 P を通り半径 PO に垂直な直線をひ
き，直径 BA の延長との交点を Q とする。
③ ∠PQO の二等分線をひき，半径 PO と
の交点を O′ とする。
④ O′ を中心とし，半径 PO′ の円をかく。
これが求める円 O′ である。

別解

① 点 P から直径 AB に垂線 PH をひく。
② 点 P と O を結ぶ。
③ ∠OPH の二等分線をひき，直径 AB と
の交点を R とする。
④ 点 R を通る直径 AB の垂線をひき，半
径 PO との交点を O′ とする。
⑤ O′ を中心とし，半径 PO′ の円をかく。
これが求める円 O′ である。

p.209　**33** 答 (1) $x＝29$　(2) $x＝110$　(3) $x＝47$　(4) $x＝40$　(5) $x＝126$　(6) $x＝230$

p.210　**34** 答 ∠A＝60°，∠B＝75°，∠C＝45°

35 答 E
解説 ∠BCA＝180°－77°－43°＝60°

36 答 (1) $x＝65$　(2) $x＝56$　(3) $x＝63$

37 答 58°

38 答 点 A と D を結ぶ。　AB∥CD（仮定）より，∠ADC＝∠BAD（錯角）
円周角が等しいから，$\overarc{AC}＝\overarc{BD}$

p.212　**39** 答 (1) $x＝95$　(2) $x＝67$　(3) $x＝20$，$y＝70$

解説 (1) ∠AOB＝2×36° より，∠OBA＝$\frac{1}{2}$(180°－72°)

(2) ∠AOB＝360°－46°－90°－90°

(3) ∠AOB＝2×30°＝60° より，60＋x＝30＋50
∠ACD＝90° より，$x＋y＋90＝180$

40 答 67.5°

解説 ∠HBG＝$\frac{1}{2}×\frac{1}{8}×360°$　　∠BHD＝$\frac{1}{2}×\frac{2}{8}×360°$

△HBP で，∠GPH＝∠HBG＋∠BHD

参考 例題 6（→本文 p.211）の ⚠ のように，$\overarc{BD}$，$\overarc{GH}$ に対する円周角の和で
あることを利用してもよい。

41 答 $72＜x＜180$

解説 劣弧 $\overarc{AB}$ は円周の $\frac{2}{5}$ であるから，それに対する円周角は，$\frac{1}{2}×\frac{2}{5}×360°$

42 答 $\overparen{AD} : \overparen{DB} = 5 : 7$

解説 $\angle DCB = \angle DAB = \angle ABC - \angle E = 35°$　　$\angle ACD = \angle ACB - \angle DCB = 25°$

$\overparen{AD} : \overparen{DB} = \angle ACD : \angle DCB$

43 答 (1) $12°$　(2) $36°$　(3) $\dfrac{1}{10}$ 倍

解説 (1) $\angle ADC = \dfrac{1}{2} \angle AOC = \dfrac{1}{2} \times \dfrac{1}{15} \times 360°$

(2) $\triangle APD$ で, $\angle PAD = \angle APC - \angle ADC = 18°$　　$\angle BOD = 2 \times 18°$

p.213 **44** 答 (1) $x = 17$　(2) $x = 20$　(3) $x = 68$

解説 (1) $\angle ACD = \angle ABD = x°$　　$\angle DBC = 90°$

$\angle ABC = \angle ACB$ より, $90 - x = x + 56$

(2) $\angle BAF = \angle BDC = x°$　　$\angle ABF = \angle E + \angle BDC = 38° + x°$

$\angle AFD = \angle ABF + \angle BAF$ より, $78 = 38 + x + x$

(3) $\angle DCB = \dfrac{1}{2} \angle AOB = \dfrac{1}{2} x°$　　$\triangle OAD$ と $\triangle CDB$ で, $x + 20 = \dfrac{1}{2} x + 54$

45 答 $84°$

解説 $\overparen{AB} : \overparen{BC} = 4 : 3$ より, $\angle ADB = 4a°$, $\angle BAC = 3a°$ と表せる。

$AB = AD$ より, $\angle ABE = 4a°$　　$AD \parallel BC$ より, $\angle CBD = \angle ADB$（錯角）

$\angle ACB = \angle ADB = 4a°$

$\triangle ABC$ で, $3a + 4a + 4a + 4a = 180$

46 答 $60°$

解説 $\angle CAD = x°$, $\angle ACD = y°$ とおく。

$\overparen{AB} : \overparen{CD} = 3 : 1$ より, $\angle BCA = 3x°$　　$\angle BCA + \angle ACD = \angle BCD = 120°$

よって, $3x + y = 120$ ……①

また, $\overparen{AB} : \overparen{BC} : \overparen{CD} = 3 : 2 : 1$ より, $\overparen{ABC} : \overparen{CD} = 5 : 1$ であるから,

$\angle CDA = 5x°$

$\triangle ACD$ で, $\angle DAC + \angle ACD + \angle CDA = x° + y° + 5x° = 180°$

よって, $6x + y = 180$ ……②

①, ②を連立させて解く。

p.214 **47** 答 $\triangle ABC$ と $\triangle AED$ において,

$AB = AE$, $\angle BAC = \angle EAD$ （ともに仮定）

また, $\angle BCA = \angle EDA$ （$\overparen{AB}$ に対する円周角）

よって, $\triangle ABC \equiv \triangle AED$ （2角1対辺）　　ゆえに, $BC = ED$

48 答 $\triangle DBF$ と $\triangle DCA$ において, BC は直径であるから, $\angle BDF = \angle CDA = 90°$

$DB = DC$ （仮定）　　$\angle DBF = \angle DCA$ （$\overparen{DE}$ に対する円周角）

よって, $\triangle DBF \equiv \triangle DCA$ （2角夾辺）　　ゆえに, $BF = CA$

49 答 (1) CD は直径であるから, $\angle CED = 90°$

また, $AB \perp CE$ （仮定）より, $\angle CFA = 90°$

よって, $\angle CED = \angle CFA$　　同位角が等しいから, $AB \parallel DE$

(2) $\triangle OAD$ と $\triangle ACE$ において,

$\angle ADO = \angle CEA$ （$\overparen{CA}$ に対する円周角）……①

(1)より, $AB \parallel DE$ であるから, $\angle DOA = \angle ODE$ （錯角）

また, $\angle ODE = \angle EAC$ （$\overparen{CE}$ に対する円周角）

よって, $\angle DOA = \angle EAC$ ……②

①, ②より, $\triangle OAD \backsim \triangle ACE$ （2角）

50 答 (1) △ABC は正三角形であるから，∠ACB＝60°
∠EDB＝∠ACB＝60°（$\overparen{AB}$ に対する円周角）　BD＝ED（半径）　　よって，
△BDE は頂角 ∠EDB が 60° の二等辺三角形であるから，正三角形である。
(2) △ABE と △CBD において，△ABC と △BDE は正三角形であるから，
AB＝CB，BE＝BD
また，∠ABE＝∠CBD（＝60°－∠EBC）
よって，△ABE≡△CBD（2辺夾角）　　ゆえに，AE＝CD

51 答 (1) △ABC で，AB＝AC（仮定）より，∠ABC＝∠ACB
∠AEC＝∠ABC（$\overparen{AC}$ に対する円周角）
∠ADF＝∠ACB（$\overparen{AB}$ に対する円周角）　　よって，∠AEC＝∠ADF
AE∥DB（仮定）……① より，∠AEC＝∠DFC（同位角）
ゆえに，∠ADF＝∠DFC　　錯角が等しいから，AD∥EC……②
①，②より，四角形 AEFD は平行四辺形である。

(2) $\dfrac{3}{10}$ 倍

解説 (2) (1)より，∠AEC＝180°－117°＝63° であるから，∠ABC＝63°
∠BAC＝180°－63°×2＝54°　　よって，$\overparen{BC}$ に対する中心角は 108° である。

p.215 **52** 答 △ACE と △GEF において，
CE＝EF（仮定）……①　　∠EAC＝∠FGE（$\overparen{CE}$ に対する円周角）……②
また，AB＝AC（仮定）より，∠BCA＝$\dfrac{1}{2}$（180°－∠BAC）
①より，∠FCE＝$\dfrac{1}{2}$（180°－∠FEC）
∠BAC＝∠FEC（$\overparen{BC}$ に対する円周角）より，∠BCA＝∠FCE
また，∠BEA＝∠BCA（$\overparen{AB}$ に対する円周角）
よって，∠BEA＝∠FCE ……③　　∠CEA＝∠BEA＋∠CEF
また，△EFC で，∠EFG＝∠FCE＋∠CEF
よって，③より，∠CEA＝∠EFG
これと①，②より，△ACE≡△GEF（2角1対辺）

53 答 ∠ARB は円 O の $\overparen{AB}$ に対する円周角であるから，点 P の位置にかかわらず
一定である。
∠APB は円 O′ の $\overparen{AB}$（円 O の外部）に対する円周角であるから，点 P の位置
にかかわらず一定である。
よって，△RAP で，∠RAQ＝∠APB－∠ARB は一定である。
ゆえに，円周角 ∠RAQ に対する $\overparen{QR}$ も一定である。

別解 右の図のように，円 O′ の $\overparen{AB}$ 上に点 P と異
なる点 P′ をとり，直線 AP′，BP′ と円 O との交点
をそれぞれ Q′，R′ とする。
円 O′ で，∠PAP′＝∠PBP′（$\overparen{PP'}$ に対する円周角）
すなわち，円 O では，∠QAQ′＝∠RBR′
よって，$\overparen{QQ'}$＝$\overparen{RR'}$
両辺に $\overparen{R'Q}$ を加えると，$\overparen{Q'R'}$＝$\overparen{QR}$
ゆえに，点 P が $\overparen{AB}$ 上のどこにあっても，$\overparen{QR}$ は一定である。

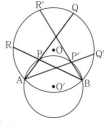

54 🔲 (1) ▱ABCD より，∠BAD＝∠BCD　　∠BAP＝∠BCP（仮定）
∠PAD＝∠BAD－∠BAP　　∠PCD＝∠BCD－∠BCP
よって，∠PAD＝∠PCD　　また，∠PAD＝∠PRD（$\overset{\frown}{PD}$ に対する円周角）
よって，∠PCD＝∠PRD ……①
RP∥QB，QB∥DC（ともに仮定）より，RP∥DC ……②
ゆえに，∠RPC＋∠PCD＝180°（同側内角）
これと①より，∠RPC＋∠PRD＝180°
同側内角の和が 180° であるから，PC∥RD ……③
②，③より，四角形 PCDR は平行四辺形である。
(2) 点 A と R を結ぶ。▱ABCD より，AB∥DC，AB＝DC
(1)より，RP∥DC，RP＝DC　　よって，AB∥RP，AB＝RP
ゆえに，四角形 ABPR は平行四辺形である。
よって，∠ABP＝∠ARP　　∠AQP＝∠ARP（$\overset{\frown}{AP}$ に対する円周角）
よって，∠ABP＝∠AQP　　ゆえに，△PQB で，PB＝PQ

<hr>

🟦 9章の問題

p.216 **1** 🔲 (1) $x＝35$　(2) $x＝42$　(3) $x＝70$

解説 (1) ∠DOA＝100°－30°　　$x°＝\dfrac{1}{2}\angle DOA$

(2) ∠ACB＝24°　　　OA∥CB より，∠OAC＝24°　　　∠OAB＝$\dfrac{1}{2}(180°－48°)$

(3) ∠DAC＝∠DBC＝25° より，∠DEC＝∠DAC＋∠ADB＝55°
∠BDC＝180°－55°×2

2 🔲 $x＝45$，$y＝40$

解説 $x＝\dfrac{1}{2}×\dfrac{1}{4}×360$

右の図のように，点 E，F，G，H，I をとると，
∠EHI＝115°－$x°$＝70°

∠FGH＝∠EHI－∠DFC より，$y＝70－\dfrac{1}{2}×\dfrac{1}{6}×360$

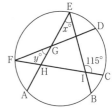

3 🔲 (1) 円 P の半径を p とする。
PO＝$p＋r$，PO′＝$p＋r′$ より，
PO－PO′＝$(p＋r)－(p＋r′)＝r－r′$ で一定である。
(2) 円 Q の半径を q とする。
QO＝$r－q$，QO′＝$q＋r′$ より，QO＋QO′＝$(r－q)＋(q＋r′)＝r＋r′$ で一定である。

4 🔲 (1) $\dfrac{2}{3}a°$　(2) 27°

解説 (1) EF∥BC より，∠BCE＝∠CEF＝∠CBF＝$\dfrac{2}{3}\angle ABC$

(2) DE∥CA より，∠CAD＝∠EDA＝∠ECA＝∠BCA－∠BCE＝72°－$\dfrac{2}{3}a°$

CD∥AB より，∠DAB＝∠ADC＝∠ABC＝$a°$
△ABC で，∠DAB＋∠CAD＋∠ABC＋∠BCA＝180° より，
$a＋\left(72－\dfrac{2}{3}a\right)＋a＋72＝180$

p.217 **5** **答** 長方形 ABCD より，AD∥BC ……①，AB=DC ……②，∠C=90° ……③
点 A と T を結ぶ。
△ATD と △DCE において，①より，∠ADT=∠DEC（錯角）
AB=AT（半径）と②より，AT=DC
DT は接線であることと③より，∠ATD=∠DCE（=90°）
よって，△ATD≡△DCE（2角1対辺）　ゆえに，DT=EC

6 **答** (1) 54°
(2) △AEC と △AEF において，AB は直径であるから，∠ACE=90°
∠AFE=90°（仮定）　よって，∠ACE=∠AFE=90°
$\overset{\frown}{CD}=\overset{\frown}{DB}=\dfrac{2}{5}\overset{\frown}{AB}$ より，∠EAC=∠EAF　　AE は共通
よって，△AEC≡△AEF（斜辺と1鋭角）　ゆえに，AC=AF
解説 (1) $∠ABC=\dfrac{1}{2}×\dfrac{1}{5}×180°$，$∠DAB=\dfrac{1}{2}×\dfrac{2}{5}×180°$ で，
∠DEB=∠ABC+∠DAB

7 **答** (1) 30°
(2) $∠ECB=\dfrac{1}{2}∠AOB=45°$
△BCE で，∠BEC=90°（仮定）より，∠CBE=90°−∠ECB=45°
よって，∠ECB=∠CBE　　ゆえに，△EBC で，BE=CE
解説 (1) △OAB は直角二等辺三角形であるから，∠OBA=∠OAB=45°
∠ABD=∠ACD=15°（$\overset{\frown}{AD}$ に対する円周角）
△BEA で，∠BEA=90° より，∠BAE=90°−15°=75°
よって，∠OAC=∠BAE−∠OAB

8 **答** 点 E と G を結ぶ。
∠DAC=∠DBC（$\overset{\frown}{CD}$ に対する円周角）
∠DAC=∠EGF（$\overset{\frown}{EF}$ に対する円周角）
∠DBC=∠HEG（$\overset{\frown}{GH}$ に対する円周角）
よって，∠EGF=∠HEG
錯角が等しいから，EH∥FG

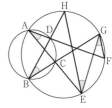

9 **答** 点 O と A，O と B を結ぶ。
∠AOB=2∠ACB=120°
OA=OB（半径）で AB⊥OO′（仮定）より，
$∠AOO′=∠BOO′=\dfrac{1}{2}∠AOB=60°$ ……①
線分 OO′ の延長と $\overset{\frown}{AB}$ との交点を D とすると，
OA=OD（半径）と①より，△ADO は正三角形である。
AB⊥OO′ より，DO′=OO′
よって，円 O′ は点 D を通る。
さらに，2つの半径の差 OD−DO′ が中心間の距離 OO′ に等しいから，円 O′ は円 O に内接する。
解説 円 O，O′ の半径をそれぞれ r，r'（$r>r'$），中心 O，O′ 間の距離を d とするとき，円 O′ が円 O に内接することを証明するには，$r-r'=d$ であることを証明すればよい。

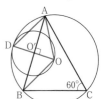

p.220

1 **答** (1) $75°$ (2) $144°$ (3) $80°$ (4) $90°$

解説 (4) 四角形 ABCD は平行四辺形であるから, $\angle A = \angle C$

2 **答** (1) $x=102$, $y=115$ (2) $x=63$, $y=99$ (3) $x=70$, $y=110$

解説 (3) $\triangle OAC$ で, $OA=OC$ より, $\angle COA=140°$

3 **答** (ア), (ウ)

p.221

4 **答** (1) $x=67$ (2) $x=60$ (3) $x=76$

解説 (1) $\triangle ABE$ は $AB=AE$ の直角二等辺三角形である。
また, 四角形 ACDE は円に内接するから, $\angle EAC=180°-\angle CDE$
(2) $\angle BCA=\angle ACD=\angle DAC=40°$
(3) $AE /\!/ DC$ より, $\angle AEC=\angle DCF$（同位角）
四角形 AECD は円に内接するから, $\angle DAE=\angle DCF$
よって, $\triangle FAE$ は F を頂点とする二等辺三角形となる。

5 **答** (1) $x=55$, $y=25$ (2) $x=32$, $y=19$

解説 (1) $\triangle ACF$ で, $x=30+y$　また, $\angle DBC=\angle DAC=y°$
$\triangle EBC$ で, $80=x+y$
(2) $\triangle EDB$ で, $\angle EDB=90°$ より, $x°=90°-\angle BED$
また, $\triangle DAF$ で, $(y+90)+(x+y)+20=180$

6 **答** $\angle DAB=100°$, $\angle ABC=104°$

解説 四角形 ABCD は円に内接するから, $\angle DAB+\angle C=180°$
よって, $\angle DAB=100°$
$\triangle ABE$ で, $AB=AE$ より $\angle AEB=\angle ABE=54°$ であるから,
$\angle EAB=180°-54°\times 2=72°$
よって, $\angle DAE=\angle DAB-\angle EAB=28°$

ゆえに, $\triangle AED$ で, $AD=AE$ より, $\angle D=\dfrac{1}{2}(180°-28°)=76°$

四角形 ABCD は円に内接するから, $\angle ABC+\angle D=180°$

7 **答** (1) $60°$ (2) $\dfrac{2\sqrt{3}}{3}$ cm

解説 (1) $\angle B+\angle D=180°$
(2) $\triangle ABC$ は 1 辺が 2 cm の正三角形であるから, O は $\triangle ABC$ の重心である。

p.222

8 **答** (1) $x=100$ (2) $x=50$

解説 (1) $\angle DCB=\angle DEB$ より, 四角形 DBEC は円に内接する。
よって, $\angle CDB+\angle BEC=180°$
(2) O は $\triangle ABC$ の外心であるから, $\angle AOC=2\angle ABC=92°$
よって, $\angle AOC+\angle CDA=92°+88°=180°$ であるから, 四角形 AOCD は円に内接する。
よって, $\angle DOC=\angle DAC$

p.223

9 **答** (1) $\triangle ABE$ で, $AB=AE$（仮定）より, $\angle ABE=\angle AEB$
$\triangle DEC$ で, $DE=DC$（仮定）より, $\angle DEC=\angle DCE$
また, $\angle AEB=\angle DEC$（対頂角）であるから, $\angle ABE=\angle DCE$
ゆえに, 四角形 ABCD は円に内接する。
(2) $30°$

解説 (2) 四角形 ABCD は円に内接するから, $\angle ADB=40°$

10 答 四角形 ABFE は円に内接するから，∠A＝∠EFC
□ABCD より，AB∥DC であるから，∠A＋∠D＝180°
よって，∠EFC＋∠D＝180°
ゆえに，四角形 CDEF は円に内接する。

11 答 四角形 ABCD は円に内接するから，∠ABC＋∠CDA＝180°
AE∥DC（仮定）より，∠DAE＋∠CDA＝180°（同側内角）
よって，∠ABC＝∠DAE ……①
AB∥DF（仮定）より，∠ABC＝∠DFC（同位角）……②
①，②より，∠DAE＝∠DFC
ゆえに，四角形 AEFD は円に内接する。

12 答 点 P と D，P と E，P と F を結ぶ。
四角形 FBDP は円に内接するから，∠BDP＝∠AFP
四角形 PDCE は円に内接するから，∠CEP＝∠BDP
よって，∠AFP＝∠CEP
ゆえに，4 点 A，F，P，E は同一円周上にある。

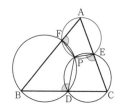

13 答 (1) O は △ABC の外接円の中心であるから，
∠BOC＝2∠BAC＝120°
I は △ABC の内心であるから，
$$∠BIC＝180°－\frac{1}{2}(∠ABC＋∠BCA)$$
$$＝180°－\frac{1}{2}(180°－60°)＝120°$$
よって，∠BOC＝∠BIC
ゆえに，4 点 B，C，I，O は同一円周上にある。

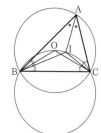

(2) 線分 BH の延長と辺 CA との交点を D，線分 CH の
延長と辺 AB との交点を E とする。
H は △ABC の垂心であるから，∠HDA＝∠AEH＝90°
より，∠BHC＝∠EHD＝180°－∠A＝120°
(1)より，∠BOC＝120° であるから，
∠BOC＝∠BHC
よって，4 点 B，C，H，O は同一円周上にある。
また，この円は △BCO の外接円であるから，(1)の円と
一致する。
ゆえに，点 H は(1)の円の周上にある。

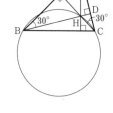

14 答 点 E と F を結ぶ。
∠AED＝∠DFA＝90° より，∠AED＋∠DFA＝180° であるから，4 点 A，E，
D，F は同一円周上にある。
よって，∠AEF＝∠ADF（⌢AF に対する円周角）……①
また，△ADC で，∠DCA＝90°－∠CAD，△ADF で，∠ADF＝90°－∠CAD
より，∠DCA＝∠ADF ……②
①，②より，∠AEF＝∠DCA
よって，四角形 BCFE は円に内接する。
ゆえに，4 点 B，C，F，E は同一円周上にある。

p.225 **15** **答** (1) 四角形 ABCD は円 O に内接するから，∠B＋∠D＝180°

AD∥BC（仮定）より，∠D＋∠C＝180°（同側内角）

よって，∠B＝∠C

ゆえに，四角形 ABCD は ∠B＝∠C の等脚台形である。

(2) $20\,\mathrm{cm}^2$ (3) $\dfrac{1}{8}$ cm

解説 (2) 頂点 A から辺 BC に垂線 AH をひくと，

$AH=\sqrt{AB^2-BH^2}=\sqrt{5^2-3^2}$

(3) OE＝x cm とする。

△OBE で，∠BEO＝90° であるから，

$OB^2=BE^2+EO^2=4^2+x^2$

線分 EO の延長と辺 AD との交点を H′ とすると，

△OH′A で，∠OH′A＝90° であるから，

$OA^2=AH'^2+H'O^2=1^2+(4-x)^2$

OA＝OB より，$1^2+(4-x)^2=4^2+x^2$

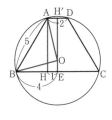

16 **答** (1) △ACQ と △APC において，

AB＝AC（仮定）より，∠ACQ＝180°－∠ACB＝180°－∠ABC

四角形 ABCP は円に内接するから，∠APC＝180°－∠ABC

よって，∠ACQ＝∠APC　　また，∠QAC＝∠CAP（共通）

ゆえに，△ACQ∽△APC（2角）

(2) $5\sqrt{2}$ cm

解説 (2) (1)より，AC：AP＝AQ：AC であるから，AP＝x cm とすると，

$10:x=2x:10$

17 **答** (1) △ABQ と △ACR において，BQ＝CR（仮定）

正三角形 ABC より，AB＝AC

四角形 ABQC は円 O に内接するから，∠ABQ＝∠ACR

ゆえに，△ABQ≡△ACR（2辺夾角）

(2) $\dfrac{2\sqrt{3}}{3}\pi$ cm

解説 (2) (1)より，点 R が動いてできる図形と点 Q が動いてできる図形は合同

である。よって，直線 AM と円 O の点 A 以外の交点を H とすると，求める線

の長さは $\overset{\frown}{BH}$ の長さと等しい。

また，∠BOH＝2∠BAH＝60°　　　$OB=\dfrac{2}{\sqrt{3}}BM=\dfrac{2}{\sqrt{3}}\times3=2\sqrt{3}$

$\overset{\frown}{BH}=2\pi\times OB\times\dfrac{60°}{360°}$

18 **答** (1) 点 A と D を結ぶ。

△BCD と △FED において，

∠CDB＝∠EDF（仮定）……①

∠CDB＝∠CAF（$\overset{\frown}{CB}$ に対する円周角）

これと①より，∠EDF＝∠EAF

よって，四角形 AFED は円に内接する。

ゆえに，∠DAE＝∠DFE（$\overset{\frown}{DE}$ に対する円周角）

また，円 O で，∠DAC＝∠DBC（$\overset{\frown}{CD}$ に対する円周角）

ゆえに，∠DBC＝∠DFE ……②

①，②より，△BCD∽△FED（2角）

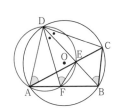

(2) 57°

解説 (2) 四角形 ABCD は円 O に内接するから，∠ABC＋∠ADC＝180°
よって，∠ADC＝84°
四角形 AFED は円に内接するから，∠EFB＝∠EDA
また，∠ADF＝∠AEF＝30°（$\overset{\frown}{\text{AF}}$ に対する円周角）
∠CDB＝∠BDF（仮定）より，

$$\angle\text{EDA}=\angle\text{ADC}-\angle\text{CDB}=84°-\frac{1}{2}(84°-30°)$$

p.226 **19** **答** (1) △ABD と △FHE において，
四角形 ABCD は長方形であるから，AD∥BC より，∠BDA＝∠GBF（錯角）
また，∠FEG＝∠FBG（$\overset{\frown}{\text{FG}}$ に対する円周角）
ゆえに，∠BDA＝∠HEF ……①
四角形 ABFE は円 O に内接するから，∠EAB＝∠EFH
すなわち，∠DAB＝∠EFH ……②　①，②より，△ABD∽△FHE（2角）
(2) $(-1+\sqrt{37})$ cm
解説 (2) FH＝x cm とすると，HC＝$2x$，ED＝$3x$
また，AE＝$\sqrt{12^2-(6\sqrt{3})^2}=6$
(1)より，AB：FH＝DA：EF　　よって，$6\sqrt{3}:x=(6+3x):6\sqrt{3}$
ゆえに，$x^2+2x-36=0$

20 **答** (1) ∠BEC＝∠CDB＝90°（仮定）であるから，∠BEC＋∠CDB＝180°
よって，四角形 BECD は円に内接する。
ゆえに，∠BCD＝∠BED（$\overset{\frown}{\text{BD}}$ に対する円周角）……①
△ABC と △ADE において，
∠CAB＝∠EAD（共通）　①より，∠BCA＝∠DEA
ゆえに，△ABC∽△ADE（2角）
(2) ① $\dfrac{3\sqrt{3}}{2}$ cm　② $3\sqrt{3}$ cm
解説 (2) ① △ABD で，∠DAB＝30°，∠BDA＝90° であるから，
AB：AD＝2：$\sqrt{3}$　　(1)より，BC：DE＝AB：AD
② △AEC で，∠CAE＝30°，∠AEC＝90° であるから，CE：CA＝1：2
また，△CED と △CAF において，
∠ADF＝∠AEF より，四角形 AFED は円に内接するから，
∠CED＝∠CAF，∠CDE＝∠CFA
よって，△CED∽△CAF（2角）　　ゆえに，ED：AF＝CE：CA
参考 (2) △AFB∽△DEB（2角）より，AF：DE＝AB：DB＝2：1
として求めてもよい。

21 **答** (1) ∠CEH＝∠BDH＝90°（仮定）であるから，
4点 E，H，D，C は同一円周上にある。
点 D と E を結ぶと，
∠HDE＝∠HCE（$\overset{\frown}{\text{HE}}$ に対する円周角）……①
∠BEA＝∠BDA＝90° であるから，4点 A，B，D，
E は同一円周上にある。　よって，
∠ABE＝∠ADE（$\overset{\frown}{\text{AE}}$ に対する円周角）……②
①，②より，∠FBE＝∠FCE
ゆえに，4点 F，B，C，E は同一円周上にある。

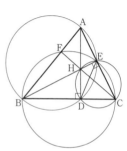

(2) (1)より，∠CFB＝∠CEB＝90°であるから，
CF⊥AB

ゆえに，△ABCの3つの垂線は1点Hで交わる。

⚠ この問題は，垂心の証明（→本文 p.147，7章）の別証明である。

⚠ 右の図の △ABC の垂心を H とすると，次の四角形はすべて円に内接する。

四角形 AFHE，四角形 BDHF，四角形 CEHD，四角形 ABDE，四角形 BCEF，四角形 CAFD

22 答 (1) 9cm (2) $\dfrac{21}{2}$ cm (3) 12cm (4) $\dfrac{8\sqrt{15}}{5}$ cm

解答例 (1) △BED と △BAC において，
四角形 DECA は円 O に内接するから，∠BED＝∠BAC
∠DBE＝∠CBA（共通）　よって，△BED∽△BAC（2角）
BD：BC＝BE：BA より，8：(7＋EC)＝7：(8＋6)
ゆえに，EC＝9　　　　　　　　　　　　　　　　　　　　（答）9cm

(2) (1)より，△BED∽△BAC であるから，BE：BA＝DE：CA
よって，CA＝12 ……①
△CAB と △CEA において，
∠BCA＝∠ACE（共通）　　CA：CE＝CB：CA（＝4：3）
よって，△CAB∽△CEA（2辺の比と夾角）

ゆえに，AB：EA＝CA：CE＝4：3 より，AE＝$\dfrac{21}{2}$　　　（答）$\dfrac{21}{2}$ cm

(3) △BEA と △BDC において，

∠ABE＝∠CBD（共通）　　∠EAB＝∠DCB（$\overparen{DE}$ に対する円周角）
よって，△BEA∽△BDC（2角）
ゆえに，BE：BD＝EA：DC より，CD＝12 ……②　　　　（答）12cm

(4) ①，②より，△CAD は CA＝CD の二等辺三角形である。

辺 AD の中点を M とすると，CM⊥AD より，
CM＝$\sqrt{CA^2-AM^2}$＝$\sqrt{12^2-3^2}$＝$3\sqrt{15}$
円 O の半径を r cm とすると，OA＝OC＝r
△OAM で，∠AMO＝90° であるから，
OA²＝AM²＋MO²　　$r^2＝3^2＋(3\sqrt{15}-r)^2$

$r＝\dfrac{8\sqrt{15}}{5}$　　　　　　（答）$\dfrac{8\sqrt{15}}{5}$ cm

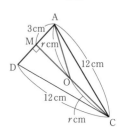

p.229 **23** 答 (1) $x＝29$ (2) $x＝38$ (3) $x＝44$

p.230 **24** 答 64°

解説 △APB で，PA＝PB より，∠PAB＝$\dfrac{1}{2}$(180°－52°)

p.231 **25** 答 (1) $x＝65$ (2) $x＝57$ (3) $x＝150$

解説 (1) 接弦定理より，∠CAE＝∠CDA＝46°

また，$\overparen{AB}＝\overparen{BC}＝\overparen{CD}$ より，∠DAC＝$\dfrac{1}{2}$∠CDA＝23°

(2) 接弦定理より，∠DAC＝∠ABC＝$x°$ であるから，∠DAE＝$x°-24°$
四角形 ABCE は円 O に内接するから，∠AED＝∠ABC＝$x°$

(3) 接弦定理より，∠CBA＝∠CAT＝30°
BC∥ST（仮定）より，∠ACB＝∠CAT＝30°（錯角）
よって，∠BAC＝120°
四角形 ACDB は円 O に内接するから，∠CDB＝60°

26 答 38°

解説 ∠CAB＝x° とする。
直線 DB は点 B で円に接するから，
接弦定理より，∠CBD＝x°
同様に，∠ECB＝x°
△ABC で，∠CAB＋∠ABC＋∠BCA＝180°
より，$x＋(x＋20)＋(x＋46)＝180$

27 答 (1) △ABC と △CBD において，
直線 BT は点 B で円 O に接するから，
接弦定理より，∠CBT＝∠CAB
BT∥DC（仮定）より，∠CBT＝∠BCD（錯角）
よって，∠CAB＝∠DCB　　また，∠ABC＝∠CBD（共通）
ゆえに，△ABC∽△CBD（2角）

(2) 2cm

解説 (2) BD＝$x$cm とすると，(1)より，AB：CB＝BC：BD
よって，$(6＋x)：4＝4：x$　　ゆえに，$x^2＋6x－16＝0$

28 答 AE∥FC（仮定）より，∠AED＝∠FCD（同位角）……①
∠CAE＝∠ACF（錯角）……②
直線 ED は点 C で円に接するから，接弦定理より，∠BCE＝∠CAE ……③
①と ∠ACF＝∠FCD（仮定）より，∠AED＝∠ACF
②，③より，∠BCF＝∠ACF　　よって，∠AED＝∠BCE
ゆえに，△BEC で，BC＝BE

29 答 直線 PT は点 P で円 O に接するから，接弦定理より，∠RPT＝∠BAP
四角形 ABRQ は円 O′ に内接するから，∠PRQ＝∠BAP
よって，∠RPT＝∠PRQ　　錯角が等しいから，QR∥PT
ゆえに，線分 QR は接線 PT に平行である。

p.232 **30** 答 △ABD と △AEF において，
∠BAD＝∠EAF（仮定）
直線 EF は点 E で円に接するから，接弦定理より，∠ABD＝∠AEF
よって，△ABD∽△AEF（2角）
ゆえに，∠BDA＝∠EFA であるから，四角形 ADEF は円に内接する。

31 答 (1) △ACQ と △CBR において，
AB∥QC（仮定）より，∠ACQ＝∠CAB（錯角）
線分 BR は点 B で円に接するから，接弦定理より，∠CBR＝∠CAB
よって，∠ACQ＝∠CBR　　同様に，∠QAC＝∠RCB
ゆえに，△ACQ∽△CBR（2角）

(2) RC＝$\dfrac{4}{3}$cm，CQ＝$\dfrac{16}{3}$cm

解説 (2) △ACQ∽△BAC∽△CBR で，相似比は AC：BA：CB＝4：3：2 である。

ゆえに，RC＝$\dfrac{2}{3}$CB，CQ＝$\dfrac{4}{3}$AC

32 答 (1) △ABP と △APD において，

線分 PD は点 P で円 O に接するから，接弦定理より，∠ABP＝∠APD

AB は円 O の直径であるから，∠BPA＝90° より，∠BPA＝∠PDA（＝90°）

ゆえに，△ABP∽△APD（2角）

(2) ① $\dfrac{10}{3}$cm ② $\dfrac{8\sqrt{5}}{9}$cm²

解説 (2) ① ∠CPO＝90° であるから，OP∥AD より，OP：AD＝CO：CA

② ∠BEA＝90° であるから，DC∥EB より，AE：AD＝AB：AC＝4：5

よって，ED＝$\dfrac{1}{5}$AD＝$\dfrac{2}{3}$　　また，OP∥AD より，CP：PD＝CO：OA＝3：2

ゆえに，PD＝$\dfrac{2}{3}$CP＝$\dfrac{2}{3}\sqrt{CO^2-OP^2}$＝$\dfrac{2}{3}\sqrt{3^2-2^2}$＝$\dfrac{2}{3}\sqrt{5}$

四角形 DEOP は台形で，面積は，$\dfrac{1}{2}\cdot(ED+OP)\cdot DP$

参考 (2) ② (1)より，AP は ∠DAC の二等分線であるから，

DP：PC＝AD：AC＝$\dfrac{10}{3}$：5＝2：3　　　よって，DP＝$\dfrac{2}{3}$PC

として線分 DP の長さを求めてもよい。

33 答 (1) 60° (2) 82.5° (3) 2：3

解説 (1) ∠ACE＝∠ADE（$\overparen{AE}$ に対する円周角）

直線 DE は点 D で円に接するから，接弦定理より，∠ADE＝∠ABD

(2) 四角形 ADCE は円に内接するから，

∠CEA＝∠BDA＝180°－60°－$\dfrac{1}{2}$×75°

(3) △ABD∽△ACE（2角）より，

△ABD：△ACE＝AB²：AC²

△ABC で，頂点 A から辺 BC に垂線 AH をひ

くと，AB：AC＝$\dfrac{2}{\sqrt{3}}$AH：$\sqrt{2}$AH＝$\sqrt{2}$：$\sqrt{3}$

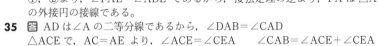

p.233 **34** 答 PA は △ABC の外接円の接線であるから，

接弦定理より，∠PAC＝∠ABC ……①

BC∥DE（仮定）より，∠ABC＝∠ADE（同位角）……②

①，②より，∠PAE＝∠ADE であるから，接弦定理の逆より，PA は △ADE

の外接円の接線である。

35 答 AD は ∠A の二等分線であるから，∠DAB＝∠CAD

△ACE で，AC＝AE より，∠ACE＝∠CEA　　∠CAB＝∠ACE＋∠CEA

また，∠CAB＝∠CAD＋∠DAB　　よって，∠CAD＝∠CEA

ゆえに，接弦定理の逆より，AD は 3 点 A，C，E を通る円の接線である。

36 答 四角形 ABCD は正方形であるから，

AD∥BF より，∠DAE＝∠CFE（錯角）……①

△PDA と △PDC において，PD は共通

四角形 ABCD は正方形であるから，DA＝DC，∠PDA＝∠PDC（＝45°）

よって，△PDA≡△PDC（2辺夾角）　　ゆえに，∠DAP＝∠DCP ……②

①，②より，∠CFE＝∠DCP

よって，接弦定理の逆より，PC は △ECF の外接円の接線である。

また，∠ECF＝90° より，点 C は EF を直径とする円の周上にある。

ゆえに，PC は EF を直径とする円の接線である。

37 答 (1) AB＝AC（仮定）より，

∠ABC＝∠BCA ……①

BC∥EF（仮定）より，∠BCE＝∠FEC（錯角）

∠ABC＝∠ADC（$\overparen{AC}$ に対する円周角）

よって，∠CEF＝∠CDF

ゆえに，4点 C，D，E，F は同一円周上にある。

(2) (1)より，

∠ECF＝∠EDF（$\overparen{EF}$ に対する円周角）……②

四角形 ADBC は円 O に内接するから，

∠EDF＝∠BCA ……③

①，②，③より，∠ECF＝∠ABC

ゆえに，接弦定理の逆より，CF は円 O の接線である。

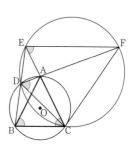

38 答 ∠BDC＝∠BEC＝90°（仮定）より，

四角形 BCDE は BC を直径とする円に内接し，

MB＝MC（仮定）であるから，M はこの円の

中心である。

よって，MD＝MC（半径）

ゆえに，∠MCD＝∠MDC ……①

四角形 BCDE は円に内接するから，

∠AED＝∠MCD ……②

ここで，線分 MD の延長上に点 F をとると，

∠ADF＝∠MDC（対頂角）……③

①，②，③より，∠AED＝∠ADF

ゆえに，接弦定理の逆より，MD は3点 A，D，E を通る円の接線である。

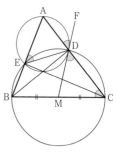

39 答 (1) 60°　(2) $\dfrac{3\sqrt{2}+3\sqrt{6}}{2}$cm　(3) $(6+4\sqrt{3})$cm

解答例 (1) 図1のように，点 B と D を結ぶ。

直線 ST は点 A で小さいほうの円に接するから，接弦定理より，∠BDA＝∠BAT＝30°

∠CDB＝75°－30°＝45°

直線 CD は点 D で小さいほうの円に接するから，接弦定理より，∠DAB＝∠CDB＝45°

△DAC で，∠ACD＝180°－45°－75°＝60°

直線 ST は点 A で大きいほうの円に接するから，接弦定理より，∠EAS＝∠ACD＝60°

（答）60°

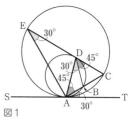

図1

(2) 図2のように，点 B から線分 DA に垂線 BH をひくと，∠HAB＝45° より，AH＝$\dfrac{AB}{\sqrt{2}}$＝$\dfrac{3\sqrt{2}}{2}$

∠BDH＝30° より，DH＝$\sqrt{3}$ BH＝$\sqrt{3}$ AH＝$\dfrac{3\sqrt{6}}{2}$

AD＝AH＋HD＝$\dfrac{3\sqrt{2}+3\sqrt{6}}{2}$

（答）$\dfrac{3\sqrt{2}+3\sqrt{6}}{2}$cm

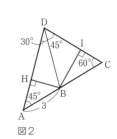

図2

(3) △EAC で，∠ACE＝60°，∠CEA＝30° より，∠EAC＝90°

よって，EC は大きいほうの円の直径で，EC＝2AC

図2のように，点 B から線分 CD に垂線 BI をひくと，

∠IDB＝45° より，$BI＝\dfrac{BD}{\sqrt{2}}＝\dfrac{2BH}{\sqrt{2}}＝3$

∠BCI＝60° より，$BC＝\dfrac{2}{\sqrt{3}}BI＝2\sqrt{3}$

よって，$AC＝3＋2\sqrt{3}$

ゆえに，求める円の直径は，$EC＝2AC＝2×(3＋2\sqrt{3})＝6＋4\sqrt{3}$

（答）$(6＋4\sqrt{3})$cm

別解 (1) AT は2つの円の接線であるから，接弦定理より，

∠CAT＝∠CEA＝∠BDA＝30° ……①

∠CDA＝75° より，∠CDB＝75°－30°＝45°

直線 CD は点 D で小さいほうの円に接するから，接弦定理より，

∠CDB＝∠DAB＝45° ……②

△EAD で，∠EAD＝∠CDA－∠DEA＝45° ……③

①，②，③より，∠EAS＝180°－30°－45°－45°＝60° ……（答）

40 答 (1) 30cm　(2) 4cm　(3) 24cm

41 答 共通外接線 8cm，共通内接線 6cm

42 答 (1) $x＝14$　(2) $x＝\dfrac{16}{3}$　(3) $x＝3$

43 答 (1) 周の長さ $(4\sqrt{2}＋\pi)$cm，面積 $(8－2\pi)$cm²

(2) 周の長さ $\left(8\sqrt{3}＋\dfrac{8}{3}\pi\right)$cm，面積 $\left(16\sqrt{3}－\dfrac{16}{3}\pi\right)$cm²

解説 (1) △OAP は ∠OAP＝90° の直角二等辺三角形である。

(2) △OAP は ∠OAP＝90°，∠APO＝30° の直角三角形である。

44 答 (1) 9cm　(2) $3\sqrt{34}$ cm

解説 (1) 円 O' の半径を $r$cm とすると，共通外接線について，

$(25＋r)^2＝(25－r)^2＋30^2$

(2) DB＝DA＝DC より，DA＝15cm

△DAO' で，∠DAO'＝90° より，$O'D＝\sqrt{DA^2＋AO'^2}＝\sqrt{15^2＋9^2}$

45 答 (1) 13cm　(2) $\dfrac{20}{9}$cm　(3) $\dfrac{119}{12}$cm

解説 (1) 円 P の半径は5cm であるから，$DP＝\sqrt{12^2＋5^2}$

(2) 3点 P，Q，D は同一直線上にあるから，円

Q の半径を $r$cm とすると，

DQ＝DP－PQ＝13－(5＋r)＝8－r

DQ：DP＝r：5 より，(8－r)：13＝r：5

(3) EC＝$x$cm とすると，BE＝17－x

四角形 ABED は円 P に外接するから，

DE＝12＋(12－x)＝24－x

△DEC で，∠C＝90° より，DE²＝EC²＋CD²

よって，$(24－x)^2＝x^2＋10^2$

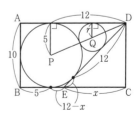

46 答 $r＝3$，$r'＝8$

解説 共通外接線について，$13^2＝(r'－r)^2＋12^2$ より，$r'－r＝5$

共通内接線について，$13^2＝(r'＋r)^2＋(4\sqrt{3})^2$ より，$r'＋r＝11$

p.240 **47** 答 $\dfrac{5}{2}$ cm

解説 右の図のように，点 B から線分 AO に
垂線 BH をひく。
円 B の半径を $r$cm とすると，円 A の半径は
5cm であるから，AH$=5-r$，AB$=5+r$
△AHB で，$\angle$AHB$=90°$ より，
HB$^2=$BA$^2-$AH$^2=(5+r)^2-(5-r)^2$
OB$=10-r$，OH$=r$ であるから，
△HOB で，$\angle$BHO$=90°$ より，HB$^2=$OB$^2-$OH$^2=(10-r)^2-r^2$
よって，$(5+r)^2-(5-r)^2=(10-r)^2-r^2$

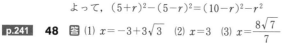

p.241 **48** 答 (1) $x=-3+3\sqrt{3}$ (2) $x=3$ (3) $x=\dfrac{8\sqrt{7}}{7}$

解説 (1) $2\times(2+7)=x(x+6)$ より，$x^2+6x-18=0$
(2) $6^2=x(x+9)$ より，$x^2+9x-36=0$
(3) 点 D から線分 AC に垂線 DH をひくと，$\angle$CAD$=60°$ であるから，
AH$=1$，HD$=\sqrt{3}$
よって，CD$=\sqrt{\text{CH}^2+\text{HD}^2}=\sqrt{(3-1)^2+(\sqrt{3})^2}=\sqrt{7}$
AB は直径であるから，$\angle$BCA$=90°$ より，AB$=6$
よって，$2\times4=\sqrt{7}\times x$

49 答 PC は円の接線であるから，方べきの定理より，PC$^2=$PA$\cdot$PB
PD は円の接線であるから，方べきの定理より，PD$^2=$PA$\cdot$PB
よって，PC$^2=$PD^2
PC>0，PD>0 より，PC$=$PD

50 答 (1) $20°$ (2) $\dfrac{8}{5}$ cm

解説 (1) AB は円 O の直径であるから，$\angle$BCA$=90°$
また，直線 DC は点 C で円 O に接するから，接弦定理より，$\angle$BCD$=\angle$BAC
(2) 円 O の半径を $r$cm とすると，DC は円 O の接線であるから，方べきの定理
より，DC$^2=$DB$\cdot$DA よって，$3^2=(5-2r)\times5$

51 答 (1) $5\sqrt{3}$ cm (2) $60°$ (3) $5\sqrt{7}$ cm (4) $\dfrac{20\sqrt{7}}{7}$ cm

解説 (1) △ABC で，$\angle$ABC$=30°$，$\angle$BCA$=90°$ であるから，
AB$:$BC$=2:\sqrt{3}$
(2) PB，PC は半円の接線であるから，PB$=$PC また，$\angle$CBP$=60°$
(3) (2)より，△PCB は正三角形であるから，PB$=$BC$=5\sqrt{3}$
△PAB で，$\angle$ABP$=90°$ であるから，AP$^2=$AB$^2+$PB$^2=10^2+(5\sqrt{3})^2$
(4) AD$=x$cm とすると，PB は半円の接線であるから，方べきの定理より，
PB$^2=$PD$\cdot$PA よって，$(5\sqrt{3})^2=(5\sqrt{7}-x)\times5\sqrt{7}$

p.242 **52** 答 (1) 12cm (2) 128cm^2
解説 (1) $\angle$CDB$=90°$ であるから，
BD$=\sqrt{(5\sqrt{17})^2-5^2}=20$，DE$=\sqrt{25^2-20^2}=15$
また，EC$=15+5=20$
方べきの定理より，EA$\cdot$EB$=$ED$\cdot$EC よって，EA$\times25=15\times20$

(2) $\triangle BCE = \dfrac{1}{2} \cdot EC \cdot BD = \dfrac{1}{2} \times 20 \times 20 = 200$

$\triangle EAD \varpropto \triangle ECB$ （2角）より，$\triangle EAD : \triangle ECB = EA^2 : EC^2 = 12^2 : 20^2 = 9 : 25$

よって，（四角形 ABCD）$= \triangle ECB - \triangle EAD = \left(1 - \dfrac{9}{25}\right)\triangle ECB = \dfrac{16}{25}\triangle ECB$

参考 (2) $\triangle EAD = \dfrac{EA \cdot ED}{EB \cdot EC}\triangle EBC = \dfrac{12 \times 15}{25 \times 20}\triangle EBC = \dfrac{9}{25}\triangle EBC$

として $\triangle EAD$ の面積を求めてもよい。

53 答 (1) 3cm (2) $2\sqrt{2}$ cm (3) $\dfrac{24\sqrt{7}}{7}$ cm²

解説 (1) $DB = x$ cm とすると，方べきの定理より，$BD \cdot BA = BE \cdot BF$
よって，$x \times (x+5) = 4 \times (4+2)$　　ゆえに，$x^2 + 5x - 24 = 0$
(2) AE は円 O の直径であるから，$\angle EFA = 90°$
よって，$\triangle ABF$ で，$\angle BFA = 90°$ であるから，
$FA = \sqrt{AB^2 - BF^2} = \sqrt{(5+3)^2 - (4+2)^2} = 2\sqrt{7}$
また，$\triangle AEF$ で，$\angle EFA = 90°$ であるから，
$AE = \sqrt{EF^2 + FA^2} = \sqrt{2^2 + (2\sqrt{7})^2} = 4\sqrt{2}$
(3) $\triangle FOO'$ と $\triangle DOO'$ において，
OO' は共通
$FO = DO$，$O'F = O'D$（ともに円の半径）
よって，$\triangle FOO' \equiv \triangle DOO'$（3辺）
ゆえに，（四角形 $ODO'F$）$= 2\triangle FOO'$
また，$\angle FOO' = \angle DOO'$ であるから，

$\angle FOO' = \dfrac{1}{2}\angle FOD = \dfrac{1}{2} \times 2\angle FAD = \angle FAD$ ……①

同様に，$\angle FO'O = \angle FBD$ ……②
$\triangle FOO'$ と $\triangle FAB$ において，①，②より，$\triangle FOO' \varpropto \triangle FAB$（2角）
よって，$\triangle FOO' : \triangle FAB = FO^2 : FA^2 = (2\sqrt{2})^2 : (2\sqrt{7})^2 = 2 : 7$

ゆえに，$\triangle FOO' = \dfrac{2}{7}\triangle FAB = \dfrac{2}{7}\left(\dfrac{1}{2} \cdot FA \cdot BF\right) = \dfrac{2}{7} \times \left(\dfrac{1}{2} \times 2\sqrt{7} \times 6\right)$

$= \dfrac{12\sqrt{7}}{7}$

54 答 (1) 点 T と A，T と B を結ぶ。
$\triangle PAT$ と $\triangle PTB$ において，
$\angle TPA = \angle BPT$（共通）　　$PT^2 = PA \cdot PB$ より，$PA : PT = PT : PB$
よって，$\triangle PAT \varpropto \triangle PTB$（2辺の比と夾角）　　ゆえに，$\angle ATP = \angle TBP$
接弦定理の逆より，PT は3点 A，B，T を通る円の接線である。
(2) MA は円の接線であるから，方べきの定理より，$MA^2 = MC \cdot MB$ ……①
M は線分 AP の中点であるから，$MA = MP$ ……②
①，②より，$MP^2 = MC \cdot MB$
よって，(1)より，MP は3点 P，C，B を通る円の接線である。
すなわち，PA は3点 P，C，B を通る円の接線である。

55 答 (1) 点 B と Q を結ぶ。　　線分 AP は点 Q で半円 O' に接するから，接弦定理
より，$\angle CQA = \angle CBQ$ ……①
また，CB は半円 O' の直径であるから，$\angle BQC = \angle HQC (= 90°)$
$\angle QCB = \angle HCQ$（共通）

$\angle$CBQ$=180°-\angle$BQC$-\angle$QCB, $\angle$CQH$=180°-\angle$QHC$-\angle$HCQ より,

$\angle$CBQ$=\angle$CQH ……②

①, ②より, $\angle$CQA$=\angle$CQH ゆえに, QC は $\angle$HQA の二等分線である。

(2) O′B$=\dfrac{4}{5}r$, AQ$=\dfrac{2\sqrt{5}}{5}r$

[解答例] (2) 点 O′ と Q を結ぶ。

$\triangle$O′QH と $\triangle$O′AQ において,

$\angle$QHO′$=\angle$AQO′ ($=90°$) $\angle$HO′Q$=\angle$QO′A (共通)

よって, $\triangle$O′QH∽$\triangle$O′AQ (2角) ゆえに, O′Q:O′A$=$HO′:QO′

O′B$=$O′Q$=x$ とすると, $x:(2r-x)=\left(2r-\dfrac{2}{3}r-x\right):x$

$x^2=(2r-x)\left(\dfrac{4}{3}r-x\right)$ $\dfrac{10}{3}rx=\dfrac{8}{3}r^2$ $r>0$ より, $x=\dfrac{4}{5}r$

また, 線分 AP は点 Q で半円 O′ に接するから, 方べきの定理より,

AQ$^2=$AC$\cdot$AB

よって, AQ$^2=\left(2r-\dfrac{4}{5}r\times2\right)\times2r=\dfrac{2}{5}r\times2r=\dfrac{4}{5}r^2$

$r>0$ より, AQ$=\dfrac{2\sqrt{5}}{5}r$ (答) O′B$=\dfrac{4}{5}r$, AQ$=\dfrac{2\sqrt{5}}{5}r$

[参考] (2) $\triangle$O′QA で, $\angle$O′QA$=90°$ であるから,

AQ$=\sqrt{\text{AO}'^2-\text{O}'\text{Q}^2}=\sqrt{\left(2r-\dfrac{4}{5}r\right)^2-\left(\dfrac{4}{5}r\right)^2}=\dfrac{2\sqrt{5}}{5}r$

として線分 AQ の長さを求めてもよい。

10章の問題

p.243 **1** [答] (1) $x=68$, $y=22$ (2) $x=100$ (3) $x=52$, $y=56$ (4) $x=102$, $y=76$

(5) $x=70$, $y=33$

[解説] (1) $\angle$EDB$=90°$ (2) $\angle$DEF$=\angle$ABC

(3) 点 B を通る直径を BD とすると, $\angle$DAB$=90°$

AT は円 O の接線であるから, 接弦定理より, $\angle$BDA$=\angle$BAT$=38°$

$\triangle$DAB で, $x+38=90$

(4) AB$=$BC より, $\angle$BEA$=\angle$CEB AE$=$DC より, $\angle$ABE$=\angle$DEC

よって, $\angle$DEB$=\angle$CEB$+\angle$CED$=50°+28°=78°$

(5) AB は円の接線であるから, 接弦定理より, $x°=\angle$DAB

また, 四角形 AHGD は円に内接するから, $\angle$DGC$=y°$ より, $\angle$FDA$=y°+26°$

$\triangle$DAF で, $(y+26)+y+88=180$

2 [答] $\dfrac{1+\sqrt{3}}{4}$ cm^2

[解説] 四角形 ABCD は円に内接するから,

$\angle$DBC$=\angle$DAC$=45°$, $\angle$CDB$=\angle$CAB$=30°$

右の図のように, 頂点 C から線分 BD に垂線 CH をひ

くと, CH$=$HB$=\dfrac{\text{CB}}{\sqrt{2}}=\dfrac{\sqrt{2}}{2}$, DH$=\sqrt{3}$ CH$=\dfrac{\sqrt{6}}{2}$

$\triangle$BCD$=\dfrac{1}{2}\cdot$DB$\cdot$CH$=\dfrac{1}{2}\times\left(\dfrac{\sqrt{6}}{2}+\dfrac{\sqrt{2}}{2}\right)\times\dfrac{\sqrt{2}}{2}$

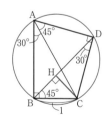

3 **答** M は直角三角形の斜辺 AB の中点であるから，MA＝MC

よって，△MAC で，∠MAC＝∠MCA ……①

∠AME＝∠ACE＝90° より，四角形 AMCE は円に内接するから，

∠CAM＝∠CED（$\stackrel{\frown}{MC}$ に対する円周角）……②

①，②より，∠MCA＝∠CED

ゆえに，接弦定理の逆より，MC は △DCE の外接円の接線である。

4 **答** 点 A と D，A と M を結ぶ。

∠CMA＝∠CDA（$\stackrel{\frown}{AC}$ に対する円周角）……①

$\stackrel{\frown}{AM}＝\stackrel{\frown}{MB}$ より，∠ADM＝∠MAB ……②

また，△EMA で，∠MEF＝∠CMA＋∠MAB

∠CDF＝∠CDA＋∠ADM

①，②より，∠MEF＝∠CDF

ゆえに，四角形 CDFE は円に内接する。

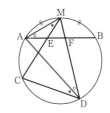

p.244 **5** **答** (1) 60°　(2) 1 cm　(3) $\left(\dfrac{16\sqrt{3}}{3}+10\right)$ cm

解説 (1) △OBF で，FO＝2，OB＝4，∠BFO＝90° であるから，∠FOB＝60°

また，△OBF≡△OBE より，∠FOE＝120°

(2) 頂点 D から辺 BC に垂線 DI をひく。

GD＝x cm とすると，△DIC において，CD²＝DI²＋IC²

DI＝HF＝4，IC＝FC−HD＝4−x より，$(x+4)^2＝4^2＋(4−x)^2$

(3) △OBF で，BF＝$\sqrt{3}$ OF＝$2\sqrt{3}$

△OHA で，∠HAO＝60°，∠OHA＝90° であるから，

AH＝$\dfrac{HO}{\sqrt{3}}＝\dfrac{2}{\sqrt{3}}＝\dfrac{2\sqrt{3}}{3}$

求める長さは，2(AD＋BC)＝2(AH＋HD＋BF＋FC)

6 **答** (1) 120°

(2) ∠BDC＝∠BEC＝90°（仮定）より，四角形 BCDE は BC を直径とする円に内接し，MB＝MC（仮定）であるから，M はこの円の中心である。

よって，ME＝MD（半径）……①

また，△AEC で，∠CAE＝60°，∠AEC＝90° であるから，∠ECA＝30°

よって，∠EMD＝2∠ECD＝60° ……②

①，②より，△DEM は正三角形である。

(3) $\dfrac{13\sqrt{3}}{4}$ cm²

解説 (1) ∠AEF＋∠FDA＝180° より，四角形 AEFD は円に内接する。

(3) △CAE で，∠CAE＝60°，∠AEC＝90° であるから，

AE＝$\dfrac{AC}{2}＝3$，EC＝$\dfrac{\sqrt{3}}{2}$AC＝$3\sqrt{3}$

△CEB で，∠CEB＝90° であるから，BC＝$\sqrt{(8−3)^2＋(3\sqrt{3})^2}＝2\sqrt{13}$

BM＝$\dfrac{1}{2}$BC＝$\sqrt{13}$

EM＝BM＝$\sqrt{13}$ であるから，1辺が $\sqrt{13}$ の正三角形の面積を求める。

7 答 (1) $\dfrac{7}{2}$ cm (2) $\dfrac{28}{5}$ cm (3) $\dfrac{392}{75}$ cm^2

解説 (1) AB$=x$ cm とすると，PC は半円 O の接線であるから，方べきの定理
より，PC^2=PB・PA　　よって，$12^2=9\times(9+x)$

(2) △APC∽△CPB（2角）より，AC:CB=PC:PB=4:3
△ABC で，∠BCA$=90°$ であるから，AB:AC:CB=5:4:3

(3) AD は ∠A の二等分線であるから，AC:AB=CD:DB

$$\triangle ADC=\dfrac{CD}{CB}\triangle ABC=\dfrac{4}{9}\left(\dfrac{1}{2}\cdot AC\cdot CB\right)$$

8 答 (1) 3 cm (2) $\left(16\sqrt{3}+\dfrac{38}{3}\pi\right)$ cm (3) $\left(80\sqrt{3}-\dfrac{110}{3}\pi\right)$ cm^2

解説 (1) 右の図で，AH∥BH′ より，
AH:BH′=AC:BC
円 B の半径を r cm とすると，
$(9-1):(r-1)=(9+2r+1):(r+1)$

(2) △HAC で，HA=8，AC=16，
∠CHA$=90°$ であるから，∠HAC$=60°$

（糸の長さ）=2ST+$\overset{\frown}{SPU}$+$\overset{\frown}{TQV}$

=2HC+$\overset{\frown}{SPU}$+$\overset{\frown}{TQV}$

(3) 求める部分の面積は，

$$2\times\left\{台形\ ACTS-\dfrac{1}{6}\times\pi\times9^2-\dfrac{1}{2}\times\pi\times3^2-\dfrac{1}{3}\times\pi\times1^2\right\}$$

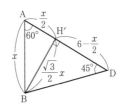

p.245 **9** 答 (1) $6\sqrt{6}$ cm (2) $45°$ (3) $120°$ (4) $6(\sqrt{3}-1)$ cm

解説 (1) CB は円 O′ の接線であるから，方べきの定理より，CB^2=CA・CD

(2) △COA で，CO=OA$=6\sqrt{2}$，AC=12 より，AC^2=CO^2+OA^2 であるから，
∠COA$=90°$

ゆえに，∠CBA$=\dfrac{1}{2}$∠COA$=45°$

また，線分 CB は点 B で円 O′ に接するから，接弦定理より，∠CBA$=$∠BDA

(3) △OBC で，点 O から辺 BC に垂線 OH をひくと，
OB:BH$=6\sqrt{2}:3\sqrt{6}=2:\sqrt{3}$ であるから，∠OBC$=30°$
OB=OC より，∠COB$=120°$

また，∠BAC$=180°-\dfrac{1}{2}$∠COB

(4) △ABD で，頂点 B から辺 AD に垂線 BH′ をひく。
AB$=x$ cm とすると，

△ABH′ で，AH′$=\dfrac{x}{2}$，BH′$=\dfrac{\sqrt{3}}{2}x$

また，DH′$=6-\dfrac{x}{2}$

△H′BD は ∠DH′B$=90°$ の直角二等辺三角形で
あるから，BH′=DH′

よって，$\dfrac{\sqrt{3}}{2}x=6-\dfrac{x}{2}$

10 答 (1) △ABD と △EBC において,

∠ABD＝∠EBC（仮定）　　∠BDA＝∠BCE（$\overgroup{AB}$ に対する円周角）

よって，△ABD∽△EBC（2角）

ゆえに，AD：EC＝BD：BC であるから，EC・BD＝AD・BC ……①

(2) △ABE と △DBC において，

∠ABD＝∠EBC（仮定）より，∠ABE＝∠DBC

∠EAB＝∠CDB（$\overgroup{BC}$ に対する円周角）　　よって，△ABE∽△DBC（2角）

ゆえに，AB：DB＝AE：DC であるから，AE・BD＝AB・DC ……②

(3) ①，②の式の両辺をそれぞれ加えると，

EC・BD＋AE・BD＝AD・BC＋AB・DC

（EC＋AE）・BD＝AD・BC＋AB・DC　　すなわち，AB・CD＋AD・BC＝AC・BD

⚠ (3)をトレミーの定理という。

11 答 (1) 点 C と E を結ぶ。

線分 DE は点 E で半円 O′ に接するから，接弦定理より，∠DEA＝∠ECA

∠OEF＝∠DEA（対頂角）　　よって，∠OEF＝∠ECA ……①

また，CA は半円 O′ の直径であるから，∠AEC＝90°

よって，∠FOA＝∠AEC（＝90°）　　ゆえに，四角形 FOCE は円に内接する。

よって，∠AFO＝∠ECA ……②

①，②より，∠OEF＝∠EFO　　ゆえに，△OEF で，OE＝OF

(2) ① 4cm　② 32cm²　③ $\dfrac{4\sqrt{65}}{5}$cm

解答例 (2) ① 点 O′ と E を結ぶ。

△O′EO で，∠O′EO＝90° であるから，OE＝$\sqrt{OO'^2-O'E^2}$＝$\sqrt{5^2-3^2}$＝4

② ED＝OD－OE＝8－4＝4 より，OE＝ED　　よって，△FOA≡△ADF

ゆえに，（四角形 OADF）＝△FOA＋△ADF＝2△FOA＝2×$\left(\dfrac{1}{2}×4×8\right)$＝32

③ 頂点 D から半径 OA に垂線 DH をひくと，

△DOH∽△O′OE（2角）より，DH＝$\dfrac{3}{5}$OD＝$\dfrac{24}{5}$，OH＝$\dfrac{4}{5}$OD＝$\dfrac{32}{5}$

頂点 D から半径 OB に垂線 DH′ をひくと，

△FDH′ で，∠DH′F＝90° であるから，

$$FD=\sqrt{DH'^2+H'F^2}=\sqrt{OH^2+(DH-FO)^2}=\sqrt{\left(\dfrac{32}{5}\right)^2+\left(\dfrac{24}{5}-4\right)^2}=\dfrac{4\sqrt{65}}{5}$$

（答）① 4cm　② 32cm²　③ $\dfrac{4\sqrt{65}}{5}$cm

参考 (2) ①は，方べきの定理より，OE²＝OC・OA＝2×8＝16 としてもよい。

③は，△FOD で，OE＝ED より，FE は中線である。

中線定理より，FO²＋FD²＝2（OE²＋FE²）

△FOA∽△CEA（2角）より，OA：EA＝FA：CA

よって，EA＝$\dfrac{CA}{FA}$・OA

FO＝OE＝4，FE＝FA－EA＝$\sqrt{FO^2+OA^2}-\dfrac{CA}{FA}$・OA＝$4\sqrt{5}-\dfrac{6}{4\sqrt{5}}×8$

＝$\dfrac{8\sqrt{5}}{5}$ から，線分 DF の長さを求めてもよい。

p.247　**1**　**答** (1) 全数調査　(2) 標本調査　(3) 全数調査　(4) 標本調査

2　**答** (ア), (エ)

解説 かたよりのないように, 標本を無作為に抽出する方法が適切である。

p.240　**3**　**答** およそ 440 個

解説 回収した空き缶のうち, スチール缶が x 個ふくまれているとすると,
$960 : x = 48 : 22$

4　**答** およそ 3000 匹

解説 カメの総数を x 匹とすると, $x : 150 = 60 : 3$

5　**答** およそ 160 個

解説 はじめに白玉と赤玉がそれぞれ $2x$ 個, $3x$ 個ずつ入っていたとすると,
$(2x + 3x + 50) : 50 = 45 : 5$

p.249　**6**　**答** (1) 19　(2) およそ 3000 個

解説 (1) 赤玉の個数が 10 個の階級の度数 8 の相対度数が 0.16 であるから, 実験の回数は, $8 \div 0.16 = 50$ (回)
ゆえに, (ア)は, $50 - (7 + 10 + 8 + 4 + 2)$
(2) 標本の赤玉の個数の平均値は,
$(7 \times 7 + 8 \times 10 + 9 \times 19 + 10 \times 8 + 11 \times 4 + 12 \times 2) \div 50 = 8.96$ (個) であるから,
箱の中に赤玉が x 個入っているとすると, $10000 : x = 30 : 8.96$

////// 11章の問題 ///////

p.250　**1**　**答** すべて適切といえない。
(1) 近所という地域にかたよった傾向, 性質があったとき, 全国の中学生の傾向, 性質とちがいがあるかもしれないから。
(2) 自分の Web ページを見てくれて, 回答をしてくれた人という特定で標本を選ぶと, 全体の傾向とちがいがあるかもしれないから。
(3) 自分が栽培したものと, 市内で売られているものでは生育条件がちがい, 適切な結果が得られないかもしれないから。

2　**答** (1) 母集団の大きさ 7200, 標本の大きさ 400　(2) 目標をこえていない。

解説 (2) 標本調査の 400 枚のポイントの合計点は,
$135 \times 2 + (400 - 135) \times 1 = 535$ (点) であるから, 全体の 7200 枚のポイントの合計点を x 点とすると, $7200 : x = 400 : 535$ より, $x = 9630$ (点)

3　**答** 7, 8, 9, 10

解説 箱の中に入っていると推定された白色の球の個数 175 個以上 195 個未満は, 全体の玉の個数 500 個の 35 % 以上 39 % 未満である。
標本調査した $20 \times 4 = 80$ (個) も同じ比率と考えられるから,
4 回の合計 80 個の中の 35 % 以上 39 % 未満, つまり, $80 \times 0.35 = 28$ (個) 以上, $80 \times 0.39 = 31.2$ (個) 未満が白色の球の個数と考えられる。
ゆえに, (ア)の値を x とすると, $28 \leqq 9 + x + 7 + 5 < 31.2$

MEMO

MEMO

MEMO